대학 과정 이론과 실제

기계공작법 이해

이학재 저

일진사

일반적으로 선반, 밀링, 드릴링머신 등 각종 공작기계의 기계력을 이용해 금속재료의 형상 및 기계적 성질을 변화시켜 일상생활에 유용하도록 설계·제작하는 일련의 작업과정을 기계공작이라 한다. 최근 공작기계가 다양화, 고속화, 고정밀도화, 대형화, 자동화되어 제품의 품질 및 생산성을 증대시키는 것이 무엇보다 중요해짐에 따라 작업 능률을 높이기 위한 각종 공구 및 공작기계의 연구가 활발하게 이루어지고 있다. 기계공작 부문은 기계공업의 중추적 역할을 하며 모든 산업의 기초로서 성능과 경제성이 한층 우수한 공작기계의 제작이 요구되고 있다.

공업선진국으로 자리매김하고 있는 우리나라는 산업의 고도화와 기계공업화로 보다 탄탄한 선진공업, 기술입국으로 발전해야 하는 과제를 안고 있다.

본 교재는 기계공작법을 필수 학과목으로 공부하는 기계공학도들이 지침서로 활용할 수 있도록 편집 기술되었다. 기계공작법을 고등학교, 기능대학, 전문대학, 대학교에서 학습하며 어렵게 느끼던 공학도에겐 요긴한 교과서가 되도록, 산업현장에 종사하는 숙련기술자들에게는 보다 실무적인 참고서가 되도록 하였다.

본문은 공작기계의 이론을 개략적으로 이해하고 원리를 터득하여 실제 기구, 부품의 가공기술과 연계하여 산업현장의 실무에 적용할 수 있도록 구성하였다. 또한 활용도가 높은 공작기계는 각론에서 선삭, 연삭, 형삭 등에 관한 이론 및 특성, 가공방법과 같은 실무적용에 필요한 내용을 이해하기 쉽게 수록하였고, 품질관리를 위한 측정 관련 이론 및 특성, 사용방법 등을 함께 기술하였다. 가능한 한 간결하면서도 체계적으로 엮고자 했으며 단원별로 표와 그림 예시를 제시하여 학습의 이해를 도왔다.

아무쪼록 본서를 통하여 기계공작의 개념을 확실히 정립하려는 학습의 목적이 이루어지길 바라며 내용상의 미비한 점, 보완할 점 등은 독자들의 아낌없는 충고와 지도 편달을 겸허히 수용하여 앞으로 수정, 보완해나갈 것을 약속드린다.

끝으로 본서가 완간되기까지 도움을 주신 모든 분들께 깊이 감사드리며 특히 어려운 여건 속에서도 적극적으로 성원하여 주신 도서출판 **일진사** 직원 여러분께도 충심어린 감사의 뜻을 전한다.

저자 씀

제1편 주조

제2편 소성가공

제3편   용 접

제4편 열처리

제1장 강의 열처리

제2장 열처리의 원리

제5편   측정과 수기가공

제6편 절삭가공

제1장 절삭가공 총론

제2장 선반

제7편 CNC 공작기계

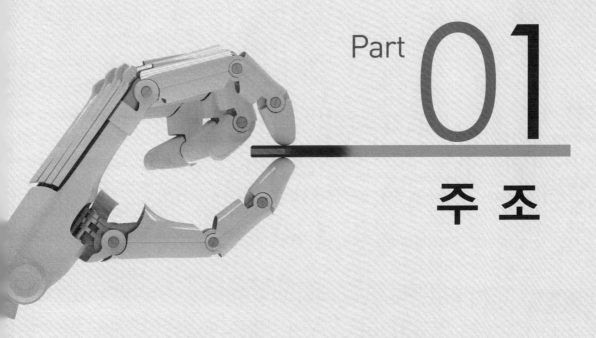

Part 01
주 조

모 형

1 모형용 재료

모래(주물사) 주형 제작용 모형(pattern)은 원형(原型)이라 하며, 목재가 재료로 많이 사용되어 목형(木型)이라고도 한다. 모형용 재료는 목재 이외에 금속, 석고, 납, 플라스틱 등이 있으며 그중 금속으로 만든 원형을 금속 원형 또는 금형이라 하고 주철, 황동, 청동, 아연, 화이트 메탈, 알루미늄 합금 등이 주로 사용되고 있다.

1-1 • 목재의 장점

① 가볍고 감촉이 좋으며 취급이 용이하다.
② 전기와 열의 불양도체이며 팽창계수가 작다.
③ 가공성이 우수하다(못, 접착제 등).
④ 충격, 진동 등의 흡수성이 크다.
⑤ 가격이 저렴하여 경제적이다.

1-2 • 목재의 단점

① 화재에 약하다(250℃에서 인화, 450℃에서 자체 발화).
② 흡수성 및 흡습성이 커서 변형되기 쉽다.
③ 습기가 많은 곳에서 부식하기 쉽다.
④ 충해나 풍화에 의해 내구성이 떨어진다.
⑤ 금속형에 비해 가공면이 매끄럽지 못하다.

2 목형용 목재

일반적으로 제작 개수가 적으면 연질의 목재를 사용하고, 제작 개수가 많으면 경질의 목재를 사용한다. 연질 목재에는 소나무, 낙엽송, 이깔나무 등의 침엽수가 많고, 경질 목재에는 느티나무, 벚나무, 박달나무 등의 활엽수가 많다.

티크제나 마호가니는 조직이 치밀하고 가공이 쉽고 마멸이 적을 뿐 아니라 건습(乾濕)에 의한 신축 변형이 적어 목형 재료로 적합하다. 이깔나무, 소나무류는 정밀한 제작에는 적합치 않으나 가공이 쉽고 값이 저렴하므로 보통 목형에 많이 사용된다. 목형은 수분에 의해 변형되는 것을 방지하기 위하여 충분히 건조된 목재를 사용하고 흡습(吸濕)을 방지하는 것이 중요하다.

표 1-1 목형용 목재

목재명	특징	목형으로서의 용도
미송(美松)	재질이 연하고 저항력이 크며 가공이 용이하다. 비교적 송진이 적고 값이 싸다.	보통 목형용으로 널리 사용된다.
나왕(羅王)	재질이 견고하고 질이 균일하여 가공하기 쉽다. 목형용 재료로 이상적이지만 고가이다.	정밀한 고급주물의 목형에 사용된다.
소나무(陸松)	재질이 연하고 가공이 쉽다. 균일하지 못하고 값이 싸다.	일반 목형에 널리 사용된다.
벚나무	재질이 치밀하고 견고하여 마모에 잘 견디므로 정밀함을 요하는 작은 목형에 사용된다.	많은 주물용 목형에 적당하며 오래 보존할 수 있다.
박달나무	질이 단단하고 질겨 여러 가지 작은 목형에 사용된다.	복잡한 형상에 사용된다.
회화나무	나뭇결이 곧고 치밀하며, 끝손질한 면이 아름답고 가공은 쉬우나 고가이다.	특히, 정밀하고 중요한 부분에 사용된다.
잣나무	질은 단단하나 변형이 많다.	여러 가지 목형에 사용된다.
전나무	질이 연하고 가벼우나 소잡하고 변형이 많다.	가격이 저렴하여 일반적으로 대형 목형에 사용된다.

2-1 • 목재의 조직 및 수축

목재 단면의 나이테 중심부를 수심(pith)이라 하고, 수피에 가까운 부분을 변재(sap wood), 안쪽 부분을 심재(heart wood) 또는 적재라 하며, 수심에서 수피 방향의 방사상으로 배열된 조직을 수선(medullary)이라 한다.

변재는 세포가 살아있는 상태이며 엷은 색으로 수액을 이동시키고 양분을 저장하는 역할을 한다.

심재는 세포가 죽은 상태이며 나무에 강도를 주고 세포 안은 고무질, 송진질 및 기타의 유색물로 채워져 적색 또는 갈색으로 물들어 있다. 나무의 성장에 계절적인 구별이 있는 경우 횡단면에서 수심을 중심으로 한 동심원 상태의 층이 보이는데 이것을 성장테라 한다. 성장테가 1년을 주기로 할 때를 나이테라 하며 열대 지방 목재는 나이테가 명확하지 않다.

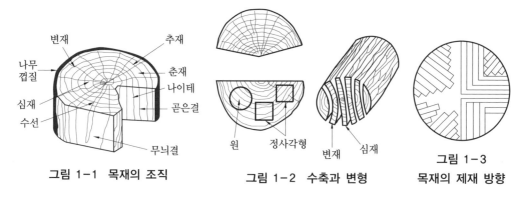

그림 1-1 목재의 조직　　　　그림 1-2 수축과 변형　　　　그림 1-3 목재의 제재 방향

목재는 많은 수액을 함유하고 있어 건조시키면 수축과 변형이 발생하는데 수축량과 변형량은 목재의 종류와 벌채 시기, 장소 및 제재 방법에 따라 달라진다.

일반적으로 늙은 나무보다 어린 나무가, 심재보다는 변재가 수축과 변형이 심하다. 수축과 변형을 최소화하기 위해서는 마름질과 접합부에 주의해야 한다.

목재의 변형을 방지하기 위한 조건은 다음과 같다.
① 질 좋은 목재를 선택한다.
② 벌채 시기는 장년기 수목을 대상으로 가을과 겨울이 좋다.
③ 목편(木片)을 여러 개 조합하여 목형을 제작한다.
④ 적당한 도장 및 목재의 접합을 정확히 한다.

표 1-2 목재의 수축 방향

구분\종류	섬유 방향 (길이 방향) %	반지름 방향 (곧은결의 나비) %	나이테 방향 (무늬결의 나비) %
침엽수	0.2~0.5	2~4	5~8
활엽수	0.2~0.6	3~8	6~12

2-2 • 목재의 기계적 성질

목재의 비중은 건조 및 수축의 영향을 크게 받는다. 같은 목재라도 그 비중과 강도차가 심하며 인장강도는 압축강도보다 크고 전단강도는 극히 작으며 목재의 넓이 방향의 강도가 길이 방향의 강도에 비하여 적다.

표 1-3 목재의 기계적 성질(단위 : MPa)

종류	압축강도	인장강도	전단강도	휨강도
참나무	64.1	125	12.3	118
소나무	48	51.9	10.1	89
낙엽송	63.8	69.5	9	82.7
밤나무	39	53.9	6.4	85
미송	48	105	7.4	87
삼나무	40	44.7	5.2	57.6
오동나무	24	24.1	6.0	39
나왕	52.5	92.8	12.7	–

(1) 인장강도

목재의 인장강도는 목재를 양방향에서 잡아당길 때 외부의 힘에 대한 저항력을 말한다. 목재의 섬유 방향이 가장 크고, 직각 방향이 가장 작다. 직각 방향의 인장강도는 섬유 방향의 1/10 정도이다.

$$인장강도 = \frac{파괴 \ 시의 \ 외력}{단면적} \ [kg/cm^2]$$

(2) 압축강도

목재의 압축강도는 목재를 양방향에서 내부로 미는 힘에 대한 저항력을 말한다. 압축강도는 섬유 방향의 1/3~1/10 정도이다.

$$\text{압축강도} = \frac{\text{파괴 시의 외력}}{\text{단면적}} \, [\text{kg/cm}^2]$$

(3) 전단강도

목재를 섬유 방향으로 절단할 경우에 생기는 응력을 전단응력이라 하고, 파괴될 때의 응력을 전단강도라 한다. 목재의 전단강도는 인장강도 및 압축강도의 1 / 10 정도이다.

$$\text{전단강도} = \frac{\text{파괴 시의 외력}}{\text{전단면적}} \, [\text{kg/cm}^2]$$

(4) 굽힘강도

목재의 양 끝을 받치고 하중을 가하면 휘어지게 되는데, 이에 저항하는 힘의 크기를 말한다.

2-3 • 목재의 건조

목재는 벌목 직후에 많은 수분을 함유하지만 시간이 경과하면서 건조된다. 건조가 불충분한 목재를 사용하면 수축 및 변형이 생기기 쉽다. 건조시의 공기 조건은 온도를 높이고 습도는 낮추며 통풍이 잘 되도록 한다.

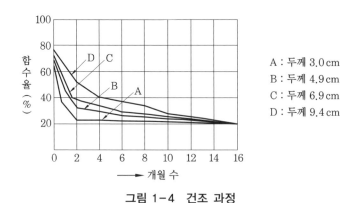

그림 1-4 건조 과정

(1) 목재의 건조 방법

건조의 목적은 목재 속에 들어 있는 수분을 함수율 (목재 중에 포함된 수분의 무게비)이 될 때까지 제거해 변형과 부식을 방지하고 강도 및 경도 등이 좋은 재료를 얻는 것이며 건조 방법으로는 자연 건조법과 인공 건조법이 있다.

① 자연 건조법 : 목재를 장시간 옥외에 쌓아 방치함으로써 자연적으로 수분을 증발시켜 제거하는 방법으로 야적법이라고도 한다. 자연 건조에 걸리는 시간은 판재의 두께 30 mm를 기준으로 할 때 함수율 50 % 정도의 활엽수는 약 3~4개월, 침엽수는 1.5~3개월이 걸린다.

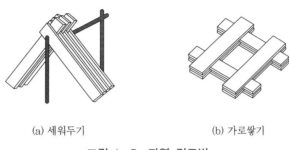

(a) 세워두기   (b) 가로쌓기

그림 1-5 자연 건조법

② 인공 건조법 : 인공적으로 만든 건조 장치를 사용하여 목재를 건조시키는 방법이다.

  ㈎ 열기 건조법 (hot air seasoning) : 박판 건조에 많이 사용하며 목재를 건조실에 넣고 폐기 (exhaust gas)를 통하여 실내 공기를 가열하여 송풍기를 이용하여 열풍 (약 70℃)을 목재 사이로 보내 건조시키는 방법이다.

  ㈏ 침재 건조법 (water seasoning) : 목재를 벌목하여 물 위에 약 10일간 방치하여 수액과 수분이 치환된 후에 공기 통풍이 좋은 장소로 이동시켜 건조하는 방법으로 목재의 균열을 방지하는 장점이 있는 반면에 탄력성이 떨어지는 단점이 있다.

  ㈐ 자재 건조법 (boiling water seasoning) : 목재를 용기에 넣고 끓여 자연 건조시킨 것으로 수축이 적은 장점이 있으나 연질이라 약하며 변색이 생기는 단점이 있다.

  ㈑ 증재 건조법 (steaming timber seasoning) : 목재를 용기에 넣고 2~3기압의 증기를 약 1시간 정도 가하여 그 열과 증기로서 수액을 배제한 후 대기중 또는 열기실에서 건조하는 방법이다. 강도가 다소 떨어지는 결점이 있으나 건조가 빠르고 목재의 변형, 수축이 적은 특징이 있다.

  ㈒ 훈재 건조법 (smoking seasoning) : 배기가스, 연소가스로 직접 건조하는 방법이다.

  ㈓ 약재 건조법 (chemicals seasoning) : 흡습성이 강한 건조제인 염화칼리 (KCl), 황산 (H_2SO_4), 산성 백토 등을 사용하여 밀폐된 건조실에 목재를 넣고 건조하는 방법이다.

표 1-4 목재 건조시 손상 방지법

건조과정 중 목재 손상	방지 방법
건조 초기의 표면 균열	습도를 높이고, 그 후에 습도 조절
건조 진행이 함수율 30%에서 느릴 때	12~24시간 고습도 유지 후 습도 조절
판의 휨, 비틀림, 일그러짐, 수축 발생	건조 온도의 일정을 늦추든가, 천연 건조 후 인공 건조
건조 말기의 내부 균열, 표면 수축, 요철 발생	온도 및 습도 조절
건조 후 응력 제거가 오래 걸릴 때	매일 2시간 정도 증자(蒸煮)한다.

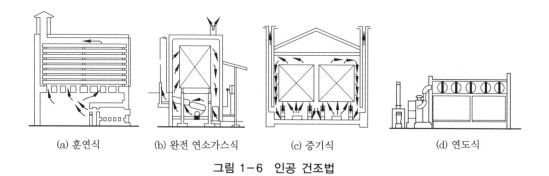

(a) 훈연식   (b) 완전 연소가스식   (c) 증기식   (d) 연도식

그림 1-6 인공 건조법

2-4 • 목재의 방부법

목재는 속에 수액, 습기 등을 함유하고 있으면 습식(wet rot)이 생겨 균류의 발생으로 부식되고, 습기가 너무 적고 공기가 잘 통하지 않는 곳에서는 미생물의 기생으로 건식(dry rot)이 생겨 변색되고 분말 상태로 되고, 외부에서 벌레가 들어가 충식(insect rot)을 일으키는 일이 있다. 이러한 현상을 방지하는 방법을 방부법이라 하며 다음과 같은 방법이 있다.

(1) 도포법
목재의 표면에 페인트, 크레졸(cresol)류를 칠하거나 주입하는 방법이다.

(2) 침투법
염화아연, 승홍 ($HgCl_2$), 유산동의 수용액 등을 목재에 침윤, 흡수시키는 방법이다.

(3) 자비법
방부제를 끓여 부분적으로 침입시키는 방법이다.

(4) 충진법

목재에 구멍을 파고 방부제를 넣는 방법이다.

2-5 ● 목재의 선택 방법

목형용 목재는 주로 주조 방안에 따라 설정된 목형의 종류 및 제품량에 의한 목형의 내구도와 제작비를 검토하여 선택하여야 한다. 목형용 목재를 선택할 때의 구비 조건은 다음과 같다.

① 함수율이 다소 변동되더라도 수축량에는 큰 차이가 없어야 한다.
② 기계적 성질이 좋아야 한다.
③ 흠이 없어야 한다.
④ 다듬질 표면이 곱고 주물사와의 이형이 잘 되어야 한다.
⑤ 값이 싸고 손쉽게 구입할 수 있어야 한다.
⑥ 섬유 방향이 가급적 동일하여야 한다.

3 목형용 보조 재료

3-1 ● 접착제와 결합제

목재의 접합제는 사용하기 쉽고 접착력이 강하며 내수성, 내구성, 가공성이 좋아야 한다. 접착제의 접착 강도는 접착제의 종류와 바르는 방법 이외에 다듬질 정도와 접착할 때의 가압 방법 등에 따라 달라진다. 결합제는 목재와 목재를 결합할 때 사용되며 일반 쇠못, 나사못, 나무못, 클램프 등이 있다.

(1) 아교 (glue)

동물의 가죽, 뼈 등을 석회수로 지방분을 제거하고 물과 함께 장시간 가열하여 정제 응고시켜 만든 것으로 봉상과 판상 모양이 있으며, 모두 투명하고 냉수에 녹지 않아야 한다. 아교는 냉수 속에 3~4시간 담가 두어도 녹지 않는 것을 사용해야 한다. 냉수에 녹는 것은 접착력이 약하고 주형 제작 중에 수분이 흡수되면 팽창하기 때문에 목형을 비틀리게 하거나 주형에서 목형을 뽑아내기 어렵게 된다.

아교를 용해할 때는 그림 1−7과 같이 간접 가열방법을 이용한다. 아교와 물의 비율은 약 1 : 2이다.

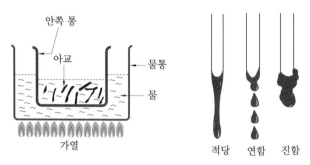

그림 1−7 아교 용해

(2) 합성 수지제

합성 수지계 접착제는 아교나 다른 접착제에 비하여 접착력이 좋다. 화학적으로 안정 되기 때문에 노화 및 부식이 적으며 내수성이 좋다. 합성 수지계 접착제의 종류에는 초 산 비닐계, 페놀계, 에폭시계, 합성 고무계 등이 있다.

3-2 · 도장 재료

표 1−5 목형 구성 부분별 색

구성 부분	영국 (NBS)	미국 (AFS)	일본 (JIS)	한국 (KS)
목형 본체	검정	나무 그대로 (투명)	나무 그대로 (투명)	나무 그대로 (투명)
기계가공 부분	빨강	빨강	빨강	빨강
코어프린트	노랑	검정	검정	검정
코어프린트 위치 면	노랑	검정	검정	먹물로 위치판 표시
루스피스위치 닿는 면	황색 바탕에 붉은 선	은색	−	먹물로 위치판 표시
덧붙임	황색 바탕에 흑색 점	녹색	−	−

목형은 주형할 때 습기가 있는 주물사에 묻히므로 습기를 흡수하여 변형되기 쉽다. 변 형을 방지하기 위하여 목형을 도장한다. 도료는 피막이 얇고 목형의 정밀도를 저하시키 지 않으며 표면이 매끈하여 모래의 이탈이 잘 되는 것을 선택한다.

4 목형 제작 방법

4-1 • 현도법

현도란 수축자를 사용하여 주조 방안에 따라 목형 제작에 필요한 요소인 가공 여유, 라운딩, 기울기, 분할면, 덧붙임형 등의 치수를 결정하여 1 : 1로 나타낸 도면을 말한다. 현도는 평면에 그린 도면에 국한되기 때문에 간단한 것은 현도가 필요치 않지만 복잡한 목형일 때 현도를 작성하면 도면의 이해가 빠르고 목형 제작에 도움을 줄 뿐만 아니라 도면상의 모순성 및 치수의 오차 등을 발견할 수 있으므로 현도 작성이 필요하다.

일반적으로 현도 작성 시 주의 사항은 다음과 같다.

(1) 살 두께는 균일하게 하여 급격한 변화가 없도록 할 것
(2) 모서리 부분은 수축, 균열 등의 결함을 방지하기 위하여 라운딩을 크게 할 것
(3) 기계가공 여유는 적게 할 것
(4) 보강용 리브는 반드시 본래의 살 두께보다 얇게 하고 곡선으로 연결할 것
(5) 신축되지 않는 두 곳을 연결하는 암 (arm) 등에는 직선보다 곡선을 이용하여 신축되게 할 것

4-2 • 목형 제작상의 유의 사항

목형 제작은 주형 제작과 밀접한 관계가 있으므로 목형 제작자는 주형을 제작할 경우의 난이성을 고려하여 목형을 제작하여야 하므로 주형 제작자와 긴밀한 연락을 취하여 요구하는 것을 제작하여야 한다. 보통 목형 제작은 다음과 같은 점을 유의하여야 한다.

(1) 수축 여유 (shrinkage allowance)

금속을 가열하면 팽창하고 냉각시키면 수축되어 주물의 치수보다 작아지므로 수축되는 주물의 양만큼 크게 만든다. 이 수축에 대한 보충량을 수축 여유라 한다. 일반적으로 주물의 수축량은 재질뿐만 아니라 제품의 모양, 살 두께, 주입온도, 주형온도 등에 따라 달라진다.

표 1-6은 수축량의 평균값을 나타낸 것이다. 수축량을 결정하는 것은 많은 경험과 실험값에 따르는 것이 좋다.

표 1-6 재질별 수축 여유 (mm)

재질	수축량
가단주철	7 / 1000
주철, 주강 (얇은 것), 가단주철	8 / 1000
주철 (수축이 큰 것)	9 / 1000
Al − 합금	10 / 1000
청동, 주강 (두께 5~7 mm)	12 / 1000
고력 황동	14 / 1000
주강 (두께 10 mm 이상) 일반	16 / 1000
대형 주강	20 / 1000
두꺼운 주강	25 / 1000

목형의 길이가 L 일 때 금속의 수축률 $\phi = \dfrac{L-l}{L}$ 로 표시된다. ϕ 의 값은 금속재료에 따라 다르므로 목형의 치수 L 은 주물의 치수 l 에 대하여 다음과 같은 관계가 있다.

$$L = l + \frac{\phi}{1-\phi} \times l$$

이와 같이 $\dfrac{\phi}{1-\phi} \times l$ 만큼의 여유를 주기 위하여 목형을 제작할 때는 수축 여유를 고려한 자 (尺) 가 사용된다. 이것을 주물자 (shrinkage scale) 또는 연척(延尺)이라고도 한다. 주철에서는 1m 에 대하여 8 mm 의 수축이 있다고 보아 주철용 주물자에는 8 mm 수축 여유를 더한 1008 mm 를 1m 로 한 주물자가 사용된다.

(2) 가공 여유 (machining allowance)

주물을 기계로 가공하도록 설계되어 있을 때에는 가공 기호로 기계가공의 유무와 그 정밀도가 기입되어 있다. 이때 가공할 곳에 가공량에 해당하는 여분의 두께를 더 붙여 주는데 이것을 가공 여유라 한다. 주철 주물과 주강 주물은 다른 합금 주물에 비하여 비교적 가공 여유를 많이 주는데 이것은 주철과 주강을 주조할 때 급랭으로 인해 표면이 단단해져 기계가공이 어려워지므로 절삭성을 향상시켜 주기 위함이다. 또, 주조할 때 가스와 모래가 쇳물에 들어가서 생긴 결함 부분을 깎아 버리기 위하여 여분의 가공 여유를 주기도 한다.

표시 기호로는 $\overset{25}{\nabla}$, $\overset{6.3}{\nabla}$, $\overset{1.6}{\nabla}$, $\overset{0.2}{\nabla}$ 등으로 표시한다. 막깎기 다듬질 여유는 1~5 mm, 중간 깎기 다듬질 여유는 3~5 mm, 정밀 깎기 다듬질 여유는 5~10 mm 정도이며, 재료에

따른 가공 여유는 표 1-7과 같다.

표 1-7 일반 가공여유 (mm)

재질 \ 크기	150 이하	300 이하	600 이하	1000 이하
구리합금	2	3	4	5
주철	3	4	5	6
주강	4	7	9	7
청동	2	3	4	5
Al-합금	2	3	4	5

(3) 목형 구배 (taper)

주형을 원형 그대로 유지하면서 목형을 뽑아내기 위하여 목형의 수직면에 기울기를 주는 것을 목형 구배라 한다. 뽑기 기울기 (draft or taper) 또는 구배 여유 (slope allowance)라고도 하며 목형의 크기, 형상에 따라 다르나 일반적으로 1mm에 대하여 5 / 1000~30 / 1000 mm 정도의 기울기를 준다.

(4) 라운딩 (rounding)

용융금속이 주형 속에서 응고할 때 주물의 직각 방향으로 결정립의 경계선이 생겨 약해지는 것을 방지하기 위하여 그림 1-8과 같이 모서리를 둥글게 하는 것을 라운딩이라 한다.

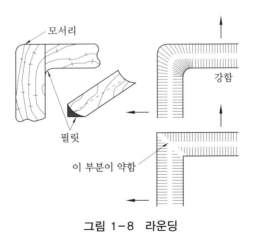

그림 1-8 라운딩

목형의 바깥부분 모서리는 라운딩하기가 간단하지만 내부 모서리는 목편이나 합성수지 등으로 필릿 (fillet) 을 만들어 모서리를 붙인다. 그 크기는 두께와 직각으로 연결되는 길이에 비례하게 설정한다.

(5) 덧붙임 (stop off)

주물 두께가 균일하지 않거나 형상이 복잡한 부분은 냉각속도가 다르기 때문에 내부 응력을 일으켜 주물의 비틀림, 균열이 발생하는데 이것을 방지하기 위하여 목형에 그림 1-9와 같이 덧붙여 주는 것을 덧붙임이라 한다.

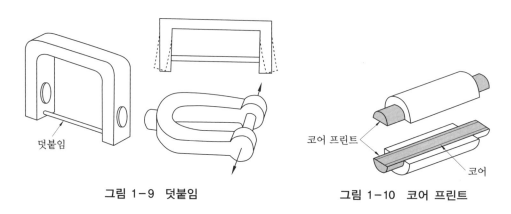

그림 1-9 덧붙임   그림 1-10 코어 프린트

(6) 코어 프린트 (core print)

코어를 끼워 넣기 위한 목형에 덧붙인 돌기 부분을 코어 프린트라 한다. 코어 프린트는 주형에 쇳물을 주입하였을 때 쇳물의 부력에 견딜 수 있는 크기와 강도를 갖추어야 한다. 코어는 쇳물이 주입되면 반응이 일어나 가스를 발생시키므로 코어 프린트를 통하여 가스를 방출해야 하며, 코어 프린트는 코어의 위치를 정하기 위한 것으로 코어의 지름, 두께, 폭이 같아야 한다 (그림 1-10 참조).

4-3 • 목형의 종류

목형은 구조상의 차이에 따라 현형(solid pattern), 부분목형(section pattern), 회전목형(sweeping pattern), 골격목형(skeleton pattern), 고르개 목형(strickle pattern), 코어 목형(core pattern) 등의 종류가 있다.

(1) 현형 (solid pattern)

제품 치수에 가공여유, 수축여유 등을 고려하여 코어 프린트를 붙여서 실물과 같은 모양으로 만든 목형으로 단체 목형, 분할 목형, 조립 목형 등이 있다.

① 단체 목형 (one piece pattern) : 1개의 목편을 이용해 실물과 동일한 형상으로 제작되며, 형상이 작고 간단한 주물에 쓰인다.

② 분할 목형(split pattern) : 주형을 쉽게 제작하기 위하여 모형을 분할하여 만든 것으로 분할된 부분은 다월(dowel)로 연결한다.

③ 조립 목형(built-up pattern) : 여러 개의 목편을 분할하여 제작한 것으로 복잡한 형상이나 주형에서 모형을 뽑아낼 때 파손되기 쉽거나 대형의 주형 제작시 이용되는 방법이다.

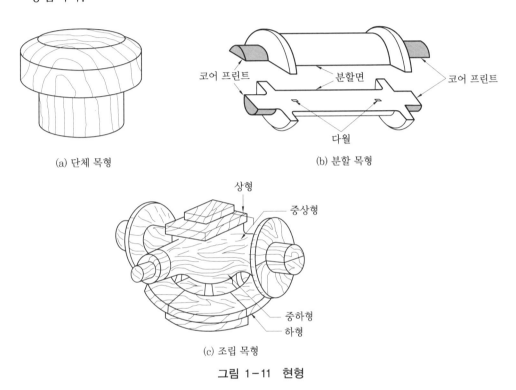

(a) 단체 목형　　　　　　　　　　　(b) 분할 목형

(c) 조립 목형

그림 1-11 현형

(2) 부분 목형(section pattern)

주형이 크고 중심과 대칭을 이룰 때 각 부분을 결합하여 주형 전체를 구성하도록 한 것으로 그 일부에 해당하는 모형을 부분 목형이라 한다.

(3) 회전 목형(sweeping pattern)

제작하려는 주물이 하나의 축을 중심으로 회전체를 이룰 때 회전판을 주물사 속에서 회전시켜 만드는 주형을 회전 목형이라 한다.

(4) 골격 목형(skeleton pattern)

주물이 대형이고 제작 개수가 적은 경우에 재료와 가공비를 절약하기 위하여 중요 부분만 골조 형상을 만들고 그 사이를 점토 등으로 메워 현형을 만들어서 사용하는 방법이다.

(5) 고르개 목형(strikel pattern)

긁기형이라고도 하며, 단면의 변화가 일정하고 주물에서 두께 15 mm 정도의 얇고 길이가 긴 합판을 그림 1-15와 같이 안내판을 따라 주물사를 긁어내어 주형을 만드는 방법을 고르개 목형이라 한다.

(6) 코어 목형(core pattern)

주물에 구멍을 내려고 할 때 코어 목형을 사용한다. 코어를 만드는 상자를 코어 상자(core box), 코어를 받쳐 주는 부분을 코어 프린트라 한다.

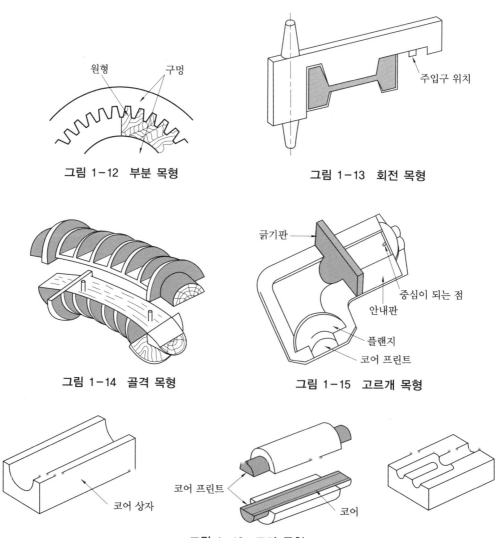

그림 1-12 부분 목형

그림 1-13 회전 목형

그림 1-14 골격 목형

그림 1-15 고르개 목형

그림 1-16 코어 목형

5 목형 공작용 수공구 및 기계

5-1 • 목형용 수공구

(1) 대패(hand planer)

대패는 형태 및 용도에 따라 평대패, 긴 평대패, 조정 대패, 측면 대패, 홈 대패, 옆면 대패, 모서리 대패, 둥근 대패, 원호 대패, 남경 대패, 미국식 대패 등이 있다. 대팻날의 각도는 목재에 따라 경질재는 30°, 연질재는 20° 정도로 하며, 대팻날은 외날 및 덧날과 함께 양날이 달린 것이 있으며, 덧날은 외날로 깎을 때 생기기 쉬운 거스러미를 방지하기 위하여 사용한다. 대패의 규격은 대팻집의 나비 치수로 한다.

(a) 평 대패   (b) 옆 대패   (c) 대패집 고치기 대패

(d) 홈 대패   (e) 턱 대패   (f) 남경 대패

(g) 배 대패   (h) 원 대패   (i) 면접기 대패

외원 대패 내원 대패

그림 1-17 대패의 종류

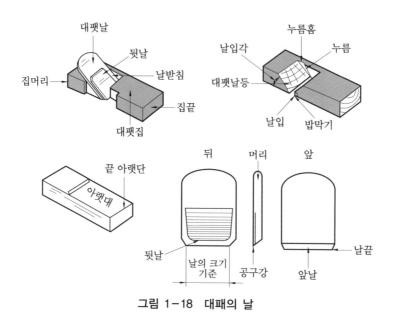

그림 1-18 대패의 날

(2) 톱(saw)

톱은 단조 또는 압연된 강철판에 한쪽 날을 낸 외날 톱과 양쪽 날을 낸 양쪽 톱이 있으며, 날은 담금질하여 경화시켜 사용한다.

톱니와 톱니 사이의 거리를 피치라 하며 일반적으로 톱니 높이는 피치의 1/2~1/3 정도가 적당하다. 톱 크기는 톱날의 길이를 기준으로 정해진다.

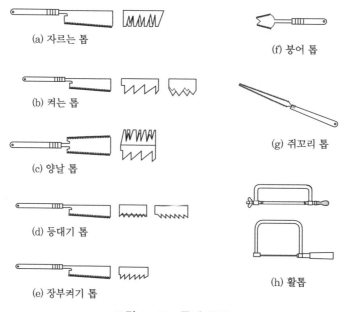

그림 1-19 톱의 종류

(3) 끌 (chisel)

끌은 대패로 깎을 수 없는 구멍이나 홈을 가공하는 데 사용하는 공구로서 끌날, 끌목, 자루 등으로 구성된다. 끌은 자루 머리에 링이 있고 없음에 따라 구멍 파기용과 깎기용으로 구분되며, 형태 및 용도에 따라 그림 1-21과 같은 종류가 있다. 끌의 규격은 앞날의 나비 치수로 정한다.

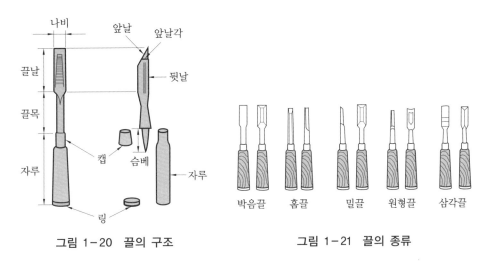

그림 1-20 끌의 구조   그림 1-21 끌의 종류

(4) 송곳 (gimlet)

송곳날과 자루로 이루어져 있다. 송곳날을 회전시켜 날끝이 파고 들어가 구멍을 뚫는 공구로, 송곳 끝은 구멍을 뚫을 때 중심선을 유지하고 전진을 안내하는 역할을 한다.

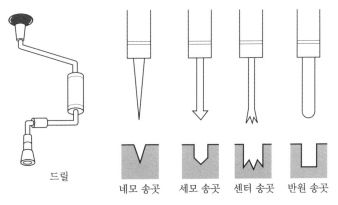

그림 1-22 드릴과 송곳

(5) 그므개(marking gauge)

그므개는 목재의 측면을 기준으로 지정된 치수에 따라 평행선을 긋거나 자리를 내게 하는 데 사용되며, 쪼갬 그므개는 얇은 판재를 자르도록 예리한 칼날을 꽂는 것을 말한다.

대부분 칼날이나 송곳이 달려 있어 나무에 칼금을 넣는 역할을 하기 때문에 이를 마킹(marking)용 공구라 한다.

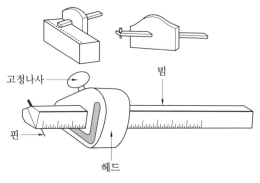

그림 1-23 그므개

5-2 • 목형용 기계

(1) 목공 선반(wood turning lathe)

공작물인 목재를 회전시켜 원통 형상으로 깎을 때 사용되는 기계를 목공 선반이라 한다. 목공 선반은 그림 1-24와 같이 주축대(head stock), 심압대(tail stock), 공구대(tool rest), 베드(bed) 및 다리 등으로 구성되어 있다. 목공 선반의 크기는 양 센터 사이의 최대 거리 및 베드 위의 스윙(swing)으로 표시하며 주축의 회전수는 600~3000 rpm 정도이다.

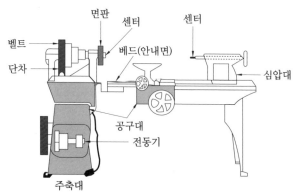

그림 1-24 목공 선반

① 센터 : 주축대는 회전 센터 (live center) 사이에, 심압대는 정지 센터 (dead center) 사이에 각각 공작물을 고정하여 회전시키는 장치 (attachment) 이다.

라이브 센터   라이브 센터   데드 센터

그림 1-25 센터

② 면판 : 주축에 설치하여 평평한 형상의 공작물을 가공할 때 사용하는 것으로 그림 1-26과 같이 목재판이 붙어 있다. 그림 1-27은 면판과 센터 작업을 할 수 없는 경우에 사용하는 것으로 소켓용 벨척 (bell chuck)이라 한다.

③ 바이트 : 목공선반 가공에서 주축에 공작물을 고정하여 회전시킨 후 원하는 형상으로 절삭가공할 때 사용되는 절삭공구이며, 그 종류로는 원형 바이트, 다듬질 바이트, 평면 바이트, 편날 바이트, 검 바이트 등이 있다.

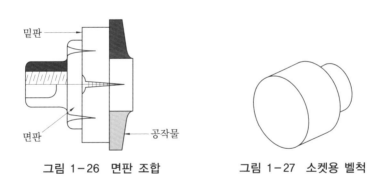

밑판

면판   공작물

그림 1-26 면판 조합   그림 1-27 소켓용 벨척

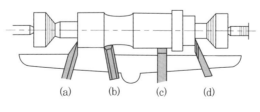

(a)   (b)   (c)   (d)

(a) 막깎기 바이트   (b) 원형 바이트
(c) 평면 바이트   (d) 절단 바이트

그림 1-28 바이트의 사용

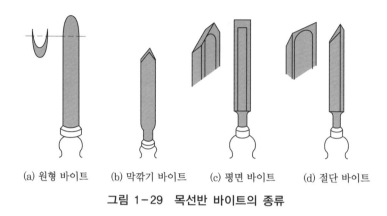

(a) 원형 바이트   (b) 막깎기 바이트   (c) 평면 바이트   (d) 절단 바이트

그림 1-29 목선반 바이트의 종류

(2) 띠톱 기계(band sawing machine)

상하 두 개의 바퀴(pulley) 사이에 띠톱날을 걸고 2000~3000 m / min의 속도로 목재를 켜는 기계이다. 나뭇결 방향과 관계없이 절단이 가능하고 곡선을 따라 오려낼 수 있으며 테이블을 경사지게 하여 경사면으로도 절단할 수 있다. 띠톱 기계의 크기는 바퀴의 바깥지름으로 나타낸다.

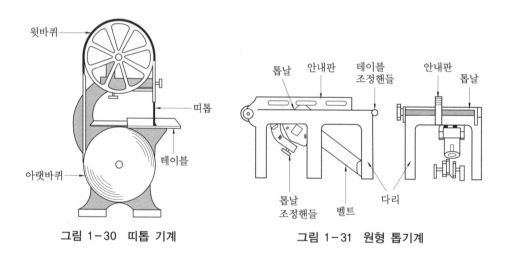

그림 1-30 띠톱 기계

그림 1-31 원형 톱기계

(3) 원형 톱기계(circular sawing machine)

경강의 원판 주위에 날을 새긴 둥근 톱날의 일부분을 테이블의 홈 구멍을 통하여 위로 나오게 하고 이것을 고속으로 회전시켜서 목재를 자르거나 켜는 것을 원형 톱기계라 한다. 원형 톱기계와 띠톱 기계의 차이점은 곡선 부분과 작은 목재를 자를 때는 부적합하고 둥근 톱의 크기는 물릴 수 있는 둥근 톱의 최대 지수로 나타내며 보통 200~400 mm의 톱이 많이 사용된다. 일반적으로 절삭속도는 1000~2500 m / min 범위 내에서 조절하여

사용한다.

(4) 목형 대패(wood planing machine)

고속의 회전축에 대팻날을 고정하고 목재를 깎는 기계이다. 목재를 절삭하는 방법에
따라 수동식 기계 대패와 자동식 기계 대패로 분류한다. 대패의 크기는 대팻날의 길이로
결정한다.

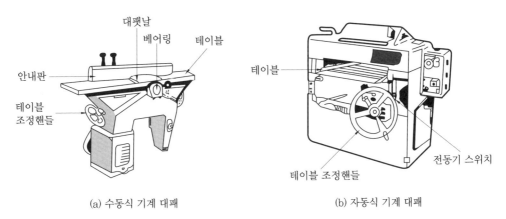

(a) 수동식 기계 대패   (b) 자동식 기계 대패

그림 1-32 기계 대패

(5) 실톱 기계(fret sawing machine)

실톱 기계는 실톱을 상하 운동시켜 테이블 위에서 손으로 가공판을 돌려가면서 가공
할 수 있도록 만든 목공용 기계톱이다. 작은 공작물의 곡선을 잘라내는 데 많이 사용된
다. 톱날은 얇은 특수강을 날어김하여 사용하고 피치는 거칠다. 실톱 기계의 크기는 가
공물의 최대 두께로 표시한다.

(6) 드릴링 기계(drilling machine)

드릴링 기계는 원형 구멍을 뚫을 수 있는 것과 네모 구멍을 뚫는 장부 구멍 기계
(hollow chisel mortiser)로 분류한다. 목형 공작에 사용하는 드릴링 기계는 기계공작에
사용하는 것과 유사하며 주축의 드릴 척에 드릴 또는 나사송곳날을 장착하고 회전시키
면서 구멍을 뚫는다. 장부 구멍 기계는 날이 네모진 예리한 사각형이며 그 속에 나사송
곳이 들어 있다.

이 나사송곳날의 끝이 네모날보다 조금 길게 나와 있어서 네모날 속에서 회전시키면
서 레버를 누르면 사각 구멍이 뚫린다.

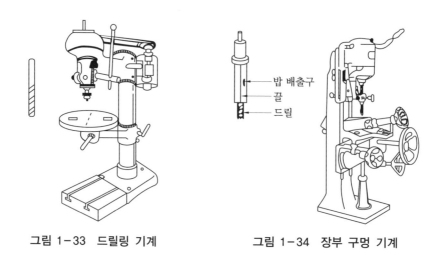

그림 1-33 드릴링 기계   그림 1-34 장부 구멍 기계

(7) 사포 기계 (sander)

샌드페이퍼와 같은 연마제를 기계에 걸어서 평면이나 곡면을 연마하여 목재의 표면을 다듬는 기계이다. 사포 기계의 종류는 벨트 사포 기계, 디스크 사포 기계, 스핀들 사포 기계가 있다.

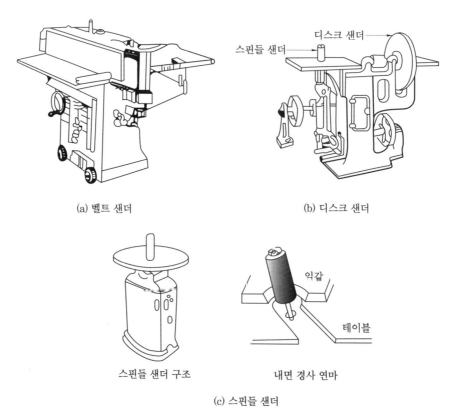

(a) 벨트 샌더   (b) 디스크 샌더

스핀들 샌더 구조   내면 경사 연마

(c) 스핀들 샌더

그림 1-35 사포 기계의 종류

벨트 사포 기계와 디스크 사포 기계는 평면이나 곡면 부분의 연마에 사용되고, 스핀들 사포 기계는 가늘고 긴 원기둥에 연마제를 감아 붙여서 구멍이나 원호의 내면 연마에 사용한다.

6 목형의 조립방법

목재를 조립할 때는 공작물의 성격, 목적, 크기 등을 고려하여 가장 적합한 방법을 선택해야 하는데 크게 완전 결합법과 위치 결정을 위한 결합법으로 분류된다. 완전 결합법은 양쪽 결합물을 일체화한 것으로 못이나 접착제로 영구히 결합시키는 방법과 못, 나사 등으로 필요한 경우에 다시 분리할 수 있도록 한 방법이다. 위치 결정을 위한 결합법은 필요한 위치를 유지하며 한쪽으로만 빠져 나오도록 하는 것으로, 다월 및 소켓 다월 (socket dowel)을 이용하여 분할면과 직각 방향으로 빠지도록 한 방법과 잔형을 이용하여 분할면 방향으로 빠져나오도록 하는 방법이 있다.

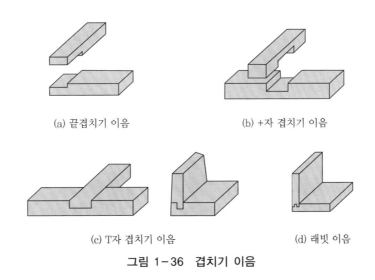

(a) 끝겹치기 이음

(b) +자 겹치기 이음

(c) T자 겹치기 이음

(d) 래빗 이음

그림 1-36 겹치기 이음

6-1 • 목재의 접착

접착제로 목재를 접착할 때는 나뭇결 방향이 틀리지 않도록 접착면에 접착제를 알맞게 바른 후 바이스 또는 프레스로 눌러 건조시킨다.

6-2 • 못나사 접착

못나사는 코어 상자 또는 조립 및 분해할 부분에 사용되며 미리 송곳으로 초벌 구멍을 뚫은 다음 드라이버로 돌려 박는다.

6-3 • 주먹 장부 맞춤과 잔형

그림 1-37의 경우는 B를 몸체 A와 접착시키거나 다월로 맞추면 잔형할 때에 B형을 빼낼 수 없으므로 주먹 장부를 제작해야 쉽게 빼낼 수 있다. 이때는 A를 빼낸 다음 그 공간을 이용하여 B를 빼내면 쉽게 조형할 수 있는데 이는 주먹 장부 맞춤에 의한 결과 이다.

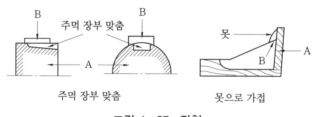

그림 1-37 잔형

6-4 • 다월 맞춤

다월은 분할면과 직각으로 빠지게 하고 다른 방향으로 움직이지 못하도록 할 때에 사용되는 방법이다. 그림 1-38과 같이 다월과 다월이 들어가 꽂히는 구멍으로 되어 있다.

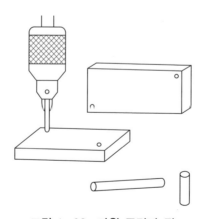

그림 1-38 다월 구멍과 핀

나무로 다월을 만들 때는 반원 송곳으로 분할면에 지름 6~12 mm 정도의 구멍을 파고 공작칼로 구멍 치수보다 조금 크게 깎은 축을 때려 박은 후에 길이 3~10 mm 정도만 남기고 잘라 버린 후 끝을 둥글게 다듬는다. 다월은 오래되면 수축 또는 마멸되어 가늘어지고 구멍이 커져 결합상태가 좋지 않기 때문에 다월 대용으로 목형 자체에 원형 또는 사각형의 큰 돌기면을 만들어 붙이고 반대쪽 목형에는 여기에 맞는 홈을 만든 다음 새로 끼워 넣는데 이를 소켓 다월이라 한다.

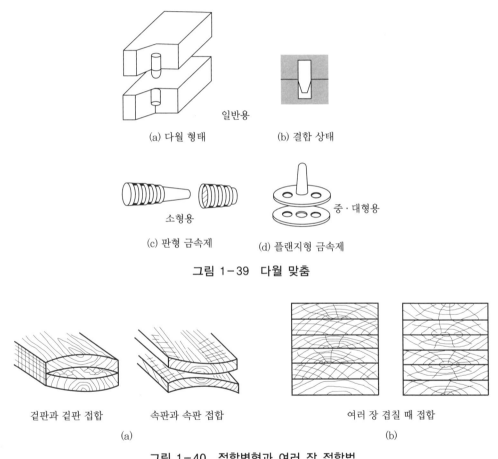

일반용

(a) 다월 형태   (b) 결합 상태

소형용

(c) 판형 금속제   중·대형용

(d) 플랜지형 금속제

그림 1-39 다월 맞춤

겉판과 겉판 접합   속판과 속판 접합   여러 장 겹칠 때 접합

(a)   (b)

그림 1-40 접합변형과 여러 장 접합법

주 조

1 주물의 개요

주조(casting)는 재료(주로 철, 알루미늄 합금, 구리, 황동 등의 금속)를 용융온도보다 높게 가열하여 액체상태로 만들어 일정한 형에 주입 응고시켜 제품을 만드는 과정을 말한다. 주조의 과정을 거쳐 만들어진 금속제품을 주물이라 하며 일반적으로 캐스팅[casting]이라고 하면 주조과정 및 주물 모두를 가리킨다. 주형에서 빼낸 주물은 그대로 사용하거나 기계가공을 하여 제품으로 완성시킨다. 일반적으로 주물재료로는 순금속보다 기계적 성질이 우수한 합금이 많이 사용된다. 또 주조성이 좋은 금속이란 용융점이 낮고 수축률이 적으며 응고시에 가스 발생이 적고, 주형에 주입할 때 유동성이 양호하여야 한다.

1-1 주물의 특징

(1) 장점
① 다양하고 복잡한 형상의 주조도 가능하다.
② 소형부터 대형 제품까지 형상 및 중량에 제한 없이 제작이 가능하다.
③ 소성가공이나 기계가공이 어려운 합금 등도 주조가 가능하다.
④ 소량, 대량 생산이 가능하여 가공비가 저렴하다.
⑤ 다른 가공기술에 비해 작업이 비교적 쉽다.

(2) 단점
① 주물은 응고시 냉각속도의 차이로 인하여 중심부와 표면부에 강도와 경도의 차이가 발생한다.
② 응고시 수축의 발생으로 정확한 치수를 얻기가 어렵다.
③ 소성가공이나 기계가공의 제품보다 기계적 성질이 떨어진다.
④ 개별, 소량 생산시에는 모형 등 제작비의 비중이 크다.

2 모래 주형 재료

2-1 • 모래 주형(사형, sand mould) 재료

주물사(moulding sand)란 주형을 제작하는 데 사용되는 모래를 말한다. 주물사의 원료는 자연사와 인공사(합성사)로 나뉘며 자연사는 다시 하천사, 산사, 해변사, 점토 등으로 분류된다. 모래의 주성분은 석영이며, 장석, 운모, 점토 등이 함유되어 있다.

(1) 주물사의 구비 조건

① 내화성(fire resistance)이 커야 한다.

② 화학적 변화가 없어야 한다.

③ 성형성(mould ability)이 좋아야 한다.

④ 통기성(mould permeability)이 좋아야 한다.

⑤ 적당한 강도(strength)를 가져야 한다.

⑥ 주물표면에서 분리가 잘 되어야 한다.

⑦ 열전도성이 적고 보온성이 있어야 한다.

⑧ 쉽게 노화되지 않고 복용성(duradility, 용융금속을 품고 있는 능력)이 있어야 한다.

⑨ 적당한 입도(grain size)를 가져야 한다.

⑩ 가격이 저렴해야 한다.

(2) 모래 입도(grain size)와 입형

주물사는 입자의 형상 및 크기에 따라 통기성, 성형성의 영향을 받는다. 입자의 형상은 원형, 다각형, 각형, 복합형 등이 있다. 입자 크기는 체(riddle)의 메시(mesh)로 표시하며 1인치 평방($1\,inch^2$)의 구멍수로 표시한다.

표 1-8 입도의 크기

입자 표시법	메시(mesh)
조립	80~100
중립	60~80
세립	60 이하

모래의 성분, 입형, 입도가 주물사에 미치는 영향으로는 석영분이 많은 것은 내화성이 크고 점토분은 성형성을 증가시킨다.

입형은 각이 예리할수록 적량의 물을 넣으면 점결성 및 성형성이 좋아지고 구형일수록 통기성은 크나 결합성이 감소한다. 입도는 굵을수록 석영분이 많고 점토분이 적기 때문에 통기성, 내화성은 증가하나 점결성은 감소하며 주물표면은 거칠게 된다.

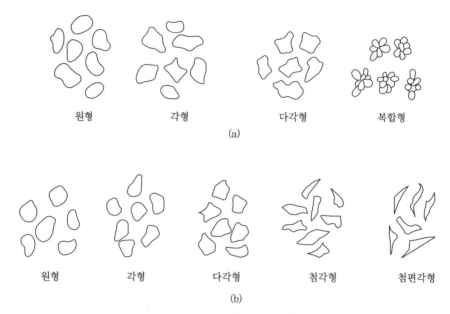

(a)

(b)

그림 1-41 모래의 입형 분류

(3) 첨가제

① 당밀(molasses) : 당밀은 생형사에 사용하면 주형 표면을 경화시켜 용융금속을 주입할 때 주형이 파손되거나 주물사가 혼입되는 것을 막아 준다.

② 곡분 (cereal) : 주조에 사용되는 곡분은 옥수수 가루 또는 전분을 0.25~1.50 % 첨가하면 주형의 건조강도 및 붕괴성(collapsibility)을 향상시키고 규사의 팽창으로 인한 패임(scab)을 방지한다.

③ 규산 분말 (silica flour) : 규산 분말은 200메시(mesh)보다 미세한 것을 주물의 표면사 (parting sand) 중에 약 5~10 % 첨가하면 사립 사이의 공극이 줄어 용융금속의 침입을 방지한다. 주물사의 강도가 증가하는 반면 유동성은 감소한다.

④ 석탄 분말 (sea coal) : 주물표면을 깨끗하게 하는 효과를 얻기 위한 것으로 주철용 주물사에 사용한다. 환원성 가스에 의한 용융금속의 산화와 소착을 방지하고 주물사의 복용성을 증가시키는 작용도 한다.

⑤ 피치 (pitch), 아스팔트 (asphalt) : 피치나 아스팔트를 3 % 정도 첨가하면 주철 주조 시 건조 주형강도와 주조품의 표면을 향상시킨다.

⑥ 산화철 (Fe_2O_3) : 코어사에 많이 사용하는 것으로 1~2 %의 산화철을 첨가하면 1250~1350℃에서 고온강도가 2~3배 증가하여 주형 표면으로 용융금속이 침입하는 것을 막아 패임(scab)이 방지된다.

표 1-9 첨가제의 종류와 사용목적

첨가제	첨가량	사용목적	비고
곡분	2.0 % 이하	습태·건태강도 및 붕괴성 향상	
피치	3.0 % 이하	Fe계 주물의 고온강도 증가, 주물표면 향상	코크스 부산물
아스팔트	3.0 % 이하	Fe계 주물의 고온강도 증가, 주물표면 향상	석유정제 부산물
시콜 (sea coal, 석탄 분말)	2~8 %	표면 미려, 후처리 작업 용이	주철에 사용
흑연	−0.2~2.0 %	조형성 향상, 표면 미려	
연료용 기름	0.01~0.1 %	조형성 향상	
목분, 쌀겨	0.5~2.0 %	완충재, 붕괴성, 유동성 향상	200메시 (mesh)
규사분 (silica flour)	35 % 이하	고온강도 증가 (침투방지)	이상 사용
산화철	미량	고온강도 증가	

3 주물사의 종류

3-1 ● 생형사 (산사, green sand)

생형사는 주로 산사에 통기성과 점결성을 증가시키기 위하여 석탄분, 점토, 규사 등과 배합하여 사용하는데, 원래 산사에는 수분과 점토 성분이 함유되어 있으므로 그대로 사용하는 경우도 많다. 생형사는 통기성이 양호하고 주물표면이 미려하며 내구도가 높고 성형성이 풍부하다는 등의 특징이 있다. 일반 주철 주물 및 비철용 주물사로 사용한다.

표 1-10 생형사의 배합과 성질

조합과 성질 / 주물의 종류		사립			점결제		배합제		성질		
		규사	산사	고사	점토	벤토나이트	목분	석탄분	수분	압축강도 (kg/cm^2)	통기도
주강	A	100				7			4	0.7	750
	B	70		30	6	2			6	0.4	350
주철	A	60	40			6		3	4	0.9	100
	B		30	70		1	1		7	0.7	60
	C	20		80	4			5	7	0.9	90
구리 합금	A	30	70		1				7	0.5	60
	B		30	70		1			8	0.4	30
경합금	A	100				6			7	0.3	40
	B			100					8	0.4	45

3-2 · 건조사 (dry sand)

건조사는 주로 하천사, 해변사에 점토를 넣어 배합하고 필요에 따라 첨가제를 혼합하고 적당한 수분을 더하여 성형성을 좋게 한다. 특히, 양호한 통기성을 위하여 볏짚, 톱밥 등을 혼합하기도 한다. 주강 또는 주철을 고온고압의 고급주물로 주조할 때 사용한다.

표 1-11 건조사의 배합과 성질

조합과 성질 / 주물의 종류	사립			점결제			배합제		성질	
	규사	산사	고사	점토	벤토나이트	당밀	목분	코크분	압축 강도 (kg/cm^2)	통기도
주강 A	거친 모래 60 / 중모래 20 / 가는 모래 20				4	6	7		7	2500
주강 B	중모래 80 / 가는 모래 20				3	5	5		6	2400
주철 A	100				7		5	8	6	250
주철 B	20		80	5				5	5	150
구리합금 A	100				8		3		4	45
구리합금 B	70		30	3			5		4	40
경합금 A		100					2		5	80
경합금 B	50		50				5		4	100

3-3 · 코어사 (core sand)

코어는 주물 본체의 홈이나 중공부분을 만드는 것으로 중공 주위는 용융금속으로 둘러싸여 탕압을 받으므로 성형성, 내화도(refractoriness) 및 통기성이 양호한 모래로 만들어야 한다. 모래는 응고 후 주물표면으로부터 쉽게 분리되어야 하며, 주물 내부는 모래의 탈락이 곤란하므로 주조 후 용이하게 붕괴되는 성질이 있어야 한다. 하천사와 소사는 4 : 6의 배율로 배합하고 15 %의 점토수로 반죽하며 점결성을 주기 위하여 당밀을 혼합한다.

3-4 · 분리사 (parting sand)

주형을 제작할 때 주물상자의 상형과 하형을 쉽게 분리하기 위하여 주형의 경계면에 뿌리는 모래로서 점토분이 없는 원형의 세립자를 건조시켜 사용한다.

3-5 • 표면사 (facing sand)

주물의 표면을 매끈하게 하기 위한 것으로 내화도가 높은 고운 모래를 사용한다. 일반적으로 생형사 3~6, 고사 2~6, 석탄가루 1/6~1/8 을 혼합하여 체로 걸러 사용한다.

3-6 • 도형재 (coating agent)

주형 표면을 곱게 하기 위하여 주형 표면을 도장하는 것을 도형재라 한다. 도형재로는 숯가루, 운모 분말, 활석 가루 등이 있다. 도형재는 내화도가 높고 주물사의 통기도를 손상하지 않으며, 주형벽에 점착이 잘 되는 성질을 갖추어야 한다.

4 주물사의 재생 처리법

4-1 • 주물사의 노화현상

주물사는 주형에 용해금속을 반복적으로 주입해 사용하기 때문에 노화현상이 발생한다. 노화현상의 주요 원인으로는 주물사의 주성분인 규사 (SiO_2)와 점토, 그리고 금속산화물 등의 혼입을 들 수 있다.

[주물사의 노화현상 원인]
① 사립(砂粒, sand grain)이 열로 인해 붕괴되어 작아진다.
② 점토의 점결력(粘結力, caking power)이 감소된다.
③ 금속산화물이 혼입된다.

(1) 규사의 노화현상

규사는 온도에 따라 팽창과 수축을 한다. 주조 작업에서는 빨리 가열되어 팽창하기 때문에 입자에 균열이 발생한다. 초기에는 투명해도 용융금속과 접촉 또는 인접한 것은 유백색으로 변하는데 이는 사립 내부에 균열이 발생한 것을 의미한다.

이 균열된 사립은 자연 시효와 조형할 때 다져주는 외력에 의해 쉽게 분쇄되어 사립의 변화가 주물사의 노화를 가져오게 된다.

표 1-12 주입횟수와 입도의 관계

횟수	통기도	점토분 (%)	수분 (%)
0	505	13.7	6.0
1	420	9.5	5.4
2	390	9.1	5.2
3	368	8.3	6.0
4	348	8.3	6.1

표 1-13 혼합사립과 통기도의 관계

사립 (mesh)	혼합비	점토	수분	통기도
70 : 100	1 : 1	10	6	212
70 : 140	1 : 1	10	6	205
100 : 140	1 : 1	10	6	156

(2) 점토의 노화현상

점토는 주물사의 점결제로 널리 사용되며, 점토의 점결력은 점토가 갖는 결합수와 관계가 밀접하여 보통 550~600℃에서 소실된다. 주형이 용융금속에 접촉된 부분의 결합수는 모두 소실되며 결합수를 잃은 점토는 점결력을 잃어 주물사 중에서 단지 미세한 가루로 존재하므로 좋지 않다.

100메시의 규사에 10％와 15％를 첨가한 2종에 대한 시험 결과는 표 1-14와 같다. 주입횟수가 많아지면 주물사는 타서 부서지고, 또 사립과 점토의 노화로 인해 미세한 분말이 증가되어 통기성은 저하한다. 점토는 600℃ 이상으로 건조되면 점결력을 잃기 때문에 일반적으로 600℃를 점토의 노화온도라 한다.

표 1-14 점토의 점결력과 온도

점토 (%) \ 온도 (℃)	100	300	500	700
10	3.5	2.6	1.2	1.0
15	15.0	10.6	3.3	1.0

(3) 산화물의 혼입

주형에는 고온의 용융금속이 주입되므로 주형 내의 모래 및 점토의 일부가 분해를 일으켜 유리 규소로 변한다. 이것이 주입금속의 산화에 의하여 생기는 FeO와 반응하여 저융점 슬래그 (slag) 및 가스를 발생시켜 주물에 여러 기공 (blow hole) 이 생기므로 산화물이 혼입되지 않도록 유의하여야 한다.

4-2 ● 주물사의 재생처리

주물사의 처리는 국부 처리와 전체 처리로 나뉘고, 전체 처리방법에는 건식 처리방법과 습식 처리방법이 있다.

(1) 국부 처리방법

주물제품 가까이 있는 주물사만 처리하는 방법을 주물사의 국부 처리라 한다.

(2) 전체 처리방법

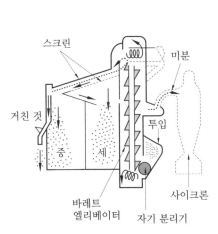

그림 1-42 건식 처리장치

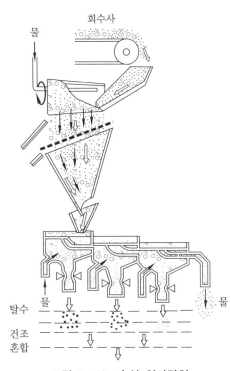

그림 1-43 습식 처리장치

주형에서 사용한 모래 전체에 대하여 처리한 것을 전체 처리라 하며 보통 주물사의 처리방법으로 전체 처리방법이 효과적이다.

① 건식 처리법 : 이 처리법은 주물사를 건조하는 데 가열장치가 필요하고 미세한 분말이 처리공장 내에 쌓여 위생 상태가 좋지 않고 주물사의 표면에 붙어 있는 배합제 등을 제거할 수 없는 결점이 있으나 처리 방법 및 장치가 간단하여 널리 사용되고 있다. 분쇄기를 이용하여 파쇄한 후 그림 1-42와 같은 장치에 의하여 주물사를 처리한다.

② 습식 처리법 : 습식 처리는 물을 사용하여 주물사를 입도별로 선별하는 방법으로 모래가 거칠수록 빨리 침전되기 때문에 적정 사립으로 분리할 수 있다. 수용성 점결제나 배합제를 함유한 주물사 처리에 가장 좋은 방법이며 모래는 원형의 형상을 가지고 있어 복용성이 양호하다.

(3) 가열 처리법

주물사는 주형 표면이 고온과 접촉하고 주형 내부는 고온과 접촉하지 않으므로 유기질 결합제와 유기질 배합제가 남아 있어 사립의 복용성을 방해할 경우 주물사를 700~800℃로 가열하여 태워주는 방법이다. 가열 처리된 주물사는 체로 분리하여 사용한다.

5 주물사 처리용 기계

5-1 • 분쇄기 (crusher)

주물사는 보통 여러 종류의 재료가 혼합되기 때문에 입도를 균일하게 하기 위하여 분쇄기나 인력에 의하여 파쇄가 이루어진다. 분쇄기의 종류는 형식에 따라 에지 밀(edge mill), 볼 밀(ball mill) 등이 있다.

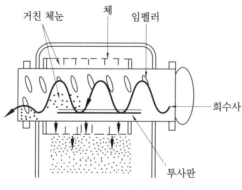

그림 1-44 분쇄기

5-2 • 혼사기 (sand mixer)

오래 사용한 모래와 주물사를 혼합 배합하여 모래 덩어리를 부수고 균일한 사립으로 만들어 통기성이 좋은 상태의 모래를 만드는 것이 혼사기이며, 생형사에 고사를 첨가하고 코크스, 점토 등을 혼합하여 점성을 주는 것을 샌드밀(sand mill)이라 하며 분쇄와 혼사를 목적으로 사용한다.

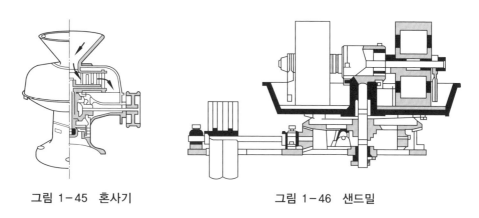

그림 1–45 혼사기   그림 1–46 샌드밀

5-3 • 자기 분리기 (magnetic seperator)

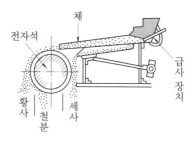

모래 중에 있는 철편 또는 철의 혼합물을 전자석 장치로 분리하는 기계이며, 모래를 먼저 체로 분리한 것을 자석으로 다시 한 번 분리시키는 데 사용한다.

그림 1–47 자기 분리기

5-4 • 투사기 (sand thrower)

모래를 체로 걸러 혼합한 후 모래 저장소에 모래를 던지는 기계이다.

6 주물사 시험법

주물사는 사분(sand powder), 점결분(caking additives), 수분(水分)의 3요소에 의해 성질이 변화한다. 주물사 시험법은 이와 같은 요소에 의해서 변화하는 주물사의 성질을 검사하는 것을 말한다. 주물사의 강도 및 점착력, 입도의 측정, 통기도, 내화도 및 성형성 등을 시험한다.

6-1 • 강도 시험법

(1) 압축강도 시험법(KS A5304)

주물사가 다양한 외력에 대해서 어느 정도 저항하는지의 강도를 시험한다. 즉 용해금속이 주형에 주입이 되는 과정에서 가해지는 정압(static pressure) 및 동압(dynamic pressure)을 얼마나 견뎌내는지의 능력을 검사한다. 일반 압축시험기의 측정 한계는 6.5 ~ 7.0 kg/cm^2 이 적용되며 압축속도는 1초당 약 150 gr/cm^{2}의 속도로 압축 하중을 걸어 3회 이상 실시하여 평균치를 구한다. 만능 시험기를 사용하면 압축시험, 항장력, 전단력 등을 시험할 수 있다.

$$\sigma_c = \frac{W}{A}$$

여기서, σ_c : 압축강도 (kg /cm^2), W : 시험편이 파괴되었을 때의 하중 (kg)
C : 시험편의 단면적 (cm^2, 19.6 cm^2)

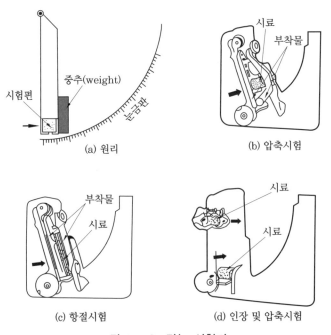

(a) 원리

(b) 압축시험

(c) 항절시험

(d) 인장 및 압축시험

그림 1-48 만능 시험기

(2) 입도 시험법 (KS A 5302)

주물사 입자의 크기와 주물의 불량 관계를 시험한다. 입도(粒度, 주물사 입자의 크기)의 시험은 메시(mesh)로 표기한다.

[메시(mesh, #) : 1변의 길이가 약 1인치(25.4 mm)인 체에서 분할 등분수로 표시]

① 주물사 입자가 큰 경우 : 주물 표면이 거칠어 용융금속이 입자 사이로 침투하여 달라붙기 쉬워진다.

② 주물사 입자가 작은 경우 : 통기성이 불량하여 기공(blow hole)의 원인이 된다.

$$입도(\%) = \frac{체면상의\ 모래(gr)}{시료의\ 무게(gr)} \times 100$$

표 1-15 약식 입도 기준

약식 표시법	메시 (mesh)
조립	50 이하
중립	50~70
세립	70~140
미립	140 이상

(3) 통기도 시험법 (KS A 5503)

통기도는 용융금속과 주형에서 발생하는 가스 및 공기가 주물사를 통과하는 정도를 말한다. 주형에 용융금속을 주입하면 주형에서 발생하는 수분과 가스, 쇳물로부터 발생하는 가스 및 주형 간격과 중공부에 있는 공기 등을 충분히 배출시키는 것이 주물의 결함 원인 중 하나인 기공을 방지하는 것이다. 가스와 공기를 통과시키는 정도를 비교하기 위하여 일정량의 공기가 일정한 형상을 한 시험편을 통과하여 배제될 때 필요한 시간 및 압력을 측정하면 다음 식으로 통기도가 계산된다.

$$K = \frac{V \times h}{P \times A \times t}$$

여기서, K : 주물사의 통기도

V : 통과 공기량(cm^3 또는 cc)으로 통기 입구와 출구의 압력차가 일정할 때 유출 공기량

h : 시험편의 높이(cm)

P : 공기 압력(수주 높이 g /cm^2)

A : 시험편의 단면적(cm^2)

t : 공기가 통과하는 데 걸리는 시간(초)

주물사를 안지름 50 mm 의 강철제 원통형 용기 안에 넣고 무게 6.5 kg의 중추(weight)를 높이 50 mm 에서 3회 자유 낙하시켜 다져서 원통 내 모래 높이가 50 ±1 mm 의 원통형 표준 시험편을 제조한다. 보통 압력을 대기압보다 10 cm 수주, 20 cm 수주 높은 압력을 사용하였을 때 통기도는 10 cm 통기도, 20 cm 통기도라 한다.

표 1-16 통기도

주물사 밀도	수주 10 cm	수주 20 cm	수주 30 cm
19.0	31.5	43.0	53.
16.9	22.0	31.0	40.

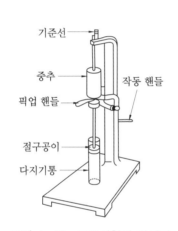

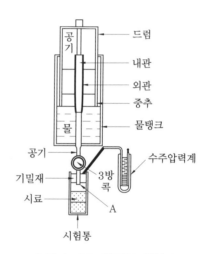

그림 1-49 표준시험편 다짐기   그림 1-50 통기도 시험기

주물사의 통기도는 모래 입자의 크기, 형상, 입도 분포, 점토 분포, 수분, 다짐 강도 등에 따라 다르며 모래의 입도는 크고 둥근 것이 좋다.

(4) 내화도 시험법

내화도(refractoriness)는 주물사가 용융금속을 주형에 주입하는 과정에서 고열에 견디는 정도를 말한다. 내화도의 측정은 제게르 콘 (Seger cone) 과 같은 삼각추로 성형하고 고온으로 가열하여 연화 굴곡되는 온도를 제게르 콘 또는 고온계로 측정한다. 그림 1-51은 제게르 콘을 노시킨 것이다.

일반적인 주물사의 내화도 시험법은 소결 온도를 측정하는 방법이 이용되고 시험편을 110 ±5℃에서 약 2시간 건조시키고 그 바깥쪽에 백금 리본을 뺀 다음 전류를 통하여 시험편이 소결되는 정도를 관찰한다.

그림 1-52와 같은 소결 시험기는 최고 1750℃까지 사용할 수 있으며 발열제로는 두께

0.15 mm, 나비 10 mm, 길이 75 mm인 백금 리본이 사용된다. 백금 리본의 발열 오차는
지시된 값에 10 %를 더하여 실제의 값으로 정해진다.

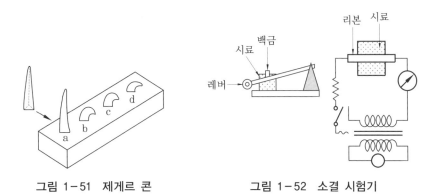

그림 1-51 제게르 콘   그림 1-52 소결 시험기

(5) 점착력 (binding force)

주물사의 점착력은 모래 입자, 점토의 양, 수분량에 따라 다르나 일반적으로 수분이
증가하면 점착력은 커진다. 수분이 적을 때는 점토에 흡착되어 점토가 분말제로서 모래
입자의 공간을 메우고, 수분이 과다할 때는 점토가 점액상으로 변하여 모래 입자의 간격
을 메우게 된다. 이런 경우는 강도가 작아지고 수분이 적당하면 점착력 및 강도는 커진
다. 일반적으로 입자의 강도는 각형이 원형보다 크다.

그림 1-53은 규사에 벤토나이트 (bentonite) 와 수분을 첨가하였을 때의 강도를 나타
내고, 그림 1-54는 수분량의 변화에 따른 강도의 변화를 표시한다.

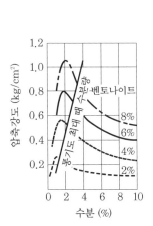

그림 1-53 규사에 벤토나이트를
첨가하였을 때의 성질

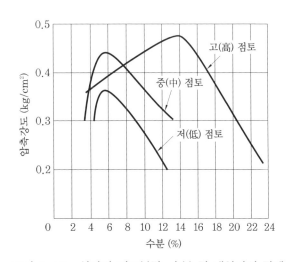

그림 1-54 산사의 점토분량, 수분 및 내압과의 관계

(6) 성형성 시험법

주물사에 의한 주형 제작에서 조형의 용이성, 즉 주형의 모양을 구현할 수 있는 주물사의 특성을 시험하는 것이다. 주형의 일부에 다짐을 주었을 때 그 효과가 전체적으로 골고루 전달되면 성형성이 양호하고, 국부적으로 전달되면 성형성이 불량하다고 할 수 있다. 성형성을 측정하는 방법은 2가지가 있다.

① 치수로 측정하는 방법   ② 경도로 측정하는 방법

7 주형용 공구 및 시설

7-1 • 주형용 공구

(1) 주형틀(주형상자, moulding flask)

주물 제작에서는 주입금속의 종류, 주물의 크기, 형상에 따라 주형상자를 제작하여야 한다. 주형상자는 상하 2개 또는 상중하 3개의 상자를 조립하여 사용한다.

목재상자는 값이 저렴하고 가벼워 수량이 적은 주물을 생형사로 주형할 때 사용하며, 금속상자는 견고하고 수명이 길기 때문에 건조형이나 대형주물, 대량 생산에 이용된다.

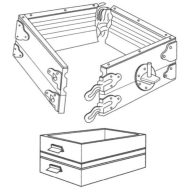

그림 1-55 주형상자

(2) 주형도마(정반, moulding board)

주형을 만들 때 목형 또는 주물상자를 올려놓고 작업하는 판이며 모래를 다지는 힘에 견딜 수 있는 강도와 작업 시 변형이 생기지 않아야 한다. 또한, 주형도마는 주형의 기준면으로 사용하기도 한다.

(3) 목마(wooden horse)

회전 복형을 고정할 때 사용되는 도구이다.

(4) 클램프(clamp)와 중추(weight)

주형에 용융금속을 주입하면 수증기, 가스 등에 의해 상형의 주형상자가 떠오르는 것을 방지하기 위하여 주형상자를 체결하는 도구를 클램프라 하며, 중량물을 상형에 올려서 누르는 것을 중추라 한다.

7-2 • 주형용 수공구

주형 제작용 수공구는 사용 목적에 따라 모래 다지기 공구, 다듬질 공구 및 보조 공구 등이 있다. 그림 1-56은 주형용 수공구를 도시한 것이다.

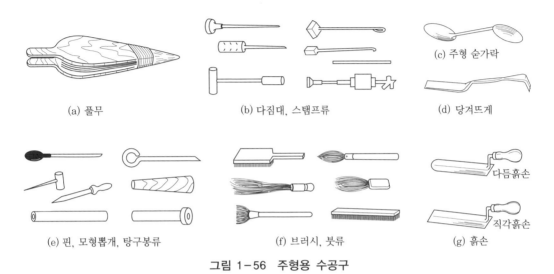

(a) 풀무 (b) 다짐대, 스탬프류 (c) 주형 숟가락 (d) 당겨뜨게

(e) 핀, 모형뽑개, 탕구봉류 (f) 브러시, 붓류 (g) 흙손

그림 1-56 주형용 수공구

7-3 • 주형용 기계(moulding machine)

주형기계는 주형 제작의 전공정을 기계화하는 것으로 대량 생산에 필요한 조형시간의 단축은 물론 생산 능률의 향상, 제품의 균일, 주물 제작, 원가 감소, 비숙련공도 조형할 수 있는 장점이 있다.

(1) 진동식 주형기(jolt moulding machine)

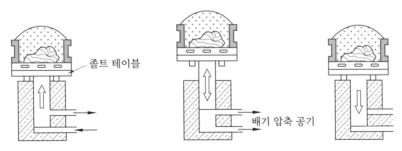

그림 1-57 진동식 주형기

그림 1-57과 같이 매치 플레이트를 테이블에 고정하고 테이블 위에 주형상자를 올려

놓고 주물사를 채운다. 졸트용 압축공기를 보내면 상승 피스톤에 압력이 걸려 주형기의 테이블이 매치 플레이트 및 주형상자를 일정한 높이로 들어 올린 후 압축공기를 빼면서 자유 낙하시켜 원위치에 떨어져 모래가 다져진다. 이 방법은 매치 플레이트에 가까운 모래, 하층부는 잘 다져지지만 상부층의 다짐이 약해지므로 상부를 다질 필요가 있다. 진동에 의해 모형 구석까지 모래가 쉽게 채워지므로 비교적 복잡한 주물의 주형에 이용된다.

(2) 압축식 주형기(squeeze moulding machine)

그림 1-58과 같이 주형상자 속에 담겨 있는 모래를 스퀴즈 테이블과 스퀴즈 헤드 사이에서 압력을 이용해 압축시킴으로써 하강식이나 상승식으로 조형하는 방법이다.

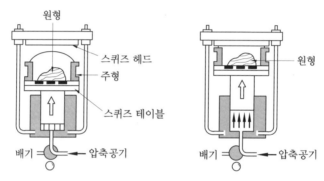

그림 1-58 압축식 주형기

(3) 진동 압축 주형기(jolt-squeeze moulding machine)

진동법과 압축법을 병용하는 방법으로 먼저 진동법으로 모래를 충전한 후 압축법으로 강도를 높이는 방법의 주형기이다.

(4) 자동연속 조형장치

기계 조형법을 발전시킨 것으로 주물사의 운반 및 공급장치, 다짐작업, 모형빼기, 코어설치, 형합침 및 완성된 주형을 주입 장소로 이동 등 주조 공정을 전환할 때 사람의 손이 필요치 않게 한 시스템이다.

(5) 샌드 슬링거(sand slinger)

만능 조형기라고 하며 주로 대형 및 중형주물의 조형 기계로 사용된다. 샌드 슬링거는 고속으로 회전하는 임펠러(impeller)에 의하여 벨트 위의 주물사를 강하게 주물상자 속의 모형 위에 투사하여 주물사의 충전과 성형이 동시에 이루어지는 기계이다. 그림 1-

59는 샌드 슬링거를 도시한 것이다.

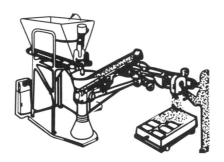

그림 1-59 샌드 슬링거

(6) 샌드 블로어(sand blower)

그림 1-60은 샌드 블로어에 의한 모래 다짐 방법으로 압축공기를 이용하여 모래를 고압으로 모형 위에 분사하는 방법이다.

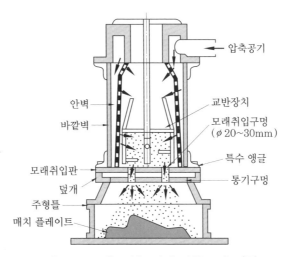

그림 1-60 샌드 블로어에 의한 모래 다짐

8 주형 제작법

주형은 반영구 및 영구 주형과 1회용 주형으로 구분된다. 반영구 및 영구 주형은 금속이나 세라믹 또는 흑연 등을 사용한 것이며, 1회용 주형은 모래를 주원료로 하고 점결제나 기타의 첨가제를 배합하여 제작하는 것을 의미한다.

8-1 주형 재료에 의한 분류

(1) 모래 주형

주물사로 만들어진 일반적인 주형이며 용융금속 주입 시의 상태에 따라 분류하면 다음과 같다.

① 생형 (green sand mould) : 수분을 5~10 % 함유한 주물사로 만든 주형으로 바로 용융금속을 주입한다. 값이 저렴하고 주물제작 시간이 단축되며 조형과 형 해체가 신속한 장점이 있으나 수분이 많으면 가스 발생이 심하고 강도가 낮은 결점이 있어 비교적 간단한 주물제작에 이용된다.

② 건조형 (dry sand mould) : 이 형은 생형을 건조하여 수분을 제거한 상태로 만들어 용융금속을 주입하는 주형이다. 중량이 큰 코어와 기계가공이 필요하고 압력시험을 받는 중형 및 대형주물에 이용된다. 주형이 잘 건조되고 도형제가 발라져 있으며 통기도가 높은 주형은 모래 소착, 기공 등의 결함 발생을 방지할 수 있으며 대규모 건조로의 설치, 주물제작 시간 연장 등의 결점이 있다.

③ 표면 건조형 (roast sand mould) : 표면사에 속경성 점결제를 배합하여 조형한 후 표면만 건조시킨 주형으로 대형주물 제작 시에 이용된다. 수축공이 적으며 표면이 비교적 깨끗한 주물을 제작할 수 있다.

④ 탄산가스형 : 규산나트륨을 점결제로 배합한 주물사로 만든 주형에 탄산가스 (CO_2)를 주입 또는 투과시켜 화학적 반응이 일어나게 하여 신속하게 경화시킨 주형이다.

8-2 주형법에 의한 분류

(1) 바닥 주형법 (open sand moulding)

주물공장 바닥에 주물사를 깔고 수평으로 만든 다음 다짐봉으로 적당히 다져 바닥에 주형을 만드는 방법이다. 주형의 상부가 개방되어 있어 주입한 용융금속의 표면이 공기와 접하여 거칠어지므로 상면이 정확할 필요가 없거나 간단한 형상의 주불을 만들 때 사용된다.

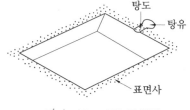

탕도
탕유
표면사

그림 1-61 마믹 주형법

(2) 혼성 주형법 (bed-in moulding)

주형상자를 사용할 수 없을 만큼 대형주물일 때 주형제작 공장의 모래 바닥을 파서 주형의 대부분을 만들고 나머지 일부분만 주형상자를 만들어 결합시킴으로써 주형을 완성 제작하는 방법이다. 주형은 모래 바닥을 깊이 파내고 석탄재나 코크스 등을 넣은 후 표면사를 덮고 주형을 제작하는데 그림 1−62와 같이 공기뽑기(air vent)를 여러 개 세워 가스의 방출을 용이하게 한다.

(3) 조립 주형법(turn over moulding)
주형도마 위에 주형상자를 2개 또는 여러 개를 겹쳐 놓고 주형을 만드는 방법이다.

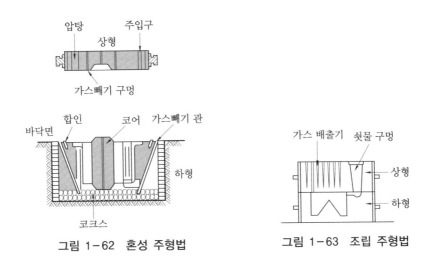

그림 1−62 혼성 주형법　　　　　　그림 1−63 조립 주형법

9　주조 방안(gating and risering system)

주물이란 용융금속을 주형에 주입하여 응고시킨 것이다. 용융금속이 주형 내부에 어떻게 유입되는가, 주형에 가득찬 용융금속이 어떻게 응고하는가 하는 문제는 주물 제조상 매우 중요한 과제이므로 주조 방안시 탕구(sprue), 탕도(runner), 주입구(gate) 등의 선정은 주물의 양부를 결정하는 기본이다. 그림 1−65는 일반적인 주입 방법으로 주물을 제작할 때 필요 부분을 부착시켜 주형을 완성하는 과정을 도시한 것이다.

탕구계(gating system)란 탕구, 탕도, 주입구 등으로 구성되어 있으며, 주형 내부에 용융금속을 주입하는 데 필요한 통로로서 다음과 같은 기능이 있다.
　① 주형의 공간에 용융금속을 주입하는 기능
　② 슬래그, 먼지 등을 분리하여 모으는 기능
　③ 주형 공간에서 발생되는 가스, 공기 등을 배출하는 기능 등

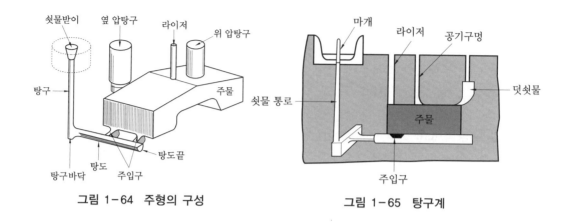

그림 1-64 주형의 구성 　　　　　 그림 1-65 탕구계

9-1 · 탕구계의 구성

(1) 쇳물받이 (주입컵, pouring cup)

주형 외부로부터 용융금속을 주입하게 하는 곳을 쇳물받이라 하며, 탕구에 직접 용융금속을 주입하지 않고 용융금속을 일단 고이게 하여 슬래그, 불순물을 제거하고 깨끗한 용융금속만 일정한 속도로 유입되게 설치한 것을 탕류 (pouring basin) 라 한다. 일반적으로 주형과는 별도로 만들어 탕구 부분에 올려놓기 때문에 이 부분을 탕도상자 (runner box)라고도 한다.

(2) 탕구 (sprue)

주형에 용융금속이 유입되는 통로로서, 일반적으로 쇳물받이(주입컵)에서 밑으로 수직으로 연결되어 있는 쇳물 통로를 일컫는다. 탕구는 테이퍼(taper)진 환봉을 모형으로 하여 만들므로 탕구봉이라고 한다. 탕구 밑부분은 쇳물의 흐름을 완만하게 하기 위해 반원형으로 만들었으며, 이 부분을 탕구바닥 (sprue base) 이라고 한다.

(3) 탕구비

탕구봉의 단면적과 탕도의 단면적비를 탕구비라 한다. 보통 주철에서는 1 : 1~0.75, 주강은 1 : 1.2~1.5로 탕구비를 주고 있다.

$$탕구비 = \frac{탕구봉\ 단면적}{탕도의\ 단면적}$$

(4) 탕도끝 (runner extension)

탕도를 따라 주입되는 쇳물은 모래의 미분 등 불순물을 포함할 수 있기 때문에 이를 모아두는 방안으로 탕도의 끝부분을 연장해 둔 것을 말한다.

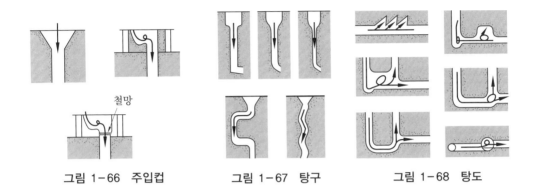

그림 1-66 주입컵   그림 1-67 탕구   그림 1-68 탕도

(5) 주입구 (gate)

탕도에서 쇳물이 주형에 들어가는 곳을 주입구라 한다. 주입구는 쇳물을 주입할 때 쇳물이 주형에 부딪쳐 역류 현상이 일어나지 않고 주형 안에 있는 공기와 가스가 잘 배출되도록 하여 쇳물이 주형의 구석까지 채워지도록 한다. 그림 1-69는 주입구의 종류를 도시한 것이다.

(a) 직접 주입구   (b) 섹스폰 주입구   (c) 샤워 주입구   (d) 휠 주입구

(e) 혼 주입구   (f) 말굽형 주입구   (g) 나이프 주입구   (h) 계단 주입구   (i) 랩 주입구

그림 1-69 주입구의 종류

(6) 탕구의 높이와 주입속도

그림 1-70 (a)와 같은 용기 내에 비압축성 유체가 충만되어 있을 때 다음 관계식이 성립된다.

$$Q = A \cdot v$$

여기서, Q : 단위 시간당 유량 (cm³/s), A : 유로의 단면적(cm²), v : 유속 (cm/s)

유속 v 는 Bernoulli 정리에 의하여

$$v = C\sqrt{2gh}$$

여기서, h : 용기 내 유체의 높이 (cm), C : 유량 계수 (0.15~1.3), g : 중력가속도 (cm/s²)

그림 1-70 (b)와 같은 A·B 2개의 용기 중 A 용기에만 유체를 채우고 2개의 용기를 연결한 밸브를 열 때 A 용기의 유체 높이 h_2 에 변화가 없도록 한다면 출구에서의 최초의 유속 $v = C\sqrt{2gh_2}$, B 용기에 유체가 h_1 의 높이까지 들어갔을 때의 유출 속도 $v_2 = C\sqrt{2gh_1}$ 이므로

평균 유속을 V_m 이라 하면

$$V_m = \frac{C}{2}\left(\sqrt{2gh_2} + \frac{C\sqrt{2g}}{2}\right) = (\sqrt{h_2} + \sqrt{h_1})\ [\text{cm/s}]$$

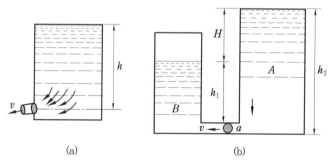

(a)   (b)

그림 1-70 유출 속도

(7) 라이저 (riser, 덧쇳물)

금속은 응고할 때 일반적으로 수축되는데 이로 인한 쇳물을 보충하기 위하여 수축이 될 주형 공동 부위에 설치된 탕구 모양의 것을 라이저라 한다.

라이저를 설치하면 다음과 같은 이점이 있다.

① 주형 내의 용재 및 불순물을 밖으로 밀어낸다.

② 쇳물의 주입량을 알 수 있다.

③ 금속이 응고할 때 체적 감소로 인한 쇳물 부족을 보충한다.

④ 주형 내에 쇳물 압력을 준다.

⑤ 주형 내의 가스를 방출하여 수축공(shrinkage cavity) 현상이 생기지 않는다.

9-2 • 주입온도 및 주입시간

(1) 주입온도

주입온도와 주입시간인 주입속도는 주조 방안을 설정하는 데 중요한 사항이며 탕구, 탕도, 주입구의 크기와 형상에 따라 달라지므로 주입시간을 미리 결정한 다음 이것을 기준으로 탕구비를 결정하는 것이 보통이다. 화학 성분이 같은 쇳물이라도 주입온도가 쇳물의 유동성에 미치는 영향은 크며 주물의 모양, 두께에 따라 주입온도를 조절하여야 한다.

또한, 주입온도는 기계적 성질에 영향을 미치는 원인이기도 하다. 주입온도가 높으면 쇳물의 가스 흡수가 심하므로 기공의 원인이 되며 수축이 심하여 균열을 일으키기 쉽다. 주입온도가 낮을 경우는 라이저에 의한 쇳물의 충분한 공급이 이루어지기 전에 응고되므로 주물 불량의 원인이 되며 유동성 및 쇳물의 흐름이 나쁘게 나타난다. 각종 주물의 주입온도는 표 1-17과 같다.

표 1-17 각종 주물의 주입온도

주물 재료	주입온도(℃)
황동 주물 KS D 6001	1150~1200
청동 주철 KS D 6002	1050~1150
알루미늄합금 주물	670~760
주철 대형 기계 주물	1350~1360
주철 소형주물 (생사형)	1350~1390
대형 주강	1520~1540
소형 주강	1540~1560

(2) 주입시간

주형에 쇳물을 주입할 때 걸리는 시간으로 주입속도라고도 하며, 초(s)로 표시한다.

주입은 안정되게 신속히 하는 것을 기본으로 쇳물이 난류를 일으키지 않도록 유의하여야 한다. 주입온도가 높은 주강은 주입속도가 빠르면 주형을 파손시킬 염려가 있고 주물 두께가 큰 주물은 수축이 크므로 주입시간을 길게 하며, 얇은 주물은 모양이 복잡한 주물의 주입속도를 빠르게 한다.

주입시간은 표 1-18을 기준으로 하며 이상적인 주입시간은 주물사의 통기도, 주물의 두께, 주물의 중량을 계산한다.

표 1-18 주입속도

주물중량 (kg)	30	60	100	150	200	250
주입시간 (s)	8	10~15	16~20	20~24	22~24	23~30
주물중량 (kg)	300	350	400	450	500	
주입시간 (s)	24~34	35~36	36~38	38~42	42~45	

주입시간은 H. W. Dietert 의 실험식에 의하여 다음과 같이 정의한다.

$$T = S \sqrt{W}$$

여기서, T : 주입시간 (초)
W : 주물의 중량 (kg)
S : 주물 두께에 따른 계수

건조형에 주입할 때 주물 두께에 따른 계수(S)는 다음과 같다.

두께 2~4 mm 일 때 $S = 1.6$
두께 4~8 mm 일 때 $S = 1.8$
두께 8~16 mm 일 때 $S = 2.0$
얇고 복잡한 것 $S = 0.5 \sim 0.8$
간단한 것 $S = 0.75 \sim 1.2$

표 1-19 주철과 주강의 주입시간

주철 (cast iron)		주강 (cast steel)	
중량 (kgf)	주입시간 (s)	중량 (kgf)	주입시간 (s)
100 이내	4~8	100~250	4~6
500 이내	6~10	250~500	6~12
1000 이내	10~20	500~1000	12~20
4000 이내	25~35	1000~3000	20~50
4000 이상	35~60	3000~5000	50~80

위 식은 500 kg 이내의 소형주철 주물에 알맞다.

9-3 • **압상력**

주형에 쇳물이 주입되면 주형의 각 부분은 그 투상 면적과 탕구의 높이에 비례하여 압력을 받게 된다. 이 압력은 주형의 각 부분에 가해지며 코어에도 부력을 준다. 이와 같은 힘이 상형의 무게보다 클 때에는 상형을 들어올리게 되므로 상형과 하형을 클램프로 고정하든가 무거운 중추를 주형상자 상형에 올려놓아 쇳물이 새거나 파괴되는 것을 방지한다. 중추는 중앙을 오목하게 하여 모래에 접촉시키지 않게 한다.

그림 1-71은 중추를 놓는 방법을 도시한 것이다.

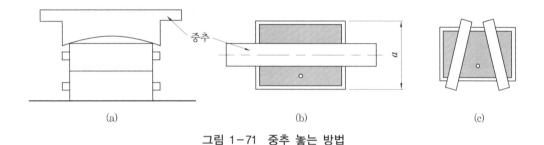

(a)   (b)   (c)

그림 1-71 중추 놓는 방법

그림 1-72는 주물 위에서 본 투명면적 S, 주입금속의 비중량 P, 주물의 윗면에서 주입구의 면까지의 높이 H, 상형 주물상자의 무게 G라고 할 때 F(압상력)는

$$F = S{\cdot}P{\cdot}H$$

이론상으로 중추의 무게 $W = F - G$보다 크면 되나 실제로 쇳물이 흐를 때 큰 압력을 받게 되므로 중추의 무게는 압상력의 3배를 계산한다.

그림 1-73은 주형 내에 코어가 설치되어 있으면 코어의 부력을 고려하여야 한다. 코어의 체적을 V라 하면 F(압상력)는

$$F = \left(S{\cdot}P{\cdot}H + \frac{3}{4}V{\cdot}P \right)$$

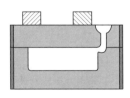

그림 1-72 압상력 Ⅰ

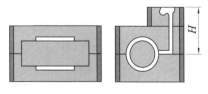

그림 1-73 압상력 Ⅱ

10 주물 후처리

주물을 주형으로부터 분리한 후 주물에 붙어 있는 주물사나 내화물을 진동시키거나 샌드 블라스트(sand blast)로 제거하여 주물 표면을 청정한 후 탕구 및 탕도를 제거하고 주물을 다듬질 및 보수 후 열처리하는 작업을 주물의 후처리라 한다.

10-1 • 주물의 해체

쇳물의 주입이 끝나면 주물이 굳은 후 주형을 해체한다. 그림 1-74는 셰이크 아웃 머신(shake out machine)이며 주형을 기계 위에 놓으면 진동으로 모래가 탈락되고 제품과 주물상자는 테이블 위에 남는다.

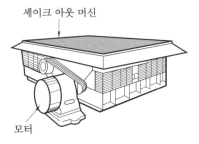

셰이크 아웃 머신

모터

그림 1-74 셰이크 아웃 머신

10-2 • 주물의 청소

주물 표면에 붙어 있는 모래나 불순물이 소량인 경우는 수동 방법으로 와이어 브러시를 사용해 제거하고 일반적으로 전마기(tumbler)에 모래 또는 톱밥, 가죽 조각 등을 넣고 회전시켜 주물의 표면을 깨끗이 청소하거나 분사기로 모래를 압축공기와 함께 분사시켜 깨끗이 한다. 이외에도 투사기로 숏(shot) 또는 그릿(grit)을 투사하는 숏 블라스트(shot blasting), 대형주물의 표면 청소에 사용되는 것으로서 고압수를 노즐에서 분사하는 하이드로 블라스트(hydraulic blasting) 등이 있다.

11 특수 주조법

주형 내의 용융금속에 압력을 가하거나 정밀주형을 제작하여 정밀도가 높은 주물을 얻는 주조법을 총칭하여 특수 주조법이라 한다. 용융금속에 압력을 가하는 방법에 따라 원심 주조법과 다이캐스팅법이 있으며 주형이 금속으로 되어 있어 반복하여 사용할 수 있으므로 이들을 영구주형 주조법이라고도 한다. 정밀 주조법에는 주형의 제작 방법에 따라 셸 몰드법(shell moulding process), 인베스트먼트법(investment casting) 및 이산화탄소법(CO_2 process) 등이 있고, 이밖에도 진공 주조법과 연속 주조법 등이 있다.

11-1 · 원심 주조법 (centrifugal casting)

　회전하는 원통주형을 300~3000 rpm으로 고속 회전시킨 상태에서 용융금속을 주입하여 원심력에 의해 주형 내면에 압착 응고하도록 하는 방법으로 중공 주물을 제작하는 주조법이다. 실린더 라이너(cylinder liner), 피스톤 링(piston ring), 브레이크 링(brake ring) 등의 제작에 이용된다. 주형축의 방향에 따라 수평식과 수직식이 있다.

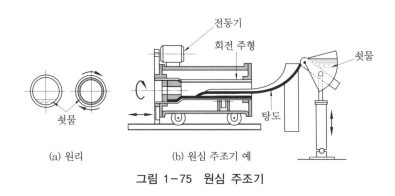

(a) 원리　　　　(b) 원심 주조기 예

그림 1-75　원심 주조기

11-2 · 다이캐스팅 (die casting)

　다이캐스팅 주조법은 정밀 주조법의 일종으로 정밀한 금형에 용융금속을 고압, 고속으로 주입하여 주물을 얻는 방법이다. 주물 재료로는 Al 합금, Zn 합금, Cu 합금, Mg 합금, Sn 합금 등이 사용되며 주로 전기 기구, 사진기, 축음기, 재봉틀, 타이프라이터, 계산기 및 사무용 기구 등의 대량 생산에 이용된다.

　이 방법의 특징 및 단점은 다음과 같다.

(1) 특 징
　① 주물 표면이 미려하고 정도가 높아 기계가공 여유가 필요치 않다.
　② 균일한 연속 주조가 가능하다.
　③ 복잡한 형상과 얇은 주물도 제작할 수 있다.
　④ 대량 생산에 적합하다.

(2) 단 점
　① 금형은 고가이기 때문에 소량 생산에 부적합하다.

② 금형의 내열강도로 인하여 저용융 금속에 한정된다.

③ 금형의 크기와 구조상 제품 치수에 한계가 있다.

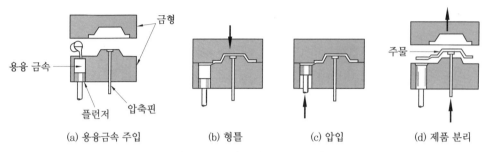

그림 1-76 다이캐스팅 주조법

표 1-20은 다이캐스팅 다이(die) 재료를 나타낸 것이며 내열성과 내부식성이 풍부하여야 한다.

표 1-20 다이용 재료(%)

C	Si	Mn	Cr	V	W	Ni	Mo	Co	적용 주조금속
0.20~0.50									Sn 합금, Pb 합금
0.40~0.50	0.30	0.65~0.80	0.75~0.90			1~ 1.50			위와 같음
0.40~0.50	0.30	0.40~0.80	2.00~2.50	0.15~0.30					Zn 합금, Mg 합금
0.30~0.40	0.80	0.20~0.35	4.75~5.75				1~ 1.50	0.50	Mg 합금, Al 합금
0.30~0.40	0.80	0.20~0.35			0.75~0.50				Zn 합금, Mg 합금
0.35~0.45	0.35	0.20~0.35	2.50~3.50	0.30~0.60	8.0~10.0				Al 합금, Cu 합금

11-3 ● 셸 몰드법 (shell moulding process)

150~200℃로 가열된 금형 모형에 세립자의 규사와 페놀수지 분말 5%를 혼합하여 만든 레진 샌드(resin sand)를 뿌리고 피복시킨 것을 모형과 함께 250~300℃의 노 내에 12~14초 동안 넣어 경화시킨 후 떼어내어 주형을 만드는 방법이다. 이 주형법은 치수 정도가 높고 주형에 수분이나 점토가 포함되지 않기 때문에 통기성이 좋고 주물 표면이 미려하게 된다. 일명 크로닝(croning)법 또는 C-process 라고도 한다.

그림 1-77은 셸 주형법의 공정을 도시한 것이며, 이 방법의 특징은 다음과 같다.

(1) 특 징

① 주형에 수분이 없으므로 강도가 크다.

② 얇은 주물 생산이 가능하므로 통기 불량에 의한 주물 결함이 없다.

③ 완전 기계화가 가능하므로 숙련공이 필요 없다.

④ 대량 생산으로 제작비가 저렴하다.

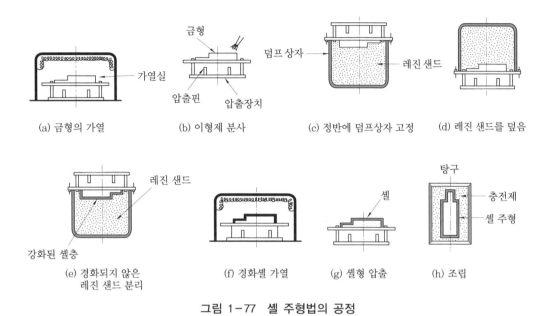

(a) 금형의 가열   (b) 이형제 분사   (c) 정반에 덤프상자 고정   (d) 레진 샌드를 덮음

(e) 경화되지 않은 레진 샌드 분리   (f) 경화셸 가열   (g) 셸형 압출   (h) 조립

그림 1-77 셸 주형법의 공정

11-4 • 인베스트먼트법 (investment casting, lost wax process)

제작하려는 주물과 동일한 형상의 모형을 왁스(wax) 또는 파라핀(parafin) 등으로 만들어 주형재에 매몰하여 다진 다음 가열로에서 가열하여 주형을 경화시킴과 동시에 모형인 왁스와 파라핀을 용출시켜 주형을 완성하는 주형 제작법을 인베스트먼트법이라 하며, 일명 로스트 왁스(lost-wax)법이라고도 한다. 이 주형에 의한 주조로 제작된 주물의 치수 정밀도와 표면 정도가 좋기 때문에 정밀 주조법이라고도 한다. 이 방법은 주로 정밀하고 형상이 복잡하여 기계가공이 어려운 소형주물(35kg 이하)에 많이 사용된다.

(1) 공정 (process)

① 목재, 합성수지, 금속 등으로 원형을 만들고 그 원형을 모형으로 하여 왁스 모형 제작용 금형을 주조하여 만든다.

② 다이(die)에 왁스를 $30 \, kg/cm^2$, 합성수지를 $80 \, kg/cm^2$의 압력으로 주입하여 응고시킨다.

③ 왁스 모형을 금속 다이에서 꺼내어 규사, 알루미나 (Al₂O₃) 에 점결제인 에틸 실리
   케이트 (ethyl silicate) 등을 혼합한 내화 재료를 도장한다. 이를 인베스트먼트
   (investment)라 한다.

④ 도장된 왁스 모형을 인베스트먼트 재료에 묻히게 하고 방치하여 경화시킨다.

⑤ 왁스를 주형에서 가열 용해하여 유출시킨다.

⑥ 주형을 500~1000℃ 정도로 가열하고 용융금속을 주입하면 쇳물의 유동성이 좋아
   진다.

⑦ 인베스트먼트재 주형을 파괴하고 주물을 꺼낸다. 기계가공을 요하지 않으며 두께
   0.3 mm 정도의 얇은 주조도 가능하다.

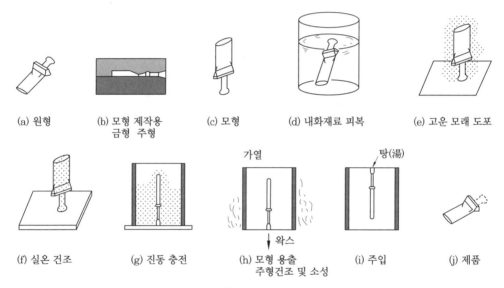

그림 1-78 인베스트먼트법의 공정 순서도

이 주조법은 모양이 복잡하여 기계가공이 어려운 경질의 합금이나 내열합금 등을 주
조하는 데 많이 사용된다. 가스 터빈의 블레이드, 항공기 및 선박용품, 계기부품 등의
제작에 이용되고 있다.

11-5 ● 연속 주조법 (continuous casting)

주괴(ingot)는 일반적으로 용융금속을 잉곳 케이스에 부어 넣어 만들지만 연속 주
조는 그림 1-79와 같이 용융금속을 주형에 주입하여 연속적으로 주괴를 주조하는 방법
이다.

　　주괴는 주형상자에 용융금속을 주입하여 주조하나 탕구 부분을 제거해야 하므로 용융금속의 손실이 크고 주형 제작에 시간이 걸리며 주괴의 재질도 일정치 않으므로 그림 1-79와 같이 전기 가열식 저탕로에서 유출되는 쇳물이 냉각수가 순환하는 금형을 통과하면서 표면이 급속히 응고되어 연속적으로 주괴가 주조되어 나온다. 이런 동일 조건에서 냉각되므로 질이 균일한 주괴를 얻을 수 있고 편석(segregation)과 수축공이 없으며 작업이 간단하고 제작비가 저렴하다. 알루미늄, 동합금, 강의 주괴, 각종 봉재, 판재 등의 제조에 이용되고 있다.

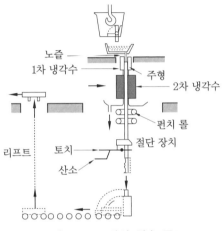

그림 1-79　강의 연속 주조

11-6 • 이산화탄소법 (CO₂ process)

　　이산화탄소법은 규사에 규산나트륨 (Na$_2$SiO$_3$) 4~6 %를 첨가 배합하여 조형한 후 탄산가스를 주형 내에 불어넣어 규산나트륨과 이산화탄소의 반응으로 주형을 경화시키는 방법이며 복잡한 형상의 코어 제작에 적합하다.

　　이산화탄소법에 사용되는 주요 재료는 규사 이외에 점결제인 규산나트륨과 경화제로 CO$_2$ 가스가 있으며 붕괴성을 좋게 하기 위하여 시콜(sea coal), 톱밥 등의 첨가 재료를 사용하기도 한다. 규산나트륨은 물유리(water glass)라고도 하며 SiO$_2$, Na$_2$O 및 H$_2$O의 3화합물로 이루어진 용액이다. 점결제로서 사용되는 몰 (mol) 비는 2.0~3.3이며 몰비가 크면 수분이 많은 것이 보통이다.

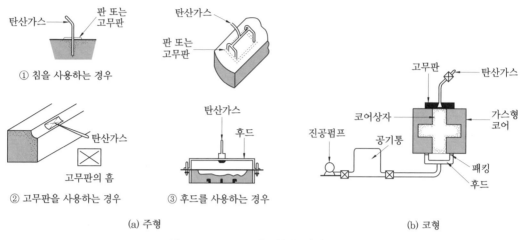

① 침을 사용하는 경우

② 고무판을 사용하는 경우

③ 후드를 사용하는 경우

(a) 주형

(b) 코형

그림 1-80 CO₂ 가스를 불어넣는 방법

---

12 주물의 결함과 검사법

12-1 • 주물의 결함과 방지 방법

주물의 결함을 일으키는 원인으로는 모형의 제조 및 사용 방법, 주형의 제작 방법, 주형의 건조 및 조립, 쇳물 주입방법, 쇳물 온도, 장입금속의 배합 등이 있다. 일반적으로 불량 주물의 원인은 주형 작업의 관리 불량에 의한 것이며 대표적인 주물 결함과 원인은 다음과 같다.

(1) 수축공 (shrinkage cavity)

쇳물이 주형 내에서 응고할 때는 주형과 접촉하는 부분부터 굳어 내부 또는 상부로 응고가 진행된다. 그러므로 마지막에 응고되는 부분은 수축으로 인하여 쇳물이 부족해져 중공 부분이 생기는데 이를 수축공이라 한다. 수축공을 방지하기 위하여 쇳물 아궁이를 크게 하거나 또는 덧쇳물 구멍을 붙여 쇳물 부족을 보충한다.

(2) 기공 (blow hole)

쇳물 중에 함유된 가스가 응고시 주물 속에 남아 있거나 탕구 방안의 결함으로 공기가 들어가 주물 내부에 남아 있을 때의 중공 부분을 기공이라 한다.

기공을 방지하려면 다음과 같은 방법이 있다.

① 탕도의 높이를 조절하여 압탕에 의한 쇳물에 압력을 가한다.

② 주형에 충분한 배기공을 설치하고 탕구 방안을 개선한다.

③ 주형 및 코어의 수분량을 조절하고 적절한 건조 처리를 한다.

④ 쇳물의 용해온도 및 주입온도를 필요 이상 높게 하지 않는다.

(3) 편석 (segregation)

주물의 일부분에 불순물이 모이거나 성분의 비중 차에 의하여 국부적으로 성분이 치우치거나 처음 생긴 결정과 후에 생긴 결정 간에 경계가 생기는 현상을 편석이라 하며 다음과 같은 종류가 있다. 성분편석은 주물의 부분적 위치에 따라 성분 차가 있는 것을 말하고, 중력편석(gravity segregation)은 비중 차에 의하여 불균일한 합금이 되는 것이며, 정상편석은 응고 방향에 따라 용질이 액체를 통해 이동하여 주물의 중심부로 모여 응고시간이 길수록 성분 함량이 많아지는 편석이다.

(4) 고온균열 (열간균열, hot tear)

주물이 주형 내에서 고온일 때 결정립간에 인장력이 작용하여 결정립계에 균열이 발생하는 것을 고온균열이라 한다.

(5) 치수 불량

주물상자의 조립이 잘못되었거나, 코어 및 목형이 변형 또는 이동되었을 때, 주물사의 선정이 잘못되었을 때 치수 불량이 생길 수 있다. 방지 대책으로는 목형의 보관에 주의하며 재사용할 때 치수 변화를 점검한다. 금속의 수축률을 고려하여 주물사의 선정에 유의하여야 하며, 주형틀의 연결핀 고정 및 분할선의 이물질 제거 등에 유의하여야 한다.

(6) 주물표면 결함

주물표면 불량은 개재물 (inclusion) 에 의하거나 주물사가 파이거나 주물 표면에 융착 또는 주물사의 강도나 다짐 불량 등으로 인해 발생한다.

(7) 변형과 균열

용융금속은 응고시 수축이 발생하는데, 이때 수축이 균일하지 않으면 내부에 응력이 발생하여 균열이 생긴다. 이에 대한 방지 대책으로는 주물의 두께 차에 따른 변화를 적게 하고, 각 부분의 온도 차이를 가능한 한 작게 하며, 각이 있는 부분은 둥글게 하고 주물을 급랭시키지 않아야 한다.

(8) 주탕 불량 (misrun)

용융금속이 주형을 완전히 채우지 못하고 응고된 것을 말하며, 그 원인은 용융금속의 유동성이 나쁘거나, 주입온도가 낮거나 탕구 방안이 잘못되어 주입속도가 늦거나 주형의 예열이 부적당할 때 또는 넓은 주물의 수평 주입시 발생한다.

표 1-21 주물의 불량 종류와 그 발생원인

대구분	소구분	주요 발생원인
기공	기포 (blow) 가스홀 (gas hole) 핀홀 (pin hole)	쇳물 속에 잔류하는 가스 주형의 수분 과다, 통기도 불량
수축공	내부공동 (internal porosity) 외부 凹부 (draw) 수축공동 (shrinkage cavity)	쇳물의 응고수축 쇳물 속의 가스도 관계있다. 주입온도, 주조방안 불량
균열	균열 (crack, cold tear) 열간균열 (hot tear)	응고시와 응고 후 금속의 수축차, 주형, 코어의 과경, 주물 두께의 불균일
표면결함	표면 거칠음 (rough surface) 금속침입 (metal penetration) 융착 (fusion) 타붙음 (burning)	주물사의 입도 부적당 목형 표면 다듬질 불량 주물사의 내화도 부족 주입온도의 과고온
	모래혼입 (sand inclusion) 침식 부스럼 $\left(\begin{array}{l}\text{erosion scab}\\\text{expansion scab}\end{array}\right)$ 좌굴 (bucking)	주입시 주형의 강도 부족 주형 열간팽창에 대한 강도 부족
형상불량	팽창 (swell) 전위 (shift) 코어 부상, 치수 불량	주형강도의 부족 형조립과 고정 불량 코어 정착 불량
주입불량	유동성 불량 (misturn) 쇳물 경계 (cold shut) 슬래그 혼입 (slag inclusion)	주입온도, 주조방안 불량

12-2 • 주물의 검사

주물의 검사 방법은 간단하고 확실한 결과를 얻도록 한다. 주물 결함을 검사하는 데는 파괴검사와 비파괴 검사로 나눌 수 있으며, 다음과 같은 검사 및 시험법에 의하여 주물의 양부를 판단할 수 있다.

(1) 외형 검사
① 표면의 거칠기 검사
② 부분적 변형 검사

③ 합형의 틀림 검사

(2) 치수 검사
① 길이 검사
② 두께 검사
③ 기울기 검사

(3) 중량 검사
주물 중량은 모형의 품질향상, 기계가공 여유의 감소 등으로 저하될 수 있으므로 주물 중량이 많거나 적으면 그 원인을 규명하여 방지 대책을 세워야 한다.

(4) 재질 검사
① 화학성분 검사 : 주물의 규격과 재질 표시는 인장강도 (kg/mm^2) 로 표시하고 용도에 따라 화학성분의 표시를 중요시하는 경우도 있다. 공작기계의 습동면을 가진 주물, 강괴주물, 특수주물 등은 화학성분 표시를 요구한다.
② 기계적 성질 검사 : 주물의 재질 표시는 일반적으로 인장강도로 나타내며 같은 성분의 주물이라도 두께와 냉각속도에 따라 인장강도의 차이가 심하므로 시편 채취방법, 크기 및 장소 등에 유의하여야 한다.

(5) 내부 결함 검사
① 방사선 투과 검사 : X선이나 γ선 등의 방사선을 주물에 투과시키면 주물의 검사 부위의 두께, 밀도, 재질 등에 따라 투과 상태가 달라지는 원리를 이용하여 주물 내의 결함 부위를 검사하는 방법이다.
② 초음파 탐상 검사 : 초음파는 주파수가 높아서 광선과 같이 직진적으로 전파된다. 또, 물체의 경계면, 물체 중에 있는 이물질, 가스 구멍의 경계면에서는 반사되는 성질을 이용하여 검사하고자 하는 주물 물체에 초음파를 보내어 내부 결함을 검사하는 검사법이다.
③ 전자기 탐상 검사 : 그림 1-81과 같이 강자성체인 주물을 자기화하면 자력선이 흐르게 된다. 표면이나 표면과 가까운 내부에 결함이 존재하면 자력선이 새어 나와 자극이 생겨 여기에 철가루를 살포하면 자분 모양이 생기기 때문에 결함이 검출된다.
④ 형광 침투 탐상 검사 : 검사하려는 주물 표면을 깨끗이 한 후 형광 염료를 용해시킨 침투액을 도포하면 이것이 모세관 현상에 의해 결함 내부로 스며든다.

표면에 남은 침투액을 완전히 씻어낸 후에 건조시키고 현상제를 다시 칠한다. 결함에 스며들어간 형광 물질은 자외선을 쪼이면 나타나므로 이 형광에 의하여 균열, 다공성 기포 등이 검출된다.

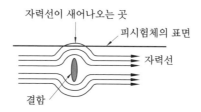

그림 1-81 자분 탐상 시험법의 원리

표 1-22는 비파괴 검사법의 특징을 나타낸 것이다.

표 1-22 각종 비파괴 검사법의 특징

경사의 종류	결함의 검출			장점	단점
	표면 결함	내부 결함	재질 변화		
방사선 투과		○		1. 결함 종류의 파악이 가능함 2. 결함 분포의 관찰이 가능함	1. 결함의 위치 파악이 어려움 2. 300 mm 이상의 살 두께에는 적용하기 곤란함 3. 설비, 검사비용 고가
초음파 탐상		○	○	1. 조작이 간단함 2. 두꺼운 주물에도 적용 가능함	1. 결함의 정량적 판정이 곤란함 2. 탐상면에 대한 준비 필요
자분 탐상	○			1. 균열성 결함 검사에 적당함 2. 표면 가까운 곳의 결함 검출이 가능함	1. 핀홀, 가스 구멍의 검출감도가 낮음 2. 자분 모양의 판정이 곤란함
침투 탐상	○			1. 기포성 결함 검출에 적당함 2. 조작이 간단하고, 비용 저렴	1. 모세균열 검출감도가 낮음 2. 검출 감도가 표면 거칠기에 크게 영향을 받음

용해와 용해로

1 용해로의 개요

　용해로(melting furnace)는 원료광석이나 금속, 비금속 물질을 용융온도 이상으로 가열하여 액체 상태의 금속으로 용해하는 설비이다. 용해 작업은 금속의 기술 면에서나 기계공작 면에서 첫 번째 공정으로 볼 수 있으며 지금(地金)의 종류, 용해량, 요구품질, 용해온도와 용해할 때의 화학적 변화, 설비비, 유지비 등을 충분히 고려하여 가장 적합한 방법과 노(furnace)를 선정하여야 한다. 대표적인 예로는 도가니로(crucible furnace), 반사로(reverberatory furnace), 용선로, 전기로(electric furnace) 등이 있다.

표 1-23 주물용 용해로의 종류

종류	형식		에너지원	용해금속	용해량
도가니로	자연 통풍식		코크스, 중유, 가스	구리합금, 경합금 (주철, 주강)	<300 kg
반사로	–		석탄, 미분유, 중유, 가스	구리합금, 주철	500~50000 kg
전기로	arc 로	직접 arc 식	전력$\left(\begin{array}{c}저전력\\고전류\end{array}\right)$	주강 (주철)	1~200 t
		간접 arc 식	50~60Hz	구리합금 (특수 주강)	1~10 t
	유도로	고주파	전력, 주파수 500~10000 Hz	주강, 주철, 특수강	200~10000 kg
		저주파	전력, 주파수 50~60 Hz	구리합금, 주철	200~20000 kg
용선로 (cupola)	냉풍식 열풍식 염기성		코크스	주철	1~20 t

2 용해로의 종류

2-1 • 도가니로 (crucible furnace)

노 내에 있는 도가니 속에 구리 합금, 알루미늄 합금과 같은 비철합금 용해에 사용된다. 도가니로는 연료가 지금 (地金) 과 직접 접촉하지 않으므로 비교적 순수한 금속을 얻을 수 있고 설비비가 적게 드나 열효율이 낮은 관계로 지금의 종류가 많고 용해량이 적을 때에 적합하다. 연료는 중유, 코크스, 전기, 가스 등이 사용되며 송풍 방법에 따라 자연 송풍법과 강제 송풍법이 있다. 도가니는 흑연과 내화 점토의 혼합물로 만든 흑연 도가니와 주철로 만든 주철 도가니가 있다. 도가니의 규격(크기)은 1회에 용해할 수 있는 구리의 중량을 kg 으로 표시한다. 흑연 도가니는 습도에 따라 수명에 영향을 미치므로 항상 잘 건조된 곳에 보관하여야 하며 사용 전에 충분히 예열하여 사용하는 것이 좋다.

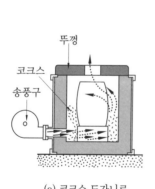

(a) 코크스 도가니로

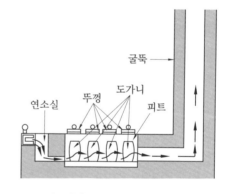

(b) 자연통풍식 도가니로

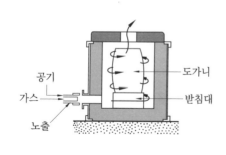

(c) 가스 도가니로

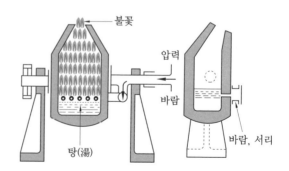

(d) 가경식 도가니로

그림 1-82 각종 도가니로

2-2 • 전로 (converter)

일명 베세머로(bessemer furnace)라고 하며, 선철 등의 지금(地金)으로 용해하지 않고 미리 용광로에서 용해한 탕을 장입하고 송풍에 의해 탄소, 규소, 망간 등을 연소시키고 그 발생열로 용강을 얻는 노(furnace)이다. 송풍 방식으로는 밑불기식(bottom blow type)과 옆불기식(side blow type)이 있다. 주강용으로는 옆불기식이 사용되며 용량은 2~5 ton 정도이다. 이 노의 특징은 제강시간이 대단히 짧아 15~20분으로 완료된다.

| (a) 주입 | (b) 흡입 | (c) 조강 |

그림 1-83 전로의 작업 설명도

2-3 • 평로 (open hearth furnace)

평로 제강법은 Simens-Martin법이라고도 한다. 이것은 축열실과 반사로를 사용하여 장입물을 용해 정련하는 방법으로 값이 저렴한 고철을 대량 사용할 수 있을 뿐 아니라 우수한 강을 얻을 수 있고 대량 생산에 적합하다. 연료는 가스, 중유를 사용하며 연료와 공기는 축열실을 통해 예열하여 노 내에 분사 연소시킨다. 이때 노 내 온도가 1700~1800℃의 고온이므로 이것을 장입물의 용해 및 정련에 이용한다. 평로의 용량은 1회에 용해 가능한 최대량으로 표시하는데 보통 25~400 ton 범위이고 정련시간은 6~8시간 정도 소요된다. 평로법은 노 내에 사용되는 내화 재료에 따라 산성 평로, 염기성 평로로 구분한다.

(1) 산성 평로(acid open hearth)

산성로는 원료에 존재하는 C, Si, Mn을 제거할 수 있는 노이며, 노의 재료는 SiO_2가 대부분이다.

(2) 염기성 평로(basic open hearth)

노 내는 MgO, CaO 등으로 만들며 특징은 원료 중에 존재하는 P, S를 제거할 수 있는 노이다. 그림 1-84에는 평로의 구조와 가스의 진행 방향을 표시한다.

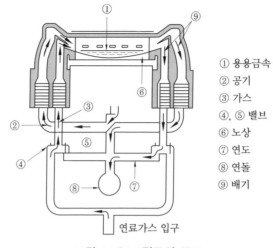

① 용융금속
② 공기
③ 가스
④, ⑤ 밸브
⑥ 노상
⑦ 연도
⑧ 연돌
⑨ 배기

연료가스 입구

그림 1-84 평로의 구조

2-4 • 반사로 (reverberatory furnace)

반사로는 연소실과 용해실로 구분되어 불꽃이 용해할 금속과 접촉하지 않으므로 용해된 금속의 연질이 적다. 반사로는 용해 표면적이 크며 노벽 및 아치형의 천장에서 반사열을 이용할 수 있다.

용해할 때에는 노 내부를 충분히 가열한 후 금속을 장입하는데 용해할 금속은 산화가 잘 되지 않는 금속부터 장입한다.

반사로의 특징은 대량의 금속을 저렴하게 용해할 수 있으므로 대형주물, 고급주물 및 특수 배합의 주물을 생산할 때 사용된다. 연료는 석탄, 중유, 가스 등이 사용되며 노의 용해 능력은 1회의 용해량으로 나타낸다.

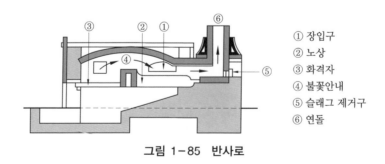

① 장입구
② 노상
③ 화격자
④ 불꽃안내
⑤ 슬래그 제거구
⑥ 연돌

그림 1-85 반사로

2-5 • 전기로 (electric furnace)

전기로는 전열을 사용하는 용해로이며 특수주철, 특수강의 용해에 이용된다. 장점으로는 필요한 고온도를 연속적으로 용이하게 얻을 수 있으며, 조작이 간단하고 온도 조절이 자유로우며, 가스 발생이 적고 금속의 용융실도 적으므로 응용 범위가 넓다.

금속 용해용 전기로는 아크식 전기로 (electric arc furnace), 디트로이트 (detroit) 요동식 전기로, 고주파 유도로 (high frequency induction furnace), 저주파 유도로 (low frequency induction furnace), 전기 저항식 전기로 (electric resistance furnace) 로 분류된다.

(1) 아크식 전기로 (electric arc furnace)

그림 1-86과 같이 전극과 전극 사이에서 아크를 발생시키는 것과 전극과 금속 사이에서 아크를 발생시키는 두 종류가 있다. 이 방법은 조업이 용이하고 고온도를 얻을 수 있으며, 열효과가 좋아 양질의 재질을 만들 수 있으므로 특수강, 주강, 고급주철을 용해하는 데 사용된다. 사용 전압은 80~120 V, 전력 소비량은 금속 1ton 을 용해하는 데 750~1000 kW 정도이다.

(2) 디트로이트 (detroit) 요동식 전기로

그림 1-87과 같이 원통축상에 두 개의 흑연 전극을 수평으로 설치하여 아크를 발생시켜 용해하며 용해할 때는 자동적으로 앞뒤로 가동시켜 용융금속을 균일하게 혼합한다. 용량은 100~500 kg 정도이다.

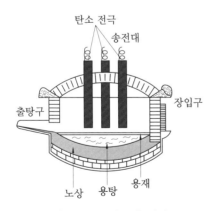

그림 1-86 아크식 전기로

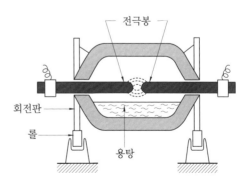

그림 1-87 디트로이트 요동식 전기로

(3) 고주파 전기로(high frequency induction furnace)

일명 고주파 유도식 전기로라고 하며, 보통 전기로와 달리 용해할 금속에 유도되는 2차 전류가 발생하여 생긴 열로서 용해하는 방법으로 전극이 필요 없고, 또한 자동적으로 내부에서 유동되어 양질의 재질을 만들 수 있다.

이 방법은 특수강 용해에 사용되며 주파수 범위는 1000~2000 사이클 (cycle)이다. 용량은 사용하는 도가니 번호로 표시한다.

(4) 저주파 전기로(low frequency induction furnace)

일명 저주파 유도식 전기로라고 하며, 노체의 하단부에 있는 철심 주위의 1차 코일에 60~180 사이클의 저주파 전류를 공급하면 환상(環狀)의 노 (furnace) 홈 속에 있는 용탕을 2차 코일로 하는 유도 전류의 저항열로서 가열 용해하는 노이다. 이 방법은 동일한 합금을 연속적으로 용해할 때 적합하며, 용량은 200~1000 kg 정도이다.

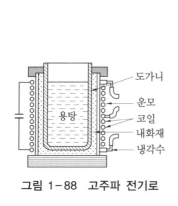

그림 1-88 고주파 전기로

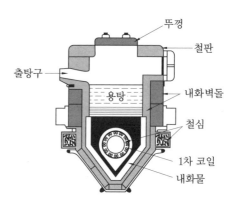

그림 1-89 저주파 전기로

(5) 전기 저항식 전기로(electric resistance furnace)

니크롬, 철크롬 및 탄소 등의 전기 저항이 큰 재료를 도체로 하여 전기를 공급하고, 이때 발생하는 열로서 금속을 가열하는 노이다.

온도 조절이 용이하고, 소음, 분진이 적어 작업환경이 깨끗한 이점이 있으나 에너지의 단가가 높은 단점이 있다. 알루미늄과 같은 경합금, 아연과 같은 저융점 금속의 용해로, 다이캐스팅에서의 보온로로 널리 이용되고 있다.

그림 1-90은 전기저항 도가니로를 나타낸 것이다.

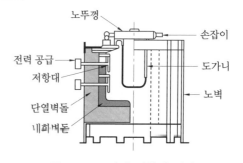

그림 1-90 전기 저항식 전기로

2-6 • 용선로 (cupola)

용선로는 주철용 용해로로 큐폴라[cupola]라고도 한다. 4~15mm의 연강 판재 안쪽이 55~220mm의 내화벽돌과 내화점토로 라이닝(lining)되어 있는 수직로이며 설비비가 저렴하고 노(furnace)의 효율 및 취급이 용이하여 주철 용해에 널리 사용된다. 용선로의 크기(용량)는 1시간에 용해할 수 있는 선철의 톤(ton)수로 나타내며 용량은 3~10중량톤이 가장 많이 사용된다.

(1) 용선로의 특징

① 연속 용해가 가능하여 대량 생산에 적합하다.
② 장입 재료와 코크스가 직접 연소되어 열효율이 높다.
③ 노의 구조가 간단하여 설비비와 용해 비용이 저렴하다.
④ 연료가 용탕과 직접 접촉하여 불순원소가 쉽게 혼입된다.
⑤ 용해온도는 주철을 용해할 수 있는 범위이며, 고온을 얻기 위해서는 높은 수준의 용해 시설과 기술이 필요하다.

그림 1-91은 용선로의 내부온도를 표시한 것이다.

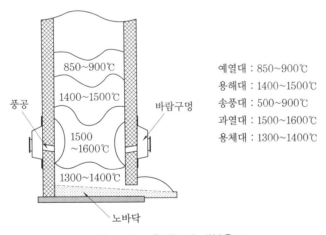

풍공   바람구멍

예열대 : 850~900℃
용해대 : 1400~1500℃
송풍대 : 500~900℃
과열대 : 1500~1600℃
용체대 : 1300~1400℃

850~900℃
1400~1500℃
1500~1600℃
1300~1400℃

노바닥

그림 1-91 용선로의 내부온도

공기의 공급량은 용선로에 장입되는 지금(地金) 및 코크스 등의 양과 크기에 따라 다르나 바람구멍(송풍구, tuyere)을 통해 들어가는 공기는 상당히 큰 압력으로 송풍되어야 노 내 저항을 견디어 계속 공급할 수 있다.

이론 송풍량은 다음과 같다.

$$송풍량 \ Q = \frac{1000\,W}{60} \times \frac{K}{100} \times \frac{\lambda}{100} \times L$$

$$= \frac{W K \lambda L}{600} \, [\text{m}^3/\text{min}]$$

여기서, W : 용해 능력 (ton / hr)
L : 탄소 1 kg의 연소에 필요한 공기량 (m³/ kg)
K : 지금 100 kg의 용해에 필요한 코크스량 (kg)
T : 코크스 100 kg 중에 함유된 탄소량 (kg)

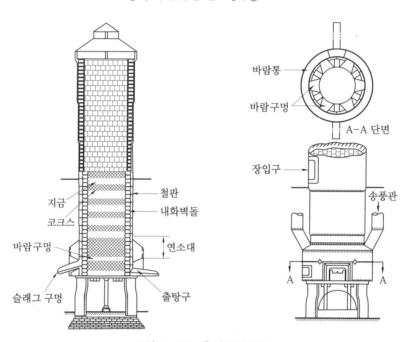

그림 1–92 용선로의 구조

(2) 노 (furnace) 내의 화학성분

① 탄소 (carbon) : 탄소 2.8 % 이하인 용탕을 얻기는 어려우며 용탕의 탄소량이 노 내에서 증가하고 온도가 상승함에 따라 탄소의 증가량은 더욱 커진다.

② 규소 (silicon) : 10~20 % 정도가 소실된다.

③ 인 (phosporous) : 코크스 중에 0.01 % 이상 함유되어 있으면 증가한다.

④ 망간 (manganese) : 15~25 % 정도가 소실된다.

⑤ 유황 (sulfur) : 코크스 및 석회석에 함유된 황이 용입되어 3 % 정도 증가한다.

표 1-24 지금의 주요 성분(%)

배합 재료	성분				
	C	Si	Mn	P	S
선철	3.10	2.21	0.78	0.40	0.02
고주철	3.20	1.90	0.60	0.30	0.08
고강철	0.20 (2.70)*	0.14	0.45	0.06	0.04

㊟ * : 고강철은 용선로 내에서 C를 흡수하여 2.70%까지 증가한다.

표 1-25 각종 용해로의 장단점

종류	특징		규격
	장점	단점	
도가니로 (crucible furnace)	1. 설비가 간단하다. 2. 용해금속의 연소가스와의 접촉이 적고, 쇳물 오염이 적다. 3. 적은 용량 용해에 적합하다.	1. 외부가열, 도가니의 내열성으로부터 고온용해와 대용량 용해에는 부적합하다. 2. 도가니값이 비싸고 열효율이 낮아 비경제적이다.	1회 용해할 수 있는 Cu의 중량(kg) (C[kg] / 회)
반사로 (reverberatory furnace)	1. 설비가 비교적 간단하다. 2. 대형 재료와 대용량의 용해가 가능하다.	1. 연소가스와의 직접 접촉으로 쇳물 오염이 크다. 2. 증발하기 쉬운 화학성분의 변동이 크다. 3. 저온으로 주철용해가 한계 (비교적 용융온도가 낮은 금속에 사용)	4회 용해량 (ton / 회)
전기로 (electric furnace)	1. 용해금속과 연료의 접촉이 없다. 2. 고온가능, 온도조절이 용이하다. 3. 용량 선정범위가 넓다. 4. 유도로에서는 쇳물 교반으로 화학성분을 균일화한다. 5. arc로에서는 쇳물 정련이 용이하다.	1. 시설비, 유지비가 높다. 2. arc로에서는 쇳물의 화학성분이 불균일하다.	1회 용해량 (ton / 회)
용선로 (cupola)	1. 구조가 간단하고, 설비비, 운전비가 적다. 2. 연속, 장시간의 용해 가능, 대량 용해도 가능하다. 3. 쇳물을 소량씩 자주 뽑아 사용할 수 있다.	1. 용융 상태의 조절이 곤란하고, 화학성분 변동이 크다. 2. 고온용해의 기술관리가 필요하다. 3. 조작 중 재질변경이 어렵다. 4. 주철에 전용된다.	시간당 용해능력 (ton / h)

주물용 금속재료

1 주철의 개요

주철(cast iron)은 금속의 조직상 탄소량이 2.0~6.67%인 철합금을 말하며 인장강도는 강(steel)에 비하여 작고, 메짐성(취성, brittleness)이 크며, 고온에서도 소성 변형되지 않는 결점이 있으나, 주조성이 우수하여 복잡한 형상도 쉽게 주조할 수 있으며 가격이 저렴하여 기계 재료로 널리 사용되고 있다. 주철의 주조성은 탄소 함유량과 기타 성분의 양에 따라 다르다. 실용 주철의 성분은 C 2.5~4.5 %, Si 0.5~3.0 %, Mn 0.5~1.5 %, P 0.05~1.0 %, S 0.05~0.15 %의 범위이다.

주철이란 철광석을 용광로에서 정련한 선철과 파쇠(철설, scrap) 및 여러 종류의 합금 철을 적당히 혼합하여 용선로나 전기로, 도가니로 등에 넣어 용해하고, 성분을 조정해 주형에 주입하여 주물로 만들 수 있는 것을 말한다. 주철은 파단면의 색상에 따라서 회 색을 띠는 회주철(gray cast iron), 백색인 백주철(white cast iron), 회주철과 백주철의 혼합 조직으로 이루어진 반주철(mottled cast iron)로 분류된다. 회주철이 대부분으로 보통 주철이라고 하면 회주철을 말한다.

표 1-26 KS 규격 (KS D 4301)

종류	기호	주물두께 (mm)	주입지름 (mm)	인장강도 (kg / mm^2)	경도 (H_B)	최대하중 (kg)
회주철품 1종	GC 10	4~50	30	10 이상	201 이하	700 이상
회주철품 2종	GC 15	4~8	13	19 이상	241 이하	180 이상
회주철품 2종	GC 15	30~50	45	13 이상	201 이하	1700 이상
회주철품 3종	GC 20	15~30	30	20 이상	223 이하	900 이상
회주철품 4종	GC 25	4~8	13	28 이상	269 이하	220 이상

회주철은 흑연의 형상에 따라 분류하면 구상 흑연주철, 공정 흑연주철, 편상 흑연주철의 3종이 있다. 합금원소의 종류에 따라서는 Ni 주철, Cr-Ni 주철, Cr-Mo 주철 등으로 구분할 수 있으며 기지(基地) 조직에 따라 페라이트(ferrite) 주철, 펄라이트(pearlite) 주

철, 오스테나이트(austenite) 주철, 베이나이트(bainite) 주철 등으로 부르기도 한다. 회주철은 주조 및 절삭성이 좋아 각종 구조재로서 공작기계의 베드(bed), 내연기관의 실린더, 실린더 헤드, 피스톤, 주철관, 난방 기구, 농기구 등에 널리 사용된다.

주철 조직에 가장 큰 영향을 주는 것은 탄소와 규소이며 독일인 E. Maurer 는 전탄소량(total carbon)과 규소량의 관계가 주철 조직에 미치는 영향을 그림 1−93과 같이 선도를 이용해 나타내었다.

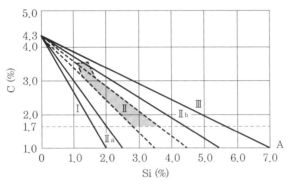

그림 1−93 마우러 선도

2 주철의 분류

2-1 • 회주철 (gray cast iron)

선철과 고철을 용해한 것으로 인장강도를 개선하기 위해 강 스크랩(scrap)을 첨가하여 Ca−Si 등의 접종제로 탄소와 규소를 감소시켜 백선화되는 것을 방지한다.

2-2 • 고급 주철

강인주철 또는 강력주철이라고도 하며, 인장강도가 $30 \sim 35 \, \mathrm{kg/mm^2}$ 이상인 주철을 말한다. 고급 주철의 조직은 가늘고 균일하게 분포된 국화무늬 조직으로서 펄라이트 조직이 좋다. 제조법은 기지의 조직을 개선하는 방법과 흑연 상태를 개선하는 방법이 있다.

(1) 란츠 (Lanz) 법

기지의 조직을 개선하는 방법으로 전탄소량(T.C) = 2.5~3.5 %, Si = 0.5~1.5 %, T.C

+Si =4.2%를 표준 성분으로 하며 주형을 예열하여 냉각속도를 느리게 함으로써 백선화를 방지하여 펄라이트 조직으로 하며, 일명 펄라이트 주철이라고 한다.

(2) 에멜 (Emmell) 법

흑연의 상태를 개선하는 방법으로 용선로에 50% 이상의 강철 파쇠와 선철을 용해하여 전탄소량 (T.C) 을 3% 이하로 저하시킨 주철로 1920년 독일의 Emmel 에 의하여 고안된 방법으로 조직은 흑연이 미세하고 균일하게 분포된 기지의 펄라이트이다. 이 주철을 저탄소 주철 (low carbon cast iron) 또는 반강주물 (semi steel casting)이라 한다.

(3) 피보와르스키 (Piwowarsky) 법

주입온도를 높이면 흑연이 미세하고 균일해지는 경향을 이용하여 용선로에서 쇳물을 전기로에 옮겨 1500~1600℃까지 가열하여 주입함으로써 강도가 큰 주물을 얻는 방법이다. 1925년 독일의 Piwowarsky 에 의해 고안된 방법으로 이 주철을 고온 주철이라고도 한다.

(4) 디쉐네 (Deschene) 법

용융상태의 주철에 진동을 주면 상부에 밀도가 작은 불순물이 떠올라 흑연의 성장을 방해하고 흑연이 완전히 용입되어 미세해진다. 덧쇳물 (riser) 이 있는 이 방법을 사용하면 큰 흑연이 생성되더라도 유황 등의 불순물과 함께 떠올라 제거되기 때문에 진동탈황 주철이라고도 한다.

(5) 미한 (Meehan) 법

선철에 대량의 강철 파쇠를 배합한 저탄소 주철에 Ca-Si, Fe-Si 등으로 접종하여 흑연을 균일 미세화한 고급 주철의 일종으로 미하나이트 주철이라고도 한다. 연성(ductility)과 인성(toughness)이 매우 크고 살 두께 차이에 의한 성질의 변화는 대단히 적으며 열처리 경화가 가능하고 내마모성이 우수하여 실린더, 캠(cam), 크랭크 축 (crank shaft), 프레스 다이 등에 사용된다.

표 1-27 미하나이트 주철의 기계적 성질

종류	인장강도 (kg / mm²)	항복점 (kg / mm²)	경도(H_B)
MG 10	42~45	37~42	215~240
GA	35~42	32~39	196~222
BG	35~42	32~39	240~310
GD	>25	>21	>170

2-3 • 구상 흑연주철

노듈러 주철(nodular graphite cast iron) 또는 덕타일 주철(ductile cast iron)이라고도한다. 보통 주철 중에 있는 편상 흑연은 주철의 강도를 상승시키지 못하므로 이를 구상화 조직으로 만든 주철로 C 3.5 %, Si 2.5 %, Mn 0.5 %, P 0.05 % 이하 및 S 0.01 % 이하의성분을 가진 주철에 소량의 Mg, Zr, Ce, Ca 등을 첨가하면 구상 흑연주철이 된다.

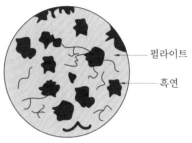

구상 흑연주철은 강도가 50~70 kg /mm^2 로 일반회주철의 2~3배로 크며, 내마모성, 내식성 및 내열성이 매우 양호하여 절삭과 용접이 가능하며 자동차 부품, 고급 기계부품, 주철관 등에 사용된다. 결점은 용해온도가 높고 수축률이 크며, 가스가 발생하기 쉬워건전한 주물을 얻기 힘들다. 구상 흑연주철을 만들려면 원료선의 선택이 가장 중요하다.

펄라이트
흑연

그림 1-94 구상 흑연주철의 조직

표 1-28 구상 흑연주철용 원료선의 화학성분

종류	화학성분 (%)						
	C	Si	Mn	P	S	Cr	Ti
덕타일선 A	>3.40	1.00~1.50	0.4>	0.10>	0.04>	0.03>	0.1>
덕타일선 B	>3.40	1.51~1.80	0.4>	0.10>	0.04>		0.1>
스웨덴선 목탄선	4.14	1.17	0.40	0.027	0.010	−0.03>	−
steel scrap	4.30	1.60	0.65	0.113	0.007		3.08

2-4 • 가단주철 (malleable cast iron)

주철의 결점은 취성이 크고 인성(toughness, 질긴 정도)이 없다는 점이다. 이러한 결점을 보완하기 위하여 조정한 것이 가단주철이다. 가단주철은 단조 (forging) 할 수 있는것이 아니고 질긴 성질만 부여한다.

가단주철은 제조 과정과 조직에 따라 백심 가단주철과 흑심 가단주철로 구분된다. 처음에 적당한 성분의 백주철을 만든 다음에 가열 또는 가열과 동시에 탈탄함으로써 백주철 중의 탄화철(Fe$_3$C) 분해 또는 소실시켜 인성 및 가단성을 향상시킨 것이다.

(1) 백심 가단주철(white heart malleable cast iron)

백선 주물을 산화철과 함께 풀림(annealing) 상자에 넣어 약 900~1000℃의 고온으로 가열해 백선의 표면을 탈탄시켜 표면을 순철과 같이 끈기 있는 조직으로 만든 것이다.

백심 가단주철은 탈탄을 주목적으로 하여 제조된 것이며 내부와 외부의 조직이 균일하지 않고 두꺼운 주물에는 강도나 전연성에 신뢰성이 적어 얇은 주물에 한정적으로 사용된다.

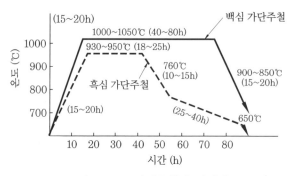

그림 1-95 가단주철의 열처리

(2) 흑심 가단주철(black heart malleable cast iron)

백선으로 주물을 만들어 열처리하고 시멘타이트(cementite)를 흑연화하여 강과 같은 가단성을 부여한 것으로 연한 페라이트의 결정립 사이에 작고 둥근 흑연이 분포되어 끈기가 있다. 인장강도는 $28\,kg/mm^2$ 이상이고 연율은 5% 이상이다.

표 1-29 각종 철합금주물의 화학성분

화학성분 (%)	가단주철			Mg 구상 흑연주철	주강
	백심 가단주철	흑심 가단주철	펄라이트 주철		
C	2.80~3.20	2.00~2.90	2.00~2.60	2.50~4.50	0.10~0.60
Si	1.11~0.60	1.50~0.90	1.50~1.00	4.00~1.20	0.25~0.06
Mn	0.5 이하	0.4 이하	0.2~1.0	0.30~0.80	0.04~1.00
P	0.1 이하	0.1 이하	0.1 이하	0.05 이하	0.05 이하
S	0.3 이하	0.2 이하	0.2 이하	0.03 이하	0.05 이하
기타	-	Cl 0.06 이하	-	Mg 0.02~0.07	-
철	나머지	나머지	나머지	나머지	나머지

주조 후 풀림하기 위한 열처리로에 넣어 A_1 변태점 이상의 온도 850~950℃에 장시간 두고 제1단계에서 유리하고 있는 시멘타이트를 흑연화한 후 제2단계에서 펄라이트 중의 시멘타이트를 흑연화하기 위해 Ar_1 변태점 이하의 온도로 장시간 방치한 후 상온으로

서서히 냉각시켜 풀림한다. 이렇게 재료 전반에 걸쳐 흑연화가 작용하면 내부, 외부의 질이 균일하여 두꺼운 주물의 주조에 적용할 수 있다.

2-5 ● 합금 주철

철의 기본 원소인 C, Si, Mn, P, S 성분 이외에 Ni, Cr, Mo, Al, Cu, W, Mg, V 등의 원소를 단독 또는 함께 첨가하든지 Si, Mn, P를 넣어 강도, 내열성, 내마모성, 내부식성 등을 개선한 주철을 합금 주철이라 한다.

(1) 기계 구조용 합금주철

기계 구조용 합금주철은 강도를 증가시키기 위하여 Ni 0.5~2.0 %에 Cr, Mo을 함께 배합한 것이다. Ni은 펄라이트와 흑연을 미세화하여 강도를 높이는 동시에 냉경(chill)을 방지하여 절삭성을 향상시킨다. Cr은 시멘타이트를 안정시켜 냉경을 깊게 하고 경도를 높여 내마모성을 향상시킨다. Mo은 흑연화의 성장을 방해하지만 1.5 % 이하의 적당량을 사용하면 경도 및 인장강도를 증가시키고 인성을 좋게 한다.

(2) 내마모성 주철

보통 주철에 Ni, Cr 등을 적당량 배합하면 마텐자이트(martensite) 주철로 변하여 표면 경도는 600~700 H_B 정도가 된다. 침상 주철 또는 에시쿨러(acicular) 주철은 Ni, Cr 이외에 Mo, Cu를 배합하여 A₁ 변태점으로 내려서 흑연과 베이나이트(bainite) 조직으로 한 내마모용 주철이다.

표 1−30 내마모용 주철

종류	화학성분 (%)						
	C	Si	Mn	Ni	Cr	Mo	Cu
Ni−Cr 주철	3.30~3.50	0.75~1.25	0.70~0.90	4.50	1.50	−	−
침상(에시쿨러) 주철	약 2.80	1.60~2.00	0.60~0.90	0.50~4.00	<0.30	0.70~1.50	<1.50

(3) 내열 주철

주철은 400℃ 정도까지는 인장강도가 별로 저하되지 않기 때문에 고온에 접촉되는 부분인 내연기관의 실린더 등에 적합하다. 하지만 그 이상의 고온에서 사용되는 주철은 내열성이 요구된다. 내열 주철은 Si의 함유량이 적고 흑연이 미세한 분포 상태를 한 것이 좋다.

Cr 은 주철의 내열성을 증가시키고 Ni 을 10 % 이상 함유한 경우 A_1 변태를 억제하여 오스테나이트 (austenite) 조직으로 변하기 때문에 내열성이 매우 양호해진다.

표 1-31 내열 주철

종류	화학성분 (%)							인장강도 (kg/mm²)	경도 (H_B)
	C	Si	Mn	Ni	Cr	Mo	Cu		
니크로실랄	약 2.0	5~6	<1.00	18	2.5	—	—	31	110
니레지스트	2.75~3.10	1.25~2.00	1.00~1.50	12~15	1.50~4.00	—	5~7	14~16	120~170
고크롬주철	2.30~3.10	0.80~1.20	0.50~1.00	—	25~30	—	—	43~46	300~350

2-6 냉경주물 (chilled cast iron)

적당한 성분의 주철을 금형이 붙어 있는 사형에 주입하여 응고할 때 주물은 금형과 접촉해 급랭하게 되고 급랭한 표면부터 일정 깊이까지 매우 단단해진다. 다른 부분 및 금형과 접한 부분 또한 그 내부는 서랭되어 연하고 강인한 성질을 가지게 된다. 이와 같은 조직을 칠(chill)이라 하며 이때의 주물을 냉경주물 또는 칠드 주물이라고 한다. 칠드 층은 10 ~ 40 mm 정도로 내마모성과 경도가 크며 내부는 연하고 강인한 회주철의 재질로 이루어져 압연용 롤러, 차륜 등에 많이 사용된다.

표 1-32 각종 칠드 롤의 조성

용도	화학성분 (%)					
	C	Si	Mn	P	S	Cr
제지용 롤	3.65~3.70	0.60~0.70	0.90~1.70	0.40~0.50	<0.05	0.1~0.5
압연 롤	2.80~3.20	0.50~0.70	0.40~0.60	0.25~0.60	<0.1	—

3 주 강

강 (steel) 은 철탄소 합금으로 탄소가 1.7 % 이하이며, 주강(cast steel)은 일종의 탄소강으로 전기로, 평로, 전로 등으로 용해 정련하여 탄소량을 감소시키고 주형에 주입하여 만든 것이다.

　주강은 주철에 비하여 융점(melting point, 1600℃ 정도)이 높아 주입온도도 높을 뿐 아니라 유동성이 떨어지고 수축률은 2.1~2.4 % 정도이다. 주강의 탄소 함유량은 0.1~ 0.6 % 정도이며 저탄소강 (C 0.2 % 이하), 중탄소강 (C 0.2~0.5 %), 고탄소강 (C 0.5 % 이상) 으로 분류할 수 있다.

3-1 ● 보통주강

　인장강도는 35~60 kg /mm², 연율은 10~25 % 정도이며 주조성은 주철에 미치지 못하고 조직이 억세므로 풀림(annealing)하여 사용한다.

3-2 ● 합금주강 (특수 주강)

표 1−33 주강의 풀림온도

탄소량	풀림온도 (℃)
0.12	875~925
0.12~0.29	840~870
0.30~0.49	815~840
0.5~1.0	790~815

　크롬, 망간, 몰리브덴 등을 첨가하여 강도, 인성, 내마모성, 내식성, 내열성 등을 개선한 강이다. 표 1−33은 주강의 풀림온도이며, 표 1−34는 강철의 합금원소의 효능을 나타낸 것이다.

표 1−34 강철의 합금원소의 효능

원소	%	주요 효능
Mn	0.25~0.40 >1 %	황과 화합하여 취성을 방지한다. 변태점을 저하시키고 변태를 둔화시켜 경화능을 증대한다.
S	0.08~0.15	쾌삭성을 준다.
Ni	2~5 12~20	강인성을 준다. 내식성을 준다.
Cr	0.5~2 4~18	경화능을 증대한다. 내식성을 준다.
Mo	0.2~5	안정한 탄화물 형성, 결정립 성장을 방지한다.

V	0.15	안정한 탄화물 형성, 연성을 유지한 채 강도를 향상시킨다. 결정립 미세화를 촉진한다.
B	0.001~0.003	강력한 경화능 촉진제
W		고온에서 높은 경도를 준다.
Si	0.2~0.7 2 높은 함유율	강도를 향상시킨다. 스프링강 자성을 향상시킨다.
Cu	0.1~0.4	내식성을 준다.
Al	소량	질화성의 합금 성분
Ti		탄소를 불활성 입자로 고정시킨다. 크롬강의 마텐자이트 경도를 저하시킨다.

4 구리 합금 (copper alloy)

구리의 용융금속은 강 (steel) 보다 유동성이 불량하고 수축률이 크며, 기공 (blow hole) 이 발생하기 쉬우며 강도가 적은 Cu, Zn 및 기타 성분이 혼합된 합금으로서 대표적인 것은 황동 (brass) 과 청동 (bronze) 이다.

4-1 • 황동 (brass)

Cu 와 Zn 의 합금이며 주조성, 가공성, 기계적 성질 및 내식성이 양호하여 널리 사용된다.

(1) 네이벌 황동 (naval brass)

Zn 37 %, Sn 1 %, 잔여 성분은 Cu 이며 내해수성이 양호하여 축, 프로펠러 등의 부품에 사용된다.

(2) 고강도 황동

황동에 Mn, Fe, Al, Sn 및 Ni 의 총량을 8 % 이하로 첨가한 것으로 강도, 내식성 및 내수압성을 요구하는 것에 적합하다.

(3) 6-4 황동

Cu = 60 %, Zn = 40 % 이며, 해수에 대한 내구성이 강하다.

4-2 • 청동 (bronze)

Cu 와 Sn 의 합금으로 Sn 은 강도, 경도, 내식성을 증가시키는 영향이 Zn 보다 크다. 인장강도 $21 \sim 22 \, kg/mm^2$, 연율 $10 \sim 15 \, \%$ 이상은 기계 부품, 고급 밸브 등에 사용된다.

(1) 포금 (gun metal)

Sn 을 약 $10 \, \%$ 함유한 구리 합금이며 내식성, 내마모성이 우수하여 일반 기계부품, 밸브, 기어, 선박용 프로펠러 등에 사용된다.

(2) 인청동 (phosphor bronze)

청동에 $0.05 \sim 0.5 \, \%$ 의 P 을 함유한 것이며 내식성, 내마모성, 탄성이 크므로 베어링, 밸브 시트 등에 사용된다.

(3) 켈밋 (kelmet)

Cu 에 $30 \sim 40 \, \%$ 의 Pb 를 합금한 것이며 열전도가 양호하고 마찰계수가 적어 고속 회전부의 베어링으로 사용된다.

(4) 양은 (german silver, nickel silver)

$7-3$ 황동에 Ni $15 \sim 20 \, \%$ 를 함유한 합금으로 백동 또는 니켈 청동이라고도 한다. 주로 기계부품, 식기, 가구 온도 조절용 바이메탈 (bimetal), 전기 저항선, 스프링 재료로 사용된다.

(5) 콜슨 (colson) 합금

Cu$-$Ni 계 합금에 규소를 소량 첨가한 것으로 탄소 합금이라고도 하며, 강도가 높아 스프링, 전선 등에 사용된다.

5 알루미늄 합금

Al 은 지각 중 약 $8 \, \%$ 가 존재하며 대부분의 Al 은 보크사이트 (bauxite) 로 제조되며 Al 광석은 보크사이트 ($Al_2O_3 \cdot 2SiO_2 \cdot 2H_2O$), 명반석, 토형암 등을 사용한다. Al 의 비중은 2.7이며 전기와 열을 잘 전달하는 성질이 있다. 표면이 산화하면 치밀한 피막을 형성하기 때문에 공기, 물, 암모니아 등에 대해 내식성이 강하다. Al 은 Cu, Si, Mg 등과 고용체를 형성하며 열처리로 석출 경화, 시효 경화시켜 성질을 개선한다.

(1) 실루민 (silumin)

Al－Si계 합금으로 용해할 때 Na 또는 Na염을 첨가하면 조직이 미세화하고 기계적 성질이 양호해져 수축이 적고 주조성이 우수하여 실린더 헤드, 크랭크 케이스 등의 다이캐스팅에 이용된다. 인장강도는 $18 \, kg/mm^2$이다.

(2) 로-엑스 (Lo-Ex)

Al－Si 계 합금으로 Cu, Mg, Ni 을 소량 첨가한 것이며 내열성이 양호하고 열팽창이 극히 작아 내연기관의 피스톤 재료로 널리 이용된다.

(3) Y－합금

Al, Cu, Ni, Mg 합금으로 강인성 및 고온강도가 크므로 내연기관의 피스톤, 피스톤 헤드에 사용되며, 인장강도는 $20 \, kg/mm^2$ 정도이다.

(4) 라우탈 (lautal)

Al－Cu－Si 계 합금으로 Si 첨가로 주조성을 향상시키고, Cu 첨가는 절삭성을 향상시키기 위한 합금이다.

(5) 하이드로날륨 (hydronalium)

Al－Mg 합금으로 내식성이 강하다.

표 1-35 알루미늄의 기계적 성질

냉간가공	순도 99.4 %		순도 99.6 %		순도 99.8 %	
공도 (%)	인장강도 (kg/mm^2)	연신율 (%)	인장강도 (kg/mm^2)	연신율 (%)	인장강도 (kg/mm^2)	연신율 (%)
0	8.2	46	7.7	49	7.0	48
33	11.7	12	10.6	17	9.3	20
67	14.2	8	14.4	9	11.6	10
80	15.4	7	14.9	9	12.7	9

6 마그네슘 합금

Mg 의 원료인 마그네사이트 (magnesite, $MgCO_3$), 돌로마이트 (dolomite, $MgCO_3 \cdot CaCO_3$) 및 해수를 전기 분해 또는 환원 처리하면 $MgCl_2$, MgO 로 바뀌는데 이것을 용융 전해하여 Mg 을 만들게 된다. Mg 은 실용 금속 중 비중 (1.74) 이 가장 작고 고온에서 발화하기 쉬우며, 물이나 해수에 침식되기 쉽고 알칼리성에는 거의 부식되지 않는 성질이 있다.

Mg 합금은 인장강도가 15~35 kg /mm^{2}이며 절삭성이 좋고 Al, Zn, Mn 등으로 내식성과 연신율을 개선한다.

(1) 다우 메탈 (dow metal)

Mg − Al계 합금으로 Al 2~8.5 % 첨가로 주조성과 단조성이 좋고 Al 6 % 에서 인장강도가 최대이며, Al 4 % 에서는 연신율이 최대이고 경도는 Al 10 % 에서 급격히 증가된다.

(2) 일렉트론 (electron)

Mg − Al − Zn 계 합금이며 Al 이 많은 것은 고온 내식성 향상을 위한 것이고, Al, Zn 이 많은 것은 주조용으로 사용되며 내열성이 커서 내연기관의 피스톤 재료로 사용된다.

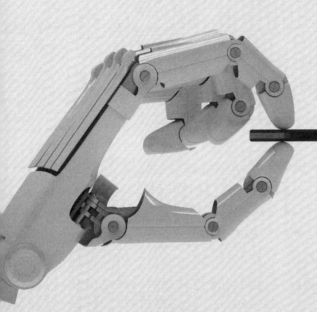

Part 02

소성가공

01

소성가공의 개론

1 소성가공의 개요

1-1 • 소성변형

재료에 일정 이상의 외력을 가하면 변형이 발생하는데 변형 후 외력을 제거하면 원래 형태로 돌아가는 성질이 있다. 이때 외력 어느 정도 크게 작용하면 재료가 항복하여 외력을 제거하여도 완전히 원형으로 돌아가지 않고 영구변형으로 남게 되는 성질이 있다. 이와 같이 재료를 파괴하지 않고 영구히 변형시킬 수 있는 성질을 소성(plasticity)이라 하고, 재료가 소성에 의해 변형이 되었을 때 이를 소성변형(plastic deformation)이라고 한다. 또한 재료의 소성을 이용하여 가공하는 것을 소성가공(plastic working)이라고 한다. 이와 반대 현상으로 외력을 제거하면 원래의 상태로 복귀하는 성질을 탄성(elasticity)이라 하며 탄성에 의한 재료의 변형을 탄성변형(elastic deformation)이라고 한다. 대부분의 재료는 소성변형을 일으키는 성질을 갖고 있다. 소성가공은 칩(chip)을 생성하지 않으며 목적에 따라 재료의 형상 치수를 변형하고 기계적 성질을 개선할 수 있다. 일반적으로 금속재료는 비금속재료에 비하여 매우 큰 소성변형을 일으키기 때문에 소성가공에 널리 이용된다.

소성가공의 특징은 절삭가공과 같이 칩이 생성되지 않으므로 재료의 이용률이 높고 절삭가공에 비하여 생산율이 높으며, 절삭가공 또는 주조품에 비하여 강도가 크다.

1-2 • 소성가공에 이용되는 재료의 성질

(1) 가단성 (malleability)

금속을 함마로 단련할 때 압축에 의하여 변형되는 성질로서 가단성이 좋은 금속부터 나열하면 Au, Ag, Al, Cu, Sn, Pt, Pb, Zn, Fe, Ni 순서이며, 압연기에서 상온가공할 경우 가단성이 좋은 것부터 나열하면 Pb, Sn, Au, Al, Cu, Pt, Fe 의 순서이다.

(2) 연성 (ductility)

선 (wire) 을 뽑을 때 항복점을 지나 파단될 때까지 길이 방향으로 늘어나는 성질이며 연성이 큰 금속부터 순서대로 나열하면 Au, Pt, Ag, Fe, Cu, Al, Ni, Sn, Pb 등이다.

(3) 가소성 (plasticity)

재료에 하중을 가할 때 고체상태에서 유동되는 성질로 연성과 전성이 있다. 일반적으로 재료를 가열하면 소성이 커지며, 소성이 큰 재료는 상온에서 상온가공을 한다.

1-3 ● 응력과 변형률

금속재료의 강도를 알기 위한 인장시험에서는 시험편을 인장하는 힘의 크기와 시험편의 연신이 기록된다. 이 외력과 연신은 좌표에서 일반적으로 그림 2-1과 같이 곡선을 이룬다. 인장력은 시험편 단면의 단위 면적당의 크기로 나타내고, 연신량은 처음에 표준거리를 결정해 놓고 그 늘어난 양을 처음 길이의 백분율로 표시한다. 이와 같이 표시한 양을 각각 응력 (stress), 변형량 (strain) 이라 한다. 응력은 외력에 대하여 물체 내부에 생긴 힘을 말한다.

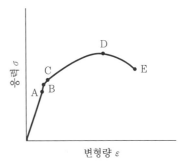

그림 2-1 응력-변형선도

시험편의 처음 단면적을 A_0, 표준점간의 거리를 l_0, 가한 힘을 F, 힘이 가해져 변형한 후의 길이를 l 이라 하면 응력과 변형량은 다음 식으로 나타낸다.

$$응\ \ 력 : \sigma = \frac{F}{A_0}$$

$$변형량 : \varepsilon = \frac{l - l_0}{l_0}$$

응력이 증가하면 변형량도 증가되어 재료가 견딜 수 없는 응력에 도달하면 파단된다.

응력과 변형량 사이의 변화를 나타낸 선도를 응력-변형선도 (stress-strain curve) 라 한다. 그림 2-1과 같은 응력-변형선도의 구역을 설명하면 다음과 같다.

A : 비례한도 (proportional limit). 응력과 변형량이 정비례의 관계를 유지하는 한계

B : 탄성한도 (elastic limit). 하중을 제거할 때 시험편이 원형으로 돌아오는 한계

C : 항복점 (yield point). 하중을 제거한 후에 영구변형이 인정되기 시작하는 점

D : 최대 하중점 (point of maximum load). 곡선 위에서 최대의 응력에 해당하는 점

E : 파단점 (fracture point). 시험편이 절단하는 점

이 곡선은 2개의 구역으로 나뉘는데 하중을 제거할 때 시편이 바로 원형으로 돌아오는 탄성변형 (elastic deformation) 의 구역과 하중을 제거한 후에도 영구히 남는 소성변형 (plastic deformation) 의 구역이다.

1-4 ─● 재결정 (recrystallization)

가공경화(work hardening)된 금속을 가열하면 연화되기 전에 먼저 내부응력이 제거되고 회복 (recovery) 되며 더 가열하면 점차 내부응력이 없는 새로운 결정핵이 결정 경계에 나타난다. 이것이 성장하여 새로운 결정이 생기면 새로 연화된 조직을 형성하는데 이때의 새로운 결정을 재결정이라 한다.

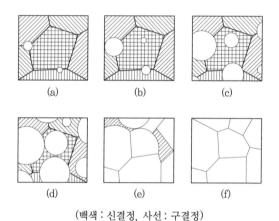

(a) (b) (c)

(d) (e) (f)

(백색 : 신결정, 사선 : 구결정)

그림 2-2 재결정 과정

또한, 회복이 일어난 후 계속 가열하면 임의의 온도에서 인장강도, 탄성한도는 급감하고 연신율은 급상승하는 현상이 일어나는데 이때의 온도를 재결정 온도 (recrystallization temperature) 라고 한다.

표 2-1 금속의 재결정 온도 (℃)

금속	Fe	Ni	Cu	Al	W	Mo
재결정 온도	450	600	200	180	1000	900
금속	Au	Ag	Pt	Zn	Pb	Sn
재결정 온도	200	200	450	18	−3	−10

1-5 • 열간가공과 냉간가공

금속의 소성가공은 가공온도에 따라 재결정 온도 이상에서 가공하는 것을 열간가공 (고온가공) 이라 하고, 재결정 온도 이하에서 가공하는 것을 냉간가공 (상온가공) 이라 한다.

(1) 열간가공(고온가공, hot working)

재결정 온도 이상의 온도에서 가공하는 것을 열간가공 또는 고온가공이라 한다.

열간가공은 안정된 범위 내에서 1회에 많은 양을 변형할 수 있어 가공시간을 단축하는 장점이 있으나 가공된 제품은 표면의 산화로 쉽게 변질되고 냉각되면서 형상, 치수, 조직 및 기계적 성질 등이 불균일해지는 단점이 있다. 가공물 중에 혼입된 불순물이 저온에서 용융하여 적열취성이 발생하는 요인이 되므로 주의하여야 한다.

따라서, 일반적으로 열간가공에서는 변형을 많이 시키고 냉간가공에서 형상, 치수를 맞추며 조직 및 기계적 성질을 향상시켜 재질을 균일화한다.

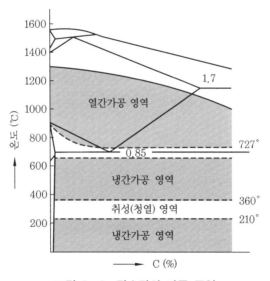

그림 2-3 탄소강의 가공 구역

① 열간가공의 효과

열간가공의 효과는 다음과 같다.

㈎ 결정입자를 미세화한다.

㈏ 방향성이 있는 주조 조직 (cast structure) 을 제거한다.

㈐ 강괴 내부의 미세한 균열과 산화되지 않은 기공 등을 열간가공으로 단접한다.

(라) 합금 원소의 확산으로 재질의 균일화를 촉진하고 경한 조직과 불순물 등으로 형성된 막을 파괴한다 (강 중의 시멘타이트).

(마) 기계적 성질인 연율, 단면, 수축률 및 충격값 등은 개선되나 섬유조직 및 방향성과 같은 가공성질이 나타난다.

② 열간가공의 완료온도 : 가공물이 그 재료의 재결정에 필요한 온도보다 훨씬 높은 온도에서 가공이 완료되면 자연적으로 냉각되는 동안에 결정 성장이 일어난다. 성장한 큰 결정의 입자는 단면 수축률과 아이조드 (Izord) 충격값을 저하시키므로 가공 완료온도는 미세 결정의 형성이 끝나는 재결정 온도보다 약간 높은 온도이어야 한다. 이보다 낮은 온도는 냉간가공의 영향을 받을 수 있다. 냉간가공에서는 항복응력에 대한 최고 인장강도의 비율이 더욱 높은 수치를 나타내는 결과를 가져오며 가공 완료온도는 때로 재료의 취성 구역이 존재할 때 영향을 받게 된다.

그림 2-3은 강의 열간가공 및 냉간가공의 온도 구역이 탄소량에 따라 변화하는 것을 나타내고 있다.

열간가공에서는 가공온도가 A_1 변태점 이상이므로 가공 중에 재결정과 결정의 조대화가 생기나 단조 (forging) 에서 미세화된다. 그러나 열간가공 완료온도가 A_3, A_1 변태점보다 훨씬 높으면 가공 후 냉각에 많은 시간이 소요되기 때문에 그 사이 상당히 많은 결정입자의 성장이 생겨 재질이 저하된다.

단조 완료온도가 A_1 변태점에 접근하면 결정입자가 성장할 시간이 없어 가공효과로 인하여 미세한 결정을 얻게 되어 재질적으로도 우수해지므로 단조 완료온도에 충분한 배려가 필요하다.

1-6 → 냉간가공 (상온가공, cold working)

재결정 온도 이하에서 가공할 때를 냉간가공이라 하며, 가공물의 성형을 정밀하게 완성하고 동시에 강도를 높일 목적으로 사용한다. 철, 구리, 황동 등은 상온에서 소성변형을 받으면 가공경화를 일으킨다.

그러나 납, 주석, 아연 등은 상온에서 가공해도 가공경화가 생기지 않으며 가공경화로 인장강도, 항복점, 탄성한계 및 경도 등은 증가되나 연신율, 단면 수축률은 감소한다. 금속재료를 가열하면 가공경화 현상이 사라져 연화되는데 그 변화는 가열온도, 가열속도, 가공도 등에 따라 차이가 난다.

재료를 저온에서 가열하는 동안에 재료의 성질 변화는 내부응력의 이완 (relaxation), 재결정 (recrystallization), 결정핵 성장 (grain growth) 의 3단계 과정으로 진행된다.

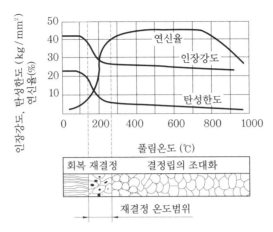

그림 2-4 강의 재결정과 기계적 성질

① 내부응력의 이완 : 결정 형상은 변하지 않고 내부응력만 이완되는데 이를 회복
 (recovery)이라 한다.
② 재결정 : 가공경화된 금속을 가열하면 연화되기 전에 먼저 내부응력이 제거되고 회
 복된다. 더 가열하면 점차 내부응력이 없는 새로운 결정핵이 결정 경계에 나타난다.
 이 새로운 결정을 재결정이라 한다 (1-4 재결정 참조).
③ 결정핵 성장 : 재결정 온도보다 고온도에서 풀림 (annealing) 하면 재결정으로 형성
 된 결정립이 서로 인접한 결정립을 병합하여 결정 성장이 생긴다. 풀림온도가 높고,
 풀림시간이 길면 큰 결정립으로 성장한다.

　결정립이 크면 기계적 성질이 저하되므로 필요이상으로 풀림온도를 상승시키는
것은 좋지 않다. 대부분의 경우 결정 성장이 생기는 일은 거의 없다. 재결정 후의
결정립 크기는 가공도 및 가열온도의 영향을 받는다.

　그림 2-5는 연강의 가공도, 가열온도 및 결정립의 크기의 관계를 표시한 것이다.

　새로운 미세 결정은 서로 병합하여 그림 2-6에 표시된 것처럼 처음에는 급속히
성장하다 이후 서서히 성장한다. 즉 온도의 상승과 더불어 입도성장이 증가된다. 가
공도가 적을수록 결정입도가 크기 때문에 저가공도의 결정을 고온에서 풀림하면 큰
결정을 얻을 수 있고, 또한 가공도와 가열온도를 변화시키면 임의의 크기의 결정립
을 얻을 수 있다.

　이와 같이 결정의 회복, 재결정, 성장 등의 현상은 반드시 내부응력에 기인되어
생긴다. 그러므로 내부응력이 전혀 잔재하지 않는 것은 아무리 가열하여도 전혀 변
화가 생기지 않는다.

　냉간가공의 임계가공도는 결정의 성장을 방지하면서 조직의 균일화와 연화를 목
적으로 하는 가열로서 완전 풀림 (full annealing) 이라 하며, 강에서는 A_3, A_1 온도보

다 30~50℃ 높은 온도에서 풀림한다. 이것은 저온 풀림과는 다르다. 그리고 용융점이 저온인 금속에서는 상온에 방치하여도 풀림 효과가 생겨서 연화된다.

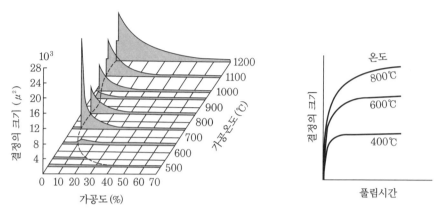

그림 2-5 연강의 가공도, 가열온도 및 결정 크기　　　그림 2-6 결정성장과 풀림온도와 시간

2　소성가공의 종류

소성가공에 속하는 가공 방법은 내용에 따라 다음과 같은 종류가 있다.

(1) 압연가공 (rolling)

재료를 회전하는 2개의 롤러 사이를 통화시켜 두께나 지름을 줄이는 가공법이다.

(2) 압출가공 (extrusion)

가열된 금속을 용기 내에 넣고 이를 한쪽에서 다른 쪽으로 밀어 설치된 다이 (die) 를 통과시켜 봉이나 관을 만드는 가공법이다.

(3) 인발가공 (drawing)

금속 파이프 또는 소재를 다이에 통과시켜 축 방향으로 잡아당겨 바깥지름을 감소시키면서 일정한 단면을 가진 소재로 가공하는 가공법이다.

(4) 프레스 가공 (press)

주로 판상의 금속재료를 형틀을 사용하여 절단, 굽힘, 압축하거나 희망하는 형상으로 변형시키는 가공법으로 이에 속하는 주요 가공법으로는 전단가공, 굽힘가공, 오므리기가공, 압축가공 등이 있다.

(5) 단조가공 (forging)

일반적으로 열간가공에서 적당한 단조기계로 소재를 소성가공하여 조직을 미세화하고 균일하게 함으로써 재료를 단련하는 가공법이다. 단조의 종류에는 자유단조, 형단조, 업셋 단조가 있다.

(6) 전조가공 (form rolling)

전조 공구를 사용하여 나사, 기어 등을 성형하는 가공법이다.

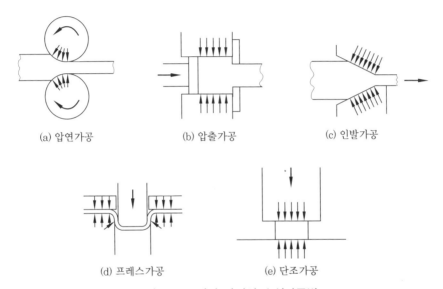

(a) 압연가공   (b) 압출가공   (c) 인발가공

(d) 프레스가공   (e) 단조가공

그림 2-7   여러 가지의 소성가공법

단 조

1 단조의 개요

　단조(forging)는 금속재료를 상온 또는 적당한 온도로 가열하여 소성영역에서 금형이나 단조기계로 외력을 가해 요구하는 형상으로 성형하는 가공법을 말한다. 단조가공은 소성가공 중의 하나이며 간단한 단조가공은 손 해머(hammer)나 모루(앤빌, anvil)를 사용하여 작업이 이루어진다. 대부분의 단조가공은 금형 세트, 단조용 프레스(press)나 기계 해머 등 공작기계를 사용하여 재료에 정적 또는 동적인 외력을 가하여 결정립을 미세화하고 조직을 균일화하는 동시에 여러 가지 소요의 형상으로 성형하는 가공법이다. 긴 판재나 구조재, 즉 연속형의 제품을 생산하는 압연과는 달리, 단조작업에서는 별개의 제품을 생산한다. 단조작업을 통하여 금속재료의 유동과 입자 구조를 조절하고, 단조품은 우수한 강도와 인성을 지니고 기계적 성질을 개선할 수 있다. 따라서 단조품은 항공기의 착륙용 기어, 제트엔진의 부품 등에 사용되며, 일반적인 단조품에는 볼트와 리벳, 커넥팅 로드, 터어빈의 축, 기어, 공구 등의 기계부품과 기계, 철도, 수송 기계의 구조용 부품으로 많이 사용되고 있다. 재료의 성분 중에서는 탄소가 가장 많은 영향을 끼치며 인(P)과 유황(S)은 가단성을 해칠 뿐 아니라 P는 냉간취성을, S는 열간취성의 원인이 된다. 단조 방법을 분류하면 다음과 같다.

그림 2-8 단조 방법의 분류

　자유단조는 개방형 형틀을 사용하여 소재를 변형시키는 것으로 횡방향의 변형은 구속을 받지 않는다.

　형단조는 상하 한 쌍의 형틀을 사용하는 경우와 1개의 아래 형틀을 앤빌(anvil) 위에 고정해 소재를 형틀 위에 놓고 램(ram)으로 가압하여 소재를 성형시키는 방법이다.

　업셋단조는 가열된 재료를 수평으로 형틀에 고정하고 한쪽 끝을 돌출시켜 돌출부를 축 방향으로 헤딩 공구를 사용해 소재에 타격을 가하여 성형한다.

　압연 단조는 1쌍의 반원통 롤러 표면 위에 형을 조각하여 롤러를 회전시키면서 성형단조한다.

　냉간단조의 콜드 헤딩(cold heading)은 볼트, 리벳의 머리 제작에 이용되며, 코이닝(coining)은 봉재, 판재의 지름을 축소하거나 테이퍼를 만들 때 사용한다.

2　재료 가열법

2-1 • 단조 온도

　단조 재료의 가열은 단조용 가열로를 사용한다. 단조 재료의 가열 방법은 재질이 변하기 쉬우므로 너무 급속하게 고온도로 가열하지 말 것과 정확하고 균일한 형상이 되고 변형이 적으므로 균일하게 가열할 것, 산화하여 변질되므로 필요 이상의 고온으로 장시간 가열하지 말 것 등이 재료를 가열할 때 주의하여야 할 사항이다.

　소재를 가열하는 경우 대형 단조물이나 고속도강과 같은 특수강에서는 불균일하게 가열하면 균열이 생기기 쉽다. 강이나 알루미늄과 같이 열전도성이 양호한 재료는 대형 재료도 전체를 균일온도로 가열하기 용이하나 열전도성이 불량한 탄소강, 특수강은 재료가 큰 경우에 균일온도로 가열하기 힘들다. 일반적으로 크고 두꺼운 재료는 외부가 가열이 잘 되고 내부는 그렇지 못한데 이 온도차는 가열로의 온도가 높고 단시간으로 가열할수록 커진다.

　이와 같은 상태의 재료를 단련하면 표면은 충분한 단련 효과를 나타내나 내부는 단련 효과가 적어 내부응력이나 변형을 발생하는 원인이 되므로 재료를 가열할 때는 열전도의 양부와 소재의 크기를 고려하여 가열시간을 결정하여야 한다. 또한, 고온도에서 소재를 장시간 노출시키면 표면산화, 탈탄 등의 해가 되므로 가열시간은 단시간에 하여야 한다.

단조는 열간가공이므로 가공과 동시에 결정입자가 미세화된다. 단조가공 작업이 완료되어도 재결정 온도 이상일 경우 결정입자는 재차 조대화된다. 따라서, 단조가공 완료온도는 재결정 온도 정도로 하는 것이 좋으며, 단조작업은 시간이 많이 걸리므로 가열온도를 다소 높게 한다.

표 2-2는 최고 단조온도와 단조 완료온도를 표시한 것이고, 표 2-3은 강철의 최고 단조온도를 나타낸 것이다.

표 2-2 단조 온도

재질	최고 단조온도[℃]	단조 완료온도[℃]	재질	최고 단조온도[℃]	단조 완료온도[℃]
탄소강강괴	1250	850	스프링강	1200	900
합금강강괴	1250	850	공구강	1150	900
탄소강	1300~1100	800	망간 청동	800	600
니켈강	1200	850	니켈 청동	850	700
크롬강	1200	850	알루미늄 청동	850	650
니켈크롬강	1200	850	인청동	600	400
망간강	1200	900	모넬메탈	1150	1040
스테인리스강	1300	900	두랄루민	550	400
고속도강	1250	950	동	800	700
나소강	1250	800	황동	750~850	500~700

표 2-3 강철의 최고 단조온도

재질	온도(℃)	재질	온도(℃)
탄소강 C 1.5%	1050	3% Ni 강	1250
탄소강 C 1.1%	1080	Cr-Ni 강	1250
탄소강 C 0.9%	1120	Cr-V 강	1250
탄소강 C 0.7%	1170	스테인리스강	1280
탄소강 C 0.5%	1250	30% Ni 강	1100
탄소강 C 0.4%	1270	Ni-Mn 강	1205
탄소강 C 0.3%	1290	Ni-Mo 강	1205
탄소강 C 0.2%	1320	W-Cr 강	1120
탄소강 C 0.1%	1350	고속도강	1000~1250

2-2 • 가열로

단조용 가열로는 가열 재료의 종류, 크기 및 연소 가스와의 접촉 여부 등에 따라 적절한 것을 선택한다. 단조용 가열로는 열원에 의한 가열로와 구조에 의한 가열로로 구분된다.

(1) 열원에 의한 가열로

① 중유로 : 시설비와 운전비가 저렴하고 조작이 용이하나 특수 분사용 장치가 필요하다. 바나듐 산화물 (V_2O_5), 아황산가스 (SO_2) 등 연소 생성물 속에 함유된 유해 성분으로 인하여 피가열 재료 손상을 입는 경우가 있다.

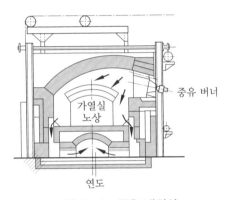

그림 2-9 중유 배치식

② 가스로 : 시설비는 저렴하나 연료비가 많이 든다. 취급이 용이하고 온도 조절이 쉽다. 연소가스 속의 유해 성분이 적기 때문에 대기오염 문제와 관련하여 중유로보다 좋다.

③ 전기 저항로 : 온도 조절이 가장 용이하고 작업이 쉬우며 재질의 변화가 적은 장점이 있다. 저항체로는 비철합금 가열에 니크롬, 철크롬 등의 금속 발열체가 사용되며 철강, 내열합금 등의 가열에는 탄화규소와 같은 비금속 발열체가 사용된다. 일반적으로 열처리용이다.

④ 고주파 유도로 : 50~80 Hz 정도의 고주파 전류를 통한 코일 속에 재료를 놓고 재료에서 발생하는 와전류를 이용해 가열하는 가열로이다. 재료가 빨리 가열되어 시간이 적게 걸리며 스케일(scale)의 발생 및 제품 표면의 거칠음이 적은 이점이 있다.

(2) 구조에 의한 가열로

① 배치 타입 (batch type) 가열로 : 이 형태는 구조가 간단해 범용성이 있고 값이 저렴하여 널리 사용되어 왔다. 작업이 간헐적으로 이루어져 이른바 가열대기 시간이 소

요되고 작업이 수동이라서 노 내 피가열 재료의 위치이동 등에 많은 인력이 요구되어 작업 능률이 저조한 결점이 있다.

② 회전 노상식 가열로 : 형단조용 연속로로서 가장 많이 사용된다. 열원에 구애 받지 않고 재료 형상에 관계없이 사용이 가능하다. 재료 또는 내화벽돌이 노 회전부에 낙하하거나, 노의 변형으로 노가 회전하지 못하게 되는 결점이 있다.

③ 푸셔식 (pusher type) 가열로 : 고주파 유도가열 장치에 이 방식이 많다. 재료는 수랭된 스키드 레일 (skid rail) 위를 공기 실린더나 기계적인 푸셔 (pusher)로 수직 운반된다.

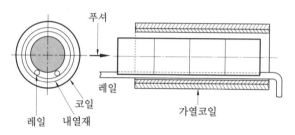

그림 2-10 푸셔식 유도가열로

2-3 • 온도 측정

재료를 가열작업하는 것은 열효율을 좋게 하는 데 목적이 있으며 신속하고 확실한 작업을 위해 온도조절, 연료 및 공기량과 같은 유량조절 등을 고려하여야 한다. 특히, 온도조절 문제는 작업의 난이, 능률의 고저, 재료의 득실에 영향을 미친다.

가열로의 온도 측정방법에는 열전고온도계 (thermoelectric pyrometer), 광고온계 (optical pyrometer), 복사 고온계 (radiation pyrometr), 제게르 콘 (Seger cone), 육안 색별법 등이 이용된다. 현장에서는 육안 색별법을 많이 이용한다. 그러나 이 방법은 고도의 경험과 숙련을 필요로 하며 항상 불확실한 점이 단점이다.

표 2-4 단조색과 온도

딘조색	온도 (℃)	단조색	온도 (℃)
암갈색	520~580	황적색	850~880
갈적색	580~650	황색	1050~1150
앵두색	750~780	백색	1250~1350
염적색	800~850		

3   단조용 재료

단조란 금속을 소성구역 내에서 단련하여 제품을 만드는 과정을 말한다. 금속을 단련하면 결정립이 미세하고 조직이 균일하여 양호한 기계적 성질을 갖는다. 단조용 재료로 사용하는 것은 다음과 같다.

3-1 · 단련강 (wrought steel)

단련강은 연성이 크고 가단성은 양호하나 연강에 비해 기계적 성질이 떨어져 봉재, 선재, 판재 등으로 목공구 및 기계제작 등에 이용된다.

3-2 · 탄소강

탄소강은 탄소 함유량 (C = 0.035~1.7 %)에 따라 연강, 경강, 탄소 공구강 등의 명칭으로 구분된다.

탄소강의 기계적 성질은 탄소 함유량 0.8 % 이내에서 인장강도 (tensile strengla), 항복점 (yieding point)이 증가하고 연신율, 단면 수축률 (reduction of area) 및 충격값 등은 감소한다. 그러나 경도는 오히려 증가한다. 탄소강은 탄소 함유량에 따라 성질이 연화하고 온도의 영향을 받아 200~300℃에서는 충격값이 급감되어 여린 성질이 되는데 이 성질을 청열 취성 (blue brittleness)이라 한다.

표 2-5   탄소강의 주요 용도

탄소 함유량 (%)	주요 용도
C < 0.2	리벳, 전선, 파이프 등
C 0.13 ~ 0.2	리벳, 건축용, 교량용, 캔통 재료 등
0.2 ~ 0.35	선박용, 건축용, 드럼통용, 보일러용 등
0.36 ~ 0.5	레일, 차축, 볼트 및 너트 등
0.5 ~ 0.7	차축, 스프링, 기어 등
0.7 ~ 0.8	압축용 형틀, 수공구, 각종 공구 등
0.8 ~ 0.9	단조용 형틀, 스프링, 석공 공구 등
0.9 ~ 1.05	탭, 다이스, 펀치, 목공용 톱 등
1.05 ~ 1.2	커터, 리머, 펀치, 탭, 줄칼 등
1.2 ~ 1.3	선반 바이트, 커터, 면도칼 등
1.3 ~ 1.5	핵소(hack saw), 선반 바이트, 플레이너 바이트 등

3-3 • 특수강

탄소강에 Ni, Cr, W, Co, V, Mn, Si 등의 특수 합금원소를 1개 이상 첨가하여 탄소강보다 성질이 양호한 Ni 강, Cr 강 등을 만든다. 특수강은 일명 합금강 (alloy steel) 이라고도 하며, 구조용 강철, 공구용 강철, 특수 목적용 강철 등으로 구분되어 그 용도가 매우 다양하다.

3-4 • 구리 합금

구리의 단련용 합금으로는 황동 (brass) 과 청동 (bronze) 이 있다. 표 2-6에서 6-4 황동은 판재 및 봉재로 사용되고, 7-3 황동은 선(wire), 파이프, 탄피 등에 사용되고 냉간가공을 하면 경도와 인장강도는 증가되고 연신율은 감소된다.

단련용 청동은 판재, 봉재, 축 (shaft) 등에 사용되며, 주석(Sn)이 소량 첨가된 것은 냉간가공하고 다량 첨가된 것은 500~600℃에서 열간가공한다.

표 2-6 황동의 기계적 성질

종류	인장강도 (kg/mm^2)	탄성한계 (kg/mm^2)	연신율 (%)	단면 수축률 (%)	브리넬 경도
6-4 황동	40 ~ 42	6 ~ 7	45 ~ 55	40	70
7-3 황동	30 ~ 32	3 ~ 5	60 ~ 70	40 ~ 50	40 ~ 45

3-5 • 경합금 (light alloy)

알루미늄은 봉재, 판재, 선재, 파이프 등의 제작에 이용된다. 가공 정도와 열처리에 따라 성질이 다르며 알루미늄과 그 합금의 기계적 성질은 표 2-7과 같다.

표 2-7 알루미늄 및 그 합금의 기계적 성질

종류	인장강도 (kg/mm^2)	탄성한계 (kg/mm^2)	연신율 (%)	단면 수축률 (%)	브리넬 경도
압연재 (Al)	18 ~ 28	12 ~ 16	3 ~ 20	60 ~ 65	40 ~ 60
풀림재 (Al)	7 ~ 22	5 ~ 6	30 ~ 45	80 ~ 95	12 ~ 25
두랄루민 단련재	35 ~ 50	20 ~ 27	20 ~ 25	35 ~ 65	100 ~ 140

4 단조용 공구 및 기계

4-1 • 단조용 공구

단조용 공구는 일반적으로 다음과 같이 분류된다.

(1) 가공 재료를 올려놓는 작업대

① 앤빌 (anvil) : 앤빌은 단조작업에 가장 중요한 도구이며 연강, 연강에 경강으로 단접한 것, 주강으로 만든 것 등이 있다. 형상은 영국식과 프랑스식이 있고, 앤빌의 크기는 중량으로 표시하며 보통 130~150 kg 정도이다.

② 정반 (plate) : 기준 치수를 맞추는 도구이며 두꺼운 강판 또는 주물로 만든다.

③ 이형공대 (이형대틀, swage block) : 앤빌 대용으로 사용되며, 여러 형상과 치수 구멍을 가진 주철 또는 강철재이다.

(2) 가열된 재료를 집는 집게

가열된 재료를 집는 집게 (tong) 는 용도상 여러 가지 형상이 있다.

(3) 재료를 타격하는 공구

손 망치 (hand hammer), 대패 (sledge hammer) 가 있다.

(4) 재료를 절단하는 공구

정 (chisel) 을 사용하여 재료를 절단한다.

(5) 재료를 성형 가공하는 공구

가공물의 표면에 대고 위에서 때려 가공물을 다듬기 하여 형상을 만드는 공구로 각다듬개, 평면 다듬개, 원형 다듬개가 있다.

(6) 재료 치수의 측정구

자 (scale), 직각자, 캘리퍼스 (calipers) 등이 있다. 캘리퍼스는 단조물의 지름, 각재의 폭, 길이, 두께를 측정할 때 사용한다.

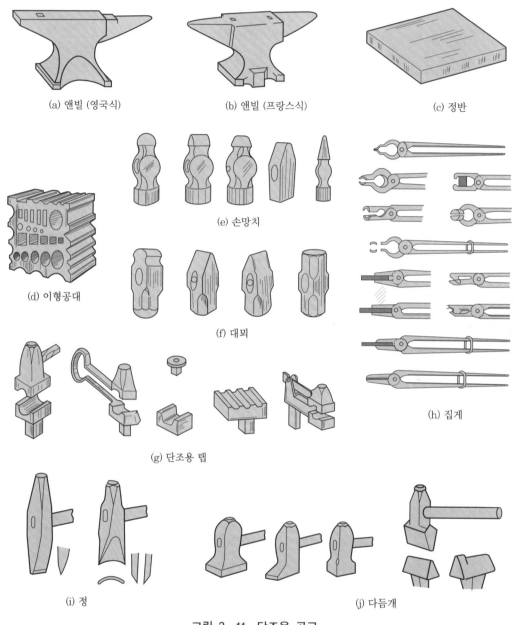

(a) 앤빌 (영국식) (b) 앤빌 (프랑스식) (c) 정반

(d) 이형공대 (e) 손망치 (h) 집게

(f) 대뫼

(g) 단조용 탭

(i) 정 (j) 다듬개

그림 2-11 단조용 공구

4-2 • 단조 기계

단조 기계는 순간적 타격력을 이용하여 가공물에 수차례 타격을 가하여 가공물을 변형시키는 기계 해머류와 정적으로 강력한 압력을 장시간 가하는 수압 프레스로 구별할 수 있다.

기계 해머의 용량은 낙하하는 물체의 총중량을 킬로그램(kg) 또는 톤 (ton) 으로 나타내며, 수압 프레스는 총출력으로 표시한다. 단조작업은 단조품의 변형 방법, 해머 및 앤빌의 형상, 가공 속도, 가공온도, 중량 등에 의한 변화 조건을 고려함은 물론 기계 효율도 고려하여 각종 공정에 의한 재료의 크기와 기계 용량을 결정하여야 한다. 단조작업에 있어 중요한 것은 단조물의 표면만을 변형시킬 것이 아니라 재료 내부까지 충분한 단련 효과가 미치는 용량과 운전 조건을 선택하는 일이다.

(1) 단조용 해머 (hammer)

압축 공기, 증기, 벨트, 체인(chain) 등 램(ram) 의 상하 운동으로 자유 낙하시키는 낙하 해머 (drop hammer) 와 압축 공기나 증기의 압력으로 피스톤 (piston) 을 내려 밀게 해서 큰 타격력을 얻는 파워 해머 (power hammer) 가 있다.

낙하 총중량 W [kg], 타격 순간의 피스톤 속도 V [m /s], 중력 가속도를 g 라 하면 해머의 타격 에너지 E [kg-m] 는

$$E = \frac{W V^2}{2g}$$

즉, 기계 해머는 낙하 중량과 타격 속도를 이용하여 변형 가공하는 것으로 해머의 타격 에너지가 변형일 양보다 커야만 목적하는 타격 효과를 얻을 수 있다.

해머의 낙하 중량은 일정하므로 일반적으로 타격 속도를 변경하여 타격력을 가감한다. 해머에서 앤빌 중량은 8~15배가 사용되나 진동 방지와 능률 향상을 위해 15~20 배의 중량으로 하고 견고한 기초를 만들어야 한다.

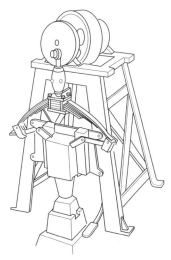

① 스프링 해머 (spring hammer) : 해머의 가속도를 크게 하여 타격 에너지를 증대하기 위하여 크랭크축에 겹판 스프링을 연결하여 스프링에 달린 해머를 상하 운동시켜 단조를 한다.

크랭크축의 회전수는 대형물에는 70회 / min, 소형물에는 200~300 회/ min 정도이며 행정 (stroke) 이 짧고 타격 속도가 크므로 주로 공구 등의 소형물의 단조에 적합하다.

그림 2-12 스프링 해머

② 공기 해머 (air hammer) : 압축 공기를 이용하여 피스톤을 동작시켜 낙하추의 힘으로 가공물을 단조한다. 피스톤의 상하에 교대로 압축 공기를 보내면 해머는 상하 운동에 의하여 강한 타격을 준다.

공기 해머는 조정이 쉽고 간편하기 때문에 널리 사용되며 공기 해머의 용량은 낙

하 부분의 총중량을 톤 (ton) 으로 표시한다. 램의 중량은 50~60 kg 정도이며 상승 높이 350~820 mm, 타격 속도 100~200회 /min, 최대 용량 2 ton 정도이다.

③ 증기 해머 (steam hammer) : 증기 피스톤의 피스톤 봉 (piston rod) 에 램을 고정하고 증기 압력에 의하여 대형물 재료에 강력한 타격을 가하기 위하여 사용된다. 종류에는 단동식과 복동식이 있으며 단동식은 해머를 상승시킬 때에만 증기가 작용하고 복동식은 해머가 낙하할 경우에도 증기력이 작용하게 되어 있다. 증기 해머는 조정이 쉽고 연속타격이 가능하고, 수동으로 타격력을 미세하게 조절할 수 있다는 특징이 있다.

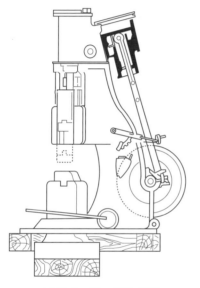

그림 2-13 에어 해머

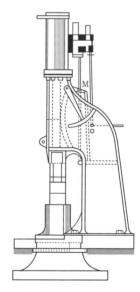

그림 2-14 증기 해머

④ 낙하 해머 (drop hammer) : 벨트, 로프 등을 이용하여 해머를 일정한 높이에서 낙하시켜 강력한 타격으로, 단조 방식으로는 자유단조보다 형단조하는 데 사용한다. W [kg]의 낙하 중량이 S [m]인 낙하 거리에서 낙하했을 때의 타격 에너지 F [kg-m]는 $F = WS$ 이다.

낙하 해머는 경량의 램으로 큰 타격 에너지를 얻을 수 있는 특징이 있다. 벨트 또는 로프 형식은 낙하 거리 2~4 m, 타격 횟수 15~16 회/min 정도이다.

⑤ 레버 해머 (lever hammer) : 인력용 해머를 동력화한 것으로 보통 레버 해머라 한다. 해머의 중량은 100 kg 정도이며 타격 횟수가 빠르며 구조가 간단한 것이 특징이나 앤빌면과 램면과의 평행이 유지되지 않는 결점이 있다.

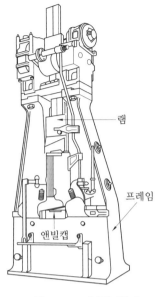

그림 2-15 낙하 해머

그림 2-16 레버 해머

(2) 단조용 기계

단조용 기계로는 수압 프레스(액압 프레스, hydraulic press)와 동력 프레스(power press)로 구별되며 단조작업 이외에도 프레스(press) 작업에도 사용된다.

수압 프레스는 피스톤에 고압액을 작용시켜 비교적 느린 속도로 가압하며 동력 프레스는 플라이휠(flywheel)의 에너지로 가공하고 비교적 빠른 속도로 가압할 수 있다.

단조용 기계는 해머에 비하여 타격 작용이 내부까지 잘 전달되므로 에너지의 손실 및 기계의 진동을 적게 할 수 있다. 수압 프레스의 용량은 실린더 내에 발생하는 최고 수압을 램의 유효 면적과의 곱으로 나타낸다.

프레스의 용량을 P [ton], 램 유효 단면적을 A [cm^2], 실린더 내의 압력을 Q [kg/cm^2]라 하면 프레스의 용량 P [ton]은 다음과 같다.

$$P = \frac{Q \cdot A}{1000} \ [\text{ton}]$$

유압 프레스에는 정적 압력 이외에도 크로스헤드(cross head), 단조형 중량(die block weight) 등이 추가될 것이나, 이것은 램 패킹(ram packing)의 마찰력과 밸런스(balance)가 되는 것으로 가정하여 이것을 무시한다. 또한, 유압 프레스 용량은

$$Q = \frac{A_1 \cdot \sigma_e}{\eta}$$

여기서, A_1 : 단조물의 유효 단면적 (mm²) (보통 앤빌의 면적으로 계산한다.)

σ_e : 단조 재료의 변형 저항 (kg /mm²)

η : 유압 저항, 기타 프레스 효율로서 0.7~0.8로 한다.

위 식으로 유압 프레스의 용량을 결정할 수 있다. 이때 σ_e는

$$\sigma_e = 10 \sim 20 \text{kg/mm}^2$$

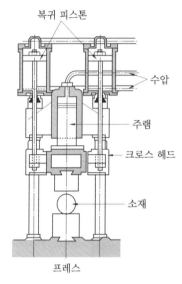

그림 2-17 수압 프레스

그림 2-18 동력 프레스

① 수압 프레스(hydraulic press) : 유압 또는 수압으로 램을 밀어내는 프레스로써 단조 기계 중에서 가장 큰 압축력을 전달할 수 있으므로 주로 대형 단조품의 가공에 이용된다. 압축 공정의 방법으로는 액체 압력을 직접 램 윗면에 공정의 방법으로는 액체 압력을 직접 램 윗면에 가하는 직접식과 압축 공기를 넣은 축압기(accumulator)에 액체를 보내어 축적한 다음 프레스로 보내는 간접식이 있으며 압축 공정의 램의 속도는 10~20 m /s 이다.

잉곳의 단련이나 대형물을 단조할 때에는 금속의 유동 시간이 충분하여야 압축력이 서서히 가해지면서 압축력의 효과에 의한 변형은 재료의 내부까지 미친다. 따라서, 수압 프레스의 압축력은 정적으로서 재료 단면 전체에 미치므로 대형 재료의 업세팅 (up-setting), 펀칭 (punching), 긴 드럼 (drum) 의 인발 작업에 적합하다.

② 동력 프레스(power press) : 동력 프레스는 업셋 단조 프레스 (upset forging press), 크랭크 프레스 (crank press), 마찰 프레스 (friction press), 토글 프레스 (taggle press) 등이 사용되고 이중 대량 생산용으로 크랭크 프레스가 이용된다.

5   단조작업

단조작업에는 자유단조와 형단조가 있다.

5-1 • 자유단조(free forging)

앤빌 위에 단조물을 올려놓고 쇠망치 또는 해머로 타격하여 목적하는 형상으로 만드는 방법이며 자유단조의 기본 작업은 다음과 같은 것이 있다.

① 늘리기(연신, drawing down) : 굵은 재료를 쇠망치나 램으로 타격하여 길이를 증가시킴과 동시에 단면적을 감소시키는 작업이다. 원형 단면으로 늘리는 경우에는 둥근형 탭(tap)을 사용한다.

② 업세팅(up-setting) : 긴 재료를 축 방향으로 압축하여 이를 굵고 짧게 하는 작업이다.

③ 구멍뚫기(punching) : 재료에 펀치를 사용하여 구멍을 뚫는 작업이다.

④ 굽히기(bending) : 굽히는 부분은 재료의 단면적이 작아지므로 작업 전에 늘리기 할 때 가감해 놓든지 스웨이징으로 굵게 만들어 놓고 굽힘 형틀에 넣어 성형하는 방법이다.

⑤ 단짓기(setting down) : 재료에 단을 만드는 작업이다.

⑥ 탭 작업 : 탭으로 볼트의 두부를 만드는 작업이다.

⑦ 절단(cutting off) : 정(chisel)을 사용하여 재료를 절단하는 작업이다. 냉간 절단용 정은 인선각이 60° 정도의 담금질된 강을 사용하고, 열간 절단용 정은 인선각이 30° 이하이며 담금질하지 않고 사용한다.

⑧ 비틀기(twisting) : 단조한 재료의 중간부를 비트는 작업이다.

⑨ 단접(forge welding) : 접합할 재료의 접합 부분을 반용융 상태까지 가열하여 압력을 가하는 작업이며, 산화를 방지하고 불순물을 제거하기 위해 용제(flux)로서 붕사를 사용한다.

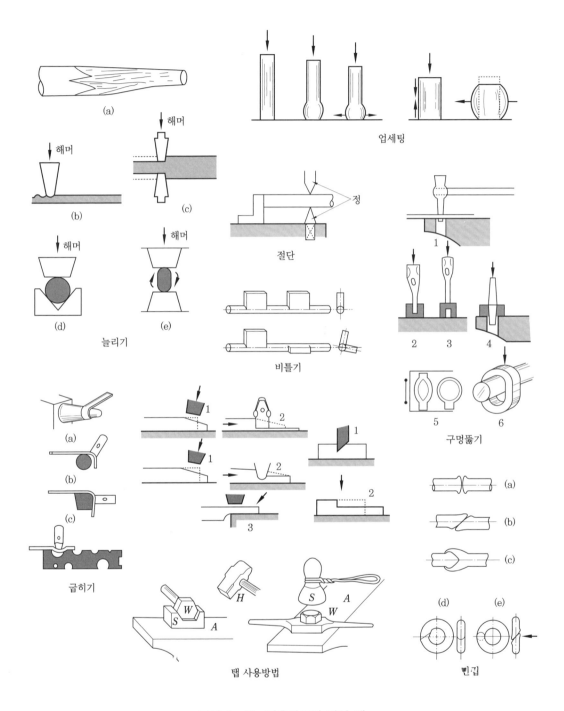

업세팅

해머

해머

(b)

해머

(c)

정

절단

해머

해머

(d)   (e)

늘리기

비틀기

1

2   3   4

5   6

구멍뚫기

(a)

(a)

(b)

(b)

(c)

(c)

1

2

1

1

2

3

2

굽히기

H

S

A

W

S

A

W

(d)   (e)

탭 사용방법

빈깁

그림 2-19 자유단조의 작업 예

5-2 • 형단조(die forging)

그림 2−20과 같이 상하의 금형에 소정의 형상을 조각한 밀폐형을 사용해서 행하여지는 작업을 형단조라 한다.

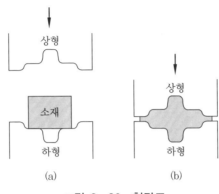

그림 2−20 형단조

형단조는 재료를 변형하기 위해 많은 에너지를 필요로 하기 때문에 보통 재료의 변형 저항이 적은 고온 상태에서 성형하게 된다. 보통 강(steel)에서는 800 ~1250℃로 가열하여 소요의 형상 재료를 하형(下型)에 올려놓고 상형(上型) 틀로서 압축시키면 재료가 형 안에 채워지면서 완성품으로 단조되는 성형 방법으로서 조직이 미세하고 강도가 크다.

형단조의 특징으로는 동일한 금형으로 다량의 단조품을 생산할 수 있어 경제적이며 제품의 기계적 성질이 향상되고 정밀도가 우수한 단조품을 만들 수 있어 후공정에서 절삭가공 시간과 비용을 절감할 수 있다. 그러나 형단조는 자유단조에 비하여 단조 장비가 고가이며 소정의 금형을 제작하여야 하므로 소량의 생산에는 적합하지 않고 대형 가공물의 경우 가공이 어려운 단점이 있다.

(1) 형단조의 재료

형단조 틀(die)은 타격을 가할 때의 충격, 마찰, 접촉에 의한 가열, 재료와의 사이에 가해지는 압력 등에 견디어야 한다. 형틀은 질량이 크고 담금질이 양호한 재료이어야 한다.

주로 Ni−Cr−Mo 강, Cr−Mo−V 강이 사용되고 있다. 형틀 재료는 높은 온도와 높은 충격하에서 사용되므로 다음과 같은 성질을 충족시켜야 한다.

[형 재료의 조건]

① 고온에서 변형되기 힘들고 마모에 대하여 저항이 클 것

② 충격에 견딜 수 있도록 강인하고 균열이 생기지 않을 것

③ 열전도도가 크고, 기계 가공이 용이할 것

④ 금형 수명이 길고 경제성이 좋을 것

⑤ 열처리가 용이하여 균일한 경도 및 점성 강도를 지닐 것

표 2-8 단조용 형재료

No.	C[%]	Si[%]	Mn[%]	S[%]	P[%]	Cr[%]	Ni[%]	Mo[%]	V[%]	W[%]
1	0.47~0.55	0.1~0.2	0.5~0.6	0.04	0.03	0.6~0.75	1.5~1.75	–	–	–
2	0.9~0.75	0.1~0.2	0.3~0.4	0.04	0.03	3.25~3.75	–	–	–	–
3	0.48~0.50	0.25~0.26	0.57~0.67	0.04	0.03	0.8~0.9	–	–	–	–
4	0.25	0.25~0.26	0.2	0.04	0.03	3	1.7~1.8	–	–	7.5
5	0.25	0.25~0.26	0.2	0.04	0.03	3	–	–	–	14
6	0.45~0.55	0.25~0.26	0.69~0.90	0.04	0.03	0.45~0.75	1.0~1.55	0.3~0.7	–	–
7	0.50~0.60	0.25~0.26	0.69~0.90	0.04	0.03	0.50~0.75	1.25~1.75	0.10~0.30	0.3	–
8	0.6~0.8	0.25~0.26	0.3~0.50	0.04	0.03	–	–	–	0.3	–
9	0.9~1.0	0.25~0.26	0.3~0.50	0.04	0.03	–	–	–	0.3	–

(2) 형의 예열

금형의 장착이 끝나면 재료와 형틀 접촉면에서의 온도 저하를 줄이고, 재료의 변형을 방지하고, 형틀에 생기는 열응력을 줄이고, 형틀의 인성을 높여 균열을 방지할 목적으로 예열한다. 따라서, 형틀은 작업 전에 반드시 150~250℃ 로 예열하도록 한다.

(3) 소재의 가열

소재를 가열할 때는 소재의 표면 및 내부 조직에 영향이 미치지 않도록 신속하게 온도를 높여 균일하게 가열하고 동시에 산화를 방지하기 위해 고온에서 장시간 가열하지 않도록 주의하여야 한다.

(4) 단조비 (단련 성형비)

강괴의 단련 정도를 표시하기 위해 사용되는 표시 방법이다. 강괴의 최초 단면적을 A_0, 가공 후의 단면적을 A_1이라 하면 그 비 A_1 / A_0를 단조비라 한다.

(5) 업셋 단조 (upset forging)

업셋 단조는 봉재의 끝부분이나 중간부분을 축 방향으로 압축하여 지름이 큰 제품을 만드는 것이며, 이때 가공부의 재료는 조직이 미세화하고 섬유의 흐름이 연속적이므로

기어 소재 등의 제조에 적합하다. 고정구로 재료를 견고하게 고정한 채 작업하기 때문에 가공 부분에만 변화를 줄 수 있다.

[업셋 단조의 3원칙]

① 제1원칙 : 1회의 타격으로 완료하려면 업셋 길이는 소재 지름의 3배 이내이어야 한다($L = 3D$).

② 제2원칙 : 제품 지름이 1.5배보다 작을 때의 업셋 길이는 소재 지름의 3~6배로 한다($L = 3~6D$).

③ 제3원칙 : 제품 지름이 1.5배이고 소재의 길이가 제품 지름의 3배 이상일 때는 공구간 최초 간격이 제품의 지름을 넘지 말아야 한다.

(6) 단접(smith welding)

연강을 가열하면 용융온도 부근에서 점성 및 금속간 친화력이 커진다. 이것을 두 소재로 접촉시키고 해머로 압력을 가하면 접착되어 한 덩어리가 된다. 이것을 단접이라 한다.

연강의 단접온도는 1100~1200℃ 가 적당하며, 단조재인 붕사를 사용하여 단접물의 표면에 생긴 산화철을 제거한다. 단접 방법에는 맞대기 단접(butt welding), 겹치기 단접(lap welding), 쪼개어 물리기 단접(split welding)이 있다.

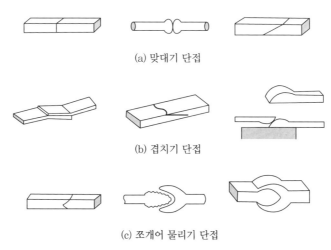

(a) 맞대기 단접

(b) 겹치기 단접

(c) 쪼개어 물리기 단접

그림 2-21 각종 단접 작업

압 연

1 압연의 개요

압연(rolling)은 소성변형이 비교적 잘되는 금속재료를 상온 또는 가열된 상태에서 회전하는 롤러(roller) 사이에 삽입한 후 통과시켜 가해진 압축력에 의하여 판재, 형재, 관재 등의 여러 가지 형상의 소재를 성형하는 가공 방법이다. 압연가공의 특징은 금속재료의 주조 조직을 파괴하고 기포나 수축공 등을 압착하여 균일한 양질의 제품을 얻을 수 있다는 점이다. 주조 및 단조가공에 비하여 작업속도가 빠르고 변형이 연속적으로 이루어지므로, 치수와 재질이 균일한 제품을 다량으로 생산할 수 있어 생산비도 저렴하다.

금속의 압연은 열간압연(hot rolling)과 냉간압연(cold rolling)으로 분류된다. 열간압연은 재결정 온도 이상에서, 냉간압연은 재결정 온도 이하에서 작업이 이뤄진다. 열간압연은 치수가 큰 재료를 압연할 때 많이 사용하는 가공법으로, 주조 조직을 개선할 수 있고 기계적 성질도 향상시킬 수 있으며, 변형이 잘되어 가공에 소요되는 동력도 적게 드는 장점이 있다. 한편 냉간압연은 재료의 두께나 단면이 작은 경우 또는 압연가공의 마무리 작업에 많이 사용되는 가공법으로, 치수가 정확하고 가공면이 깨끗하여 우수한 제품을 얻을 수 있다. 열간압연 재료는 재질에 방향성이 거의 없으나, 냉간압연의 재료는 방향성이 나타나므로 2차 가공에서 주의하여야 한다. 정밀한 제품을 얻고자 할 경우 일반적으로 냉간압연 하며 압연 후에는 필요에 따라 풀림하여 제품 치수의 정확성과 연성을 회복시키는 작업도 한다. 그림 2-22는 압연 작업에서 생기는 조직의 변화를 표시한 것이다.

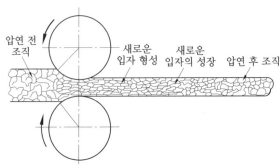

압연 전 조직 　 새로운 입자 형성 　 새로운 입자의 성장 　 압연 후 조직

그림 2-22 압연 조직

2 압연 작용

2-1 압하율(reduction ratio)

압연에 의한 변형 정도를 나타내는 것으로서 입구의 두께와 판 출구의 두께 차를 압하량이라 하고, 압하량을 압연 전의 두께로 나눈 값을 백분율로 표시한 것을 압하율이라 한다.

압하율을 크게 하려면 지름이 큰 롤러(roller)를 사용하고, 롤러의 회전속도를 높이며, 압연재의 온도를 높게 한다.

롤러 통과 전의 두께를 H_0, 통과 후의 두께를 H_1 이라 하면

$$압하량 = H_0 - H_1$$

$$압하율 = \frac{H_0 - H_1}{H_0} \times 100\,\%$$

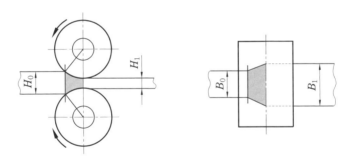

그림 2-23 롤러의 압하와 폭 증가

2-2 폭 증가(width spread)

재료 연신과 더불어 압연 직각 방향에도 변화가 일어난다. 이 변화량은 후판압연, 분괴압연에서는 변화가 크며, 박판압연에서는 변화가 극히 적다.

폭 증가에 영향을 주는 요소는 압하량, 재질, 온도, 재료의 두께와 폭, 롤러 지름, 압연 속도 등이다.

2-3 • 접촉각 (contact angle)

장방향 단면의 소재를 원통형 롤러로 압연할 경우 재료가 롤러 면에서 받는 힘 P, 재료와 롤러 간의 마찰계수 μ라 하면 롤러와 재료 사이에는 마찰력 μP가 작용한다.

따라서, 롤러가 재료를 끌어 들이려면 재료가 롤러에서 받는 힘 P의 분력은 $P\cos\theta$ 와 마찰력(μP)의 분력 $\mu P\cos\theta$ 가 서로 반대이므로 마찰력의 분력이 재료가 롤러 면에서 받는 힘의 분력보다 크면 압연이 가능하고, 작으면 압연이 되지 않는다.

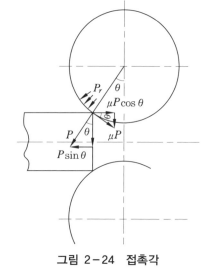

$$\mu P\cos\theta \geqq P\sin\theta$$
$$\therefore \ \mu \geqq \tan\theta \ \text{이어야 한다.}$$

그림 2-24 접촉각

$\tan\theta = \mu$ 일 때 각도 θ를 접촉각이라 한다. 따라서, 접촉각(θ)과 마찰각(μ)의 관계에서 $\theta < \mu$인 경우에는 재료가 자력으로 압입되고 $\theta = \mu$인 경우는 소재에 힘을 가하며, $\theta > \mu$인 경우 압입되지 않는다.

3   압연기의 종류

압연기의 종류는 여러 가지가 있다. 롤 (roll) 의 수와 조립 형식에 따라 분류하면 다음과 같다.

(1) 2단 압연기

가장 간단한 구조로서 롤러와 롤러 사이에서 압연을 하는 것으로 롤러를 한 방향으로 회전시켜 압연하는 비가역식과 롤러의 회전 방향을 역전시킬 수 있는 가역식이 있다.

(2) 3단 압연기

3개의 롤러로 구성된 압연기이다. 서로 인접된 롤러는 반대 방향으로 회전하며 롤러를 역전시키지 않아도 재료를 왕복운동시킬 수 있어 대형 압연물에 사용한다.

(3) 4단 압연기

2개의 작업 롤러 (work roller) 와 2개의 지지 롤러 (back up roller) 로 구성되어 있고 작은 작업 롤러로 압연하며 큰 지지 롤러로 작업 롤러를 지지하는 구조이다. 이것은 작업 롤러가 작아 동력 소비가 적고 얇은 판까지 압연하기 때문이다. 일반적으로 작업 롤러를 구동한다.

(4) 가역 4단 압연기

4개의 롤러를 조합한 압연기로, 지름이 큰 상하 롤러는 지름이 작은 2개의 중간 롤러를 각각 지지하기 위한 것이다. 얇고 폭이 넓은 띠강 압연에 적합하다.

(5) 스테켈 압연기 (steckel roller)

롤러의 구동은 하지 않고 감는 기계의 인장 구동으로 압연을 하는 것으로 연질재의 박판 압연에 이용한다.

(6) C.M.P 4단 압연기

스테켈 압연기와 가역 4단 압연기의 장점을 모아서 만든 압연기로 지지 롤러가 구동하여 작업 롤러에 큰 힘을 전달하는 압연기이다.

(7) 연속식 4단 압연기

직렬식 압연기라고도 하며, 4단 압연기를 여러 대 연속적으로 배열한 것으로 대형 판재의 압연 시, 고속 압연에 사용된다.

(8) 12단 압연기

롤러 지름을 10 mm 이내로 작게 할 수 있고 경질의 합금강도 냉간압연할 수 있다.

(9) 20단 압연기 (sendzimir mill)

롤러의 지름이 아주 작은 압연기로 작업 롤러의 간격을 정밀하게 조절할 수 있어 강력한 압연을 할 수 있으며 압연 재료가 균일한 장점이 있다. 특히, 스테인리스강과 같은 변형 저항이 큰 재료를 0.05 mm 정도로 압연할 수 있다.

(10) 유성 압연기 (plantary roller)

큰 지름의 롤러 주위에 작은 작업 롤러를 다수 배치하여 이 작업 롤러의 공전 및 자전에 의해서 압연을 하는 압연기이다. 1회의 압연으로 큰 압하율을 얻을 수 있으며, 재료를 물릴 것은 입구 쪽에 설치된 압입용 롤러에 의하여 이루어진다.

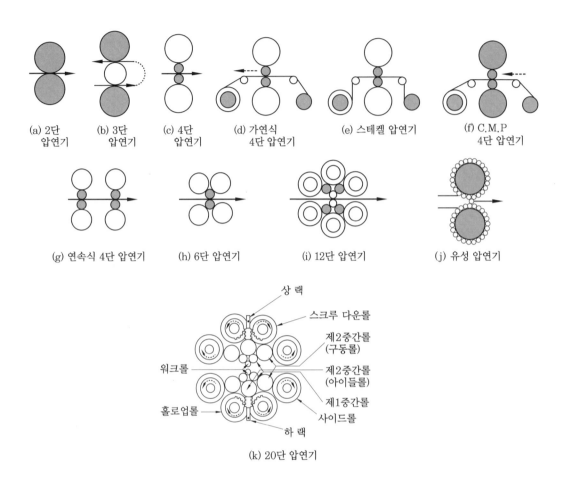

(a) 2단 압연기 (b) 3단 압연기 (c) 4단 압연기 (d) 가연식 4단 압연기 (e) 스테켈 압연기 (f) C.M.P 4단 압연기

(g) 연속식 4단 압연기 (h) 6단 압연기 (i) 12단 압연기 (j) 유성 압연기

상 랙
스크루 다운롤
제2중간롤 (구동롤)
워크롤
제2중간롤 (아이들롤)
제1중간롤
홀로업롤
사이드롤
하 랙

(k) 20단 압연기

그림 2-25 압연기의 종류

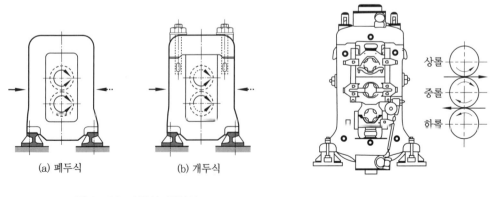

(a) 폐두식 (b) 개두식

그림 2-26 2중식 압연기

상롤
중롤
하롤

그림 2-27 3중식 압연기

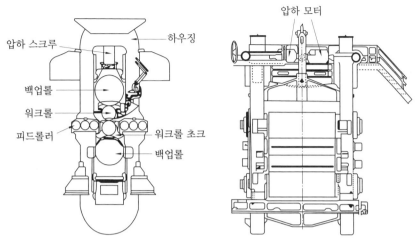

그림 2-28 4중식 압연기

4 롤 러

4-1 •롤러 (roller) 의 구조

롤러는 압연기의 주요 부품으로 제품의 형상이나 압하율이 결정된다. 롤러는 압연작용에 사용되는 몸체 (body), 몸체를 지지하는 축부 (neck) 및 구동부의 웨블러 (webbler) 의 3부분으로 구성되어 있다.

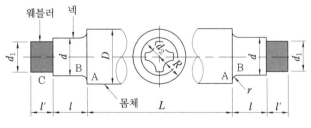

그림 2-29 롤러의 구조

롤러의 표면 형상에 따라 판재용에는 평 롤러 (plain surface roller) 가 사용되고, 형재용으로는 홈붙임 롤러(groove roller)가 사용된다. 롤러의 표면 홈을 공형(cailber) 또는 패스 (pass) 라고 한다.

그림 2-30 웨블러의 형상

환봉, 봉재, 각재, 형재 등의 압연에서 단면 형상의 홈 형태는 상하 롤러에 홈을 판 개방 공형을 사용한다. 형상이 복잡하거나 정확성을 요구하는 형재, 기차 레일 등은 한 쪽 롤러의 홈형이 깊고 (凹) 다른 쪽 롤러는 돌출 (凸) 하여 깊은 쪽에 끼어 들어간 형태의 폐쇄 공형을 사용한다.

압연 롤러의 절손 원인에는 주물 불량, 롤러의 조절 불량, 작업온도 불균일에 의한 축부 (neck) 의 절손, 소재의 절손, 롤러의 경도 부족으로 인한 롤러의 표면거칠기(surface roughness), 진동, 충격, 하우징 (housing) 조절 불량으로 축부와 몸체의 경계 절손, 소재의 저온, 압하율의 과도로 인한 몸체 절손이 있다.

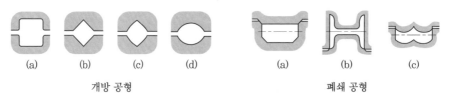

(a)	(b)	(c)	(d)	(a)	(b)	(c)

개방 공형   폐쇄 공형

그림 2-31 공형의 형상

4-2 • 롤러의 재질

롤러의 재질은 내마모성, 내열성, 내충격성이 우수하고 충분한 강도를 지녀 절손이 생기지 않아야 한다. 롤러의 재질에 따라 주철 롤러와 강철 롤러로 구분한다.

주철 롤러는 칠드 롤 (chilled roll) 과 샌드 롤 (sand roll) 로 분류된다. 칠드 롤은 칠 (chill) 의 깊이가 15~40 mm 이고, 경하며 내마멸성이 있어 후판의 냉간 및 열간압연용과 다듬질 롤에 사용된다. 샌드 롤은 펄라이트 (perlite) 조직이며 외부와 내부의 경도 차이가 거의 없고 인성은 있으나 내마멸성이 좋지 않아 소형물, 일반 형강재에 사용된다.

5 특수 압연기

관 (pipe) 을 제조하는 방법 중 이음매 없는 관 (seamless pipe) 은 압연, 인발 (drawing), 압출 (extrusion) 에 의해 제조할 수 있으나 여기서는 압연에 의한 것만 취급하기로 한다.

5-1 ─• 맨네스맨 압연기 (Mannesmann piercing mill, 천공기)

이 방법은 맨네스맨이 1885년에 처음으로 특허를 얻은 것으로 회전식 압연법이다. 이 것은 봉상 가공물이 양쪽으로부터 회전 압축력을 받을 때 중심에는 공극이 생기기 쉬운 상태가 되는 원리를 이용한 것이다.

그림 2-32와 같은 형상으로 수평선에서 롤러의 표면은 5~10° 경사져 있고, 중심부는 약 25 mm 정도가 동일한 지름으로서 평탄부를 이룬다. 두 롤러는 수평으로 6~12° 정도 상호 교차되어 있고 이 각도의 크기에 의하여 재료인 빌릿 (billet) 의 진행속도가 결정된 다. 롤러 2개는 회전방향이 같다.

그림 2-33에서 롤러 표면의 접선력 (마찰력) F 및 F'의 분력 $F\cos\alpha$와 $F'\cos\alpha$에 의 하여 롤러는 회전운동을 하게 되고, 분력 $F\cos\alpha$와 $F'\cos\alpha$에 의하여 가공물이 전진운 동을 한다. 롤러의 중심부 지름이 크기 때문에 표면속도가 증가하여 빌릿은 심한 비틀림 과 동시에 표면이 인장을 받아 늘어나게 되므로 지름의 감소만으로는 보충할 수가 없어 빌릿 중심의 재료가 외측으로 유동하게 된다. 이때 빌릿 중심에 심봉 (mandrel) 을 압입 하고 빌릿과 함께 회전시키면 천공작업이 촉진된다. 빌릿이 롤러 사이에서 이탈하지 못 하도록 안내장치가 설치되어 있다. 롤러의 주속도는 7.5~90 m/min 정도이며, 저탄소강 의 경우 가열온도는 1250℃ 정도이다.

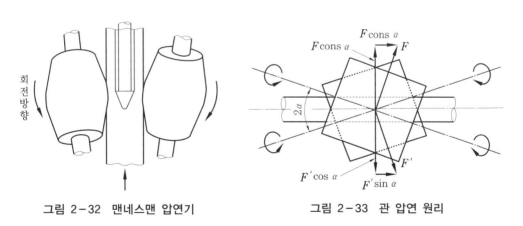

그림 2-32 맨네스맨 압연기   그림 2-33 관 압연 원리

5-2 ─• 유니버설 압연기 (universal mill)

유니버설 압연기는 H형강을 압연하기 위해 특별히 제조된 압연기로서 동일 평면에 상 하 수평 롤러와 좌우 수직 롤러의 축심이 있는 압연기이다.

유니버설 압연기는 상하 수평 롤러 사이 및 상하 수평 롤러의 측면과 좌우의 수직 롤러 사이에 형성되는 공간에서 재료를 압연하므로, H형강의 플랜지 선단부가 압연되지 않아 둥글게 되고, 또 플랜지의 폭도 규정 치수로 만들기 어렵기 때문에 선단부를 압연하는 에징 압연기 (edging mill) 와 조합하여 사용한다.

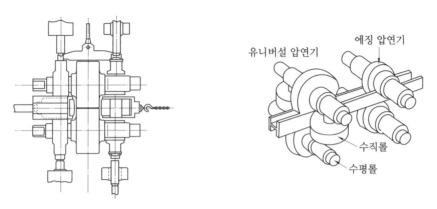

그림 2-34 유니버설 압연기의 롤 배치   그림 2-35 유니버설 압연기와 에징 압연기

5-3 • 플러그 압연기 (plug mill)

2개의 롤러에 공형 (cailber) 을 만들고 그 사이에 고온의 관 (pipe) 소재와 관 소재 안에 플러그 심봉 (plug mandrel) 을 넣은 상태에서 회전시켜 압연하는 것으로서 관 지름을 조정하고 벽 두께를 감소시킬 수 있다.

5-4 • 로터리 압연기 (rotary mill)

플러그 압연기의 제품보다 관 지름을 크게 하기 위하여 사용되며 관 벽 두께가 얇아지면서 지름이 확대된다. 맨네스맨 압연기와 같이 소재는 비틀림 작용을 받는다.

5-5 • 릴링 압연기 (reeling mill)

관의 내외면을 매끈하게 하며 이음매 없는 강관 (seamless pipe) 의 최종 작업은 홈이 파진 2단 압연기를 통과시켜 소정의 치수로 완성 압연하는 압연기이다.

그림 2-36 플러그 압연기   그림 2-37 로터리 압연기   그림 2-38 릴링 압연기

6 압연 작업

6-1 • 분괴압연(cogging)

강괴(steel ingot)나 주괴(cast ingot)를 압연 제품의 중간재로 만드는 작업을 분괴압연이라고 한다. 분괴압연은 가열로에서 1200℃ 내외로 가열하여 신속하게 작업이 이루어진다. 분괴압연에 의한 제품은 단면의 형상과 크기에 따라 다음과 같이 분류된다.

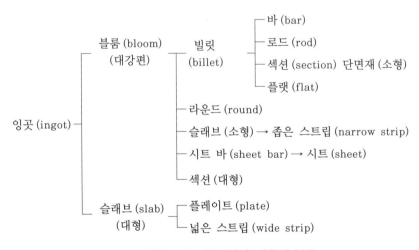

그림 2-39 분괴압연 제품의 분류

(1) 블룸 (bloom)

보통 정사각형의 단면을 가지며 소재의 치수는 250 mm × 250 mm ~ 450 mm × 450 mm 정도이다.

(2) 슬래브 (slab)

장방형의 단면을 가지며 두께 50~150 mm, 폭 600 ~ 1500 mm인 판재(板材)이다.

(3) 빌릿 (billet)

보통 정사각형의 단면을 가지며 치수는 50 mm × 50 mm에서 120 mm × 120 mm 정도의 단면 치수를 갖는 작은 강편의 4각형 봉재(棒材)이다.

(4) 시트 바 (sheet bar)

분괴압연한 것을 재압연한 것으로서, 슬래브보다 폭이 작은 200 ~ 400 mm 정도이고, 길이 1 m, 중량이 10 ~ 80 kg 정도이다.

(5) 바 (bar)

지름 12 ~ 100 mm 또는 100 mm × 100 mm 범위의 사각 단면을 갖는 긴 봉재이다.

(6) 시트 (sheet)

두께 0.75~15 mm이고, 폭 450 mm 이상인 판재이다.

(7) 넓은 스트립 (wide strip)

두께 0.75 ~ 15 mm이고, 폭 450 mm 이상인 coil로 된 긴 판재이다.

(8) 좁은 스트립 (narrow strip)

두께 0.75 ~ 15 mm이고, 폭 450 mm 이하인 coil로 된 긴 판재이다.

(9) 플레이트 (plate)

두께 3 ~ 75 mm인 긴 판재이다.

(10) 플랫 (flat)

두께 6 ~ 8 mm이고, 폭 20 ~ 450 mm인 평평한 판재이다.

(11) 라운드 (round)

지름 200 mm 이상인 환봉(丸棒)이다.

(12) 로드 (rod)

지름 12 mm 이하인 긴 봉재이다.

(13) 섹션 (section)

각종 단면 형상을 갖는 단면재이다.

6-2 • 후판압연(thick plate rolling, plate rolling)

판 두께 6 mm 이상을 후판(厚板)이라고 한다. 후판의 용도는 조선, 건축, 교량, 보일러, 차량, 압력용기, 산업기계 등이다. 재질에는 보통강, 특수강, 클래드강(clad steel)이 있다. 보통강은 전술한 각 용도에 쓰이고, 특수강은 목적에 따라 고장력강, 저온 강인강, 스테인리스강에 사용되며, 클래드강은 저합금강의 한 면 또는 양면에 스테인리스강을 접착시킨 것으로 주로 화학 공업에 사용한다. 슬래브(slab)를 가열하여 후판으로 압연할 경우의 공정 순서는 다음과 같다.

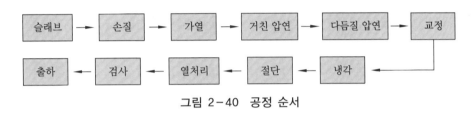

그림 2-40 공정 순서

6-3 • 형강 압연(shape steel rolling)

봉재 압연기, 또는 형강 압연기를 사용하여 봉강, 홈형강, H 형강, 기차 레일 등을 압연하려면 블룸 (bloom) 또는 빌릿(billet) 을 가열하여 형강 압연기로 수십 회 반복하여 각 형상의 홈 롤러로 압연하면 단면적을 감소시키면서 롤러는 구멍의 형상을 바꾸어 작업이 진행된다. 압연기의 형식으로는 연속 가공시 3단식 압연기나 수평 롤러와 수직 롤러를 조합한 유니버설 압연기가 사용된다. 그림 2-41은 재료의 각형 강의 압연순서를 도시한 것이다.

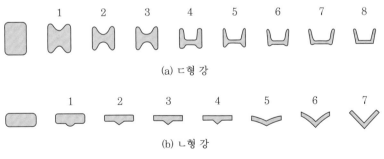

그림 2-41 재료의 각형 강의 압연순서

인발가공

1 인발의 개요

　인발(drawing) 가공은 일정한 단면의 소재를 인발기로 잡아당겨 테이퍼가 진 다이를 통과시켜 다이 구멍의 형상대로 뽑아내는 작업을 말한다. 강선, 송전선, 케이블선 등과 같이 가늘고 길이가 긴 선재와 봉재의 제조에 이용되는 가공 방식이다. 다이의 접촉면과 재료 사이에는 압축력이 작용하고 당겨지는 축 방향으로는 인장력이 작용하면서 가공이 이뤄진다. 인발가공은 큰 소재를 그대로 사용하는 경우가 거의 없고 압출이나 압연에 의해 어느 정도 가공된 중간소재를 사용한다.

2 인발의 분류

　인발 가공법은 단면의 형상, 다이의 종류 및 인발기 등으로 구분된다.

2-1 ● 봉재 인발 (solid drawing)

　인발기를 사용하여 다이에서 재료를 인발하여 소요형상의 봉재를 제작한다. 다이 구멍의 형상에는 원형, 각형, 기타의 형상이 있다.

2-2 ● 관재 인발 (tube drawing)

　관재를 인발하여 바깥지름을 일정한 치수로 가공할 때는 다이를 고정시키고, 안지름도 일정한 치수로 인발할 때에는 심봉 (mandrel) 을 함께 사용한다.
　원형관 또는 이형 단면관 등의 각종 형상을 하나의 다이를 사용하여 관재 인발법으로 제작한다.

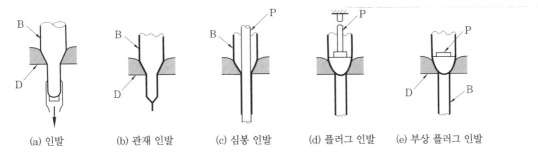

(a) 인발   (b) 관재 인발   (c) 심봉 인발   (d) 플러그 인발   (e) 부상 플러그 인발

그림 2-42 봉 및 관재의 인발

2-3 • 선재 인발(신선, wire drawing)

지름 5 mm 정도의 선재는 압연가공을 하며, 지름 5 mm 이하의 가는 선(wire) 인발을 선재 인발 또는 신선이라고 한다. 선재 인발된 선은 권선기를 이용하여 선을 감는다. 주로 냉간가공하며 선 굵기는 최소 0.001 in 까지 신선에 속한다.

2-4 • 롤러 다이법

고정 다이 대신 롤러 다이를 사용하는 방법으로 형재, 신선 제작에 이용된다. 소요 단면에 공형(cailber)이 있는 롤러를 사용하며, 소재로는 원형의 봉재 또는 판재를 사용한다.
소재를 롤러에 넣고 잡아당기면 롤러 사이에서 단면이 감소하며 소요의 형상이 된다.
소재의 인발에 의해 롤러가 회전하기 때문에 마찰은 적은 반면 진원도는 좋지 않다.
가공 외력이 인장력이므로 어떤 경우도 1회에 크게 단면을 감축시킬 수는 없다.

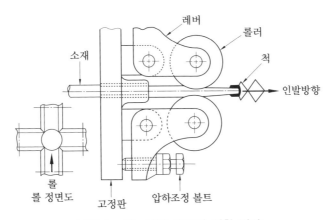

그림 2-43 롤러 다이에 의한 인발

2-5 • 디프 드로잉 (deep drawing)

펀치와 다이를 사용하여 가공물의 벽을 프레스로 얇게 가공하는 것도 인발가공이라고 한다. 디프 드로잉은 판재를 사용하여 각종 탄피, 주전자, 들통, 기타 디프 캡 (deep cap) 등을 제작할 때 사용된다.

디프 드로잉을 분류하면 직접 디프 드로잉 (direct deep drawing) 과 역식 디프 드로잉 (inverse deep drawing) 이 있다.

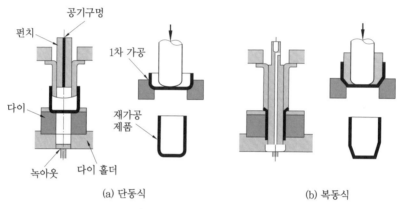

(a) 단동식　　　　　　　　　　(b) 복동식

그림 2-44　디프 드로잉 가공

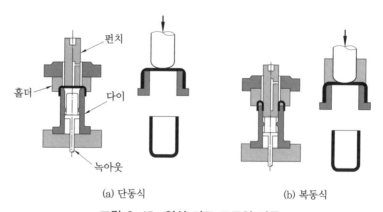

(a) 단동식　　　　　　　　　　(b) 복동식

그림 2-45　역식 디프 드로잉 가공

3 인발 조건

인발에 영향을 미치는 조건으로는 단면 감소율, 다이 (die) 의 각도, 윤활 방법, 인발력, 역장력 등이 있다.

3-1 • 단면 감소율

다이 각이 일정한 경우 인발능력은 단면 감소율 ($A_1 - A_2 / A_1 \times 100\%$, A_1 = 인발 전 단면적, A_2 = 인발 후의 단면적) 에 비례하여 증가한다. 단면 감소율이 크면 인발가공 횟수는 적게, 가공능률은 크게 할 수 있으나 인장응력이 일정 이상 증가하면 인발재료가 절단되어 인발이 불가능해진다. 보통 단면 감소율은 강의 경우에 20~35 %, 비철금속선은 15~30 %, 강관은 15~20 % 정도가 적절하다.

앞의 그림 2−46은 황동선을 초경합금 다이로 인발할 때 인장응력과 단면 감소율의 관계를 도시한 것이다.

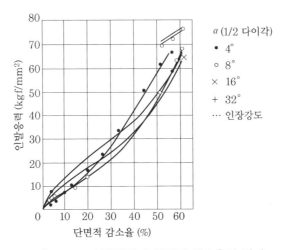

그림 2−46 인발응력과 단면적 감소율의 관계

3-2 • 역장력

인발방향과 반대방향으로 장력 (역장력) 을 가하면 인장응력은 증대하지만 그림 2−47 과 같이 벽면에서의 접촉이 감소한다. 이로 인해 마찰력이 감소하고 변형 효율은 증대하며 다이의 마모가 줄어 수명이 증가하고, 변형에 의한 온도 상승이 줄어 소성변형이 표면부와 중심부에서 일정해지고 잔류응력이 작아져 제품의 기계적 성질이 양호해지는 이점이 있다.

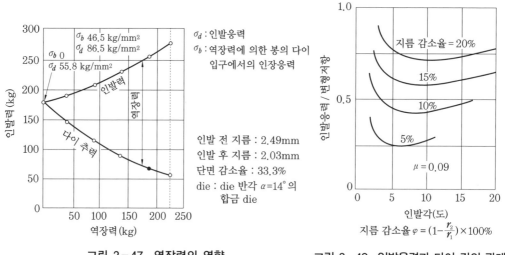

그림 2-47 역장력의 영향   그림 2-48 인발응력과 다이 각의 관계

3-3 • 인발속도

저속에서 인발속도가 증가하면 인발력은 급증하지만, 속도가 일정 이상이 되면 인발력에 대한 속도의 영향은 줄어든다. 실용 속도는 30~2500 m/min 이나, 고속에서는 열의 발생이 많아진다.

3-4 • 다이 각

인발에 사용되는 인발다이는 그림 2-49와 같고 인발에서 가장 중요한 것이 다이이다. 다이 각도(2α)는 연질재료에서 크게 하고, 경질재료에서는 작게 한다. 경질 합금 다이에서 각도 α의 값은 사용재료에 따라서 황동 및 청동은 9~12 %, 알루미늄, 금, 은에 대해서는 16~18°, 강철은 6~11° 정도이다. 그림 2-49는 다이 형상과 다이의 명칭을 나타낸 것이다.

도입부는 윤활유를 받아들이는 역할을 하고, 안내부는 다이의 구멍 크기를 나타낸다. 정형부는 테이퍼(taper)를 가지는데 이 부분의 길이는 제품 지름의 1/4~3/4이며 재질 및 가공 정도에 따라 다르다. 여유부는 다이에 강도를 주기 위한 것으로 다이의 재질이 충분한 강도를 지녀야 하며 내마모성이 높고 표면을 미려하게 가공할 수 있어야 한다.

정형부 면의 길이는 연질재료의 인발에서 짧게 하고, 경질재료의 인발에서는 깊게 한다. 그러나 너무 길게 하면 인발력이 증가하고 인발재 내의 응력이 커지기 때문에 가능하면 짧게 한다.

일반적으로 다이의 재료는 초경질 합금을 사용하지만 0.5 mm 이하의 지름이 요구되는 것에는 다이아몬드 다이가 사용된다.

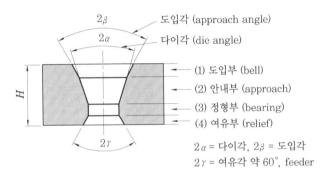

그림 2-49 다이 형상과 각부 명칭

표 2-9 강철 다이의 성분 (%)

종류	C	Si	Mn	P	S	Cr	W
탄소강	1.20~2.0	0.1~0.3	0.3~0.4	< 0.03	< 0.03	−	−
크롬강	1.2~2.2	0.1~0.3	0.3~1.0	< 0.03	< 0.03	12~14	−
텅스텐강	1.2~2.4	0.2~0.5	0.3~0.4	< 0.03	< 0.03	−	3~8
텅스텐-크롬강	1.2~2.4	0.2~0.5	0.3~0.4	< 0.03	< 0.03	12~14	6~8

3-5 • 인발에서의 윤활

인발작업에서 윤활제의 선택은 매우 중요하다. 인발할 때 다이의 압력이 대단히 높기 때문에 경계 윤활 (boundary lubrication) 상태가 되어야 마찰력을 감소시키고 다이의 마모를 줄여 제품의 표면을 매끈하게 가공할 수 있다. 또한, 냉각효과도 갖는 동시에 사용 중에는 안전상태를 유지한다.

윤활방법에는 건식과 습식이 있다. 건식 윤활제로는 석회, 그리스 (grease), 비누, 흑연 등이 사용되고, 경질금속 인발에는 납 (Pb), 아연 (Zn) 등을 도금하고, 석회 대용으로 인산염 피복을 하여 사용하기도 한다. 습식용 윤활제로는 식물유, 식물유에 비눗물을 혼합한 것이 사용된다.

4 인발용 기계

4-1 • 신선기 (wire drawing machine)

신선기에는 단식과 복식이 있으며, 축의 방향에 따라 수평식과 수직식이 있다.

(1) 단식 신선기 (single wire drawing machine)

단식 신선기는 다이스 (dies) 를 통하여 인발된 선을 직접 드럼 (drum) 에 감는 방법이다.
재료로는 강철, 구리, 알루미늄 선을 인발하는 데 사용한다.

(2) 연속식 신선기 (continuous wire drawing machine)

다이스를 통하여 인발된 선재가 연속적으로 다음 다이스에 들어가 한 대의 신선기에서 연속작업을 할 수 있는 방법으로서 능률이 좋아 널리 사용된다.

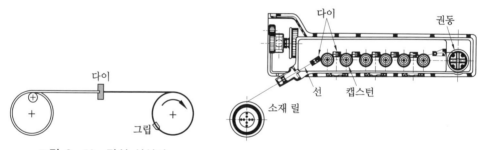

그림 2-50 단식 신선기

그림 2-51 캡스턴 연속식 신선기

4-2 • 인발기 (draw bench)

봉재나 관재 (pipe) 를 인발하는 데는 그림 2-52와 같은 인발기를 사용하여 봉재 및 관재 인발을 한다.

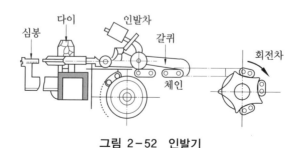

그림 2-52 인발기

재료의 인발은 베드상을 이동하는 인발차 (plyer) 로 하며 인발차의 이동은 체인 (chain) 을 사용한다. 인발 벤치의 전체 길이는 20~30 m 정도이고, 인발력은 50000~300000 lbs 정도이다. 체인의 속도는 처음에 저속으로 움직여 보통 1분당 10~20 m를 나타낸다.

4-3 교정기

선재 (wire) 는 코일에 감기기 때문에 일정한 곡률 반지름을 갖고, 또 횡방향으로 파도결이 남아 교정기를 이용하여 교정해야 한다.

선재 교정방법으로는 롤러 교정법이 많이 사용된다. 이 방법은 선재를 2개의 롤러 사이를 통하여 일정한 굽힘을 주고 계속해서 다음 롤러 사이에서 반대 방향으로 휘어서 교정하는 것으로 수조의 롤러로 이 작업을 반복한다.

롤러는 대부분 경사시켜 배치한 것이 사용되고 롤러의 회전에 의해서 선재의 회전과 이동이 이루어지도록 되어 있다.

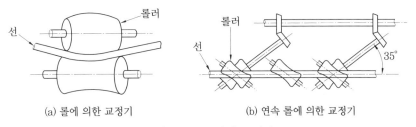

(a) 롤에 의한 교정기   (b) 연속 롤에 의한 교정기

그림 2-53 선재 교정기

표 2-10 강선 다이의 성질과 용도

종류	탄소 함유량 (%)	인장강도 (kg /mm²)	풀림 인장강도 (kg /mm²)	용도
극연강선	0.05~0.15	50~100	30~70	용접봉, 핀, 못과 같이 아연도금한 것은 통신용, 철망 등에, 그리고 침탄한 것은 바늘, 나사에 사용한다.
연강선	0.20~0.40	80~140	60~110	아연도금, 와이어로프, 스프링, 핀 등에 사용한다.
경강선 및 피아노선	0.50~0.85	140~200	120~180	아연도금하여 와이어로프, 일반용 각종 스프링, 핀, 피아노선 등에 사용한다.
고탄소 경질강선	0.70~1.30	100~160	—	스프링, 공구 등에 열처리하여 사용하는 예가 많다.

압 출

1 압출의 개요

압출(extrusion) 가공이란 소성이 큰 소재(billet)를 고온으로 가열하여 공구인 다이를 설치한 압출용기(container) 속에 삽입한 후 램(ram)에 강한 압력을 가하여 피가공체를 밀어내어 다양한 다이 형상과 동일한 제품을 성형하는 작업이다. 고정밀도, 고품질 제품의 성형에는 정확한 다이스 설계가 요구된다. 압출가공은 압출압력이 높으므로 제품의 조직이 치밀하고 기계적 성질이 우수하여 대량 생산에 적합한 이점이 있으나 설비비가 많이 드는 단점도 있다.

그림 2-54 압출제품의 형상

2 압출 방법

(1) 빌릿 압출법(billet extrusion process)

빌릿 압출법은 주로 비철금속재료에 많이 이용되고 강철재에는 강철관을 제작하는 데만 사용된다. 강철재를 사용할 경우 가공 중에 재료는 높은 온도로, 다이는 낮은 온도로 유지하기 위하여 압출속도를 높인다. 최근 강철에 유리 분말을 윤활제로 이용하는 유진 -세쥬르넷법 (Ugine-Sejournet process) 이 발달되어 다양한 형상으로 제품을 제작하고 있다.

(2) 직접 압출법(direct extrusion process)

램 (ram) 의 진행방향과 압출재 (billet) 의 이동방향이 동일한 경우이다. 압출재는 외주의 마찰로 인하여 내부가 효과적으로 압출된다. 압출이 끝나면 직접 압출에서는 20~30 %의 압출재가 잔류한다.

(3) 역식 압출법(inverse extrusion process)

램의 진행방향과 압출재의 이동방향이 반대인 경우이다. 직접 압출법에 비하여 재료의 손실이 적고 소요동력이 적게 드는 이점이 있으나 조작이 불편하고 표면상태가 좋지 못한 단점이 있다.

(4) 충격 압출법(impact extrusion process)

특수 압출방법으로 그림 2-55 (c) 는 단시간에 압출 완료되는 것으로 보통 크랭크 프레스(crank press) 를 사용하며 상온가공으로 작업한다. 충격압출에 사용되는 재료로는 아연, 주석, 납, 알루미늄 등의 순금속과 일부 합금 등이 사용된다. 이 방법은 두께가 얇은 원통 형상인 치약 튜브(tube), 화장품 케이스, 건전지 케이스용 등의 제품을 제작하는 데 사용된다.

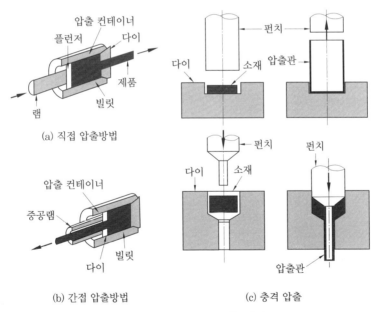

(a) 직접 압출방법

(b) 간접 압출방법　　　(c) 충격 압출

그림 2-55 각종 압출 방법

(5) 압출소재의 변형

용기(container) 내의 압출소재의 이동상태를 나타낸 그림 2-56 (a) 는 윤활이 없을 때에는 마찰이 커서 빌릿 표면이 용기에 부착되며 데드 메탈(dead metal) 이 많이 남는다. 그러나 그림 2-56 (b) 와 같이 윤활이 있는 상태에는 모서리부에 데드 메탈이 조금

남고, 그림 2-56 (c)와 같이 원추 다이를 사용하면 데드 메탈이 생기지 않고 소재의 표피가 제품의 표피와 같게 된다. 그리고 빌릿 길이와 컨테이너 지름비가 클수록 좋다.

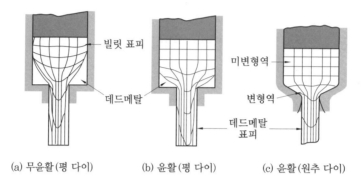

(a) 무윤활(평 다이) (b) 윤활(평 다이) (c) 윤활(원추 다이)

그림 2-56 컨테이너 내 압출소재의 이동상태

3 압출기와 공구

압출기의 주요 부분은 컨테이너(container, 용기), 램(ram), 다이(die)로 구성되어 있으며, 용량은 1000~4000 ton 이고 최대 15000 ton 에 달하는 것도 있다.

압출기로는 유압식 압출 프레스, 토글 프레스, 크랭크 프레스 등이 사용된다. 다이는 그림 2-57과 같은 형상이며, 다이 재질은 W-강, Cr-Mo 강, W-Cr 강이 사용된다.

다이의 구멍은 제작될 제품의 지름보다 약간 작게 만든다. 제품 지름이 25~65 mm 의 봉일 때에는 봉 지름의 0.94배, 25 mm 이하일 경우는 0.97배로 한다.

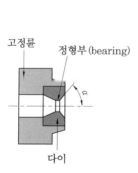

그림 2-57 압출 다이

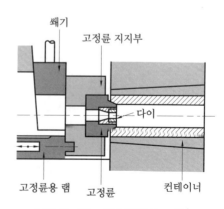

그림 2-58 압출공구의 조립도

베어링 면(정형부)의 길이를 짧게 하면 소재와 베어링 간의 마찰력이 작기 때문에 소요동력은 적게 드는 반면, 베어링 면이 쉽게 마모되어 수명이 짧아진다. 반대로 베어링 면의 길이를 길게 하면 베어링 면의 마모가 적어 수명이 늘어나고 제품의 치수는 정확하나 동력 소비가 많다.

표 2-11 압출공구의 재질

종류	재질	C (%)	Ni (%)	Cr (%)	W (%)	인장강도 (kg/mm^2)
컨테이너	Ni-Cr 강	0.3	4	1.5	—	130
다이	Cr-W 강	0.25	~ 2	3	8~10	110~170
플런저	Ni-Cr 강	0.3	4	1.5	—	140~150
압판	Ni-Cr 강	0.3	4	1.5	—	130
	Cr-W 강	0.25	~ 2	2	8~10	140~150
맨드릴	Cr-W 강	0.25	~ 2	3	8~10	110~170

■ 4 압출압력과 윤활

압출압력은 단면 감소율, 재료의 온도, 압출속도에 따라서 다르다. 일반적으로 압출속도가 빠르면 다이를 통과할 때 열이 많이 발생하여 옆 방향으로 균열이 발생하고 빌릿의 온도가 높아도 균열이 나타난다. 적당한 압출속도는 알루미늄 합금이 2~3 m/min, 동합금은 200 m/min 정도이다. 압출 저항력은 처음에 크게 나타나고 이후 점차 감소하여 마지막에는 빌릿 두께 13~24 mm 정도에서 처음 압출압력 이상으로 급격히 올라간다. 압출가공의 가공률은 단면 감소율로 나타낸다.

$$W = \frac{A_0 - A_1}{A_0} \times 100\,\%$$

여기서, W : 압출가공의 가공률
A_0 : 빌릿의 단면적
A_1 : 압출제품의 단면적

압출압력은 빌릿 단면적당 평균 압출압력의 최댓값으로 한다.

표 2-12 빌릿의 압출온도와 압력

종류	압출온도(℃)	평균 압출 저항력(kg / mm²)
탄소강, 저합금강	1,200~1,300	70~100
알루미늄 및 알루미늄 합금	370~480	40~85
동(Cu) 및 황동	650~870	25
청동	87~1,000	65~90
주석 및 주석 합금	65~85	25~70
아연	250~300	70

윤활제로서 열간 압출에는 등유 또는 실린더유에 흑연을 혼합하여 사용한다. 흑연의 양은 5~35 % 정도이며, 부유성을 좋게 하기 위하여 기름에 풀리는 비누를 섞을 때도 있다.

납, 주석, 아연 등은 고온에서 전연성이 좋아 가공하기 쉬우므로 윤활제를 사용하지 않는다. 강철제는 윤활제로 유리를 이용한다.

표 2-13 열간 압출재료와 용도

재료명	용도
Pb 및 그 합금	가스, 수도관, 케이블선 피복, 땜납선, 또는 봉 등
Cu 및 그 합금	전선, 콘덴서 및 열 교환기용 파이프, 가구, 관이음 등
Al 및 Al 합금	건축재료, 차량, 선박구조 장식용, 가정용 기구 등
Zn 및 그 합금	전기접점, 메탈스프레이와이어, 수도관 등
강철 및 특수강	기계, 차량 부품, 토목, 건축 구조 부재, 보일러 파이프 열교환기, 화학기계 등
Ni 및 그 합금	가스터빈 블레이드, 각종 내열 부재 등

냉간 충격압출에서 강철을 압출할 때는 소재를 15 % 황산(H_2SO_4)으로 산세(酸洗)하고 인산염 피복을 한 다음에 윤활제로서 에멀션(emulsion) 수용액을 사용한다.

표 2-14 냉간 압출재료와 용도

재료명	용도
Pb, Sn 및 그 합금	각종 파이프, 케이스, 용기 등
Cu 및 그 합금	각종 전기용 기구와 부품, 기계용 부품, 탄피 등
Al 및 특수강	각종 케이스 및 파이프, 전기 기구, 식용품 케이스 등
Zn 및 그 합금	건전지 케이스 등

제 관

1 제관의 개요

제관(pipe making) 법은 이음매 있는 관(seamed pipe) 제조법과 이음매 없는 관 (seamless pipe) 제조법으로 분류된다.

이음매 없는 관은 맨네스맨 압연기(천공기), 압출, 인발에서 관(pipe) 제조방법을 참조하고 여기서는 이음매 있는 관의 제조법을 설명한다.

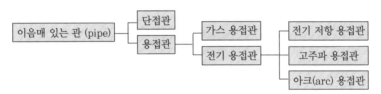

그림 2-59 이음매 있는 관의 분류

단접법은 강철 스트립(strip)을 약 6 m 길이로 절단해 1300℃ 이내로 가열하고 그림 2-60과 같이 다이를 통과시켜 양단부를 압착하여 제조한다.

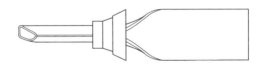

그림 2-60 심드 파이프의 성형

일반적으로 단접 롤러로 눌러 단접한다. 그림 2-61과 같이 성형된 것을 가압 롤러로 압착하면서, 그림 2-62와 같이 가스 용접을 하거나, 그림 2-63과 같이 전기저항 용접을 한다. 또는 열원으로써 고주파를 이용하기도 한다.

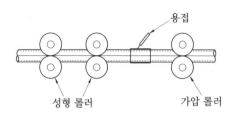

그림 2-61 관의 용접

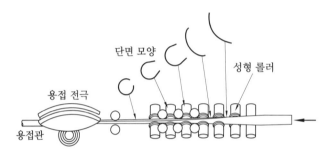

그림 2-62 관의 전기저항 용접

그림 2-63 고주파 저항 용접 파이프

프레스 가공

1 프레스 가공의 개요

프레스 가공 (press work) 은 주로 펀치와 다이로 한 쌍의 형을 사용하여 소재의 소성변형을 이용하여 판재를 가공하는 방법으로서 각종 용기, 장식품, 자동차, 선박, 건축구조물 등 광범위한 공업제품의 생산에 응용되고 있다. 프레스 가공의 특징은 제품의 강도가 높고 경량이며, 재료 사용률이 높고, 가공속도가 빠르고 능률을 높이며, 제품의 정도가 높고 품질이 균일하다는 점이다. 가공 재료로는 금속 이외에 종이, 합성수지가 많이 사용된다.

2 프레스 가공의 분류

프레스 가공은 주로 판재의 가공이며 그 작업을 분류하면 다음과 같다.

프레스 가공				
전단 가공	굽힘 가공	드로잉 가공	압출 가공	기타 가공
• 시어링 가공 • 블랭킹 가공 • 슬리팅 가공 • 노칭 가공 • 트리밍 가공 • 분할 전단 가공 • 셰이빙 가공 • 정밀 블랭킹 가공 • 마무리 블랭킹 가공 • 일평면 커팅 가공 • 루브링 가공 • 피어싱 가공	• 굽힘 가공 • 성형 가공 • 버링 가공 • 비딩 가공 • 네킹 가공 • 엠보싱 가공 • 플랜지 가공	• 드로잉 가공 • 재드로잉 가공 • 역드로잉 가공 • 아이어닝 가공	• 전방 압출 가공 • 후방 압출 가공 • 복합 압출 가공 • 충격 압출 가공 • 업세팅 가공 • 헤딩 가공 • 압인 가공 • 헤딩 가공 • 사이징 가공 • 스웨징 가공	• 벌지 가공 • 스트레치드로포밍 가공 • 하드드로포밍 가공 • 허프 가공

3 프레스 가공용 재료

프레스 가공용 재료는 압연강을 포함한 철계의 탄소강, 합금강, 스테인리스강, 내열강 및 주석 가공재 등으로 분류된다.

비철계 프레스 가공용 재료에는 알루미늄합금, 구리 및 구리합금, 아연 및 아연합금 등이 있다. 이들 재료의 원제품 및 프레스 가공 재료의 요소로는 화학 성분, 물리적 성분, 크기, 중량, 치수 공차 등이 있다.

3-1 • 철 금속

열간압연으로 제조된 극연강판이 가장 많이 사용되며 이외에 소량의 탄소강판, 스테인리스 강판, 니켈 강판 등도 사용된다. 판의 형상과 표면상태에 따라 박강판, 고급 다듬강판, 띠강, 연마 띠강 및 이들에 주석 또는 아연을 도금한 것도 있다. 박강판은 두께가 3 mm 이하이며 압연한 그대로 또는 풀림하여 사용한다.

고급 다듬강판은 열간 압연판에 냉간압연한 후 풀림 처리를 하여 표면 평활도와 두께의 정밀도를 높인 것이다.

띠강은 강편으로 열간압연한 띠 모양의 판이다. 프레스 가공에는 탄소 함유량이 0.12~0.35 % 인 연강판이 사용되며, 두께는 0.9~5.0 mm, 폭은 19~20 mm 이다.

연마 띠강은 냉간압연과 열처리를 병행한 것으로 두께의 정밀도를 높이고, 무르거나 단단하게 제조할 수 있다는 점에서 고급 다듬강판보다 좋다.

일반적으로 열간압연 강판 중에서 얇은 것은 자동차, 전기부품 등의 굽힘가공, 드로잉 가공 등에 사용되고 두꺼운 판은 조선, 건축, 압력탱크 등에 사용된다.

3-2 • 구리 및 구리 합금

구리판은 주조한 두꺼운 구리판을 냉간압연한 것으로 단단하며 취성이 많고 늘어나는 성질이 적으므로 가공 전에 풀림을 하여야 한다.

풀림 온도는 400~600℃이며 용기에 넣어 불꽃이 직접 접촉되지 않게 차단한다.

황동판은 냉간가공한 6-4 황동판, 7-3 황동판이 주로 사용되며 500~600℃에서 풀림한다.

기타 구리 합금으로는 청동, 인청동, 양은, 모넬 메탈(monel metal) 등이 있다.

3-3 • 알루미늄 및 알루미늄 합금

알루미늄판의 기계적 성질은 지금의 순도, 가공 정도 및 열처리 등으로 달라진다. 순도는 보통 99 % 이상이며 압연한 것은 인장강도 19~22 kg /mm², 연신율 2~3.5 %, 전단저항 7~10 kg /mm²이며, 풀림한 것은 인장강도 8~10 kg /mm², 연신율 32~37 %, 전단저항 4~7 kg /mm² 정도이다. 풀림은 300~400℃에서 1시간 정도 가열하면 완전히 연화된다.

이밖에 비금속재료로는 합성수지, 파이버 (fiber), 피혁, 연질 및 경질 고무 등이 있다.

4 프레스 가공용 기계

프레스 기계란 펀치와 다이를 사용하여 이들 사이에 가공재료를 놓고 펀치와 다이에 관계 운동을 주어 가공재료에 강력한 힘을 작용시킴으로써 금속의 소성을 이용하여 펀치와 다이에 의해 결정되는 형상으로 성형가공하는 기계이다.

프레스는 그 종류가 매우 많고 작동방식, 구조 및 사용방식에 따라 분류의 기준이 다르며 프레스의 용량은 최대 가압력을 톤 (ton) 으로 표시한다.

4-1 • 프레스의 분류 (classification of press)

(1) 동력원에 따른 분류

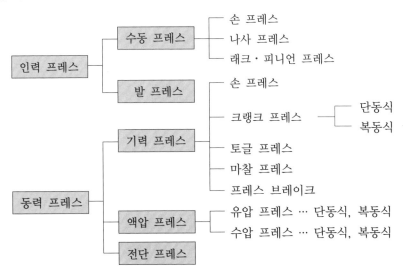

(2) 프레임(frame)의 형상에 따른 분류

① C형 프레임 프레스

② 직주형 프레스

③ 4주형 프레스

④ 아치형 프레스

(3) 구조 형식에 따른 분류

① 경사식 프레스(incline press)

② 가경식 프레스(inclinable press)

③ 수평식 프레스(horizontal press)

④ 수직식 프레스(vertical press)

4-2 ● 인력 프레스(manual press)

(1) 수동 편심 프레스(hand eccentric press)

핸들을 수동으로 돌려 편심축을 회전시키면 축에 고정된 램(ram)이 안내면을 이동하는 것으로 얇은 판의 펀칭, 스탬핑(stamping) 등에 사용된다.

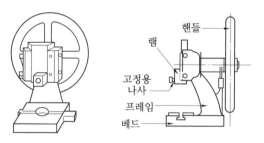

그림 2-64 수동 편심 프레스

(2) 수동 나사 프레스(hand screw press)

각종 작업에 사용되는 프레스이다.

(3) 발 프레스(foot press)

순전히 레버(lever) 조작의 구조를 가지고 있다.

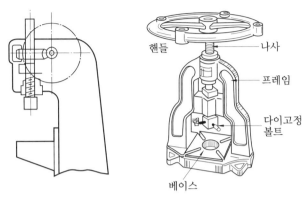

그림 2-65 수동 나사 프레스

그림 2-66 발 프레스

표 2-15 프레스의 형식과 종류

구분	분류	종류		구동기구
인력 프레스		핸드 프레스 ──	나사 프레스 편심 프레스	나사
		발 프레스		레버
동력 프레스	기력 프레스	크랭크 프레스		크랭크
		너클 프레스		크랭크와 너클
		마찰 프레스		마찰차와 나사
		편심 프레스		편심축
	액압식 프레스	유압 프레스		유압
		수압 프레스		수압

4-3 • 동력 프레스(power press)

(1) 편심 프레스(eccentric press)

그림 2-67의 편심 프레스에서 동력은 플라이휠
(flywheel), 클러치 및 브레이크 장치를 거쳐 편심축
에 전달된다.

슬라이드의 행정(stroke)은 편심거리의 2배이다.

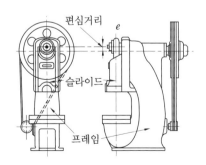

그림 2-67 편심 프레스

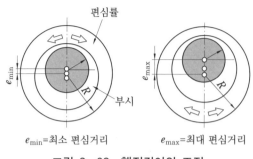

e_{min}=최소 편심거리 e_{max}=최대 편심거리

그림 2-68 행정길이의 조정

이 축의 편심바퀴는 축과 연결되어 있고, 행정길이를 조절할 수 있는 편심부시가 장치되어 있다. 이 부시를 풀고 편심바퀴를 회전시키면 행정길이가 조절된다 (그림 2-68 참조).

행정길이는 편심 프레스의 크기에 따라 0부터 최대 거리까지 조절할 수 있으며 왕복운동은 연결봉을 거쳐 램에 전달된다. 행정위치는 연결봉과 램 사이의 연결나사를 돌려 조절하며 소형 기계에서는 손잡이 막대를 이용하여 수동으로 조절하고 대형 기계에서는 조절용 모터로 조절한다.

행정거리와 램의 운동위치가 조절되면 금형의 펀치는 적당한 위치에서 필요한 거리를 왕복하며 작업을 하게 된다. 작업의 용도는 뽑기 작업, 블랭킹 (blanking) 작업 및 펀칭 등이다.

(2) 크랭크 프레스 (crank press)

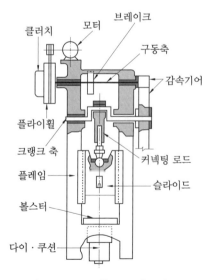

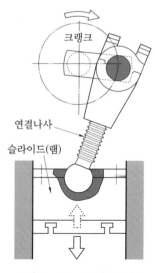

그림 2-69 크랭크 프레스의 구조   그림 2-70 크랭크 기구

크랭크 기구를 사용해 프레스의 램을 상하 운동시키는 것을 크랭크 프레스라 하며, 기계 프레스에 많이 사용되고 있다. 크랭크 기구가 많이 사용되는 이유는 제작이 용이하고 행정 하단 위치 (하사점) 가 정확하게 결정되며 램의 운동곡선이 무난하여 각종 가공에 적당하기 때문이다. 이 형식의 프레스는 각종 전단가공, 굽힘 드로잉 열간단조, 냉간단조 및 기타 모든 프레스 가공에 사용된다.

그림 2-69와 같이 크랭크가 회전하면 강력한 연결봉을 거쳐 운동이 램에 전달된다. 행정길이는 조절할 수 없으나 위치는 연결나사로 조절할 수 있다.

(2) 너클 프레스(kunckle press)

플라이휠 (flywheel) 의 회전운동을 크랭크 기구에 의하여 직선운동으로 바꾸고 이를 너클 (kuncel) 기구를 이용하여 일정 행정의 직선운동을 시키는 프레스이다. 이 프레스는 코이닝(coining) 이나 사이징(sizing) 등의 압출가공에 적당하며 현재는 냉간단조에 많이 사용되고 있다.

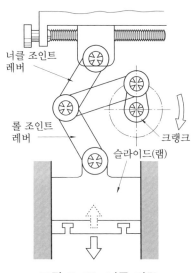

그림 2-71 너클 기구

(4) 토글 프레스(toggle press)

크랭크의 회전운동은 많은 링크 (link) 를 거쳐 펀치에 전달하는 기구로 되어 있으며 속도가 느리므로 가공물에 대하여 순간적인 충격을 주지 않고 가공 행정의 하사점에서 큰 힘이 발생하고 펀치가 블랭크 홀더 (blank holder) 의 작용까지 하기 때문에 블랭킹 (blanking), 코이닝 및 압출가공 등에 사용된다.

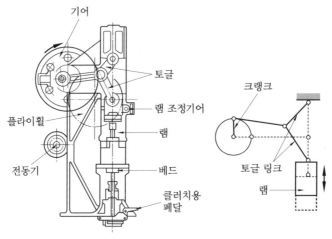

그림 2-72 토글 프레스

(5) 마찰 프레스 (friction press)

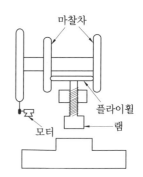

그림 2-73 마찰 프레스

슬라이드 구동에 마찰 전동장치와 나사기구를 사용한 프레스를 마찰 프레스라고 한다.

이 프레스는 냉간 및 열간단조 작업에 가장 적합하며, 굽힘성형 드로잉 가공에서 사용되며 다용성이 있고 가격이 저렴한 것이 장점이다. 그러나 행정 하사점이 정확하게 결정되지 않고 가공성도 좋지 않아 핸들 조작을 잘못하면 과부하가 발생하여 사용하는 데 숙련을 필요로 하는 결점 때문에 최근에는 많이 사용되고 있지 않다.

조작장치를 작동하면 여러 줄 나사로 구성된 프레스의 스핀들이 회전한다. 스핀들이 프레스 스탠드 중앙에 있는 암나사를 타고 회전하여 아래로 이동하면 램은 스핀들에 밀려 같이 내려온다. 누르는 압력은 제품에 따라 행정길이를 조절하여 맞출 수 있다. 프레스 스핀들의 전동과 역회전은 마찰에 의한 마찰 전동장치에 의해 이루어진다.

(6) 복동 프레스 (double acting press)

램이 두 개인 복동 프레스는 보통 드로잉 가공에 많이 사용된다. 가장자리에 위치한 램에는 플랭크 홀더가 부착되어 안내부를 따라 움직이며 가운데에 위치한 펀치용 램과는 구동장치가 분리되어 있다. 중형과 대형 프레스에서는 램이 하사점에 이동되어 있는 상태에서 아래에서 위로 이동하는 램 하나를 더 장착할 수 있다.

이 운동은 다른 램에 의해 드로잉 가공된 제품에 피어싱 (piercing) 가공을 하는 데 이용된다. 이와 같이 하나의 공정을 더 추가하여 한번에 가공하면 피어싱 가공에 필요한 기계, 인력 및 작업시간을 절약할 수 있다.

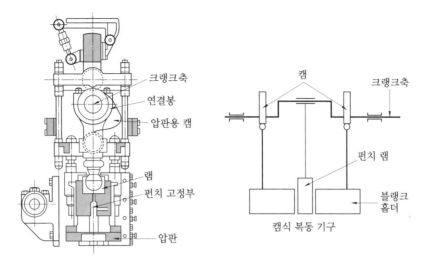

그림 2-74 캠식 복동 프레스

피어싱 가공에 사용되는 테이블 램의 운동은 여러 개의 공압 실린더에 의하여 이루어지며 이 실린더는 테이블에 나사로 고정되어 있다.

여러 개의 램이 장치된 복동 프레스에서 블랭크 홀더용 램은 편심 구동장치에 의해 작동되고, 펀치용 램은 크랭크 구동장치, 테이블 램은 공압식 구동장치에 의해 작동되는 등 각 램이 서로 다른 방식으로 구동된다. 각각의 램은 다른 램의 운동과 관계없이 작동되므로 가공할 제품에 따라 램의 행정길이와 위치를 조절하여 연속적으로 작업해 나갈 수 있다.

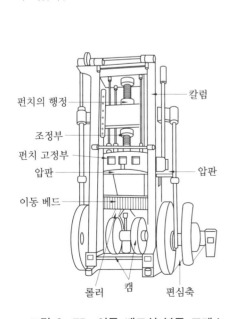

그림 2-75 이동 베드식 복동 프레스

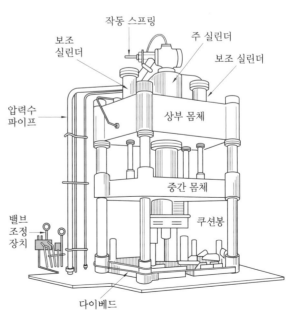

그림 2-76 수압 복동식 프레스

(7) 유압 프레스(hydraulic press)

유압 프레스는 기계 프레스와 비교하여 여러 가지 차이점이 있다. 장점으로는 프레스의 행정길이를 쉽게 변화시킬 수 있고 하사점의 위치 결정이 용이하며 가공속도와 압력을 쉽게 조절할 수 있을 뿐만 아니라 압력을 유지하기도 쉽다. 또한, 기계 프레스에서는 프레스 본체에 과부하를 일으키기 쉬우나 유압 프레스는 부하를 절대로 일으키지 않는다.

그러나 기계 프레스에 비하여 가공속도가 매우 느리며 자주 손질해야 하는 번거로움이 있다. 유압 프레스는 강력한 피스톤 로드(piston rod)를 가진 피스톤이 램과 직결되어 있어 프레스를 작동하면 고압 펌프에 의해 압축된 기름이 제어밸브를 통해 실린더 안으로 들어가 피스톤을 밀어준다.

피스톤 램의 행정길이는 제어밸브를 통해 실린더 안으로 들어가 피스톤을 밀어준다. 램의 행정길이는 제어밸브를 이용하여 제한된 범위 안에서 임의로 조절할 수 있다. 귀환 행정(return stroke)은 제어밸브 방향을 전환해 기름을 실린더의 반대쪽으로 흐르게 하여 피스톤을 귀환시킴으로써 이루어진다.

5 전단가공

5-1 • 전단작용 및 전단각

그림 2-77 (a)와 같이 펀치와 다이 사이에 소재(strip)를 넣고 펀치에 힘을 가하면 펀치가 소재를 눌러 날(edge) 끝부분에 집중적으로 응력이 발생하게 되고 재료의 표면은 압축력을 받는다. 소재의 표면에 발생하는 압축력은 가공이 진행됨에 따라 재료의 탄성한도를 넘어 소성변형을 일으키게 된다. 이 시기를 전단 과정에서 소성 변형기라고 한다.

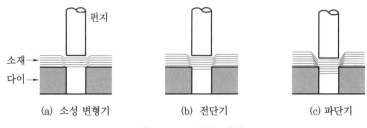

(a) 소성 변형기   (b) 전단기   (c) 파단기

그림 2-77 전단 과정

이때 가공소재는 펀치의 날 끝에 의해 눌리게 되고 이렇게 눌린 면을 제품에서는 눌림면 (shear droop) 이라 하며, 이 면의 크기는 가공소재의 재질과 두께에 따라 달라진다.

그림 2−77 (b)와 같이 가공이 더 진행되면 전단 날 끝 부근의 압축응력이 전단한계를 넘어 이 부분의 소재가 절단되기 시작한다. 이 시기를 전단 과정에서 전단기라 한다.

소성 변형기에서 전단기로 가공이 진행될 때 펀치가 다이 속으로 들어가므로 재료의 절단면에 대하여 버니싱 (burnishing) 가공을 하여 전단면은 깨끗해진다.

그림 2−77 (c) 와 같이 전단기에서 가공이 더 진행되면 소재의 전단강도 이상의 전단응력이 발생하여 소재는 견디지 못하고 파단하게 된다. 이 시기를 전단 과정에서 파단기라고 한다.

전단작업에서는 그림 2−78과 같이 윗날과 아랫날의 접촉부에 수직력 P와 축 압력 F가 작용하여 균열 (crack) 이 생기고 이것이 나아가 절단된다.

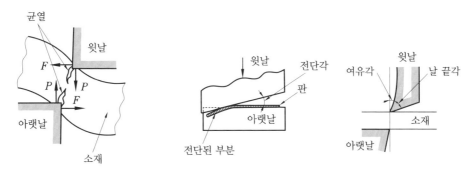

그림 2−78 공구날 끝에 작용하는 힘　　　　　그림 2−79 전단각

전단각 (shear angle) 은 작은 힘으로 절단할 수 있도록 전단 공구의 아랫날에 대하여 윗날을 경사지게 하는 각도이다.

전단각은 보통 5~10° 정도로 12°를 넘지 않아야 하고, 날 끝각은 70~90°, 여유각은 2~3°로 한다.

제품의 전단작업에 필요한 힘은 전단면의 면적과 재료의 전단강도에 따라 결정된다.

전단선의 길이 l [mm], 소재의 두께 t [mm], 재료의 전단강도 τ [kg/mm^2], 전단면적 F [tl, mm^2], 전단력 W [$\tau F = tl\tau$] 라면 $W = \pi \cdot d \cdot t \cdot \tau$ 이다.

예제 1　두께 2 mm 인 연질 탄소강판에 지름 3.0 mm 의 구멍을 펀칭할 때 전단력을 구하여라. (단, 전단강도 $\tau = 25$kg/mm^2 이다.)

해설　$W = \pi \cdot d \cdot t \cdot \tau = 3.14 \times 3 \times 2 \times 25 = 377$kg

5-2 ● 전단가공 (shearing)

전단가공은 재료에 전단응력이 발생하게 힘을 가하여 재료의 불필요한 부분을 잘라내어 제품으로 가공하는 것을 말하고, 이를 분류하면 전단가공, 블랭킹 가공, 노칭 가공, 구멍뚫기 가공, 셰이빙 가공, 슬리팅 가공 등이 있다.

(1) 전단가공 (shearing)

두 개의 날 (edge) 을 이용해 소재에 전단응력을 발생시켜 전단함으로써 원하는 형상의 제품으로 만드는 가공을 전단가공이라 한다.

(2) 블랭킹 가공 (blanking)

미리 결정된 크기로 재단된 판재를 사용하여 원하는 제품의 외형을 전단하는 가공을 블랭킹 가공이라고 한다.

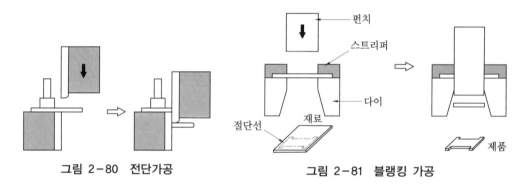

그림 2-80 전단가공　　　　　　그림 2-81 블랭킹 가공

(3) 구멍뚫기 가공 (punching)

판재나 블랭킹 가공된 소재에 금형을 사용하여 구멍을 뚫는 가공을 구멍뚫기 또는 피어싱 (piercing) 가공이라 한다.

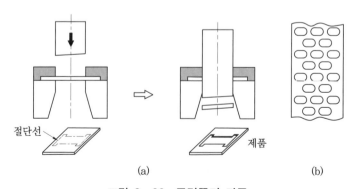

(a)　　　　　　　　　　　　(b)

그림 2-82 구멍뚫기 가공

(4) 노칭 가공(notching)

소재(strip), 제품 또는 부품의 가장자리를 다양한 모양으로 따내기 하여 제품으로 가공하는 것을 노칭 가공이라 한다.

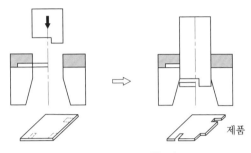

그림 2-83 노칭 가공

(5) 슬리팅 가공(slitting)

큰 판재를 재단할 때 또는 주어진 길이나 윤곽선에 따라 판의 일부를 전단할 때 사용하는 가공이다. 넓은 폭의 코일을 좁은 폭의 코일로 만들 때 슬리팅 가공을 이용하며 압연공정에서 슬리팅 롤러를 사용한다.

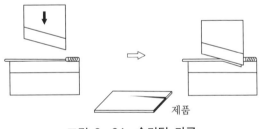

그림 2-84 슬리팅 가공

(6) 트리밍 가공(trimming)

미리 가공된 제품의 윤곽이나 드로잉된 제품의 플랜지(flange)를 소요의 형상과 치수로 잘라내는 것이며 2차 가공에 속한다.

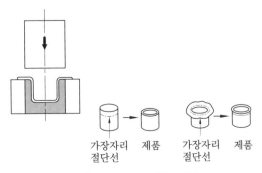

그림 2-85 트리밍 가공

(7) 셰이빙 가공 (shaving)

전단 가공된 제품을 정확한 치수로 다듬질하거나 전단면을 깨끗하게 하기 위하여 시행하는 미소량의 전단가공을 셰이빙이라 한다.

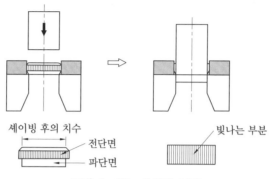

그림 2-86 셰이빙 가공

(8) 분단 가공 (parting)

제품을 분리하는 가공이다.

(9) 루브링 가공 (louvering)

펀치와 다이에서 한쪽만 전단이 되고 다른 쪽은 굽힘과 드로잉의 혼합작용으로 바늘 창 모양으로 가공하는 것을 말한다. 용도는 자동차, 식품 저장고의 통풍구 또는 방열창에 이용된다.

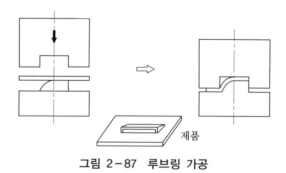

그림 2-87 루브링 가공

6 굽힘가공

　굽힘가공 (bending) 은 소재에 소성영역에 달할 수 있는 힘을 가하여 굽혀 목적하는 형상으로 가공하는 방법이다. 박판은 냉간가공으로, 후판은 열간가공으로 한다.

　굽힘가공에는 프레스 브레이크 (press brake) 를 사용하여 펀치와 다이로 굽힘하는 가공법, 곡절기 (folding machine), 일반 프레스 및 롤러를 사용한다.

6-1 굽힘 변형

　그림 2-88과 같이 금형이 펀치와 다이 사이에 소재를 넣고 펀치에 힘을 가하여 펀치를 화살표 방향으로 이동시키면 펀치를 기준으로 하여 내측은 압축력을 받고, 외측은 인장력을 제거하면 소재는 처음 상태로 돌아간다. 따라서, 소재에 굽힘변형을 주기 위해서는 그 이상의 힘을 가하여 영구변형이 일어나도록 해야 한다. 이때 소재의 표면에서 인장 및 압축이 발생하는데 소재 중심으로 가면서 줄어들어 인장과 수축이 전혀 생기지 않는 면을 굽힘가공에서 중립면 (中立面) 이라 한다.

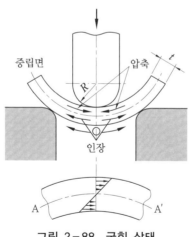

그림 2-88 굽힘 상태

　이 중립면 (그림 2-88의 A-A′면) 은 이론적으로 소재 두께의 중심이어야 하나, 실제로는 중립면에서 외측은 인장이 되기 때문에 두께가 감소하고, 반대로 내측은 압축되어 두께가 증가하지만 그 일부는 폭 방향으로 신장되므로 전체의 소재 두께로는 감소한다. 그러므로 가공 전후의 체적 변화는 없고 그 감소한 소재 두께만큼 재료가 신장된다. 이 신장은 가공소재의 재질, 최소 굽힘 반지름 및 가공법에 따라서 다르며, 일반적으로 연성이 클수록 그만큼 크기 때문에 소재의 펼친 길이를 계산하여 결정하여도 제품의 치수가 작아지는 경우가 있다.

굽힘가공시 중립면은 굽힘 반지름의 크기에 따라 그 위치가 각각 다르다. 즉 굽힘 반지름이 "0"일 때는 안쪽의 재료 표면이 중립면이 되며, 굽힘 반지름이 커지면 중심 쪽으로 이동하나 아무리 큰 굽힘 반지름이라도 소재 두께의 반 이상을 넘지 않는다.

6-2 • 최소 굽힘 반지름

굽힘 반지름이 너무 작으면 재료가 늘어나는 바깥쪽의 표면에 균열이 생겨 가공이 불가능해진다. 이러한 한계 굽힘 반지름을 최소 굽힘 반지름이라 하고, 이 최소 굽힘 반지름은 그림 2-89와 같이 R로 표시하며, R의 크기는 가공소재의 재질, 판 두께, 가공방법 등에 따라서 각각 다르나 일반적으로 다음 식을 사용하여 구한다.

$$R = R_b \cdot t \, [\mathrm{mm}]$$

여기서, R : 최소 굽힘 반지름 [mm]
R_b : 굽힘시험의 최소 굽힘 반지름비$(R_b = R/t)$
t : 가공소재의 판 두께 [mm]

R_b의 크기는 재료의 신장이 좋을수록, 판 두께가 얇을수록 작아지며 $L-$굽힘보다 $V-$굽힘에서 작다. 최소 굽힘 반지름 R은 굽힘부의 길이, 전단 조건, 플랜지부의 폭, 소재의 기계적 성질, 방향성에 따라 소재가 받는 변형이 다르므로 계산에 의하여 구한 값보다 큰 값을 사용한다.

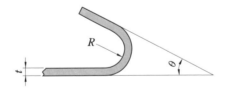

그림 2-89 최소 굽힘 반지름

표 2-16은 경험에 의하여 얻은 최소 굽힘 반지름비이다. 표 2-16의 값은 항상 일정하지 않고 두께가 두꺼울수록 커지는 경우가 있으므로 주의를 요하며 일반적으로 두꺼운 재료일 때는 큰 값을 택하여 이동한다.

전단가공을 한 제품을 그대로 굽힘 가공 소재로 사용할 경우는 거스러미가 있는 면을 내측면(펀치측면)으로 하면 균열 발생의 위험이 적다.

표 2-16 최소 굽힘 반지름비

재료	상태	$R_b (R_b = R/t)$	재료	상태	$R_b (R_b = R/t)$
극연강	압연	0.5 이하	마그네슘 합금	풀림	4~5
반경강	압연	1.0~1.5		경질(상온)	8~9
스테인리스강	연질	0.5		경질(400°F)	6~7
	1/4경질	0.5~1.5	알루미늄 합금	연질	1 이하
동		1.0~2.0		경질	2~3
황동	연질	0.5 이하	두랄루민	연질	1 이하
베릴륨 청동	연질	0.5 이하		경질	3~4
	경질	2.0~5.0	인코넬		0

6-3 • 스프링 백 (spring back)

굽힘가공에서 탄성한계 이하의 힘을 가하거나 그 이상의 힘을 가하여도 그림 2-90과 같이 소재가 원상태로 돌아가는 일이 있다. 즉, 굽힘 금형으로 제품을 가공할 때 펀치와 다이 사이에서 굽힘가공된 제품의 각도는 금형의 각도와 약간 차이가 생기는데 이 현상을 스프링 백이라 한다.

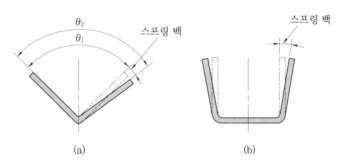

그림 2-90 스프링 백

스프링 백의 방향은 굽힘가공의 종류에 따라 다르나 V-굽힘에서는 그림 2-90 (a) 와 같이 반드시 각도가 열리는 방향이지만, 그림 2-90 (b) 와 같은 U-굽힘에서는 가공소 재의 판 두께, 굽힘 반지름, 가공 조건에 따라서 각도가 열리는 방향과 갇히는 방향으로 나타난다. 일반적으로 스프링 백의 크기는 판 두께, 굽힘 반지름 및 가공 조건에 따라 다르지만 그 양이 적을수록 제품의 정밀도가 좋아지므로 가공할 때 될 수 있는 한 스프 링 백이 적게 일어나도록 하여야 한다.

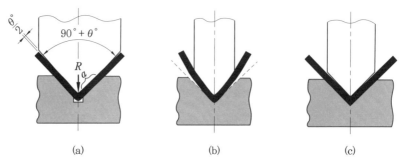

그림 2-91 금형의 형상에 의한 스프링 백

스프링 백의 변화는 경도가 클수록 커지며, 같은 판재에서 구부림 반지름이 같을 때에는 두께가 얇을수록 커지고, 같은 두께의 판재에서는 구부림 반지름이 클수록 크고, 같은 두께의 판재에서는 구부림 각도가 작을수록 크다.

6-4 • 굽힘 작업

(1) 굽힘가공 (bending)

평평한 판이나 소재를 그 중립면에 있는 굽힘축 주위를 움직임으로써 재료에 굽힘변형을 주는 가공을 말한다. 굽혀진 안쪽은 압축을 받고, 바깥쪽은 인장을 받는다.

막대, 판, 형강 재료의 굽힘이나 곡선축 둘레의 굽힘 등이 있다.

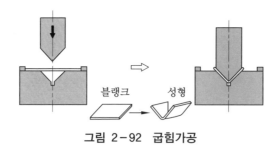

그림 2-92 굽힘가공

(2) 성형가공 (forming)

소재의 모양을 여러 형상으로 변형시키는 가공을 말한다. 성형가공은 전단가공을 제외한 소성가공 전체를 의미한다.

(3) 버링 가공 (burring)

미리 뚫려 있는 구멍에 그 안지름보다 큰 지름의 펀치를 이용하여 구멍의 가장자리를 판면과 직각으로 구멍둘레에 테를 만드는 가공이다.

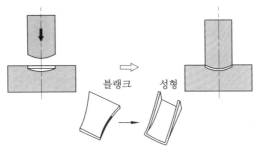

그림 2-93 성형 가공

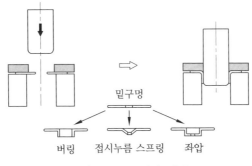

그림 2-94 버링 가공

(4) 비딩 가공 (beading)

용기 또는 판재에 폭이 좁은 선 모양의 돌기 (beed) 를 만드는 가공이다.

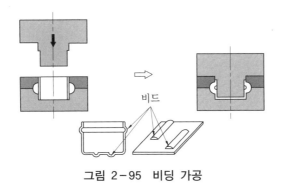

그림 2-95 비딩 가공

(5) 컬링 가공 (curling)

판, 원통 또는 원통 용기의 끝부분에 원형 단면의 테두리를 만드는 가공이며, 이것은 제품의 강도를 높여주고 끝부분의 예리함을 없애 안전성을 높이기 위해 행하는 가공이다.

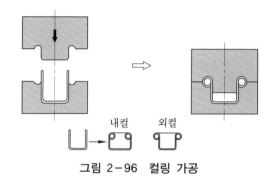

내컬   외컬

그림 2-96 컬링 가공

(6) 시밍 가공(seaming)

여러 겹으로 구부려 두 장의 판을 연결하는 가공이다.

(7) 네킹 가공(necking)

원통 또는 원통 용기 끝부분의 지름을 줄이는 가공이며, 이를 목조르기 가공이라고도
한다.

(8) 엠보싱 가공(embossing)

소재에 두께의 변화를 일으키지 않고 상하 반대로 여러 가지 모양의 요철을 만드는
가공이다.

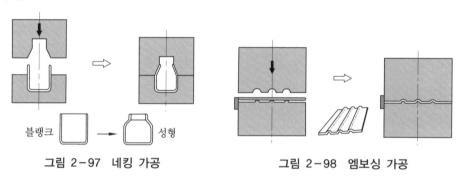

블랭크   성형

그림 2-97 네킹 가공   그림 2-98 엠보싱 가공

(9) 플랜지 가공(flange)

용기 또는 관 모양의 부품 끝부분에 금형에 의하여 가장자리를 만드는 가공이다. 원통
의 바깥쪽 플랜지를 만드는 가공을 신장 플랜지 가공, 원통의 안쪽 플랜지를 만드는 가
공을 수축 플랜지 가공이라 한다.

신장 플랜지   수축 플랜지

그림 2-99 플랜지 가공

7 드로잉 가공

드로잉 (drawing) 가공이란 블랭킹 (blanking) 한 제품을 이용하여 원통형, 각통형, 반구형, 원추형 등의 이음새 없는 중공 용기를 성형하는 가공이다.

성형 과정에서 가공판재가 원주방향으로는 압축응력을 받고, 이것과 직각방향으로는 인장응력을 받는 것이 이 가공의 특징이다.

이 가공은 원주방향의 압축응력 때문에 가공재료에 주름이 생기기 쉬우므로 이것을 방지하기 위해 블랭크 홀더 (blank holder) 형을 사용하는 것이 보통이다.

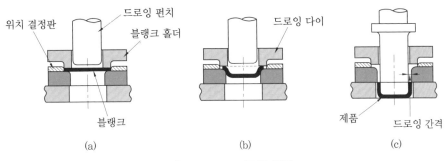

그림 2-100 드로잉 공정

7-1 • 펀치의 곡률 반지름 (punch radius ; r_p)

그림 2-101에서 펀치 선단에 접촉되는 블랭크 부분은 가공 초기에 변형이 끝나므로 펀치의 곡률 반지름 (r_p) 의 크기는 초대 드로잉력과 블랭크 홀더의 압력 크기의 영향을 받지 않는다.

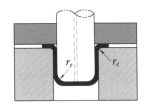

그림 2-101 펀치와 다이의 곡률 반지름

그러나 r_p 가 작으면 극단적인 굽힘이 되어 용기 모서리 부분의 인장 변형이 커지고, 블랭크의 두께가 감소되어 쉽게 파단된다.

반대로 r_p 가 크면 주름이 발생하여 변형 중 블랭크의 원주 지름이 펀치 지름보다 작아지므로 최대 드로잉력은 적어도 단위 면적당 작용하는 힘이 커지므로 블랭크가 쉽게 파단된다.

그러므로 곡률 반지름 (r_p)은 다음 식에 의한다. 여기서 t 는 소재의 두께, r_p 는 곡률 반지름이다.

$$(4\sim6)t \leq r_p \leq (10\sim20)t$$

최소 곡률 반지름은 $(2\sim3)t$ 가 필요하고 펀치의 지름보다 $1/3$을 작게 한다. 재료가 경질일수록 큰 값을, 연질일수록 작은 값을 택한다.

7-2 ● 다이의 곡률 반지름 (die radius ; r_d)

블랭크를 임의의 드로잉률에서 가공할 경우 최대 드로잉력과 블랭크 홀더력의 크기는 r_d 가 커짐에 따라 작아진다.

r_d 가 클수록 드로잉 한계는 좋아지나 복동식에서는 블랭크 홀더의 압력이 작용하지 못하므로 주름이 발생할 경우가 있다. 반대로 r_d 가 너무 작으면 블랭크는 급격한 굽힘과 수축을 동시에 받게 되어 드로잉력이 상당히 커진다.

다이의 곡률 반지름을 r_d , 블랭크의 두께를 t 라 하면

$$(4\sim6)t \leq r_d \leq (10\sim20)t$$

위 식의 범위는 너무 넓어 t/D_0 비를 고려한 값을 이용하는 것이 바람직하다.

표 2-17 초기 드로잉의 곡률 반지름

용기의 형상＼다이 곡률반지름	2.0~1.5	1.5~1.0	1.0~0.6	0.6~0.3	0.3~0.1
플랜지가 없는 드로잉	$(4\sim7)t$	$(5\sim8)t$	$(6\sim9)t$	$(7\sim10)t$	$(8\sim13)t$
플랜지가 있는 드로잉	$(6\sim10)t$	$(8\sim13)t$	$(10\sim16)t$	$(12\sim18)t$	$(15\sim22)t$

㈜ 블랭크의 지름과 두께의 비 $(t/D\times100)$가 $0.3\sim0.1$일 때는 블랭크 홀더를 사용한다.

7-3 ● 펀치와 다이의 간격 (clearance ; C_p)

펀치와 다이 사이의 간격은 소재의 두께와 다이나 펀치의 벽과 마찰을 술이기 위한 여유이다. 그 여유는 소재의 강도나 가공 정도에 따라 다르나 보통 다음과 같다.

$$c_p = (1.05\sim1.03)t : 정확한\ 제품치수가\ 필요한\ 경우$$

$$c_p = (1.4\sim2.0)t : 정확한\ 제품치수가\ 필요하지\ 않은\ 경우$$

표 2-18 연강재료의 두께와 간격

재료 두께 (mm)	드로잉 가공(C_p)	재드로잉 가공(C_p)	다듬질 드로잉 가공(C_p)
0.4 이하	$(1.07\sim1.09)t$	$(1.08\sim1.10)t$	$(1.04\sim1.05)t$
0.4~1.3	$(1.08\sim1.10)t$	$(1.10\sim1.12)t$	$(1.05\sim1.07)t$
1.3~3.2	$(1.10\sim1.12)t$	$(1.12\sim1.14)t$	$(1.07\sim1.08)t$
3.2 이상	$(1.12\sim1.14)t$	$(1.15\sim1.20)t$	$(1.08\sim1.10)t$

7-4 • 드로잉 작업

(1) 드로잉 가공 (drawing)

평평한 판재를 펀치에 의하여 다이 속으로 이동시켜 이음매 없는 중공 용기를 만드는 가공이다.

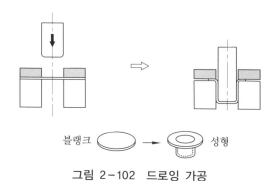

그림 2-102 드로잉 가공

(2) 재드로잉 가공 (redrawing)

드로잉된 제품을 다시 작은 지름으로 조이는 가공이다.

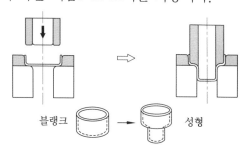

그림 2-103 재드로잉 가공

(3) 역드로잉 가공 (reverse drawing)

드로잉 가공된 제품의 외측이 내측으로 되도록 뒤집어서 작은 지름으로 조이는 가공이다.

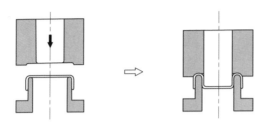

그림 2-104 역드로잉 가공

(4) 아이어닝 가공 (ironing)

가공용기의 바깥지름보다 조금 작은 안지름을 가진 다이 속에 펀치로 가공물을 밀어넣어서 밑바닥이 달린 원통 용기의 벽 두께를 얇고 고르게 하여 원통도를 향상시키며 그 표면을 매끄럽게 하는 가공이다.

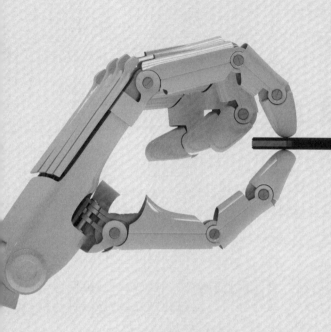

Part 03

용 접

용접 개론

1 용접의 개요

1-1 용접의 원리

용접(welding)은 접합하고자 하는 두 개 이상의 금속재료를 용융 또는 반용융 상태에서 용가재(용접봉)를 첨가하여 접합하거나, 접합하고자 하는 부분을 적정 온도로 가열한 후 압력을 가하여 서로 접합시키는 기술을 말한다. 금속과 금속의 원자간 거리를 충분히 접근시키면 금속 원자간에 인력이 작용하여 스스로 결합하게 된다. 그러나 금속 표면에는 매우 얇은 산화피막이 덮여 있고 울퉁불퉁한 요철이 있어 상온에서 스스로 결합할 수 있는 1 cm의 1억분의 1 정도($\text{Å} = 10^{-8}$ cm)까지 접근시킬 수 없기 때문에 전기나 가스와 같은 열원을 이용해 접합하려는 부분의 산화피막과 요철을 제거하므로 금속 원자간의 영구 결합을 이루는 것을 용접이라고 한다.

일반적으로 용접조건을 만족시키기 위한 첫 번째 수단은, 금속의 이음부(joint zone)를 가열하여 용융상태(fusion condition)로 만들어 이를 가스 또는 슬래그(slag)로 보호하는 것이다.

1-2 용접법의 종류

용접에는 접합하고자 하는 방법에 따라 융접 (fusion welding), 압접 (pressure welding), 납땜 (soldering and brazing) 등의 3가지로 구분할 수 있다.

(1) 융접(fusion welding)

용융용접이라고도 부르며 접합하고자 하는 물체의 접합부를 국부적으로 가열 용융시켜 여기에 용가재 (filler metal) 를 첨가하여 접합하는 방법을 융접이라 한다.

(2) 압접(pressure welding)

가압 용접이라고도 부르며 접합부를 냉간 상태 그대로 또는 적당한 온도로 가열한 후 여기에 기계적 압력을 가하여 접합하는 방법을 압접이라 한다.

(3) 납땜(soldering and brazing)

접합하고자 하는 모재(base metal) 보다 용융점이 낮은 비철합금(땜납)을 용가재로 하여 접합부에 용융 첨가하여 땜납의 응고 시에 일어나는 분자간의 흡인력을 이용하여 접합하는 방법을 납땜이라 한다.

이러한 용접법은 용접 수단에 따라 분류하면 그림 3-1과 같다.

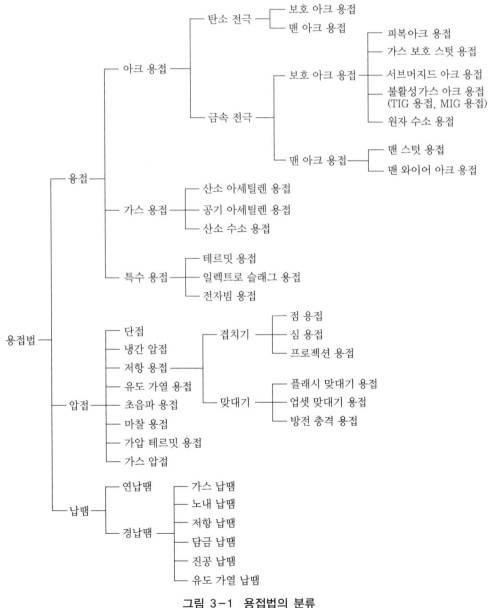

그림 3-1 용접법의 분류

1-3 ● 용접법의 특징

(1) 용접의 장점

① 이음 효율이 높다.

② 기밀성과 수밀성, 유밀성이 우수하다.

③ 공정수가 감소된다.

④ 재료가 절감되고 중량이 감소된다.

⑤ 이음 구조가 간단하며, 보수와 수리가 용이하다.

⑥ 작업 시 소음이 적고 자동화가 용이하다.

⑦ 재료의 두께에 관계없이 접합이 가능하다.

(2) 용접의 단점

① 열에 의한 변형과 수축이 발생할 수 있다.

② 잔류응력이 발생할 수 있다.

③ 작업자의 능력에 따라 품질이 좌우된다.

④ 용접부의 품질검사가 곤란하다.

⑤ 저온취성 파괴가 발생한다.

⑥ 용접부에 응력이 집중되거나 균열이 생길 수 있다.

2 용접이음의 종류

2-1 ● 모재의 배치에 따른 종류

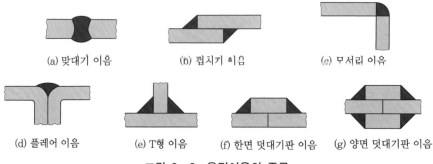

(a) 맞대기 이음　　(b) 겹치기 이음　　(c) 모서리 이음

(d) 플레어 이음　　(e) T형 이음　　(f) 한면 덧대기판 이음　　(g) 양면 덧대기판 이음

그림 3-2 용접이음의 종류

　용접이음은 용접방법, 판의 두께, 재질, 구조물의 종류와 모양 등에 의하여 여러 가지 형식이 채택되고 있다. 그 대표적인 용접이음의 기본 형식은 그림 3-2에 나타낸 바와 같다.

　용접부를 형상적으로 보면, 맞대기 용접(butt weld, groove weld), 필릿 용접(fillet weld), 플러그 용접(pulg weld), 덧살올림 용접(builtup welding)의 4종류로 크게 분류된다.

2-2 ▶● 맞대기 용접(butt weld)

　두 모재가 서로 평행한 표면이 되도록 마주보고 있는 상태에서 두 부재의 사이에 홈 (groove)을 만들어 실시하는 용접을 말한다. 그림 3-3과 같이 여러 종류의 홈 형상이 있으며 맞대기 용접에서는 아크용접, 일렉트로 슬래그 용접, 전자빔 용접, 저항용접, 가스 용접 등 각종 용접법이 적용된다.

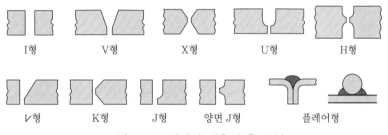

| I형 | V형 | X형 | U형 | H형 |

| ∨형 | K형 | J형 | 양면 J형 | 플레어형 |

그림 3-3　맞대기 이음의 홈 모양

2-3 ▶● 필릿 용접(fillet weld)

　직교하는 두 면을 용접하는 삼각상의 단면을 가진 용접으로서 필릿 용접은 이음 현상에서 보면 겹치기와 T형이 있고 표면의 모양에 따라 볼록한 필릿과 오목한 필릿이 있다.

　용접선에 대한 하중의 방향에서 볼 때에는 그림 3-4와 같이 전면 필릿, 측면 필릿, 경사 필릿으로 분류된다.

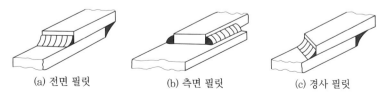

(a) 전면 필릿　　　(b) 측면 필릿　　　(c) 경사 필릿

그림 3-4　필릿 용접과 하중의 방향

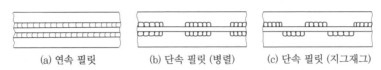

(a) 연속 필릿 (b) 단속 필릿 (병렬) (c) 단속 필릿 (지그재그)

그림 3-5 연속·단속 필릿 용접

2-4 • 플러그 용접(plug weld)

접합하는 두 모재의 한쪽에 구멍을 뚫고 판재의 표면까지 차게 용접하여 다른 쪽의 모재와 접합하는 것으로 주로 얇은 판재에 적용되며, 구멍은 원형이나 타원형이 많이 이용되고 있다. 구멍의 모양에 따라서 플러그 용접과 슬롯 용접으로 구분된다.

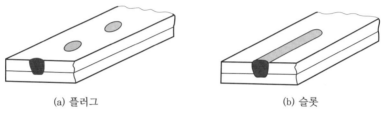

(a) 플러그 (b) 슬롯

그림 3-6 플러그 용접

2-5 • 덧살올림 용접(build – up weld)

치수가 부족한 부분이나, 마모된 표면을 보충하는 용접으로서 부재의 표면에 용착금속을 입히는 작업을 말한다. 그림 3-7은 부재에 금속을 덧살올림하는 용접이다.

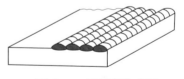

그림 3-7 덧살올림 용접

3 용접 기호

한국산업규격 KS B 0052에 용접부의 기호 및 표시방법이 제정되어 있다.

3-1 • 용접부의 기호

용접부의 기호는 표 3-1과 표 3-2에 나타낸 바와 같이 기본 기호와 보조 기호가 있고 용접부의 기호를 표시하기 위한 설명선으로 구성되어 있다.

기본 기호는 두 부재 사이의 용접부 모양을 표시하고, 보조 기호는 용접부의 표면 모양, 용접길이, 다듬질 방법, 현장 용접 등 필요에 따라 사용되고 있다.

표 3-1 기본 기호(KS B 0052)

명칭	도시	기호	명칭	도시	기호
돌출된 모서리를 가진 평판 사이의 맞대기 용접		⋀	넓은 루트면이 있는 한 면 개선형 맞대기 용접		Ⱶ
평행(I형) 맞대기 용접		‖	U형 맞대기 용접 (평행면 또는 경사면)		Y
V형 맞대기 용접		V	J형 맞대기 용접		Ⱶ
일면 개선형 맞대기 용접		V	이면 용접		⌣
넓은 루트면이 있는 V형 맞대기 용접		Y	필릿 용접		◺
플러그 용접 : 플러그 또는 슬롯 용접		⊓	가장자리 용접		⦀
점 용접		○	표면 육성		⌒⌒
심(seam) 용접		⊖	표면 접합부		＝
개선 각이 급격한 V형 맞대기 용접		⩔	경사 접합부		∥
개선 각이 급격한 일면 개선형 맞대기 용접		⩔	겹침 접합부		⊋

㈜ 돌출된 모서리를 가진 평판 사이의 맞대기 용접에서 완전 용입이 안 되면 용입 깊이가 s인 평행 맞대기 용접부로 표시한다.

표 3-2 보조 기호

용접부 및 용접부 표면의 형상	기호	용접부 및 용접부 표면의 형상	기호
평면(동일한 면으로 마감 처리)	⎯	토우를 매끄럽게 함	⏜
볼록형	⌒	영구적인 이면 판재(backing strip) 사용	M
오목형	⌣	제거 가능한 이면 판재 사용	MR

3-2 ● 용접부의 기호 표시방법

① 설명선 : 설명선은 용접부를 기호로 표시하기 위하여 사용하는 것으로서 기준선(실선, 파선), 지시선(화살표) 및 꼬리로 구성되며, 꼬리는 필요 없으면 생략해도 좋다. 기준선의 하나는 연속선(실선)으로 하고 다른 하나는 파선으로 표시하는데, 파선은 기준선의 위 또는 아래쪽 중 어느 한 곳에 그을 수 있다. 기준선의 한쪽 끝에는 지시선(화살표)을 붙이는데 화살은 용접부를 지시하는 것이므로, 기준선에 대하여 되도록 60°의 직선으로 한다. 기준선 또는 파선의 위쪽 또는 아래쪽에 용접 이음부의 형상 V형, K형, J형 및 양면 J형 표시를 하고, 양면 용접(대칭 용접)의 경우에는 파선이 필요 없고 기준선을 중심으로 대칭으로 표시한다.

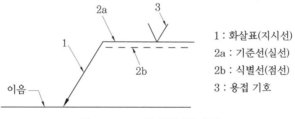

그림 3-8 표시 방법(설명선)

② 기본 기호의 기재방법 : 기본 기호의 기재방법은 기준선의 위 또는 그 바로 아래 둘 중에 어느 한쪽에 표시한다. 만일 용접부(용접면)가 이음의 화살표 쪽에 있을 때의 기호는 실선 쪽의 기준신에 표시하고, 화살표의 반대쪽에 있을 때에는 파선 쪽에 기본 기호를 붙인다. 또한 프로젝션 용접법에 따른 점 용접부의 경우 프로젝션 표면을 용접부의 표면으로 생각한다.

그림 3-9는 기본 기호의 표시방법을 나타낸 것이다.

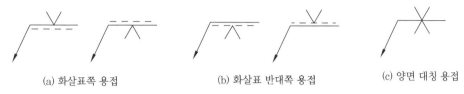

(a) 화살표쪽 용접   (b) 화살표 반대쪽 용접   (c) 양면 대칭 용접

그림 3-9 기준선에 따른 기본 기호의 위치

3-3 ● 보조 기호 등의 기재방법

각 용접 이음부의 보조 기호로는 치수, 강도, 용접 방법 등을 표시하는데, 치수의 숫자 중 가로 단면의 주요 치수는 용접부 기본 기호의 좌측(기호 앞쪽 : s)에 기입하고, 세로 단면 방향의 치수는 기본 기호의 우측(기호 뒤쪽 : l)에 기입하는 것이 원칙이다.

그림 3-10은 치수 표시의 예를 나타낸 것이다.

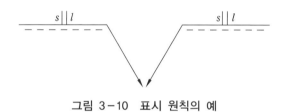

그림 3-10 표시 원칙의 예

다음은 필릿 용접부의 목길이(각장 : z)와 목두께(a)의 표시 방법을 나타낸 것이다.

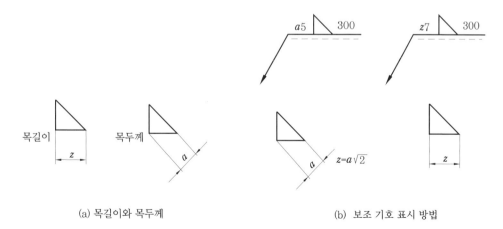

(a) 목길이와 목두께   (b) 보조 기호 표시 방법

그림 3-11 필릿 용접의 치수 표시 방법

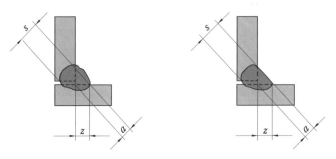

그림 3-12 필릿 용접의 용입 깊이의 치수 표시 방법

보조 지시는 용접부의 각종 특성을 상세히 지시하기 위해 필요하다.
다음 그림은 일주 용접(원주 용접)과 현장 용접의 표시를 나타낸 것이다.

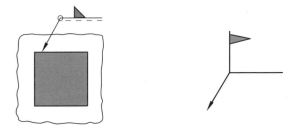

그림 3-13 일주 용접 표시   그림 3-14 현장 용접 표시

용접방법의 표시가 필요한 경우에는 기준선의 끝 꼬리 사이에 숫자로 표시하며, 표시
숫자는 ISO 4063의 규정에 따른다.

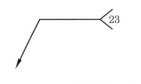

그림 3-15 용접방법 표시

피복아크 용접

피복금속 아크용접(shield metal arc welding)은 현재 여러 가지 용접법 중에서 가장 많이 사용되는 용접법이다. 피복제를 바른 용접봉과 모재 사이에 발생하는 전기 아크의 열을 이용하여(약 5000℃) 모재의 일부와 용접봉을 용융하여 용접하는 용극식 용접법으로 이를 전기 용접이라고 통칭한다. 또한 피복제 용접봉을 사용하여 피복아크 용접(shielded metal arc welding)이라고 한다.

1 피복아크 용접의 원리

피복아크 용접은 그림 3-16과 같이 피복아크 용접봉과 피용접물 사이에 교류 또는 직류 전압을 걸어 그 간극 사이에서 아크를 발생시킨다.

아크의 고온에 의하여 용접봉이 녹아 금속 증기 또는 용융방울(globul)이 되어 용융 풀(molten pool, 용융지)에 용착되어 모재의 일부와 융합하여 용접 금속을 만든다. 이때 모재가 녹은 깊이를 용입(penetration)이라 한다.

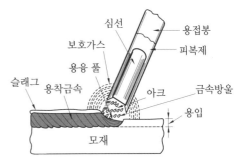

그림 3-16 피복아크 용접 원리

두 개의 부재를 용접할 경우에는 그림 3-16과 같이 알맞은 홈을 만들어 여기에 용착 금속을 쌓아 접합하게 된다. 이때 비드(beed) 표면은 용적이 응고함에 따라 작은 물결 모양을 이룬다.

용접봉은 비피복 금속 심선(core wire)의 주위에 유기물, 무기물 또는 두 가지의 혼합물로 만들어진 약간 두꺼운 피복제를 바른다. 이 피복제는 아크열로 분해되어 아크를 안정시킴과 동시에 발생된 가스 또는 슬래그(slag)에 의하여 용융금속을 외부로부터 보호하여 산화, 질화를 방지하고, 또 화학반응에 의하여 용융금속이 정련되며 필요한 원소를 첨가한다. 피복제가 없는 비피복 용접봉으로 공기의 영향을 받아 용접부가 여리게 되므로 중요한 부재의 용접에는 사용하지 않는다.

1-1 • 아크 용접 회로 (arc welding circuit)

피복아크 용접회로는 그림 3-17과 같이 용접기 (welding machine), 전극 케이블 (electrode cable), 용접기 홀더(electrode holder), 용접봉 (electrode), 모재 및 접지 케이블 (ground cable) 등으로 구성되어 있다. 용접기에서 발생한 전류가 전극 케이블, 용접봉 홀더, 아크, 모재 및 접지 케이블을 지나 용접기로 되돌아오는 과정을 용접회로 (welding circuit) 라 한다.

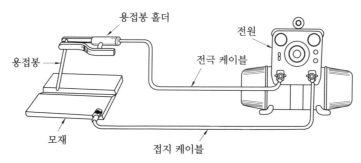

그림 3-17 피복아크 용접회로

1-2 • 아크의 특성

(1) 아크 부특성

아크길이가 일정할 때 아크전류와 아크전압의 관계를 나타낸 곡선으로 일반 전기회로에서는 옴 (ohm) 의 법칙에 따라 동일 저항에 흐르는 전류의 세기가 크면 이것에 비례하여 전압이 커지는 특성이 있으나, 아크는 옴의 법칙과 반대로 전류가 증가함에 따라 저항이 작아져 전압이 낮아지는 특성이 있다. 아크 부특성, 즉 부저항 특성이라 한다. 이 특징은 아크전류 밀도가 적을 때 나타난다 (그림 3-18 참조).

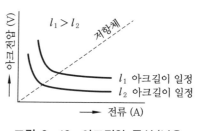

그림 3-18 아크전압 특성 (낮은 전류)

1-3 • 정전류 특성

아크길이가 변해도 아크전류는 변하지 않는 특성을 말한다. 수동 아크 용접기에서는 이 특성을 만족시켜야 한다.

2 ‖ 용접기의 특성

2-1 • 수하 특성 (drooping characteristic)

수하 특성은 부하 전류가 증가하면 단자 전압이 저하하는 특성을 말한다. 이 특성은 아크의 안정을 도모하는 용접기의 가장 중요한 전기적 특성의 하나이다. 그림 3−19 와 같이 곡선 A, B, C, D 는 수하 특성곡선이고, 점선 ①, ②는 아크길이가 일정한 곡선 이다.

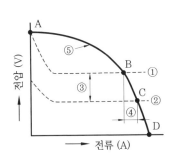

A : 무분하 전압 (70~90 V)
B : 안정된 아크 발생점
C : 안정된 아크 발생점 (변화된 것)
D : 아크가 단락된 때의 전압
① : 아크길이가 일정한 선
② : ①의 곡선이 변하여 생긴 선
③ : 전압의 변화 폭 (아크길이가 ① 에서 ② 로 변함)
④ : 전류의 변화 폭 (아크길이가 ① 에서 ② 로 변함)
⑤ : 수하 특성 (정적 특성) 곡선

그림 3−19 수하 특성

2-2 • 정전압 특성, 상승특성

용접 전원에 흐르는 전류는 증가하여도 전원이 일정한 것을 정전압 특성(constant voltage[potential] characteristic)이라 하고, 전류의 증가와 더불어 다소 전압이 높아지 는 것을 상승특성(rising characteristics)이라 한다.

2-3 • 극성 (polarity)

피복아크 용접에서 직류와 교류 전원이 사용되는데 극성에 관한 것은 직류 용접에만 발생한다.

직류 용접의 경우 모재와 용접봉의 결선 방법은 모재에 ＋극을 연결하고 용접용에 − 극을 연결한 것을 정극성(straight polarity)이라 하고, 모재에 −극을 연결하고 용접봉 (전극) 에 ＋극을 연결한 것을 역극성(reverse polarity)이라 한다.

정극성은 모재 쪽 용융이 빠르고 용접봉의 용용은 느리기 때문에 모재의 용입이 깊어지게 되나 역극성에서는 용접봉의 용융속도가 빠르고 모재의 용입이 얕아 박판 용접에 좋은 결과를 나타낸다.

이와 같이 모재에 접속하는 코드를 접지선이라 하며, 용접에서는 어스 (earth) 라 부른다.

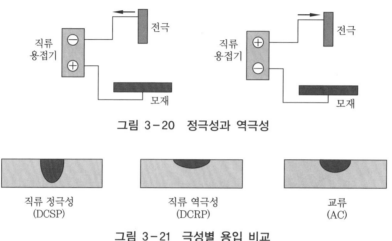

그림 3-20 정극성과 역극성

| 직류 정극성 (DCSP) | 직류 역극성 (DCRP) | 교류 (AC) |

그림 3-21 극성별 용입 비교

2-4 • 자기쏠림 (arc blow)

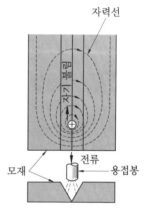

아크가 전류의 자기 작용에 의해서 한쪽으로 쏠리는 현상을 자기쏠림 또는 아크 블로라고 한다. 자기쏠림 현상은 모재, 아크 용접봉에 흐르는 전류에 의해 그 주위에 자계가 형성되어 아크가 비대칭이 된다. 그 결과 아크가 한 방향으로 강하게 쏠려 아크의 방향이 흔들려 불안정해지는 현상을 말한다. 교류의 경우에는 1초에 50~60번 전류의 방향이 변하므로 거의 자기쏠림이 일어나지 않는다.

그림 3-22 아크쏠림

2-5 • 아크길이 (arc length)

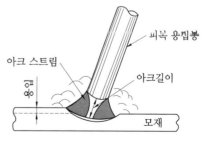

아크길이는 그림 3-23과 같이 아크가 발생할 때 모재부터 용접봉까지의 거리를 말하며 아크전압과 밀접한 관계가 있다. 아크전압은 아크길이에 비례하여 변화하며 아크용접에서 아크의 길이를 일정한

그림 3-23 아크길이

길이로 유지하는 것이 매우 중요하다. 아크길이가 짧으면 아크의 발생이 지속되기 어렵고 발생열도 작아 용입 불량의 원인이 되며, 아크길이가 길면 아크가 불안정하여 용입이 불량해지거나 산소나 질소가 침투하여 재질을 약화시킬 뿐 아니라 기공(blow hole) 이나 균열 (crack) 의 원인이 된다.

2-6 • 용접입열 (welding heat input)

용접부에 외부로부터 주어지는 열량을 용접입열이라고 한다. 즉, 아크전류가 클수록 용접속도가 늦을수록 커진다. 또한, 단위 시간당 많은 양을 용접부에 공급하면 크다. 15 % 정도는 용접봉을 녹이고, 20~40 % 는 용착금속을 생성하며 60~80 % 는 모재, 가열 피복제의 용해작용을 한다.

$$H = \frac{60EI}{v} \, [\mathrm{Joule/cm}]$$

여기서, E : 전압 (V), I : 전류 (I), v : 용접속도 (cm / min)

피복아크 용접에서 보통 사용하는 아크전류는 50~400 A, 아크전압은 20~40 V, 아크 길이는 1.5~4 mm, 용접속도는 1분당 8~30 cm 정도이다.

2-7 • 용융속도 (melting rate)

용접봉의 용융속도는 단위 시간당 소비되는 용접봉의 길이 또는 무게로서 표시된다. 실험 결과에 의하면, 용융속도는 (아크전류)×(용접봉 쪽 전압 강하) 로 결정되고, 아크 전압과는 관계가 없다.

2-8 • 용착 현상

(1) 단락형 (short circuiting transfer)

용적 (globule) 이 용융지에 접촉하여 단락되고, 표면장력의 작용으로서 모재에 옮겨가서 용착된다. 이것은 비피복 용접봉이나 저수소계 용접봉을 사용할 때 많이 볼 수 있다.

(2) 스프레이형 (spray transfer)

미세한 용적이 스프레이와 같이 날려서 옮겨가는 방식이다. 이것은 일미나이트계 용접봉을 비롯하여 피복아크 용접봉을 사용할 때 많이 볼 수 있다.

(3) 글로뷸러형 (globular transfer)

비교적 큰 용적이 단락되지 않고 옮겨가는 형식이다. 이것은 서브머지드 아크용접과 같이 큰 전류에서 볼 수 있다.

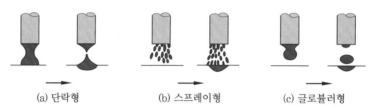

(a) 단락형   (b) 스프레이형   (c) 글로뷸러형

그림 3-24 용융금속의 이행 형식

3 아크용접 기기 (arc welder)

아크용접에 필요한 열원을 공급해 주는 기기를 아크 용접기라 한다. 아크 용접기는 용접작업에 알맞게 저전압에서 대전류를 흐를 수 있도록 제작되어 있고, 일반적으로 변압기와 달리 양극을 단락 (short) 시켜도 일정 이상의 전류가 흐르지 않도록 제어되어 안정을 유지하는 일이 중요하다.

3-1 • 피복아크 용접기기

(1) 종 류

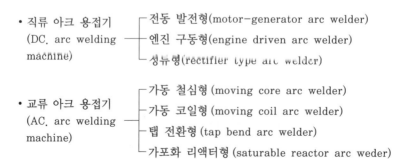

- 직류 아크 용접기
  (DC. arc welding machine)
  - 전동 발전형(motor-generator arc welder)
  - 엔진 구동형(engine driven arc welder)
  - 정류형(rectifier type arc welder)

- 교류 아크 용접기
  (AC. arc welding machine)
  - 가동 철심형 (moving core arc welder)
  - 가동 코일형 (moving coil arc welder)
  - 탭 전환형 (tap bend arc welder)
  - 가포화 리액터형 (saturable reactor arc weder)

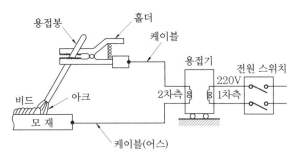

그림 3 - 25 아크 용접기의 접속배선

(2) 교류 아크 용접기(AC arc welder)

교류 아크 용접기는 단상 교류 전원에 접속하며 보통 1차측을 200~220 V 의 동력선에 접속하고, 2차측은 무부하 전압이 70~90 V 로 되어 있다. 구조는 일종의 변압기나 자기 누설 변압기를 사용하며 수하 특성 (drooping characteristic) 을 가진 것으로 많이 사용된다.

① 가동 철심형 교류 아크 용접기 (moving core arc welder) : 가동 철심형 교류 아크 용접기는 2차 코일의 전환 탭 (tap) 으로 코일의 권선비를 바꾸면 소정의 전류를 얻게 되며, 또한 미세한 전류 조정은 용접 변압기의 누설자속 (leakage flux) 을 지나는 공간에 제 3의 철심을 넣어 이것을 이동시킴으로써 누설자속의 양을 가감하여 조정하게 되어 있다.

② 가동 코일형 교류 아크 용접기 (moving coil arc welder) : 용접기 내에 1차 코일과 2차 코일을 위아래에 두고 그 중에서 하나를 이동시켜 두 코일 사이의 거리를 자유로이 조절함으로써 누설자속에 의하여 전류를 세밀하게 연속적으로 조절할 수 있다.

③ 탭 전환형 교류 아크 용접기 (tap bend arc welder) : 가동 부분이 없고 용접전류는 1차 코일과 2차 코일과의 감김수의 비율을 변경시켜 조정한다.

④ 가포화 리액터형 교류 아크 용접기 (saturable reactor arc welder) : 용접기 내부에는 변압기와 가포화 리액터가 장치되어 있는데 가포화 리액터는 2차 회로 (홀더선) 에 직렬로 연결되어 있으면서 별도로 장치된 정류기에서 나오는 전원으로 리액터를 직류여자 (excite) 코일을 가포화 리액터 철심에 감아 그 자기 회로의 포화도를 변화시킴으로써 용접전류를 조정하는 것이다. 가포화 리액터형은 전류 조정이 용이하고, 전류 조정을 전기적으로 하기 때문에 가동 철심형이나 가동 코일형과 같이 이동 부분이 없으며 가변저항을 사용함으로써 용접전류의 원격조정이 가능하다.

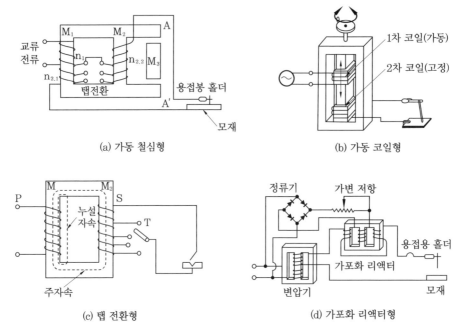

(a) 가동 철심형

(b) 가동 코일형

(c) 탭 전환형

(d) 가포화 리액터형

그림 3-26 교류 아크 용접기의 종류

표 3-3 직류 아크 용접기와 교류 아크 용접기의 비교

비교 항목	직류 용접기	교류 용접기
아크의 안정	우수	약간 불안 (1초간 50~60회 극성 교차)
극성 이용	가능	불가능 (1초간 50~60회 극성 교차)
비피복 용접봉 사용	가능	불가능 (1초간 50~60회 극성 교차)
무부하 (개로) 전압	약간 낮음 (60 V 가 상한값)	높음 (70~90 V 가 상한값)
전격의 위험	적다	많다 (무부하 전압이 높기 때문)
구조	복잡	간단
유지	약간 어려움	쉽다
고장	회전기에는 많음	적다
역류	매우 양호	불량
가격	비싸다 (교류의 몇 배)	싸다
소음	회전기는 많고 정류기는 적다	적다 (구동부가 없기 때문)
자기쏠림 방지	불가능	가능 (자기쏠림이 거의 없다)

4 피복아크 용접봉

용접봉은 강의 가는 봉 주위에 약재를 도포한 막대 모양의 것으로 아크용접에서 용접봉을 용가재 (filler metal) 라고도 하며 용접 결과의 품질을 좌우한다. 또한, 용접봉 끝과 모재 사이에 아크를 발생하므로 전극봉 (electrode) 이라고도 한다. 심선 (core wire) 은 용접을 하는 데 중요한 역할을 하기 때문에 심선의 성분이 중요하다. 심선은 일반적으로 모재와 동일한 재질의 것이 많이 사용되고 있으며 가능한 한 불순물이 적은 것이 좋다.

연강용 피복아크 용접봉의 심선 재료는 저탄소 림드강을 사용하며 심선재의 화학성분은 KSD 3508 로 규정되어 있다.

[피복아크 용접봉의 구비 조건]
① 용착금속의 성질이 우수할 것
② 심선보다 피복제가 약간 늦게 녹을 것
③ 용접시 유독가스를 발생하지 말 것
④ 슬래그 (slag) 제거가 쉬울 것
⑤ 가격이 저렴하여 경제적일 것

표 3-4 연강용 피복아크 용접봉 심선의 화학성분 (%) (KS D 3508)

심선 종류		기호	C	Si	Mn	P	S	Cu
1종	A	SWRW 1 A	≦ 0.09	≦ 0.03	0.35~0.65	≦ 0.020	≦ 0.023	≦ 0.20
	B	SWRW 1 B	≦ 0.09	≦ 0.03	0.35~0.65	≦ 0.030	≦ 0.030	≦ 0.30
2종	A	SWRW 2 A	0.10~0.15	≦ 0.03	0.35~0.65	≦ 0.020	≦ 0.023	≦ 0.20
	B	SWRW 2 B	0.10~0.15	≦ 0.03	0.35~0.65	≦ 0.030	≦ 0.030	≦ 0.30
지름		1.0 1.4 2.6 3.2 4.0 4.5 5.0 5.5 6.0 6.4 7.0 8.0 9.0 10.0				허용오차 ± 0.05 mm (지름 8 mm 이하) ± 0.10 mm (지름 8~9 mm)		

4-1 • 피복제 (flux) 의 역할

심선 주위를 피복한 물질을 피복제라 하며, 피복제는 여러 가지 물질을 분말로 한 결합제로서 심선 표면에 피복한 것으로 피복제의 작용을 열거하면 다음과 같다.
① 아크(arc)를 안정시킨다.

② 중성 또는 환원성 분위기로 용착금속을 보호한다.

③ 용융금속의 용적을 미세화하여 용착효율을 높인다.

④ 용착금속의 탈산정련 작용을 한다.

⑤ 필요한 원소를 용착금속에 첨가한다.

⑥ 용착금속의 급랭을 막아 조직을 좋게 한다.

⑦ 스패터의 발생(spattering)을 적게 한다.

⑧ 수직이나 위보기 등의 용접자세를 쉽게 한다.

⑨ 전기 절연 작용을 한다.

4-2 • 피복 용접봉의 종류

용접봉의 종류는 피복제의 계통, 용접자세, 사용전류의 종류 및 용착금속의 기계적 성질에 따라 분류하면 표 3-5와 같다.

표 3-5 연강용 피복 아크 용접봉의 종류

용접봉 종류	피복제 계통	용접자세	사용전류 종류	용착금속의 기계적 성질			
				인장강도 (kg/mm^2)	항복점 (kg/mm^2)	연신율 (%)	충격값 (℃V 샤르피 kg-m)
E 4301	일미나이트계	F, V, OH, H	AC 또는 DC(±)	43	35	22	4.8
E 4303	라임티탄계	F, V, OH, H	AC 또는 DC(±)	43	35	22	2.8
E 4311	고셀룰로오스계	F, V, OH, H	AC 또는 DC(±)	43	35	22	2.8
E 4313	고산화티탄계	F, V, OH, H	AC 또는 DC(−)	43	35	17	−
E 4316	저수소계	F, V, OH, H	AC 또는 DC(+)	43	35	25	4.8
E 4324	철분산화티탄계	F, H-Fil	AC 또는 DC(±)	43	35	17	−
E 4326	철분저수소계	F, H-Fil	AC 또는 DC(+)	43	35	25	4.8
E 4327	철분산화철계	F, H-Fil	F에서 AC 또는 DC H-Fil에서 AC 또는 DC(−)	43	35	25	2.8
E 4340	특수계	F, V, OH, H, H-Fil의 전부 또는 일부	AC 또는 DC(±)	43	35	22	2.8

㈜ 1. 용접자세에 사용한 기호의 뜻
　　F : 아래보기, V : 수직, OH : 위보기, H : 수평, H-Fil : 수평 필릿
　2. 용접전류에 사용한 기호의 뜻
　　AC : 교류, DC(+) : 직류 양극성, DC(−) : 직류봉 −, DC(+) : 직류봉 +

4-3 • 용접봉 표시기호 (electrode indication symbol)

우리나라에서는 KS D 7004 에 규정되어 있으며 연강용 피복아크 용접봉의 기호는 다음과 같은 의미를 갖고 있다.

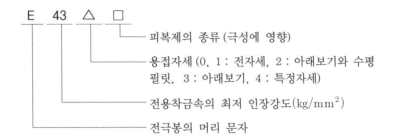

또한, 일본은 E (Electrode 의 머리 문자) 대신에 D (Denki) 를 사용하며, 최저 인장강도의 단위는 우리나라와 같다. 미국은 우리나라와 같이 E 로 표시하나, 인장강도 43 kg /mm² 대신에 1b / in² 단위의 6000 psi 의 처음 2자리를 사용하여 E 6001, E 6010 등으로 부른다.

우리나라	일본	미국
E 4301 ———	D 4301 ———	E 6001
E 4316 ———	D 4316 ———	E 6016

4-4 • 용접봉의 보관

피복아크 용접봉에 습기가 있으면 피복이 쉽게 벗겨지고 아크가 불안정하기 때문에 용착금속의 기계적 성질이 불량해지고 기공, 균열 등의 발생 원인이 되며 스패터 (spatter)의 발생도 증가한다. 용접봉은 습기를 포함하지 않도록 보관에 주의해야 하며 충분히 건조하여 사용하는 것이 좋다. 용접봉의 양질 여부는 용접기, 용접기량과 함께 용접의 3대 요소라 할 만큼 중요하므로 선택에 주의하여야 한다.

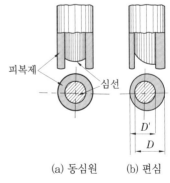

그림 3-27 피복제의 편심 상태

사용 전에 보통 용접봉은 70~100℃ 로 30분~1시간, 저수소계는 300~350℃ 로 30분~1시간 정도 유지하여야 충분히 건조된다. 용접봉으로 작업할 때 주의할 사항으로는 피복제의 편심도이다.

이 편심률은 3 % 이내이어야 하며 3 %를 넘으면 그림 3−27과 같이 편용하게 되어 아크가 불안정해지고 용접부가 불량하게 된다.

$$편심률 = \frac{D'-D}{D} \times 100\%$$

4-5 • 용 접

(1) 아크 발생법

아크를 발생시키는 방법은 작업자의 편의에 따라 적당한 방법으로 발생시키면 되며, 어떤 방법이 좋다고 단정 지을 수는 없다. 일반적으로 아크를 발생시키는 방법으로는 긋는법 (긁기법, scratch method) 과 두드리는법 (점찍기법, tapping method) 이 있다.

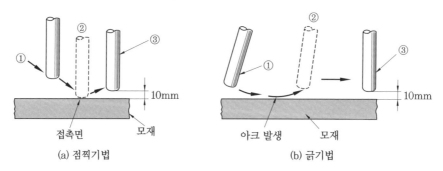

그림 3 − 28 아크 발생법

(2) 용접봉 각도

용접봉 각도 (angle of electrode) 는 진행각 (lead angle) 과 작업각 (work angle) 으로 나누어진다.

진행각은 용접봉과 용접선이 이루어지는 각도로서 용접봉과 수직선 사이의 각도 (또는 용접선과 용접봉 사이의 각도) 로 표시한다.

작업각은 용접봉과 용접이음 방향에 나란하게 세워진 수직 평면과의 각도로 표시한다.

(3) 운봉법

운봉법은 용접작업에서 주요한 요소이므로, 항상 아크길이를 일정하게 유지하고 모재에 대한 용입을 충분하게 하며, 슬래그가 들어가지 않도록 한다.

표 3-6   여러 가지 운봉법의 예

아래보기 용접	직선		수평 용접	대파형	
	소파형			원형	
	대파형			타원형	
	원형			삼각형	
	삼각형		위보기 용접	반월형	
	각형			8자형	
아래보기 T형 용접	대파형			지그재그형	
				대파형	
	선전형			각형	
	삼각형		수직 용접	파형	
	부채형			삼각형	
	지그재그형			지그재그형	

5 아크용접 결함의 종류 및 방지대책

5-1 • 용접 결함의 종류

```
                    ┌─변형 (distortion)
          ┌ 치수상 결함 ─┼─치수 불량 : 비드 폭 및 덧붙이 과부족, 다리 길이 및 목 두께의
          │           │              과부족 등
          │           └─형상 불량
          │           ┌─기공 및 피트 (blow hold & pit)
          │           ├─은점 (fish eye)
          │           ├─슬래그 섞임 (slag inclusion)
용접 결함 ─┼ 구조상 결함 ─┼─용입 불량 (부족), 융합 불량
          │           ├─언더컷 (under cut)
          │           ├─오버랩 (over lap)
          │           ├─균열 (crack)
          │           └─선상조직
          │           ┌─기계적 성질 불량 (인장강도, 피로강도, 연성 등)
          └ 성질상 결함 ─┴─화학적 성질 불량 (화학성분, 부식 등)
```

5-2 • 용접부의 결함과 방지대책

표 3-7 용접부의 결함과 방지대책

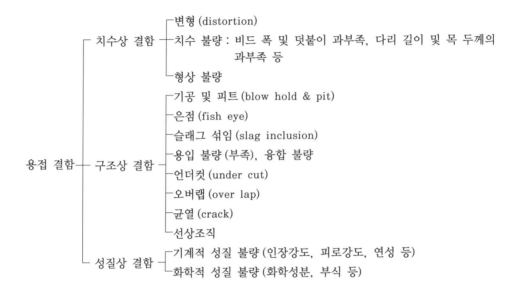

결함 종류	결함 모양	원인	방지대책
언더컷		1. 전류가 너무 높을 때 2. 아크길이가 너무 길 때 3. 용접봉 취급의 부적합 4. 용접속도가 너무 빠를 때 5. 용접봉 선택 불량	1. 낮은 전류를 사용한다. 2. 짧은 아크길이를 유지한다. 3. 유지 각도를 바꾼다. 4. 용접속도를 늦춘다. 5. 적절한 용접봉을 선택한다.
오버랩		1. 용접 전류가 너무 낮을 때 2. 운봉 및 봉의 유지 각도 불량 3. 용접봉 선택 불량	1. 적정 전류를 선택한다. 2. 수평 필릿의 경우 봉의 각도를 잘 선택한다. 3. 적절한 용접봉을 선택한다.
선상조직		1. 용착금속의 냉각속도가 빠를 때 2. 모재 재질 불량	1. 급냉을 피한다 2. 모재의 재질에 맞는 적절한 용접봉을 선택한다.

균열		1. 이음의 강성이 큰 경우 2. 부적합한 용접봉 사용 3. 모재 중 탄소, 망간 등의 합금 원소량이 많을 때 4. 과대 전류, 과대 속도 5. 모재의 유황 함량이 많을 때	1. 예열, 피닝 작업을 하거나 용접 비드 배치법 변경, 비드 단면적을 넓힌다. 2. 적절한 용접봉을 사용한다. 3. 예열, 후열을 한다. 4. 적정 전류 속도로 운봉한다. 5. 저수소계 봉을 사용한다.
기공		1. 용접 분위기 가운데 수소 또는 일산화탄소의 과잉 2. 용접부의 급속한 응고 3. 모재 가운데 유황 함유량 과대 4. 강재에 부착되어 있는 기름, 페인트, 녹 등 5. 아크길이, 전류 조작의 부적합 6. 과대 전류의 사용 7. 용접속도가 빠를 때	1. 용접봉을 바꾼다. 2. 위빙을 하여 열량을 늘리거나 예열을 한다. 3. 충분히 건조시킨 저수소계 용접봉을 사용한다. 4. 이음의 표면을 깨끗이 한다. 5. 정해진 범위 안의 전류로 긴 아크를 사용하거나 용접법을 조절한다. 6. 적당한 전류로 조절한다. 7. 용접속도를 늦춘다.
슬래그 섞임		1. 슬래그 제거 불완전 2. 전류 과소, 운봉 조작 불완전 3. 용접이음의 부적합 4. 슬래그 유동성이 좋고 냉각하기 쉬울 때 5. 봉의 각도 부적합 6. 운봉 속도가 느릴 때	1. 슬래그를 깨끗이 제거한다. 2. 전류를 약간 세게, 운봉 조작을 적절히 한다. 3. 루트 간격이 넓은 설계로 한다. 4. 용접부를 예열한다. 5. 봉의 유지 각도가 용접 방향에 적절하게 한다. 6. 슬래그가 앞지르지 않도록 운봉 속도를 유지한다.
피트		1. 모재 가운데 탄소, 망간 등의 합금원소가 많을 때 2. 습기가 많거나 기름, 녹, 페인트가 묻었을 때 3. 후판 또는 급랭되는 용접의 경우 4. 모재 가운데 유황 함유량이 많을 때	1. 염기도가 높은 봉을 선택한다. 2. 이음부를 청소한다. 3. 예열을 한다. 4. 저수소계 봉을 사용한다.
스패터		1. 전류가 높을 때 2. 건조되지 않은 용접봉을 사용했을 때 3. 아크길이가 너무 길 때	1. 모재의 두께 및 봉 지름에 맞는 최소 전류로 용접한다. 2. 충분히 건조시켜 사용한다. 3. 위빙을 크게 하지 말고 적당한 아크길이로 한다.

가스용접

1 가스용접의 원리

1-1 • 가스 용접법

　가스 용접법(gas welding)은 가연성 가스가 연소할 때 발생하는 연소열을 이용하여 용접 모재와 용가재를 가열하여 용융시켜 접합하는 용접법이다. 보통 조연성 가스인 산소와 혼합하여 3000℃ 이상의 연소열을 발생하며 용접이 된다. 가스용접은 아세틸렌가스, 수소 가스, 도시가스, LP 가스 등의 가연성 가스와 산소와의 혼합가스의 연소열을 이용하여 용접하는 방법으로 가장 많이 사용하고 있는 것은 산소-아세틸렌가스 용접(oxy-acetylene gas welding) 이다. 산소-아세틸렌가스 용접을 간단히 가스용접이라고도 한다.

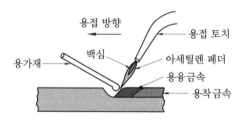

그림 3-29　산소-아세틸렌가스 용접

(1) 가스용접의 장점
　① 전기가 필요 없다.
　② 설치 및 운반이 비교적 편리하다.
　③ 응용 범위가 넓다.
　④ 가열할 때 열량 조절이 비교적 자유롭다.
　⑤ 박판 용접에 적당하다.
　⑥ 유해 광선의 발생률이 적다.

(2) 가스용접의 단점

① 고압가스를 사용하기 때문에 폭발 화재의 위험이 크다.
② 열효율이 낮아서 용접속도가 느리고 금속이 탄화 및 산화될 우려가 많다.
③ 열의 집중성이 나빠 효율적인 용접이 어렵다.
④ 열을 받는 부위가 넓어서 용접 후 변형이 심하게 생긴다.
⑤ 일반적으로 신뢰성이 적다.
⑥ 용접부의 기계적 강도가 떨어진다.

2 용접용 가스의 종류

가스용접에 사용되는 연료 가스로는 C_2H_2 (아세틸렌) 가 가장 많이 사용되며, 그 밖에 H_2 (수소가스), LP 가스, 도시가스, C_4H_{10} (부탄), C_3H_8 (프로판)와 같은 천연가스, CH_4 (메탄) 등이 사용되고 있다.

2-1 • 수소 (H_2)

무색, 무취, 무미의 기체이며 공업적으로는 물의 전기분해에 의하여 제조되며 고압 용기(35℃, 150 기압)에 충전하여 공급한다. 수소는 탄화수소 (C_2H_2, CH_4, C_3H_8) 의 연소와 달라 탄소가 나오지 않으므로 탄소의 존재를 꺼려하는 납의 용접에 사용된다. 또, 용이하게 고압을 견딜 수 있으므로 수중 절단용 가스로 사용된다.

2-2 • LP 가스

LP 가스 (liguefied petroleum gas) 는 석유나 천연가스를 적당한 방법으로 정제, 분류하여 제조한 것이다. 공업용 LP 가스는 프로판 (C_3H_8) 이외에 에탄 (C_2H_6), 부탄 (C_4H_{10}) 등의 혼합가스이다. 상온에서 가압하면 쉽게 액화하여 가스 상태의 1 / 250 정도로 압축되므로 간단하게 운반 저장하는 이점이 있다. LP 가스의 성질은 무색, 무취이고 공기보다 무거우나 액체일 때에는 무게가 물의 약 0.5 배이다. 가스 절단의 예열 불꽃, 납땜용 가스 불꽃 등에 적합하다.

2-3 • 산소 (oxygen, O_2)

산소는 공기와 물의 주성분으로 지구상에 널리 존재하고 있으며 가연성 가스와 혼합하여 연소작용을 일으킨다. 산소의 성질은 무색, 무취, 무미의 기체로서 비중 1.105배, 비등점 −182℃, 용융점 −219℃로서 공기보다 약간 무거우며, 산소 자체는 연소하는 성질이 없고 다른 물질의 연소를 돕는 조연성의 기체이며, 모든 원소와 화합 시 산화물을 만들고, −119℃에서 50기압 이상 압축시 담황색의 액체로 변한다.

산소를 생성하는 방법은 물의 전기분해에 의한 방법, 화학약품에 의한 방법이 있다.

$$2\,H_2O = \underset{\text{전기분해}}{\xrightarrow{\hspace{3cm}}} 2\,H_2 \uparrow + O_2 \uparrow : \text{물의 전기분해에 의한 방법}$$

물을 전기분해할 때는 물에 황산(H_2SO_4) 또는 가성소다($NaOH$) 등을 첨가하여 전기가 잘 통하도록 하여 직류(DC) 전류를 통하면 양극(+)에 산소, 음극(−)에 수소가 생성된다.

$$2\,KClO_3 = \underset{\text{가열}}{\xrightarrow{\hspace{3cm}}} 2\,KCl + 3O_2 : \text{화학약품에 의한 방법}$$

염소산칼륨($KClO_3$)에 산화망간(MnO_2)을 촉매로 넣고 가열하면 산소가 생성된다.

2-4 • 아세틸렌 (acetylene, C_2H_2)

아세틸렌의 원료인 카바이트(CaC_2, calcium carbide)는 회색의 결정체이며 석회(Cao)와 석탄 또는 코크스를 56 : 36의 중량비로 혼합하여 전기로에 넣어 약 3000℃의 고온으로 가열하여 반응시켜 만든다.

$$CaO + 3C = CaC_2 + CO - 108\,\text{kcal}$$

순수한 카바이트는 1kg에 1기압, 0℃에서 348.8L의 아세틸렌이 이론적으로 생성되나 실제로 불순물 때문에 250~270L 정도 생성된다. 아세틸렌은 분자 내에 삼중 결합을 갖고 있는 불포화 탄화수소이다.

(1) 아세틸렌의 성질
① 순수한 것은 무색, 무취의 기체이다.

② 인화수소 (PH_2), 황화수소 (H_2S), 암모니아 (NH_3) 와 같은 불순물을 포함하고 있어 악취가 난다.

③ 비중은 0.906으로 공기보다 가벼우며, 15℃ 1기압에서의 아세틸렌 1L의 무게는 1.176 g 이다.

④ 공기가 충분히 공급되면 밝은 빛을 내면서 탄다.

⑤ 각종 액체에 잘 용해된다. 보통 물에 대해서는 같은 양, 석유에는 2배, 벤젠 (benzene)에는 4배, 알코올 (alcohol) 에는 6배, 아세톤 (acetone) 에는 25배가 용해된다. 아세톤에 이와 같이 잘 녹는 성질을 이용하여 용해 아세틸렌을 만들어서 용접에 이용되고 있다.

⑥ 아세틸렌을 500℃ 정도로 가열된 철관에 통과시키면 3 분자가 중합 반응을 일으켜 벤젠이 된다.

⑦ 아세틸렌을 800℃ 에서 분해시키면 탄소와 수소로 나누어지고 아세틸렌 카본 블랙 (잉크 원료) 이 된다.

(2) 아세틸렌가스의 폭발성

① 온도 : 아세틸렌가스는 매우 타기 쉬운 기체로서 온도가 406~408℃에 이르면 자연 발화하고 505~515℃이면 폭발한다. 또, 산소가 없더라도 780℃ 이상이 되면 자연 폭발한다.

② 위험압력 : 아세틸렌가스는 150℃에서 2기압 이상의 압력을 가하면 폭발할 위험이 있으며, 위험압력은 1.5 기압이다.

③ 혼합가스 : 아세틸렌가스는 공기, 산소 등과 혼합될 때에는 더욱 폭발성이 심해진다. 아세틸렌 15 %, 산소 85 % 부근이 가장 폭발 위험이 크다. 또, 아세틸렌가스가 인화수소를 함유하고 있을 때는 인화수소가 자연 폭발을 일으킬 위험이 있는데 인화수소 함량이 0.02 % 이상이면 폭발성을 갖게 되며, 0.06 % 이상인 경우에는 대체로 자연 발화에 의한 폭발이 일어난다.

④ 외력 : 압력을 가한 아세틸렌가스에 마찰, 진동 충격 등의 외력이 작용하면 폭발할 위험이 있다.

⑤ 화합물 생성 : 아세틸렌가스는 구리 또는 구리합금 (Cu 62 % 이상), 은 (Ag), 수은 (Hg) 등과 접촉하면 서로 혼합되어 폭발성 화합물을 생성하는 것으로 알려져 있다.

3 산소-아세틸렌 불꽃

3-1 • 불꽃의 구성

- 불꽃심 (cone)   - 속불꽃 (inner flame)   - 겉불꽃 (outer flame)

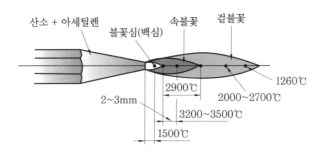

그림 3-30 산소-아세틸렌 불꽃의 구성

3-2 • 불꽃의 종류

(1) 탄화 불꽃 (excess acetylene flame)

이 불꽃은 백심과 겉불꽃 사이에 연한 백심 제3의 불꽃으로 중성 불꽃보다 아세틸렌 가스의 양이 많을 때 생긴다.

(2) 중성 불꽃 (neutral flame)

중성 불꽃은 표준 불꽃이라고도 하며, 산소와 아세틸렌가스의 용적비를 1:1로 혼합할 때 얻어지는 불꽃이다.

(3) 산화 불꽃 (excess oxygen flame)

산화 불꽃은 중성 불꽃에서 산소의 양이 많을 때 생기는 불꽃이다.

표 3-8 불꽃의 종류

구분	용접 금속
중성 불꽃	연강, 반연강, 주철, 구리, 청동, 알루미늄, 아연, 납, 모넬메탈(monel metal), 은, 니켈, 스테인리스강 등
산화 불꽃	황동 등
탄화 불꽃	스테인리스강, 스텔라이트(stellite), 모넬메탈 등

표 3-9 불꽃과 피용접 금속의 관계

금속 종류	녹는점(℃)	불꽃	두께 1mm에 대한 토치 능력(l/h)
연강	약 1500	중성	100
경강	약 1450	아세틸렌 약간 과잉	100
스테인리스강	1400~1450	아세틸렌 약간 과잉	50~75
주철	1100~1200	중성	125~150
구리	약 1083	중성	125~150
알루미늄	약 660	중성	50
황동	880~930	산소 과잉	100~120

(a) 아세틸렌 불꽃
(산소를 약간 혼입)

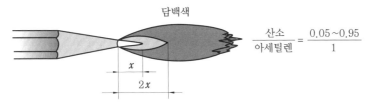

$$\frac{산소}{아세틸렌} = \frac{0.05\sim0.95}{1}$$

(b) 탄화 불꽃 (아세틸렌 과잉 불꽃)

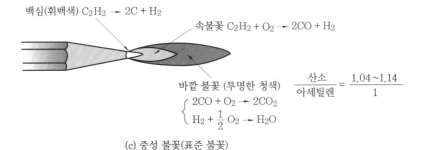

백심(휘백색) $C_2H_2 \rightarrow 2C + H_2$

속불꽃 $C_2H_2 + O_2 \rightarrow 2CO + H_2$

바깥 불꽃 (투명한 청색)

$$\begin{cases} 2CO + O_2 \rightarrow 2CO_2 \\ H_2 + \frac{1}{2}O_2 \rightarrow H_2O \end{cases}$$

$$\frac{산소}{아세틸렌} = \frac{1.04\sim1.14}{1}$$

(c) 중성 불꽃(표준 불꽃)

$$\frac{산소}{아세틸렌} = \frac{1.15\sim1.70}{1}$$

(d) 산화 불꽃(산소 과잉 불꽃)

그림 3-31 산소-아세틸렌 불꽃의 형태

4 가스용접장치

4-1 • 산소 – 아세틸렌 용접장치

산소-아세틸렌 용접장치는 그림 3 – 32와 같다. 산소는 보통 용기에 넣어 두고, 아세틸렌가스는 발생기를 사용하거나 용해 아세틸렌 용기에 넣어 압력 조정기로서 압력을 조정하여 사용한다.

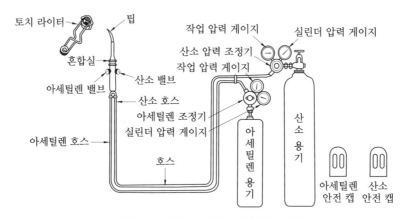

그림 3-32 산소 – 아세틸렌의 용접장치

4-2 • 산소용기 (oxygen cylinder)

산소용기는 양질의 강재를 사용하여 이음매 없이 만들어진 원통형 고압 용기이다. 산소용기는 산소를 기화시켜 35℃에서 150기압으로 압축충전시켜 사용하기 때문에 주의가 필요하다. 산소용기의 크기는 일반적으로 채워져 있는 산소의 대기압 환산 용적 ($1\,kg/cm^2$ 의 상태로 환산된 양) 으로 나타낸다.

$$L = P \times V$$

여기서, L : 용기 속의 산소량 (L)
P : 용기 속의 압력 (kg/cm^2)
V : 용기의 내부 용적 (L)

예를 들면, 35℃에서 150기압으로 압축하여 내부 용적 40.7 1 L의 산소용기에 충전하였을 때 용기 속의 산소량은 약 600L(L =150×40.7= 6105) 이다.

표 3-10 산소용기의 크기

호칭(L)	내부 용적(L)	지름(mm)		높이(mm)	중량(kgf)
		바깥지름	안지름		
5000	33.7	205	187	1825	61
6000	40.7	235	216.5	1230	71
7000	46.7	235	218.5	1400	74.5

4-3 • 가스관

가스관은 일반적으로 산소 또는 아세틸렌가스를 용기 또는 발생기에서 토치 (torch) 까지 가스를 보내는 데 사용되는 고무호스나 파이프를 말한다. 산소용 고무호스의 인장 강도는 $20 \, kg/cm^2$ 이하, 아세틸렌용 고무호스의 인장강도는 $2 \, kg/cm^2$ 이하의 호수를 사 용하여 산소용은 흑색 또는 녹색, 아세틸렌용은 적색으로 표시하고 있다.

4-4 • 아세틸렌가스 발생기 (acetylene gas generator)

아세틸렌가스 발생기는 카바이드에 물을 작용시켜 아세틸렌가스를 발생시키고 동시 에 아세틸렌가스를 저장하는 장치를 말한다.

아세틸렌가스를 발생시킬 때에는 화학 반응에 따른 열이 생기는데, 카바이드는 $1 \, kg$ 에 대하여 약 $500 \, kcal$ 나 되는 많은 열이 발생한다.

아세틸렌가스 발생기를 분류하면 카바이드와 물을 작용시키는 방법에 따라 그림 3-33과 같이 투입식(carbide to water), 주수식(water to carbide), 침지식(dipping type) 의 세 종류가 있다. 또한, 발생기의 기종 유무에 따라 유기 종형(bell-type) 과 무기 종형 (non bell-type) 이 있다.

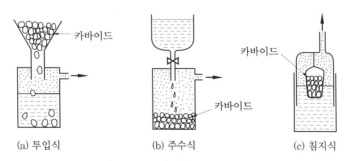

그림 3-33 아세틸렌가스 발생기

또 아세틸렌가스의 압력에 따라 분류하면 고압식(수주 15000 mm 이내), 중압식(수주 2000 mm 이내), 저압식(수주 300 mm 이내)이 있다.

4-5 ▶ 압력 조정기 (감압밸브, pressure regulator)

산소, 아세틸렌 용기 내의 압력은 고압이므로 작업에 필요한 압력으로 낮추어야 하는데 이와 같이 높은 압력의 가스를 상용압력으로 감압하여 필요한 가스양을 공급하는 장치를 압력 조정기라 하며, 일명 게이지(gauge)라고도 한다.

4-6 ▶ 안전기 (safety device)

안전기는 토치로부터 발생되는 역류, 역화, 인화 시의 불꽃과 가스의 흐름을 차단하여 발생기까지 미치지 못하게 하는 장치를 토치 1개당 반드시 안전기 1개를 설치하여야 한다.

안전기의 형식에는 발생기의 가스 압력에 따라서 저압식인 경우 수봉식 안전기 (water-closing type safety device) 가 사용되고 있고, 중압식인 경우는 스프링식 안전기 (spring type safety device) 가 쓰인다. 수봉식 안전기 속에는 규정된 물의 양이 차 있어야 되며, 유효 수주는 항상 25 mm 이상이어야 한다.

4-7 ▶ 역류, 인화 및 역화

(1) 역류 (counter current)

토치 내부의 청소 상태가 불량하면 내부의 기관에 막힘 현상이 생겨 고압의 산소가 밖으로 배출되지 못한다. 이때 산소보다 압력이 낮은 아세틸렌을 밀어내면서 아세틸렌 호수 쪽으로 거꾸로 흐르는 현상을 역류라 한다.

(2) 인화 (ignition)

팁 끝이 순간적으로 막혔을 때 가스의 분출이 나빠 가스의 혼합실까지 불꽃이 들어가는 것을 인화라 한다.

(3) 역화 (back fire, flash back)

팁 끝이 모재에 닿아 순간적으로 팁 끝이 막히거나 팁의 고열, 팁 조임의 불량, 사용가스의 압력이 부적당할 때 팁 속에서 폭발음이 나면서 불꽃이 꺼졌다가 다시 켜지는 현상을 역화라 한다.

4-8 • 용접 토치 (welding torch)

산소와 아세틸렌을 혼합실에서 혼합하여 팁에서 분출, 연소시켜 용접을 하는 것으로 아세틸렌 압력에 따라 저압식과 중압식이 있다. 구조에 따라 분류한 KS 규격에 의하면 A형은 니들 밸브(needle valve)를 가지고 있지 않은 독일식이고, B형은 니들 밸브를 가지고 있는 프랑스식이다.

(1) 저압식 토치(low pressure torch)

아세틸렌 발생기에서 발생한 가스를 사용할 때 저압식 토치가 주로 사용되며, 아세틸렌가스의 압력이 낮아 (발생기 ; $0.07\,kg/cm^2$ 이하, 용해 아세틸렌 ; $0.2\,kg/cm^2$ 미만) 산소 기류에 의해 아세틸렌가스를 혼합한다. 즉, 중앙 노즐에서 분출되는 고압 산소의 기류에 의해 주변이 부압(negative pressure)으로 바뀌기 때문에 아세틸렌가스가 흡입되어 혼합실에서 혼합된다.

(2) 중압식 토치(medium pressure torch)

아세틸렌 사용 압력이 $0.07{\sim}1.3\,kg/cm^2$ 정도로 산소에 의해 아세틸렌의 흡인력이 전혀 없는 등압식 토치와 약간 있는 세미인젝터형이 있으며, 일반적으로 아세틸렌 압력이 역류, 역화의 위험이 적고 불꽃의 안전성이 좋아 후판 용접에 많이 쓰인다.

(3) 고압식 토치(high pressure torch)

용해 아세틸렌 또는 고압 아세틸렌 발생기용으로 사용되는 것으로서 실제 많이 쓰이지는 않는다.

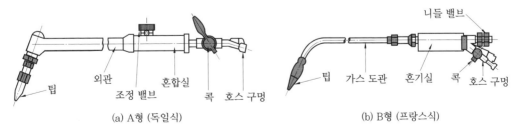

(a) A형 (독일식)   (b) B형 (프랑스식)

그림 3-34 니들밸브 유무에 따른 용접 토치의 분류

5 가스용접 재료

5-1 • 가스 용접봉 (gas welding rod)

연강용 가스 용접봉에 관한 규격은 KS D 7005 에 규정되어 있으며, 보통 비피복 용접봉이지만 아크 용접봉과 같이 피복된 용접봉도 있고 경우에 따라 용제 (flux) 를 관의 내부에 넣은 복합 심선을 사용할 때도 있다. 용접봉의 종류는 GA 46, GA 43, GA 35, GB 32 등의 7종으로 구분되며, 길이는 1000 mm 로서 동일하지만 용접봉의 표준 치수는 1.0, 1.6, 2.0, 2.6, 3.2, 4.0, 5.0, 6.0 mm 등의 8종류로 구분된다.

규정 중의 GA 46, GB 43 등의 숫자는 용착금속의 인장강도가 46 kg /mm^2, 43 kg /mm^2 이상이라는 것을 의미하고, NSR 은 용접한 그대로의 응력을 제거하지 않을 것을 의미하며, SR 은 625 ± 25℃로서 응력을 제거, 즉 풀림 (annealing) 한 것을 뜻한다.

일반적으로 용접 시 용접봉과 모재의 두께는 다음과 같은 관계가 있다.

$$D = \frac{T}{2} + 1 \qquad 여기서, \ D : 용접봉 지름, \ T : 판 두께$$

5-2 • 용제 (flux)

용제는 용접 중에 생기는 금속의 산화물 또는 비금속 개재물을 용해하거나 이것들을 결합시켜 용융온도가 낮은 슬래그로 만들어 용융금속 표면에 떠오르게 하여 용융금속의 성질을 양호하게 하는 동시에 용착금속의 흐름을 좋게 하여 용착금속의 표면을 덮어 산화나 가스의 흡수를 방지하는 역할을 하는 것을 말한다.

표 3 −11 가스용접에 사용되는 용제

금속	용제
연강	사용하지 않는다.
반경강	탄산수소나트륨 + 탄산소다
주철	붕사 + 탄산수소나트륨 + 탄산소다
구리합금	붕사
알루미늄	염화리튬 (15 %), 염화칼리 (45 %), 염화나트륨 (30 %), 플루오린화칼륨 (7 %), 황산칼륨 (3 %)

전기저항 용접

1 전기저항 용접의 개요

전기저항 용접(electric resistance welding)은 금속에 전류가 흐를 때 일어나는 줄 열 (joule heat) 을 이용하여 압력을 주면서 접합하는 방법이다.

$$H = 0.238I^2 Rt$$

여기서, H = 열량 (cal), I = 전류 (A)
R = 저항 (Ω), t = 통전시간 (s)

위 식에서 발생하는 열량은 전도에 의하여 약간 줄어든다. 그러나 실제로 물체 사이에 걸린 전압은 용접기 내의 전압 강하를 제거하면 1 V 이하의 값이 되는데 이와 같이 낮은 전압의 대전류를 필요로 하는 것은 가열 부분의 금속저항이 작기 때문이며, 전류를 통하는 시간은 5~40 Hz 정도로 극히 짧은 것이 좋다.

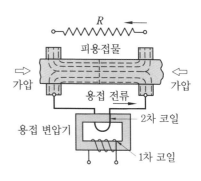

그림 3-35 저항용접의 원리

2 전기저항 용접의 종류

2-1 • 점 용접(spot welding)

겹침 저항 용접법 (lapresistance wleding) 중에서 점 용접법은 그림 3-36과 같이 잇고자 하는 판을 2개의 전극 사이에 끼워 놓고 전류를 통하면 전기저항이 크므로 발열한다.
접촉면의 저항은 곧 소멸하나 이 발열에 의하여 재료의 온도가 상승하여 모재 자체의 저항이 커져서 온도는 더욱 상승한다. 적정 온도에 도달하였을 때에 위·아래의 전극으로 압력을 가하면 용접이 이루어진다.

이때 전류를 통하는 통전시간은 재료에 따라 1 / 1000 초에서부터 몇 초 동안으로 되어 있다. 점 용접에서는 특히 전류의 세기, 전류를 통하는 시간, 그리고 주어지는 압력이 3대 주요 요소이다.

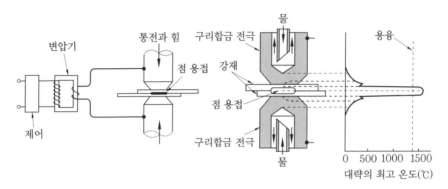

그림 3-36   점 용접의 원리와 온도 분포

2-2 • 심 용접(seam welding)

심 용접법은 그림 3-37과 같이 원판형 전극 사이에 용접물을 끼워 전극에 압력을 주면서 전극을 회전시켜 모재를 이동하면서 점 용접을 반복하는 방법이다.

그러므로 회전 롤러 전극부를 제외하면 점 용접기와 그 원리 및 구조가 같으며, 주로 기밀, 유밀을 필요로 하는 이음부에 이용된다.

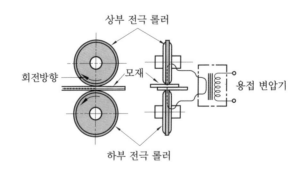

그림 3-37   심 용접법의 원리

용접전류의 통전방법에는 뜀(intermittent) 통전법, 연속 통전법, 맥동(pulsation) 통전법이 있으나 뜀 통전법이 가장 많이 사용된다.

뜀 통전법은 통전과 중지를 규칙적으로 단속해서 용접하는 것이며, 대전류를 연속 통전하면 모재에 가해지는 열량이 너무 지나쳐 과열이 될 우려가 있다. 이와 같이 과열에 의해 용접부가 움푹 들어가게 되므로, 잠시 동안 중지시간을 두어 냉각시킨 후 재차 통전한다. 보통 연강 용접의 경우에는 통전시간과 중지시간의 비를 1 : 1 정도, 경합금에서는 1 : 3 정도로 한다.

연속 통전법은 용접전류를 연속적으로 통전하여 용접하는 방법으로, 중지시간이 없으므로 모재가 과열될 우려가 있고, 용접부의 품질이 약간 저하된다. 맥동 통전법은 현재 거의 쓰이지 않는다.

심 용접에서는 롤러 전극의 접촉 면적이 넓으므로 동일한 재료의 점 용접보다 용접전류는 1.5~2.0배, 전극 사이의 가압력은 1.2~1.6배 정도로 한다.

2-3 • 프로젝션 용접(projection welding)

프로젝션 용접법은 점 용접과 비슷한 것으로 그림 3 – 38과 같이 모재의 한쪽 또는 양쪽에 작은 돌기 (projection) 를 만들어 이 부분에 대전류와 압력을 가해 압접하는 방법이다.

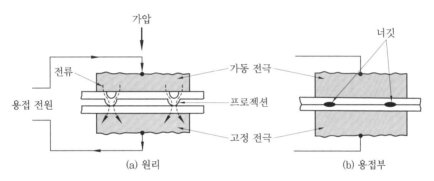

그림 3 – 38 프로젝션 용접법의 원리

2-4 • 업셋 용접(upset welding)

업셋 용접은 그림 3 – 39와 같이 용접재를 서로 맞대어 가압하면서 전류를 통하면 용접부는 접촉 저항에 의해 발열이 되어 용접부가 단접온도에 도달하였을 때 축 방향으로 큰 압력을 주어 용접하는 방법이다.

2-5 • 플래시 용접(flash welding)

플래시 용접법은 그림 3-40과 같이 용접할 2개의 금속 단면을 가볍게 접촉시키고 여기에 대전류를 흘려보내 접촉점을 집중적으로 가열한다. 접촉점은 과열 용융되어 불꽃으로 흩어지나 그 접촉이 끊어지면 다시 용접재를 내보낸다.

이와 같이 플래시 용접법은 항상 접촉과 불꽃이 비산을 반복하면서 용접면을 고르게 가열하여 적정 온도에 도달하였을 때 강한 압력을 주어 압접하는 방법이다.

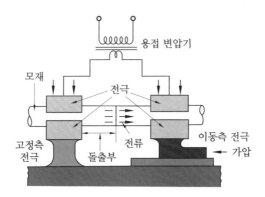

그림 3-39 업셋 용접법의 원리

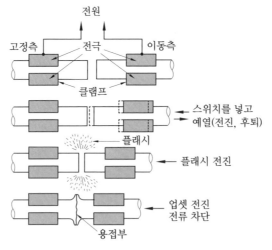

그림 3-40 플래시 용접법의 원리

특수 아크용접

1 불활성가스 아크용접의 개요

불활성가스 아크용접(inert gas arc welding)은 피복아크 용접 또는 일반 가스용접으로서는 용접이 곤란한 각종 금속의 용접에 널리 이용되는 방법이다. 아르곤(Ar), 헬륨(He) 등 고온에서 금속과 반응하지 않는 불활성가스 속에서 텅스텐 나봉(裸棒, bare electrode) 또는 금속 전극선과 모재와의 사이에 아크를 발생시켜 그 열로 용접하는 방법이다.

이 용접을 흔히 TIG 용접(inert gas tungsten arc welding), MIG 용접(inert gas metal arc welding)이라고 한다.

[특 징]
① 전자세 용접이 용이하고 고능률이다.
② 청정 작용(cleaning action)이 있다.
③ 피복제 및 용제가 불필요하다.
④ 아크가 극히 안정되고 스패터가 적으며 조작이 용이하다.
⑤ 산화하기 쉬운 금속에 용접이 용이하고 (Al, Cu, 스테인리스 등) 용착부 성질이 우수하다.
⑥ 용접부는 다른 아크용접, 가스용접보다 연성, 강도, 기밀성 및 내열성이 우수하다.
⑦ 슬래그나 잔류 용제를 제거하기 위한 작업이 불필요하다 (작업 간단).

2 불활성가스 텅스텐 아크용접 (TIG 용접)

2-1 ● TIG 용접의 원리

불활성가스 텅스텐 아크용접은 그림 3-41 (a) 와 같이 텅스텐봉을 전극으로 사용하여 가스용접과 비슷한 조작방법으로 용가재 (filler metal) 를 아크로 융해하면서 용접한다.

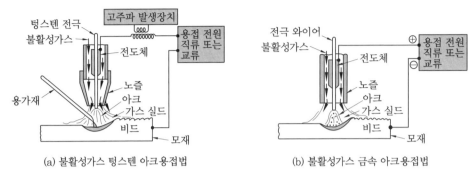

(a) 불활성가스 텅스텐 아크용접법 (b) 불활성가스 금속 아크용접법

그림 3-41 불활성가스 아크용접법의 원리

이 용접법은 텅스텐은 거의 소모하지 않으므로 비용극식 또는 비소모식 불활성가스 아크용접법이라고 한다. 또한 헬륨 아크(heluim-arc) 용접법, 아르곤 아크(argon-arc) 용접법 등의 상품명으로도 불린다.

2-2 • TIG 용접의 극성

불활성가스 텅스텐 아크용접법에는 직류나 교류가 사용되며, 직류에서의 극성은 용접 결과에 큰 영향을 미친다. 직류 정극성(DC straight polarity)에서는 그림 3-42와 같이 음전기를 가진 전자는 전극에서 모재 쪽으로 흐르고, 가스 이온은 반대로 모재에서 전극 쪽으로 흐른다.

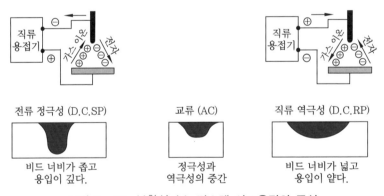

전류 정극성 (D.C.SP)
비드 너비가 좁고 용입이 깊다.

교류 (AC)
정극성과 역극성의 중간

직류 역극성 (D.C.RP)
비드 너비가 넓고 용입이 얕다.

그림 3-42 불활성가스 텅스텐 아크용접의 극성

정극성에 있어서 전자가 전극으로부터 모재 쪽으로 흐르므로 전자가 모재에 강하게 충돌하여 깊은 용입을 일으킨다. 전극은 속도가 느린 가스 이온의 충돌에서는 그다지 발열하지 않으므로 지름이 작은 전극에서도 큰 전류를 흐르게 할 수가 있다.

그러나 역극성 (DC reverse polarity) 에서는 전자가 전극으로 향하고 가스 이온이 모재 표면을 넓게 충돌하므로 모재의 용입은 넓고 얕아진다. 또, 전극은 전자의 충격을 받아서 과열되므로 정극성일 때보다 지름이 큰 전극을 사용해야 한다.

아르곤 가스를 사용한 역극성에서는 가스 이온이 모재 표면에 충돌하여 산화막을 제거하는 청정 작용이 있어 알루미늄과 마그네슘의 용접에 적합하다.

2-3 • 특 징

① 직류 역극성의 사용시 텅스텐 전극 소모가 많아진다.
② 직류 역극성시 청정 효과 (cleaning action) 가 있으며 Al, Mg 등의 용접시 우수하다.
③ 청정 효과는 아르곤가스 사용시에 있다.
④ 직류 정극성 사용시 용입이 깊고 폭이 좁은 용접부를 얻을 수 있으나 청정 효과가 없다.
⑤ 교류 사용시는 직류 역극성 및 정극성의 중간 정도의 용입 깊이를 유지하며, 청정 효과도 있다.
⑥ 교류 사용시 전극의 정류 작용으로 아크가 불안정해져 고주파 전류를 사용해야 한다.
⑦ 고주파 전류의 사용시 아크 발생이 쉽고 전극 소모를 적게 한다.
⑧ TIG 용접 토치는 100 A 이하 공랭식, 100 A 이상 수랭식을 사용한다.
⑨ 텅스텐 전극봉은 순수한 것보다 1~2 % 의 토륨 (Tn) 을 포함한 것이 전자 방사능력이 크다.
⑩ 주로 3 mm 이하의 얇은 판 용접에 이용한다.

3 불활성가스 금속 아크용접 (MIG 용접)

3-1 • 원 리

불활성가스 금속 아크용접법 (MIG) 은 용가재인 전극 와이어를 연속적으로 보내 아크를 발생시키는 방법으로서, 용극 또는 소모식 불활성가스 아크용접법이라고도 한다. 또한 에어 코매틱 (air comatic) 용접법, 시그마 (sigma) 용접법, 필러 아크 (filler arc) 용접법, 아르곤 아웃 (argon aut) 용접법 등의 상품명으로 불린다.

3-2 • 용접 장치

불활성가스 금속 아크 용접장치는 용접기와 아르곤 가스 및 냉각수 공급장치, 금속 와이어를 일정한 속도로 송급하는 장치 및 제어장치 등으로 구성되어 있으며, 반자동식과 전자동식의 두 종류가 있다.

3-3 • 특 징

① 주로 전자동 또는 반자동이며, 전극은 용접 모재와 동일한 금속을 사용하는 용극성이다.
② MIG 용접은 주로 직류를 사용하며, 이때 역극성을 이용하여 청정 작용을 한다.
③ 전류밀도가 피복아크 용접의 6~8배, TIG 용접에 비해 약 2배 가량 크다.
④ 주용적 이행은 스프레이형으로 TIG 용접에 비해 능률적이기 때문에 3 mm 이상의 모재용접에 사용한다.
⑤ MIG 아크용접은 자기 제어 특성이 있다.
⑥ MIG 용접기는 정전압 특성 또는 상승특성의 직류 용접기이다.

4   서브머지드 아크용접

4-1 • 원 리

서브머지드 아크용접법 (submerged arc welding) 은 자동 금속 아크용접법 (automatic metal arc welding) 으로서 그림 3 − 43과 같이 모재의 이음 표면에 미세한 입상의 용제를 공급관을 통하여 공급하고 그 용제 속에 연속적으로 전극 와이어를 송급하고, 용접봉 끝과 모재 사이에 아크를 발생시켜 용접한다. 이때 와이어의 이송속도를 조정함으로써 일정한 아크길이를 유지하면서 연속적으로 용접을 한다.

이 용접법은 아크나 발생 가스가 다같이 용제 속에 잠

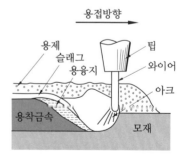

그림 3 − 43 서브머지드
아크용접법의 원리

겨 보이지 않으므로, 서브머지드 아크용접법 또는 잠호 용접법이라고도 한다. 또한 상품명으로는 유니언 멜트 용접법 (union melt welding), 링컨 용접법 (lincoln welding) 이라고 한다.

4-2 • 용접 장치

(1) 구 조

서브머지드 아크용접 장치는 그림 3-44와 같이 심선을 송급하는 장치, 전압 제어장치, 접촉 팁(contact tip), 대차 (carriage) 로 구성되었으며, 와이어 송급장치, 접촉 팁, 용제 호퍼 (hopper) 를 일괄하여 용접 헤드 (welding head) 라고 한다.

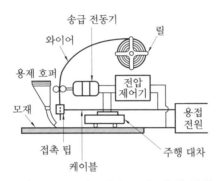

그림 3-44 서브머지드 아크용접 장치

(2) 종 류

① 대형 용접기 : 최대 전류 4000A, 75 mm 의 후판을 한꺼번에 용접한다.

② 표준 만능형 : 최대 전류 2000 A (UE형 및 USW형)

③ 경량형 : 최대 전류 1200 A (DS, SW형)

④ 반자동형 : 최대 전류 900 A (UMW, FSW형)

4-3 • 특 징

(1) 장 점

① 용접속도가 피복아크 용접에 비하여 판 두께 12 mm 에서 2~3배, 25 mm 일 때 5~6배, 50 mm 일 때 8~12배나 되므로 능률이 높다.

② 와이어에 대전류를 흘려 줄 수가 있고, 용제의 단열 작용으로 용입이 대단히 깊다.

③ 용입이 깊으므로 용접 홈의 크기가 작아도 상관없으며, 용접 재료의 소비가 적고

용접변형이나 잔류응력이 작다.

④ 용접조건을 일정하게 하면 용접공의 기량에 의한 차가 작고 안정한 용접을 할 수 있으며, 용접이음의 신뢰도가 높다.

(2) 단 점

① 아크가 보이지 않으므로 용접의 적부를 확인하여 용접할 수가 없다.

② 설비비가 많이 든다.

③ 용입이 크므로 모재의 재질을 신중히 검사해야 한다.

④ 용입이 크기 때문에 요구되는 이음 가공의 정도가 엄격하다.

⑤ 용접선이 짧고 복잡한 형상의 경우에는 용접기의 조작이 번거롭다.

⑥ 특수한 장치를 사용하지 않는 한 용접자세가 아래보기 또는 수평필릿 용접에 한정된다.

⑦ 용제는 흡습이 쉽기 때문에 건조나 취급을 잘해야 한다.

⑧ 용접 시공 조건을 잘못 잡으면 제품의 불량률이 커진다.

4-4 ─• 용접용 재료

(1) 와이어

와이어는 코일상의 금속선으로 와이어 릴(wire reel)에 잠겨 있으며, 사용할 때에는 그 한끝을 조종하여 쓴다. 와이어 표면은 접촉 팁과의 전기적 접촉을 원활하게 하고 녹을 방지하기 위하여 구리로 도금하는 것이 보통이다.

와이어의 지름은 2.0, 2.4, 3.2, 4.0, 5.6, 6.4, 80 mm 등으로 분류된다. 코일의 표준 무게도는 작은 코일 (약칭 S) 은 12.5 kg, 중간 코일 (M) 은 25 kg, 큰 코일 (L) 은 75 kg 으로 구별된다.

(2) 용 제

① 용융형 용제(fused flux) : 용융형 용제는 원료 광석을 아크 전기로에서 1300℃ 이상으로 용융하여 응고시킨 다음 분쇄하여 입자를 고르게 한 것이다. 미국의 린데(Linde) 회사의 것이 유명하며, 그 주성분은 대체로 다음과 같다.

규산 (SiO_2), 산화망간 (MnO), 산화철 (FeO), 석회 (CaO), 산화마그네슘 (MgO), 알루미나 (Al_2O_3), 산화나트륨 (Na_2O), 산화바륨 (BaO), 산화티탄 (TiO_2), 산화칼륨 (K_2O), 철 (Fe), 인 (P), 황 (S) 등을 혼합하여 용융한 다음 유리 상태로 만들어 분쇄한 것이다.

용융형 용제는 조성이 균일하고 흡습성이 작은 장점이 있으므로 가장 많이 사용되고 있다.

② 소결형 용제(sintered flux) : 소결형 용제는 원료 광석 분말, 합금 분말을 규산나트륨과 같은 점결제와 더불어 원료가 용해되지 않는 300~1000℃ 정도의 낮은 온도에서 소정의 입도로 소결한 것이다.

5 이산화탄소 아크용접

5-1 • 이산화탄소 아크용접의 원리와 분류

(1) 원 리

이산화탄소 아크용접법(CO₂ arc welding)은 불활성가스 금속 아크용접에 사용되는 아르곤, 헬륨과 같은 불활성가스 대신에 이산화탄소를 이용한 용극식 용접방법이며, 그 원리는 그림 3-45와 같다.

이산화탄소는 불활성가스가 아니므로 고온 상태의 아크 중에서는 산화성이 크고 용착금속의 산화가 심하여 기공 및 그 밖의 결함이 생기기 쉽다. 그러므로 망간, 실리콘 등의 탈산제를 많이 함유한 망간-규소(Mn-Si) 계와 값싼 이산화탄소, 산소 등의 혼합가스를 쓰는 이산화탄소 – 산소($CO_2 - O_2$) 아크용접법 등이 개발되었다.

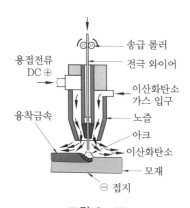

그림 3-45
이산화탄소 아크용접의 원리

(2) 분 류

① 솔리드 와이어(solid wire) 이산화탄소법
- 가스 : CO_2, 충전제 : 탈산성 원소를 성분으로 가진 솔리드 와이어

② 솔리드 와이어 혼합 가스법
- 가스 : $CO_2 - O_2 - CO_2 - Ar$, $CO_2 - Ar - O_2$

③ 용제가 들어있는 와이어 이산화탄소법
- 가스 : CO_2
- 아르코스(arcos) 아크법, 퓨즈(fuse) 아크법, NCG 법, 유니언(union) 아크법

(3) 특징

① 산화나 질화가 없어 수소 함유량이 다른 용접법에 비해 대단히 적으므로 우수한 용착금속을 얻는다.

② 킬드강 (killed steel) 이나 세미킬드강 (semi-killed) 은 물론 림드강 (rimmed steel) 도 완전히 용접되며, 기계적 성질도 매우 우수하다.

③ 저렴한 탄산가스를 사용하고 가는 와이어로 고속 용접을 하므로 다른 용접법에 비하여 가격이 싸다.

④ 용제를 사용할 필요가 없으므로 용접부에 슬래그 섞임 (slag inclusion) 이 없고 용접 후의 처리가 간단하다.

⑤ 모든 용접자세로 용접이 되며 조작이 간단하다.

⑥ 용접전류의 밀도 (100~300 A /mm^2)가 크므로 용입이 깊고 용접속도를 매우 **빠르게** 할 수 있다.

⑦ 아크특성에 적합한 상승특성을 갖는 전원 기기를 사용하고 있으므로 스패터 (spatter) 가 적고 안정된 아크를 얻을 수 있다.

⑧ 가스 아크이므로 시공이 편리하다.

⑨ MIG 용접에 비하여 용착강에 기공의 생김이 적다.

⑩ 서브머지드 아크용접에 비하여 모재 표면에 녹, 오물 등이 있어도 큰 지장이 없으므로 완전히 청소하지 않아도 된다.

5-2 • 용접 장치

이산화탄소 아크용접용 전원은 직류 정전압 특성이어야 한다. 용접장치는 그림 3 – 46 에서와 같이 와이어를 송급하는 장치와 와이어 릴(wire reel), 제어장치, 그 밖의 사용 목적에 따라 여러 가지 부속품 등이 있다. 그리고 이산화탄소, 산소, 아르곤 등의 유량계가 붙은 조정기(regulator) 등이 필요하다. 용접 토치에는 수랭식과 공랭식이 있으며, 300~500 A의 전류용에는 수랭식 토치가 사용된다. 와이어의 송급은 아크의 안전성에 영향을 크게 미친다. 와이어 송급 장치는 사용 목적에 따라서 푸시 (push) 식, 풀 (pull) 식, 푸시풀 (push pull) 식 등이 있다.

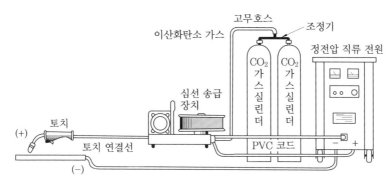

그림 3-46 반자동 이산화탄소 아크의 용접장치 (공랭식)

5-3 • 용접용 재료

(1) 와이어 및 용제

이산화탄소 아크용접용 와이어에는 탈산제의 공급 방식에 따라 와이어뿐인 솔리드 와이어 (soild wire) 와 용제가 미리 심선 속에 들어 있는 복합 와이어(flux cored wire), 자성을 가진 이산화탄소, 기류에 혼합하여 송급하는 자성 용제(magnetic flux) 등이 있다.

(2) 이산화탄소 및 아르곤 가스

이산화탄소 아크용접에서는 실드 가스의 습도와 사용량이 용접부의 성질에 큰 영향을 미친다. 액화 이산화탄소를 고압 용기에 주입하여 사용하고, 용접용은 수분, 질소, 수소 등의 불순물이 가능한 한 적은 것이 좋으며, 이산화탄소의 순도는 99.5 % 이상, 수분 0.05 % 이하의 것이 좋다.

작업 시 이산화탄소의 농도가 3~4 % 이면 두통이나 뇌빈혈을 일으키고, 15 % 이상이면 위험 상태가 되며, 30 % 이상이면 치사량이므로 주의해야 한다. 아르곤 가스의 순도는 99.9 % 이상, 수분 0.02 % 이하의 것이 좋다.

그 밖의 특수 아크용접

1 플라스마 아크용접

1-1 •원 리

기체를 가열하여 수천 도의 높은 온도로 올려주면 그 속의 가스 원자가 원자핵과 자유 전자로 유리되어 양(+) 또는 음(-) 전하를 띠는 이온 상태가 된다. 이것을 플라스마 (plasma) 라고 한다.

아크열로 가스를 가열하여 플라스마상으로 토치의 노즐에서 분출되는 고속의 플라스 마 제트(jet)를 이용한 용접법을 플라스마 아크용접법이라 한다.

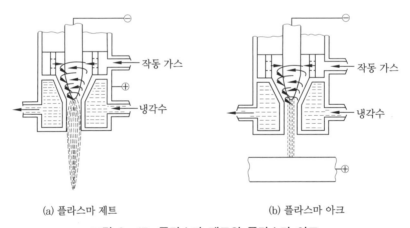

(a) 플라스마 제트   (b) 플라스마 아크

그림 3 – 47 플라스마 제트와 플라스마 아크

1-2 •특 징

(1) 장 점

① 핀치 효과에 의해 전류밀도가 크므로 용입이 깊고 비드 나비가 좁으며, 또 용접속 도가 빠르다.

② 1층으로 용접할 수 있으므로 능률적이다.

③ 용접부의 금속학적, 기계적 성질이 좋으며 변형도 작다.

④ 수동 용접도 쉽게 할 수 있으며, 토치 조작에 그다지 숙련을 요하지 않는다.

(2) 단 점

① 설비비가 많이 든다.

② 용접속도가 크므로 가스의 보호가 불충분하다.

③ 모재의 표면이 기름, 먼지, 녹 등으로 오염되었을 때에는 플라스마 아크의 상태가 변화하여 비드의 불균일, 용접부의 품질 저하 등의 원인이 되므로, 화학 용제로 청정하여야 한다.

2 테르밋 용접

2-1 • 원 리

테르밋 용접법 (thermit welding) 은 용접 열원을 외부로부터 가하는 것이 아니라, 테르밋 반응에 의해 생성되는 열을 이용하여 금속을 용접하는 방법이다. 테르밋 반응 (thermit reaction) 이란 금속 산화물이 알루미늄에 의하여 산소를 빼앗기는 반응을 총칭하는 것으로서, 현재 실용되고 있는 철강용 테르밋제는 다음과 같은 반응을 일으킨다.

$$3FeO + 2Al \longrightarrow 3Fe + Al_2O_3 + 187.1 \text{ kcal}$$

$$Fe_2O_3 + 2Al \longrightarrow 2Fe + Al_2O_3 + 181.5 \text{ kcal}$$

$$3Fe_3O_4 + 8Al \longrightarrow 9Fe + 4Al_2O_3 + 719.3 \text{ kcal}$$

테르밋제의 혼합비는 대체로 철 스케일 (iron-scale), 즉 FeO, Fe_2O_3, Fe_3O_4 및 금속철 등을 포함한 여러 가지 물질 3~4에 대하여 알루미늄 1의 테르밋제의 고산화바륨과 알루미늄 (또는 마그네슘) 의 혼합 분말로 된 점화제를 넣고 이것을 성냥불 등으로 점화하면 점화제의 화학 반응에 의하여 테르밋제의 화학 반응을 시작하는데 약 1000℃ 이상의 필요한 고온이 얻어진다. 이 고온에 의해 강렬

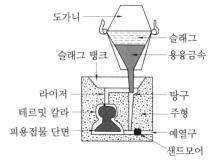

그림 3-48 테르밋 용접

한 발열을 일으키는 테르밋 반응이 나타나 약 2800℃까지 도달한다.

2-2 •분 류

(1) 용융 테르밋 용접법(fusion thermit welding)

현재 가장 많이 사용되고 있는 방법으로서 미리 준비된 용접이음에 적당한 간격을 두고 그 주위에 주형을 만들어 프로판 불꽃 등 예열된 불꽃으로 모재를 적당한 온도까지 가열(강의 경우 800~900℃)한 후 도가니 안에서 테르밋 반응을 일으켜 용해된 용융금속 및 슬래그를 도가니 밑에 있는 구멍을 통해 이음 주위에 만든 주형으로 주입하여 홈 용접간격 부분을 용착시킨다.

(2) 가압 테르밋 용접(pressure thermit welding)

일종의 압접법으로서 모재의 단면을 맞대어 놓고, 그 주위에 테르밋 반응으로 생긴 슬래그 및 용융금속을 주입하여 가열시킨 다음 강한 압력을 주어 용접한다.

2-3 •특 징

① 용접작업이 단순하고 용접 결과의 재현성이 높다.
② 용접용 기구가 간단하고 설비비가 싸며, 작업 장소의 이동이 쉽다.
③ 용접작업 후의 변형이 작다.
④ 전력이 불필요하다.
⑤ 용접시간이 비교적 짧다.

3   일렉트로 슬래그 용접

3-1 •원 리

일렉트로 슬래그 용접(electro slag welding)은 1951년 러시아에서 개발된 용접법으로 고능률의 전기 용접방법이며, 용융 슬래그 중의 저항 발열을 이용하여 용접하는 방법이다(그림 3-49). 이 용접에서는 용융 슬래그와 용융금속이 용접부로부터 흘러내리지 않도록 모재 양측에 수랭식 구리판을 붙이고 용융 슬래그 속에 전극 와이어를 연속적으로 공급하면 용융 슬래그의 전기 저항열에 의하여 와이어와 모재가 용융되어 용접된다.

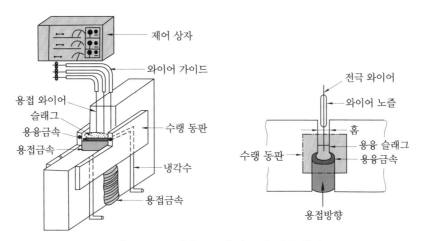

그림 3-49 일렉트로 슬래그 용접의 원리

3-2 • 특 징

(1) 장 점
  ① 후판 강재의 용접에 적당하다.
  ② 특별한 홈 가공을 필요로 하지 않는다.
  ③ 용접시간이 단축되기 때문에 능률적이고 경제적이다.
  ④ 냉각속도가 느리므로 기공 슬래그 섞임이 없고 고온 균열도 발생하지 않는다.
  ⑤ 용접작업이 일시에 이루어지므로 변형이 작다.

(2) 단 점
  ① 기계적 성질이 나쁘다.
  ② 특히 노치 (notch) 취성이 크다.

4   가스 압접법

4-1 • 원 리

가스 압접법 (gas pressure welding) 은 접합부를 그 재료의 재결정 온도 이상으로 가열하여 축 방향으로 압축력을 가하여 압접하는 방법이다.

재료의 가열 가스 불꽃으로는 산소-아세틸렌 불꽃이나 산소-프로판 불꽃 등이 사용되는데, 보통 앞의 것이 많이 사용된다.

4-2 • 분 류

① 밀착 맞대기법
② 개방 맞대기법

4-3 • 밀착 맞대기법에 있어서 압접성에 미치는 요인

① 가열 토치 : 가스 불꽃이 안정되어야 하며, 이음부 전면을 균일하게 가열한다.
② 압접면 : 기계 가공을 하여 매끈한 면으로 만든다.
③ 압접 압력 : 모재의 모양, 치수, 재질에 의해 결정된다.
④ 가열 온도 : 이음면이 깨끗할 때에는 900~1000℃ 정도의 온도가 필요 없다.

4-4 • 특 징

① 이음부에 탈탄층이 전혀 없다.
② 원리적으로 전기가 필요 없다.
③ 장치가 간단하고 시설비나 수리비가 싸다.
④ 압접작용이 거의 기계작업이어서 작업의 숙련도는 큰 문제가 되지 않는다.
⑤ 압접작업 시간이 짧고 용접봉이나 용제가 필요 없다.
⑥ 압접하기 전 이음 단면부의 깨끗한 정도에 따라 압접결과에 영향을 준다.

5 전자빔 용접

5-1 • 원 리

전자빔 용접법(electronic beam welding)은 진공 중에서 고속의 전자빔을 형성시켜 그 전자류가 갖고 있는 에너지를 용접 일원으로 한 용접법이다.

5-2 • 특 징

(1) 장 점

① 진공 중에서 용접하므로 불순 가스에 의한 오염이 적고 금속학적 성질이 양호한 용접부를 얻을 수 있으며, 활성 금속의 용접도 가능하다.

② 용융점이 높은 텅스텐, 몰리브덴 등의 용접이 가능하며, 용융점 열전도율이 다른 이종 금속 사이의 용접도 가능하다.

③ 예열이 필요한 재료를 예열없이 국부적으로 용접할 수 있다.

④ 잔류응력이 작다.

⑤ 용접입열이 작으므로 열영향부가 작아 용접 변형이 작다.

(2) 단 점

① 시설비가 많이 든다.

② 진공 작업실이 필요한 고진공형에서는 부품의 크기, 형상, 용접 위치 등에 따라 전자총 위치 및 자세가 크게 제한된다.

③ 진공 중에서 용접하므로 기공, 합금 성분의 감소 등이 발생한다.

④ 진공 용접에서 증발하기 쉬운 아연, 카드뮴, 재료 등은 부적당하다.

⑤ 대기압형의 용접기를 사용할 때에는 X선 방호가 필요하다.

6 마찰 용접

6-1 • 원 리

마찰 용접 (friction welding) 은 그림 3-50과 같이, 이용하려는 2개의 모재에 압력을 가해 접촉한 다음 접촉면에 상대운동을 일으켜 접촉면에서 발생하는 마찰열을 이용하여 이음면 부근이 압접온도에 도달하였을 때 강한 압력을 가하여 업셋시키고, 동시에 상대 운동을 정지시켜 압접을 완료하는 용접법이다.

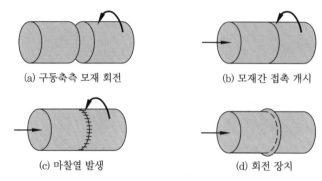

(a) 구동축측 모재 회전   (b) 모재간 접촉 개시

(c) 마찰열 발생   (d) 회전 장치

그림 3-50 마찰 용접의 과정

6-2 • 분 류

① 컨벤셔널형 (conventional type)
② 플라이휠형 (flywheel type)

6-3 • 특 징

(1) 장 점

① 같은 재료나 다른 재료는 물론 금속과 비금속 간에도 용접이 가능하다.
② 용접작업이 쉽고 자동화되어 취급에 숙련을 필요로 하지 않으며, 조작이 쉽다.
③ 용접작업 시간이 짧으므로 작업 능률이 높다.
④ 용제나 용접봉이 필요 없으며, 이음면의 청정이나 특별한 다듬질이 필요 없다.
⑤ 유해가스의 발생이나 불꽃의 비산이 거의 없으므로 위험성이 작다.

(2) 단 점

① 회전축의 재료는 비교적 고속도로 회전시키기 때문에 형상 치수의 제한을 받고 주로 원형 단면에 적용된다. 특히 긴 물건, 무게가 무거운 것, 큰 지름의 것 등은 용접이 곤란하다.
② 상대 각도를 필요로 하는 것은 용접이 곤란하다.

7 플라스틱 용접

7-1 • 열풍 용접

열풍 용접 (hot gas welding) 은 그림 3−51과 같이 전열에 의해 기체가 고온으로 가열되면 그 가스를 용접부와 용접봉에 분출하면서 용접하는 방법이다.

그림 3 − 51 플라스틱 용접

7-2 • 열기구 용접

열기구 용접 (heated tool welding) 은 니켈 도금한 구리나 알루미늄의 가열된 인두를 사용하여 접합부를 알맞은 온도까지 가열한 후 국부적으로 용융됨에 따라 용접을 한다.

7-3 • 플라스틱 마찰 용접

플라스틱 마찰 용접 (plastics friction weding) 은 이음하려는 2개의 용접물 표면에 압력을 가한 다음 한쪽을 고정시키고 다른 한쪽을 회전시키면 마찰열이 발생되는데, 이 열을 이용하여 용접물을 연화 또는 용융시켜 용접한다.

7-4 • 고주파 용접

고주파 용접은 플라스틱과 같은 절연체를 고주파 전장 내에 넣으면 분자가 강력하게 진동되어 발열하는 성질을 이용하여 이음부를 전극 사이에 놓고, 고주파 전류를 가열하여 연화 또는 용융시켜 용접하는 방법이다.

이때 사용하는 고주파 전원으로는 주파수 10~40 Hz 정도의 교류로 출력 7.5~10 kW

이다.

7-5 ● 플라스틱 용접의 종류

(1) 열가소성 플라스틱(thermo plastics)

열을 가하면 연화하고 더욱 가열하면 유동하는 것으로, 열을 제거하면 처음 상태의 고체로 변하는 것인데 폴리염화비닐(polyvinyl chloride), 폴리프로필렌(polypropylene), 폴리에틸렌(polyethylene), 폴리아미드(polyamide), 메타아크릴(methacrylic), 플루오린 수지(fluorine-contained polymer) 등이 있으며, 용접이 가능한 것이다.

(2) 열경화성 플라스틱(thermosetting plastics)

가열해도 연화(軟化)하지 않는 플라스틱이다. 더 가열하면 유동하지 않고 분해되며, 열을 제거해도 고체로 변하지 않는다. 폴리에스테르(polyester), 멜라민(melamine), 페놀 수지(phenol formaldehyde), 요소, 규소 등이 이에 속하며, 용접이 불가능하다.

8 아크 점용접법

8-1 ● 원 리

이 용접법은 그림 3−52와 같이 아크의 고열과 그 집중성을 이용하여 겹친 2장의 판재 한쪽에서 아크를 0.5~5초 정도 발생시켜 전극 팁의 바로 아랫부분을 국부적으로 융합시키는 용접법이다.

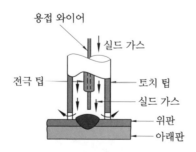

그림 3−52 아크 점용접의 원리

8-2 • 분 류

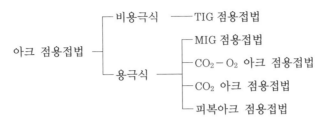

9 냉간 압접

9-1 • 원 리

냉간 압접(cold pressure welding)은 2개 금속을 (Å)으로 밀착시키면 자유전자가 공통화해 결정 격자점의 금속 이온과 상호 작용으로 금속 원자를 결합시키는 결합 형식을 이용하여 상온에서 가압 조작만으로 금속 상호 간의 확산을 일으켜 압접을 이루는 방법이다.

9-2 • 특 징

(1) 장 점
① 접합부에 열 영향이 없다.
② 숙련이 필요하지 않다.
③ 압접 공구가 간단하다.
④ 접합부의 전기저항은 모재와 거의 같다.

(2) 단 점
① 철강 재료의 압접은 부적당하다.
② 용접부가 가공 경화된다.
③ 겹치기 압접은 눌린 흔적이 남는다.
④ 압접부에 대한 비파괴 시험법이 없다.

납땜법

1 납땜법의 원리와 분류

1-1 • 원 리

납땜(brazing and soldering)은 이음하려고 하는 금속을 용융시키지 않고 그들 금속의 이음면 틈에 모재보다 용융점이 낮은 금속을 용융 첨가하여 이음하는 방법이다.

납땜의 대부분은 합금으로 되어 있으나 단체 금속도 사용된다. 납땜은 모재보다 용융점이 낮고 표면장력이 작아 모재 표면에 잘 퍼져야 하며, 유동성이 좋아서 틈을 잘 메울 수 있어야 한다. 이 밖에도 사용 목적에 따라 강인성, 내식성, 내마멸성, 전기 전도도, 색채 조화 등이 요구된다.

1-2 • 분 류

① 연납(soldering) : 용융점이 450℃ 보다 낮다.
② 경납(brazing) : 용융점이 450℃ 보다 높다.

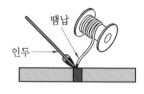

그림 3-53 연납땜

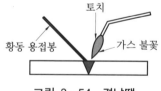

그림 3-54 경납땜

2 납땜재

2-1 • 연 납

연납은 용융점이 낮고 납땜이 용이하여 전기적인 접합이나 기밀, 수밀을 필요로 하는 곳에 사용되며 기계적 강도가 낮아 강도를 필요로 하는 부분에는 부적당하다.

2-2 ● 경 납

(1) 구리납 또는 황동납

구리납 (구리 86.5 % 이상) 또는 황동납은 철강이나 비철금속의 납땜에 사용된다. 황동납은 구리와 아연을 주성분으로 한 합금이며, 납땜재의 융점은 820~935℃ 정도이다.

(2) 인동납

인동납은 구리를 주성분으로 소량의 은 (Ag), 인 (P)이 함유된 합금이다. 이 납땜재는 유동성이 좋고 전기 및 열전도성이 뛰어나므로 구리나 구리합금의 납땜에 적합하다. 구리의 납땜에는 용제를 사용하지 않아도 좋다.

(3) 은납

은납은 은, 구리, 아연을 주성분으로 한 합금이며, 융점은 황동납보다 낮고 유동성이 좋다. 인장강도, 전연성 등의 성질이 우수하여 구리, 구리합금, 철강, 스테인리스강 등에 사용된다.

(4) 내열납

내열 합금용 납땜재에는 구리-금납, 은-망간납, 니켈-크롬계 납 등이 사용된다.

2-3 ● 알루미늄 납

알루미늄용 경납은 일반적으로 알루미늄에 규소, 구리를 첨가하여 사용하며, 이 납땜재의 융점은 600℃ 정도이다.

3 용 제

(1) 연납용 용제

연납용 용제로는 염화아연 ($ZnCl_2$), 염산 (HCl), 염화암모늄 (NH_4Cl) 등이 사용된다.

(2) 경납용 용제

경납용 용제로는 붕사 ($Na_2B_4O_7 \cdot 10H_2O$), 붕산 (H_3BO_3), 빙정석 ($3NaF \cdot AlF_3$), 산화제일구리 (Cu_2O), 염화나트륨 (NaCl) 등이 사용된다.

(3) 경금속용 용제

경금속용 용제의 성분으로는 염화리튬 (LiCl), 염화나트륨 (NaCl), 염화칼륨 (KCl), 플루오린화리튬 (LiF), 염화아연 ($ZnCl_2$) 등이 있고, 이것들을 여러 가지 혼합하여 사용한다.

4 납땜법

(1) 인두 납땜

인두 납땜 (soldering iron brazing) 은 주로 연납땜을 하는 경우에 쓰이며, 구리 제품의 인두가 사용된다.

(2) 가스 납땜

가스 납땜 (gas brazing) 은 기체나 액체 연료를 토치나 버너로 연소시켜 그 불꽃을 이용하여 납땜하는 방법이다.

(3) 담금 납땜

담금 납땜 (dip brazing) 에는 납땜부를 용해된 납땜 중에 접합할 금속을 담가 납땜하는 방법과 이음 부분에 납재를 고정하여 납땜온도로 가열 용융시켜 화학약품에 담가 침투시키는 방법이 있다.

(4) 저항 납땜

저항 납땜 (resistance brazing) 은 이음부에 납땜재와 용제를 발라 저항열로 가열하는 방법이다. 이 방법은 저항용접이 곤란한 금속의 납땜이나 작은 이중금속의 납땜에 적당하다.

(5) 노내 납땜

노내 납땜 (furnace brazing) 은 가스 불꽃이나 전열 등으로 가열시켜 노내에서 납땜하는 방법이다. 이 방법은 온도 조절이 정확해야 하고 비교적 작은 부품의 대량 생산에 적당하다.

(6) 유도 가열 납땜

유도 가열 납땜 (induction brazing) 은 고주파 유도전류를 이용하여 가열하는 납땜법이다. 이 납땜법은 가열시간이 짧고 작업이 용이하여 능률적이다.

용접 결함

용접부는 급열, 급랭을 받으므로 재질의 조직변화에 의한 결함과 용접기술의 부족에 의한 결함을 갖게 된다. 용접 결함(weld defects)으로는 균열, 변형, 언더컷, 오버랩, 용입부족, 불순물 혼입, 기포 등이 있다. 이 결함은 용접의 신뢰성을 저하시킬 수 있어, 특히 반복하중이나 충격하중이 작용하는 경우에 주의가 필요하다. 또한 고압, 고하중에서는 안전도가 중요하므로 결함이 없어야 한다.

(1) 용접부 균열

아크용접에서 용접부에 생기는 균열로는 용착금속 내에 생기는 것과 모재의 변질부에 생기는 것이 있다. 용착금속 내에 생기는 결함은 용접부의 용접선에 접하여 발생하는 것과 이에 직각인 것 또는 일정 각도를 이루는 것 등이 있다. 모재의 변질부에 생기는 결함은 급랭에 의한 재료의 경화, 적열취성 등에 의한 것이며 고탄소강, 특수강, 주철, 불순물이 많은 재료에 생긴다. 이 균열은 결정립이 조대화된 용착금속과의 경계선을 따라 발생한다.

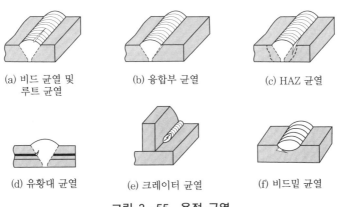

(a) 비드 균열 및 루트 균열 (b) 융합부 균열 (c) HAZ 균열

(d) 유황대 균열 (e) 크레이터 균열 (f) 비드밑 균열

그림 3-55 용접 균열

(2) 용접 스트레인 및 잔류응력

용접열로 가열된 모재의 냉각 및 용착금속의 응고 냉각에 의한 수축이 자유롭게 이루어질 때 위치에 따라 그 차이가 있으면 용접 스트레인이 발생하며, 자유로운 변형을 방지하여 용접 스트레인이 발생하지 않도록 하면 용접부는 외부로부터 구속을 받는 상태

가 되어 잔류응력이 발생한다.

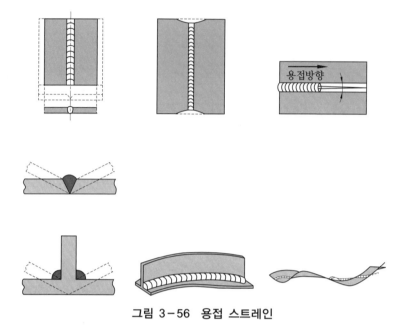

그림 3-56 용접 스트레인

(3) 언더컷(under cut)

용접전류가 과도하게 높을 때 모재 용접부의 양단이 너무 녹아 오목하게 패이는 것을 언더컷이라 한다.

(4) 오버랩(over lap)

아크길이가 너무 길어 용착금속의 집중을 방해할 때, 용접전류가 부족할 때, 용접봉의 운봉속도가 느릴 때, 용접봉의 용융점이 모재의 용융점보다 낮을 때에 용착금속의 과잉으로 용착금속이 용입부 밖으로 나오게 되는 현상을 오버랩이라 한다.

(5) 용입부족(lack of penetration)

접합부 끝 홈의 밑바닥 부분이 충분히 용융되지 않아 틈이 남는 것을 용입부족이라고 한다.

(6) 기포

용융금속 내에 생기는 공간이며 기포의 원인은 용착금속의 탈산이 부족할 경우 응고시 발생하는 탄산가스 (CO_2) 로 형성되는 것과 용제에 수분이 많은 것을 사용할 경우 수소 (H_2) 가스에 의하여 생기는 것이 있다.

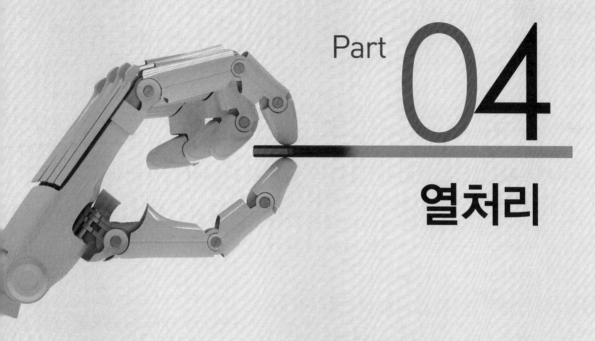

Part 04

열처리

강의 열처리

1 열처리의 개요

금속재료를 일정 온도로 가열하고 냉각하는 데 있어서 가열 및 냉각의 속도를 변화시키면 조직에 변화가 일어나 원하는 성질로 바꿀 수 있으며, 이를 열처리(heat treatment)라한다. 즉 금속의 잔류응력을 감소시키거나 내부 조직을 변화시켜서 필요한 기계적 성질, 물리적 성질을 얻을 수 있으며 동일한 재료도 열처리에 따라 그 적응성을 광범위하게 변화시킬 수 있다. 강에 대한 열처리는 표 4-1과 같다.

표 4-1 열처리의 종류

구분	종류	세분
보통 열처리	풀림 (annealing)	완전 풀림 구상화 풀림 응력제거 풀림
	불림 (normalizing)	보통 수준 불림 2단 불림
	담금질 (quenching)	보통 담금질 인상 담금질
	뜨임 (tempring)	저온 뜨임 고온 뜨임 뜨임 경화
등온 열처리	등온 풀림	등온 풀림
	등온 불림	등온 불림
	등온 담금질	마퀜칭 오스템퍼링
	등온 뜨임	등온 뜨임
표면 경화 열처리	화학적 표면 경화법	침탄법 질화법
	물리적 표면 경화법	고주파 경화 화염 경화

2 가열과 냉각방법

열처리란 한마디로 말해 필요한 성질을 얻기 위하여 금속재료를 빨갛게 달구었다가 여러 가지 다른 과정으로 식히는 것이다. 모든 것에 규칙이 있듯 열처리에도 일정한 규칙이 있다. 이와 같은 규칙을 잘 준수하면 얼른 보기에는 어려운 열처리 방법도 의외로 간단하여 누구나 할 수 있는 기술이다. 열처리, 특히 담금질이라고 하면 옛날부터 신비로운 기술로 간주되어 왔던 만큼 모두가 어렵게 생각하였지만 바람직한 열처리 공정과 그 효과는 금속재료의 성분과 조직변화에 따른 것으로 밝혀지고 있다.

열처리에 의해 강철은 단단해지거나 연해지기도 하므로 열처리와 강은 끊을 수 없는 불가분의 관계라 할 수 있다.

2-1 • 가열방법

가열방법에는 가열온도와 속도가 인자로서 작용한다. 가열온도는 변태점의 이상과 이하에서 열처리 내용이 달라진다. 변태점 이상으로 가열하는 것이 어닐링(annealing), 노멀라이징(normalizing), 담금질(quenching)이며, 변태점 이하로 가열하는 것이 템퍼링(tempering) 처리이다.

가열속도는 느린 경우와 빠른 경우가 있는데 서서히 가열하는 것이 전통적인 방법이다. 급속 가열은 새로운 방법으로, 현재 어닐링과 담금질에 사용되고 있다 (고주파 담금질, 화염 담금질 등).

표 4-2 가열온도와 열처리

구분	종류
A_1 변태점 이상	어닐링, 노멀라이징, 담금질
A_1 변태점 이하	저온 어닐링, 템퍼링, 시효

표 4-3 가열속도와 열처리

가열속도	종류
서서히	어닐링, 노멀라이징, 담금질, 템퍼링
빨리	어닐링, 담금질

2-2 • 냉각방법

냉각방법에 의해서도 열처리 내용이 달라지며 냉각방법에는 두 가지 규칙이 있다. 첫째는 필요한 온도 범위만을, 둘째는 필요한 냉각속도로 냉각시키는 것이다.

표 4-4 냉각방법과 열처리

냉각속도	열처리 종류
서서히 (노랭)	어닐링
약간 빨리 (공랭)	노멀라이징
빨리 (수랭, 유랭)	담금질

필요한 온도범위에는 두 가지 종류가 있다. 열처리 온도부터 화색(火色)이 없어지는 온도 (약 550℃) 까지의 범위와 약 250℃ 이하의 온도 범위이다.

전자의 Ar' 범위는 담금질 효과가 나타나든가, 또는 나타나지 않든가를 결정하는 온도 범위로서 임계구역 (臨界區域, critical zone) 이라고도 한다. 즉 이 구역을 빨리 냉각시키면 강은 경화되며, 늦게 냉각되면 경화가 일어나지 않는다.

후자인 Ar'' 범위는 담금질 처리의 경우에만 필요한 온도범위이며, 여기서 담금질 균열을 결정지어 주는 위험지대가 되며, 이를 위험구역이라 한다. 따라서 냉각은 신중히 하여야 한다.

'필요한 냉각속도로 냉각시킨다' 란 어닐링은 서서히 (노랭), 노멀라이징은 약간 빨리 (공랭), 담금질에는 빨리 (수랭, 유랭) 냉각시키는 것을 의미한다.

템퍼링 처리 시는 변태점 이하에서부터 냉각되므로 냉각방법에는 신경을 쓰지 않아도 된다. 그러나 굳이 신경을 쓴다면 템퍼링에 의해 연하게 하는 경우 (보통강, 합금강)에는 급랭을, 또한 단단하게 하고자 할 때 (고속도강, die 강) 또는 저온 템퍼링 (일반 공구강) 의 경우는 서랭한다.

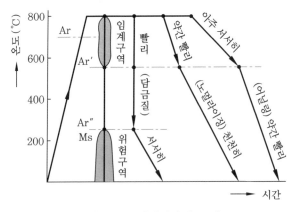

그림 4-1 냉각방법의 요령

표 4−5 냉각방법의 요령

처리	필요한 온도범위	필요한 냉각속도
어닐링	550℃ 이내 (Ar′)	극히 서서히
	그 이하의 온도	공랭으로도 가능
노멀라이징	550℃ 이내 (Ar′)	방랭(放冷)
	그 이하의 온도	서서히
담금질	550℃ 이내 (Ar′)	빨리
	250℃ 이하 (Ar″, Ms)	서서히
템퍼링	템퍼링 온도부터 (템퍼링 연화)	급랭
	템퍼링 온도부터	서서히

2-3 • 냉각방법의 3형태

열처리의 냉각방법에는 3가지 형태가 있다.

표 4−6 냉각방법과 3형태

냉각방법	열처리와 종류
연속 냉각	보통 어닐링, 보통 템퍼링, 보통 담금질
2단 냉각	2단 어닐링, 2단 템퍼링, 인상 담금질
항온 냉각	항온 어닐링, 항온 템퍼링, 오스템퍼링, 마템퍼링, 마퀜칭

(1) 연속 냉각(C.C : continuous cooling)

완전히 냉각될 때까지 계속하는 방법으로 가장 보편적, 초보적 기술이다. 그림 4−2는 연속 냉각의 열처리를 표시한 것으로 보통 어닐링, 보통 노멀라이징, 보통 담금질이 여기에 속한다.

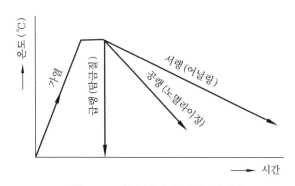

그림 4−2 연속냉각에 의한 열처리

(2) 2단 냉각(S.C : step cooling)

냉각 도중에 냉각속도를 변화시키는 방법으로 현장에서 널리 응용되고 있다. 2단 어닐링, 2단 노멀라이징, 인상 담금질 등이 여기에 속하며 변태속도는 Ar′점과 Ar″점이 기준이다.

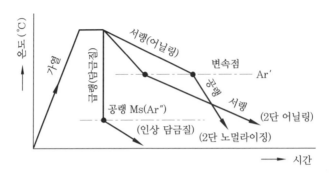

그림 4-3 2단 냉각에 의한 열처리

(3) 항온 냉각(I.C : isothermal cooling)

냉각에 열욕을 사용하여 항온 유지 후 냉각하는 방법으로 고급 기술에 속한다.
새로운 열처리 기술은 항온 냉각에서 이루어진다.

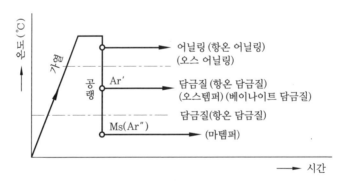

그림 4-4 항온 냉각에 의한 열처리

열처리의 원리

1 금속원자의 구조 및 결합방법

물질을 형성하고 있는 원자들은 그 배열형식이 크게 두 가지로 분류된다. 하나는 원자 (또는 분자) 가 불규칙적으로 배열되어 있는 비정질 (비결정체) 이고, 다른 하나는 원자가 규칙적으로 배열되어 있는 결정체이다. 또한 결정의 결합방법에 따라 이온결합, 공유결합, 금속결합 등으로 분류된다.

원자의 최외각 전자는 그 원자의 특성을 가장 잘 표현해 주는 것이다. 그러나 금속에서와 같이 원자가 많이 모여 최외각 전자가 서로 접촉할 정도로 가까워지면 각각의 전자는 특정의 원자핵에 점유되지 않고 자유로이 움직이는 자유전자가 된다.

이 자유전자는 각 원자핵과의 사이에 전기적인 흡인력을 가지고 있어서 자유전자를 매체로 각각의 전자가 결합하게 되는데, 이러한 결합을 금속결합(metallic bond)이라 한다.

이와 같은 금속결합의 경우 각각의 원자는 흡인력과 원자핵 간의 반발력 및 전자 간의 반발력이 균형을 이루는 위치에 자리 잡고 있다. 따라서 금속은 전자로 형성된 전자액체 또는 − 전기의 액체 안에 + 전하를 띤 입자, 즉 + 이온이 일정한 거리를 유지하며 떠 있는 상태라고 생각할 수 있다. 이러한 자유전자 (즉, 전자액체) 로 인하여 금속의 특색인 전기나 열의 전도성, 기계적 강도나 가소성, 광택 등이 나타나게 된다.

그림 4−5는 전자액체에 떠 있는 이온의 상태를 표시한 그림이다.

금속은 결정체이므로 원자를 3차원적으로 규칙적인 배열을 할 수 있으며, 일반적으로 그림 4−6과 같이 면심입방격자 (FCC), 조밀육방격자 (CHP), 체심입방격자 (BCC) 의 3종류로 구분할 수 있다.

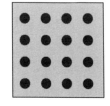

● 이온　□ 전자액

그림 4−5 전자액체 중에
뜨는 + 이온

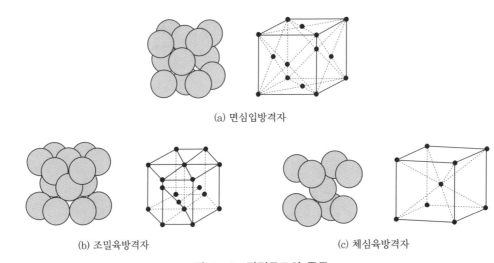

(a) 면심입방격자

(b) 조밀육방격자

(c) 체심육방격자

그림 4-6 결정구조의 종류

표 4-7 주요 금속의 결정구조

결정구조	금속
면심입방격자 (FCC)	Ag, Al, Au, Ca, Cu, Fe, Ni, Pb, Pt, Ph
조밀육방격자 (CHP)	Mg, Zn, Cd, Ti, Zd, Be, Co, Te, La
체심입방격자 (BCC)	Ba, Cr, α-Fe, K, Li, Mo, Ta, V, R_b, N_b

1-1 ● 면심입방격자 (FCC : face-centered cubic lattice)

면심입방격자는 그림 4-6 (a) 와 같이 입방체의 각 정점과 각 면의 중심에 원자가 위치하고 있다. 면심입방격자를 가지는 금속 또는 합금은 표 4-7에서 알 수 있듯 전성과 연성이 좋다.

1-2 ● 조밀육방격자 (CHP : close-packed hexagonal lattice)

조밀육방격자는 그림 4-6 (b) 와 같이 정육각주의 정점과 상하면의 중심 및 정육각주를 형성하는 정삼각주 6개의 체중심을 하나 건너로 원자가 위치하고 있으며, 모든 조밀육방격자 구조의 금속은 다른 구조의 것에 비해 연성이 떨어진다.

1-3 ● 체심육방격자 (BCC : body-centered cubic lattice)

체심입방격자는 그림 4-6 (c) 와 같이 입방체의 각 정점과 체중심에 원자가 위치하고 있는 간단한 격자구조를 가진다. 이 격자구조를 갖는 금속은 전성과 연성이 면심입방구조의 금속 다음으로 좋다.

일반적으로 철은 상온에서 체심입방구조를 나타내며, 이러한 구조를 가진 철을 α철이라 한다. 이 α철은 911℃까지는 안정하나 온도가 더 올라가면 면심입방구조를 갖는 γ철로 변한다. γ철은 1392℃까지는 안정된 상태로 존재하지만 그 이상부터 융점(1536℃) 사이에서는 다시 체심입방구조를 갖는 β철로 변한다. 이와 같이 순철은 911℃와 1392℃에서 구조변화를 일으키며, α철은 상온에서 강자성체이지만 780℃ 이상에서는 상자성체로 변한다.

2 순철의 변태

순철은 상온에서 가열하면 온도가 시간이 경과함에 따라 그림 4-7과 같이 규칙적인 비율로 계속 상승하는 것이 아니라 일정 온도에 이르면 반드시 일시 정체하는 곳이 있다. 이 온도와 시간의 관계도를 가열곡선이라 하며, 용융상태로부터 점차 냉각하는 경우의 선도를 냉각곡선이라 한다. 가열곡선에서는 768℃, 906℃, 1410℃, 1528℃의 지점에서 정지하고 있다.

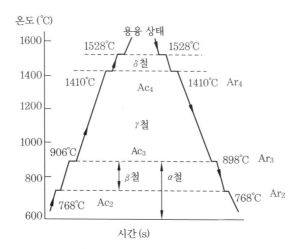

그림 4-7 순철의 가열 냉각곡선

768℃는 A_2 변태점이라 하며, 강이 강자성을 잃는 최고온도이며 자기 변태점이라고도 한다.

906℃는 A_3 변태점, 1410℃는 A_4 변태점이라고 한다. 이들은 모두 물리적 및 화학적

성질이 급변하는 온도로, 동소 변태점이라 하며 동소 변태점에서는 결정립이 변화한다. 1528℃는 용융점 (melting point) 이며 철이 녹는 온도이다. A₃ 변태점 이하의 원자배열은 체심입방정계(BCC)이며 이를 β철이라 하고, A₃ 변태점부터 A₄ 변태점까지의 원자배열은 면심입방정계(FCC)이며 이를 γ철이라 하고, A₄ 변태점 이상의 원자 배열인 체심입방정계(BCC)를 δ철이라 한다.

3 철 - 탄소 (Fe - C) 평형 상태도

Fe−C계 상태도의 모든 점과 선의 의미는 다음과 같다 (그림 4−8 참조).

A : 순철의 응고점 (1539℃)

AB : δ 고용체에 대한 액상선(liguidus line)이며, Fe−C 융액에서 δ 고용체가 정출하기 시작하는 온도

AH : γ 고용체에 대한 고상선(solidus line)이며, 탄소 함유량 0.1% 이하인 강의 γ 고용체 정출 완료온도를 표시하는 곡선

BC : γ 고용체에 대한 액상선. γ 고용체가 정출하기 시작하는 온도

JE : γ 고용체에 대한 고상선. γ 고용체의 정출 완료온도를 표시

HJB : 포정선 (peritectic line, 1490℃), δ 고용체 (H점)+융액 (B점) $\rightleftarrows$ γ 고용체 (J점) 이 반응을 포정반응이라 한다.

N : 순철의 A₄ 변태점 (1400℃). δ철 $\rightleftarrows$ 철

HN : δ 고용체가 γ 고용체로 변화하기 시작하는 온도

JN : δ 고용체가 γ 고용체로 변화하는 것이 끝나는 온도

CD : 시멘타이트 (Fe₃C) 에 대한 액상선

E : γ 고용체에 있어서 탄소의 최대 용해량 2.0%

C : 공정점 (4.3 % C, 1145℃)

BCF : 공정선. 탄소 함유량의 2.0~6.67 %

ES : γ 고용체에서 시멘타이트(Fe₃C)가 석출하기 시작하는 온도로 Acm선이라 부른다.

G : 순철의 A₃ 변태점(910℃). γ 철 $\rightleftarrows$ α 철

GOS : γ 고용체에서 α 고용체를 석출하기 시작하는 온도. 탄소 함유량이 증가함에 따라 상승하며 0.8% C에서 A₁ 점과 일치하여 723℃이다.

GP : 0.025% 이하의 합금으로 γ 고용체에서 α 고용체가 석출 완료하는 온도

M : 순철의 A_2 변태점

Mo : 강의 A_2 변태선(768℃)

S : 공석점(723℃, 0.8%C). 펄라이트(pearlite) 라고 부르는 공석을 만드는 점

P : α 고용체의 탄소 포화점 0.025%C

PSK : A_1 변태선 또는 공석선. 723℃, 0.025~6.67%C 이내로 이 온도에서 Fe−C 합금
은 공석을 한다.

PQ : α 고용체의 탄소 용해도 곡선. 상온에서 0.01%C

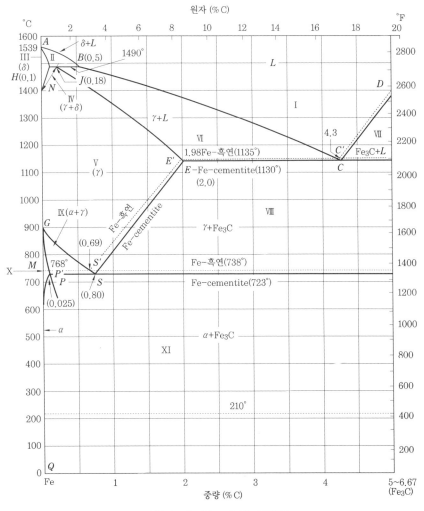

그림 4−8 Fe−C 계 상태도

순철은 탄소와 친화력이 크므로 철−탄소 합금으로 존재한다. 순철의 변태는 Fe−C
평형상태도상에서 탄소량(0%)의 합금으로 나타난다. 그림에는 나타나지 않았으나 탄소

량 6.67%인 것을 Fe₃C(탄화철) 또는 시멘타이트(cementite)라 한다. 일반적으로 0.03~1.7%C를 함유하는 철-탄소 합금을 강이라 하고 1.7%C 이상을 포함하면 주철이라 한다. 탄소는 강 속에서 단체로서가 아니라 시멘타이트를 함유한다.

탄소강에는 변태를 일으키는 점, 즉 A_1, A_2, A_3 및 A_4 변태점이 있다.

A_1 변태점은 순철에는 없던 것으로 탄소량과 관계없이 723℃에서 나타나며, 0.83%C일 때는 A_3 변태점과 일치한다. A_1 변태점은 강을 냉각할 때 γ 고용체인 오스테나이트(austenite)가 α철과 시멘타이트와의 기계적 혼합물로 분열하는 변태점이다. A_3 변태점은 탄소 함유량이 감소할수록 상승하고 이 점보다 온도가 높은 범위에서는 오스테나이트 조직을 이룬다.

순철에 탄소가 첨가되면 α철, γ철, δ철은 모두 탄소를 용해하여 각각 α, γ, δ 고용체를 만든다. α 고용체의 용해온도가 727℃에서 약 0.05%C, 상온에서 0.08%C의 값을 나타내어 공업적으로는 거의 순철인 α철로 보아도 무관하다.

이를 페라이트(ferrite)라 부르며, 성질은 무르고 연성이 크다. γ 고용체는 1130℃에서 최대 1.7%C를 용해하고 γ 고용체를 오스테나이트라 하며 인성이 있는 성질을 갖는다.

표 4-8은 각 구역의 조직성분을 표시하며, 표 4-9는 각 조직성분의 명칭과 결정구조를 표시한다.

표 4-8 Fe-C 상태도의 조직성분

구역	조직성분
I	용액
II	δ 고용체+용액
III	δ 고용체
IV	δ 고용체+γ 고용체
V	γ 고용체
VI	γ 고용체+용액
VII	Fe₃C+융체
VIII	γ 고용체+Fe₃C
IX	α 고용체+γ 고용체
X	α 고용체
XI	α 고용체+Fe₃C

표 4-9 조직 성분의 명칭과 결정 구조

기호	명칭	결정구조
α	α ferrite	B.C.C
γ	austenite	F.C.C
δ	δ ferrite	B.C.C
Fe$_3$C α +	cementite 또는 탄화철	금속간 화합물
Fe$_3$C	pearlite	α와 Fe$_3$C의 기계적 혼합
γ +Fe$_3$C	ledeburite	γ와 Fe$_3$C의 기계적 혼합

4 강의 현미경 조직

4-1 • 페라이트 (ferrite)

지철 또는 α – 철이라 하며 0.0025 % C 이하의 탄소량이 고용된 고용체로서 현미경 조직이 백색으로 보이며, 강철 조직에 비하여 무르고 경도와 강도가 극히 작아 순철이라 한다. 브리넬 경도 (H_B) 80, 인장강도 30 kg /mm^2 정도이며, 상온으로부터 768℃까지 강자성체이다.

4-2 • 시멘타이트 (cementite)

일반적으로 탄소강이나 주철 중에 섞여 있다. 6.67 % C 의 함유량과 Fe 의 금속간 화합물로서 침상조직을 형성한다. 비중은 7.8 정도이고 상온에서 강자성체이며, A$_0$ 변태점에서 자력을 상실한다. 브리넬 경도 (H_B) 는 800 정도이며, 취성(brittleness)이 매우 크다.

4-3 • 펄라이트 (pearlite)

페라이트와 시멘타이트가 서로 파상적으로 혼입되어 현미경 조직은 흑색을 띤다. 보통 0.77% C가 함유된 강으로 A$_1$ 변태점에서 반응하여 생긴 조직이다. 브리넬 경도(H_B)는 150~200, 인장강도는 60kg/mm^2 정도로 강인한 성질이 있다.

4-4 • 오스테나이트 (austenite)

탄소가 고용된 면심입방격자 (FCC) 구조의 γ − Fe 로서 매우 안정된 조직이다. 성질은 끈기가 있고 비자성체 조직으로서 전기저항이 크고, 경도는 작으나 인장강도에 비해 연신율이 크다. 탄소강의 경우는 이 조직을 얻기 어려우나 Ni − Cr − Mn 등을 첨가하면 얻을 수 있다.

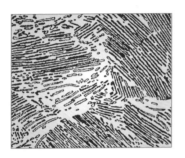

그림 4 − 9 펄라이트 조직

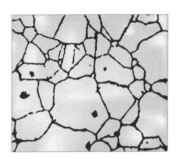

그림 4 − 10 오스테나이트 조직

4-5 • 마텐자이트 (martensite)

극히 경하고 연성이 적은 강자성체이며 조직은 침상결정을 형성한다. 탄소강을 물로 담금질 (quenching) 하면 α − 마텐자이트가 되어 상온에서는 불안정하며, 100~150℃로 가열하면 β − 마텐자이트로 변화하여 α − 마텐자이트보다 안정하다. 브리넬 경도 (H_B) 는 720 정도이다.

그림 4 − 11 마텐자이트(침상) + 펄라이트 (검은 괴상) 조직

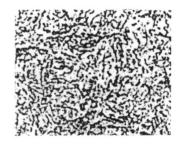

그림 4 − 12 마텐자이트 조직

4-6 · 트루스타이트 (troostite)

보통 강을 기름으로 담금질하였을 때 일어나는 조직이며 마텐자이트를 약 400℃로 풀림(tempering)하여도 쉽게 이 조직을 얻는다. 이 조직은 미세한 $\alpha + Fe_3C$의 혼합조직으로서 부식제에 부식이 쉽고 마텐자이트 보다 경도는 적으나 끈기가 있으며 연성이 우수하다. 공업적으로 유용한 조직이며 탄성한도가 높다.

4-7 · 소르바이트 (sorbite)

페라이트와 시멘타이트의 혼합조직으로 트루스타이트 보다 냉각속도가 느린 Ar_1 변태를 600~650℃에서 일어나게 하였을 때 나타나는 조직이다. 또, 트루스타이트와 펄라이트의 중간 조직으로 대형 강재의 경우는 기름 중에 담금질했을 때 나타나고, 소형 강재는 공기 중에 냉각시켰을 때 많이 나타난다. 마텐자이트 조직을 500~600℃에서 풀림시켜도 나타난다. 이 조직은 트루스타이트보다 연하고 끈기가 있기 때문에 양호한 강인성과 탄성이 요구되는 태엽, 스프링 등에 적용된다.

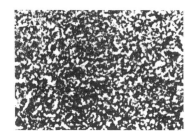 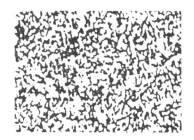

그림 4-13 트루스타이트 조직   그림 4-14 소르바이트 조직

열처리

1 담금질 (소입 燒入, quenching)

강(鋼)을 적정 온도로 가열하여 오스테나이트 조직에 이르게 한 뒤, 마텐자이트 조직으로 변화시키기 위해 수랭, 유랭 등의 과정을 통해 급랭시키는 열처리 방법이다. 담금질은 강의 경도와 강도를 증가시키기 위한 것이다.

1-1 • 담금질 온도

일반적으로 담금질은 최대한 높은 경도를 얻는 것이 목적이므로 탄소 함유량에 따라 적당한 담금질 온도를 선택해야 한다. 그림 4-15는 탄소 함유량과 담금질 온도의 관계를 표시한 것인데 담금질 온도가 다소 낮으면 균일한 오스테나이트를 얻기 어렵고, 또 담금질하여도 경화가 잘 되지 않는다.

한편, 담금질 온도가 너무 높으면 과열로 인하여 조직이 거칠어질 뿐 아니라 담금질 중에 깨지는 일이 있으므로 주의가 필요하다.

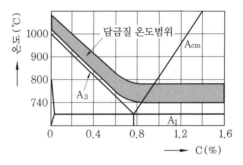

그림 4-15 탄소강의 담금질 온도

그러므로 담금질 온도는 A_3점 이상 30~40℃ 범위가 적당하며, 과공석강의 경우 Acm선 이상의 온도에서 담금질하면 담금 균열을 일으키므로 Acm선과 A_1점의 중간온도에서 초석 Fe_3C 가 혼합된 조직으로 담금질하는 것이 좋다.

1-2 • 마텐자이트 변태

강을 담금질할 때 아공석강은 Ac_3, 과공석강은 Ac_1점 이상의 온도로 가열하여 균질의 오스테나이트 또는 여기에 탄화물이 혼합된 조직으로 만든 다음 수랭, 유랭 및 특수 방법으로 급랭하면 경도가 매우 높은 마텐자이트를 주체로 한 조직을 얻게 된다. 탄화물 또는 금속간 화합물을 고온으로 가열하여 전부 오스테나이트 중에 고용된 상태로부터 급랭시켜 상온에서 균일한 오스테나이트 조직을 얻는 처리를 용체화(solution) 처리라 한다.

표 4-10은 0.77 % 탄소강 (공석강) 을 γ 고용체 상태에서 냉각시킬 때 냉각방법에 따라 변태의 형상이 달라짐을 나타낸 것이다.

표 4-10 냉각과 변태

명칭	조직	변태 상황	H_B	성질
오스테나이트	γ FeC (고용)		155	연질
마텐자이트	α FeC (과포화 고용)	↓	680	심히 경질
펄라이트 (fine)	α Fe + Fe$_3$C 혼합물	↓	400	경질
펄라이트 (medium)	α Fe + Fe$_3$C 혼합물	↓	270	중간 경질
펄라이트 (coarse)	α Fe + Fe$_3$C 혼합물	↓	225	연질

수랭(극히 급랭) 유랭(급랭) 공랭(서랭) 노랭(극히 서랭)

마텐자이트는 펄라이트나 베이나이트 변태와는 다른 상태로 생성된다. 즉 핵의 발생과 성장이 펄라이트 변태와 다르고 성분도 확산되지 않는다. 따라서, 마텐자이트 조직은 모체인 오스테나이트 조성과 동일하다. 또, 마텐자이트 변태 개시온도는 냉각속도를 크게 하더라도 강화되지 않고 일정하다. 일반적으로 마텐자이트의 생성 개시온도 Ms 와 종료온도 M$_f$ 는 강의 조성 및 오스테나이트 입도에 좌우된다. 마텐자이트는 γ 고용체에서 발생한 전단응력에 의해 생성되며, 그 시간은 10^{-7} 초 이내이다.

또, 마텐자이트 변태의 진행은 온도 강하에 따른 것이며 M$_f$ 가 실온 이하인 경우 상온에서 잔류한 γ (오스테나이트) 는 심랭(sub zero) 처리에 의해 마텐자이트 변태가 진행된다. 마텐자이트 조직이 경도가 큰 이유는 다음과 같다.

① 결정의 미세화

② 급랭으로 인한 내부응력

③ 탄소 원자에 의한 Fe 격자의 강화 등

표 4-11에 마텐자이트의 경화 관계를 표시하였다.

표 4-11 마텐자이트 경화 관계

0.77 % 탄소강의 담금질 경도	H_B
공석강의 본래 경도	225
결정의 미세화에 의한 경도	120
내부응력에 의한 경도	80
Fe 격자의 강화에 의한 경도	225
마텐자이트	650

1-3 • 담금질 작업

담금질의 주요 목적은 경화에 있으며 가열온도는 변태점보다 50℃ 정도 높다. 그러므로 특히 주의할 점은 임계구역, 즉 Ar′ 변태구역은 급랭시키고 균열이 생길 위험이 있는 Ar″ 변태구역에서는 서랭하는 것이다. 여기서 임계구역은 담금질 온도로부터 Ar′ 까지의 온도 범위 혹은 베이나이트점까지의 온도 범위를 말하며 그림 4-16에서와 같이 펄라이트 및 베이나이트가 생성되지 않는 최소의 냉각속도를 각각 하부 임계 냉각속도 및 상부 임계 냉각속도, 혹은 임계 냉각속도라고 부른다.

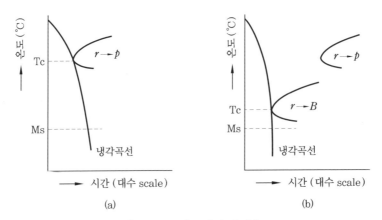

그림 4-16 담금질의 냉각속도

따라서, 임계 냉각속도는 마텐자이트 조직이 나타나는 최소 냉각속도라 할 수 있다. 위험구역은 Ar″ 이하로 마텐자이트 변태가 일어나는 온도 범위이며, 보통 Ms부터 Mf 까지를 말한다. 그림 4-17은 강의 C%와 Ms점의 관계를 나타낸 것이고, 그림 4-18은 담금질 작업의 내용을 설명한 것이다.

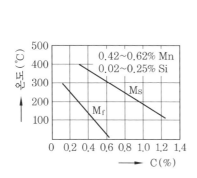

그림 4-17 탄소강의 C%와 Ms 점,
Mf 점과의 관계

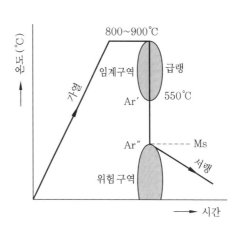

그림 4-18 담금질 작업

(1) 인상 담금질(time quenching)

담금질 작업의 경우 Ar′에서는 급랭하고 Ar″에서는 서랭하게 되면 중간 온도에서 냉각속도를 변화시켜 주어야 한다. 냉각속도의 변환을 냉각시간으로 조절하는 담금질을 시간 담금질이라 하며, 최초에는 냉각수로 급랭시키고 적정 시간이 지난 후에는 인상하여 유랭 또는 공랭한다.

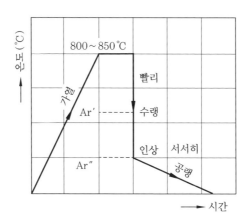

그림 4-19 인상 담금질의 과정

(2) 마퀜칭 (marquenching)

일종의 중단 (中斷) 담금질 (interrupted quenching) 로서 다음과 같은 과정을 시행한다.

① Ms점 (Ar″) 바로 위 온도로 가열된 염욕에 담금질한다 (thermo-quenching).

② 담금질한 재료의 내외부가 동일 온도에 도달할 때까지 항온 유지한다.

③ 꺼낸 후 공랭하여 Ar″ 변태를 진행시킨다. 이때 얻어진 조직이 마텐자이트이며, 마퀜칭 후에는 템퍼링하여 사용하는 것이 보통이다. 그림 4-20, 그림 4-21은 이같은 작업과정을 설명한 것이다.

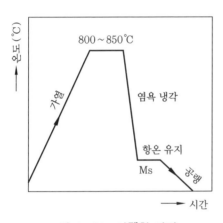

그림 4-20 마퀜칭 과정

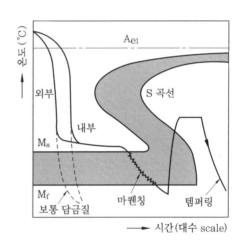

그림 4-21 S 곡선에서 마퀜칭

이 방법의 특징은 Ms점 직상에서 냉각을 중지하고, 강재 내외부의 온도를 동일하게 한 다음 Ar″ 온도구역을 서랭한 것이다. 이와 같이 하면 강재 내외부가 동시에 서서히 마텐자이트화하기 때문에 균열과 비틀림 등이 생기지 않는다. 물론 이때 얻은 조직은 마텐자이트이므로 목적에 따라서 템퍼링을 하여 적당한 경도 및 강도를 유지해야 한다. 이 방법을 실제로 실행하기 위해서는 해당 강재(鋼材)의 Ms점을 알아야 한다.

그 계산 방법은 다음과 같다 (%는 중량).

$$Ms\ (℃) = 930 - 570 \times (\%C) - 60 \times (\%Mn) - 50 \times (\%Cr)$$
$$- 30 \times (\%Ni) - 20 \times (\%Si) - 20 \times (\%Mo) - 20 \times (\%W)$$

$$℃ = \frac{5}{9}(°F - 32)$$

(3) 오스템퍼링 (austempering)

Ar′와 Ar″사이의 온도로 유지한 열욕에 담금질하고 과냉각의 오스테나이트 변태가 끝날 때까지 항온으로 유지해 주는 방법이며, 이때 얻어지는 조직이 베이나이트이다. 그 러므로 오스템퍼링을 베이나이트 담금질이라고도 한다.

보통 Ar′에 가까운 오스템퍼링을 하면 연질의 상부 베이나이트, Ar″ 부근의 온도에서 는 경질의 하부 베이나이트 조직을 얻을 수 있다. 그림 4−22는 S곡선에서의 오스템퍼링 이며, 이것과 비교하기 위하여 보통의 담금질과 템퍼링에 대한 내용을 그림 4−23에 나타 내었다.

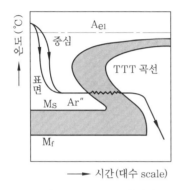

그림 4 − 22　오스템퍼링

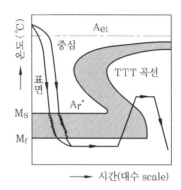

그림 4 − 23　일반적인 담금질과 뜨임

표 4 − 12　오스템퍼링에 사용되는 염욕제

종류	배합비율 (중량 %)	용융온도 (℃)	사용온도범위 (℃)
염	질산칼륨 : 56 아질산소다 : 44	145	150~400
	질산소다 : 50 아질산소다 : 50	221	230~500
금속	비스무트 : 48 납 : 26 주석 : 13 카드뮴 : 13	70	80~750
	비스무트 : 50 납 : 28 주석 : 22	100	110~800
	비스무트 : 56.5 납 : 43.5	125	140~800

오스템퍼링 열처리는 보통의 담금질이나 템퍼링에 비하여 연신율과 충격값 등이 크며, 강인성이 풍부한 재료를 얻을 수 있고 담금질 균열과 비틀림 등이 생기지 않는다. 오스템퍼링은 H_{RC} 40~50 정도로 강인성이 필요한 제품에 적용하면 효과적이다.

이 열처리 조작은 열욕 온도까지 100 %의 오스테나이트 조직을 형성하여야 하므로 제품의 크기가 작아야 한다.

(4) 오스포밍 (ausforming)

0.95 % 탄소강을 T.T.T 곡선의 베이 (bay) 구역에서 숏 피닝 (고압 공기로 금속구를 제품 표면에 불어주어서 표면경화시키는 가공법)을 하고 베이나이트의 변태 개시선에 도달하기 전에 담금질하면 우수한 표면 경화층을 얻을 수 있다. 즉, 오스테나이트 강의 재결정 온도 이하 Ms점 이상의 온도 범위에서 소성가공을 한 후 담금질하는 조작으로서 가공온도로 냉각시키는 도중 가공할 때에 변태 생성물이 생기지 않도록 하는 것이 효과적이므로 T.T.T 곡선에서 오스테나이트의 베이 구역이 넓은 강에 이 방법을 적용하면 좋다.

그림 4−24는 T.T.T 곡선을 모형으로 표시한 것이며, 시편을 오스테나이트화한 후 오스테나이트의 베이 구역을 무사히 지날 수 있도록 급랭하고 시편의 내외부를 동일 온도에 도달되도록 소성가공을 하여 공랭, 유랭, 수랭하여 마텐자이트 변태를 일으키게 한다.

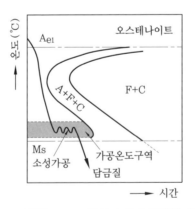

그림 4−24 강의 T.T.T. 곡선과 오스포밍의 온도 범위

(5) 담금질 시 주의 사항

① 냉각액 : 냉각액에는 물, 기름, 염류 등이 있다. 냉각액의 온도는 물을 차게 (20℃), 기름은 뜨겁게 (60~80℃) 하는 것이 상식이다. 이의 냉각능력은 표 4−13과 같으며, 액은 저어주는 것이 대단히 중요하다. 교반하면 정지상태의 2배 속도가 된다.

표 4-13 담금질 액

종류	온도(℃)	성능	비
분수	5~30	최강렬	9
염수 (10 % 식염수)	10~30	강렬	2
가송소다수 (5 %)	10~30	강렬	2
물	10~30	급속	1
유 (油)	60~30	속	0.3
soluble quenchant (30 %)	10~30	속	0.3
열욕 (salt)	200~400	속	-

② 냉각 방법 : 일반적으로 냉각 방식은 물건의 형태에 따라 다르다. 구형이 가장 빠르고 판재가 가장 느리며 이들 비 (ratio) 는 다음과 같다.

구 : 환봉 : 판재＝4 : 3 : 2

또한, 같은 물건이라도 장소에 따라서 냉각되는 정도가 다르다. 그림 4-25는 이를 표시한 것이다. 따라서, 부품의 모든 부분이 균일하게 냉각되도록 연구하는 것이 중요하다.

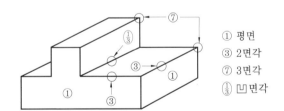

① 평면
③ 2면각
⑦ 3면각
$\frac{1}{3}$ ⊔면각

그림 4-25 처리물의 장소에 따른 냉각속도의 차이

③ 담금질 경도 : 강의 담금질 경도는 강 중의 C % 에 의해 변화한다. 그림 4-26은 이 관계를 나타낸 것으로 0.6 % C 이내는 경도가 증가되나, 0.6 % C 이상에서는 일정한 경도를 나타낸다. 공구강 이외의 강의 경우 담금질 경도는 다음 식으로 계산할 수 있다.

담금질 경도 (max) $(H_{RC})＝30＋50×C \%$

또한, 담금질 경화의 임계값을 나타내는 경도 (임계 담금질 경도라 함) 는 다음 식으로 계산된다.

임계 담금질 경도 $(H_{RC})=24+40×C\%$

예를 들면 0.4 % C 강에서

최고 담금질 경도 $(H_{RC})=30+50×0.4=50$

임계 담금질 경도 $(H_{RC})=24+40×0.4=40$

이다. 일반적으로 임계 담금질 경도는 50 % 마텐자이트에 해당하며 최소 담금질 경도라고도 한다.

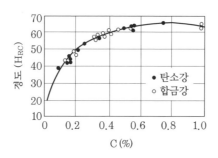

그림 4-26 강의 C%와 담금질 경도의 관계

④ 경화 깊이 : 담금질 경화깊이는 강의 화학성분에 따라서 크게 좌우된다. 이 경화깊이를 좌우하는 성질을 담금질성이라 한다. 담금질에 영향을 미치는 것은 C%가 가장 크며 다음이 Mo, Mn, Cr, B로 Ni는 그다지 영향을 미치지 않는다. 또한, 담금질성에는 결정립의 크기가 영향을 미치며, 결정립이 클수록 담금질성은 크고 경화층이 깊어진다. 즉,

담금질 경도 $=f(C\%)$

담금질 경화 깊이 $=f(C\%,\ Mo,\ Mn,\ Cr,\ B,\ 결정립도)$

의 관계가 있으므로, 담금질 경도가 높아야 할 때는 C%가 높은 강을, 담금질 경화깊이가 깊어야 할 때는 C%가 높은 강, 특수 원소가 첨가된 특수강을 사용한다.

여기서 특수강의 특성이 나타나게 된다. 일반적으로 담금질성이 큰 강 (특수강) 은 유중 담금질 또는 공기 담금질 (공랭) 로도 담금질 효과가 충분히 나타난다. 그러나 담금질성이 낮은 강 (탄소강) 은 반드시 수중 담금질을 한다.

⑤ 담금질 시의 질량효과 : 같은 C%의 강재라도 굵기가 커지면 그림 4-27과 같이 담금질 경도가 떨어진다. 즉 강재의 성질에 따라 담금질 경도에 변화가 오며, 이를 담금질의 질량효과 (mass effect) 라 한다. 질량효과가 크다고 함은 강재의 크기에 따라 열처리에 의한 경화차가 심하다는 것을 뜻한다. 반대로 질량효과가 작다 함은 처

리물의 크기에 관계없이 담금질 효과가 크게 나타남을 뜻한다.

일반적으로 탄소강은 질량효과가 크며, 특수강은 질량효과가 작다. 따라서, 특수강은 일반적으로 열처리가 쉽다.

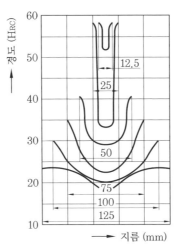

그림 4-27 시편 지름에 따른 담금질 경도의 차(0.45% C)

⑥ 담금질 부품의 형상 : 부품의 담금질에서 우선 주의할 점은 담금질 부품의 형상이다. 형태가 나쁘면 아무리 담금질 기술이 우수하더라도 담금질 균열 또는 담금질 변형을 막기가 어렵다. 담금질 처리에 나쁜 형상의 예를 보면 다음과 같다.

㉮ 두께의 급변화　　　　　　　㉯ 예리한 모서리부
㉰ 계단 부분　　　　　　　　　㉱ 막힌 구멍

담금질에 따르는 결함은 크게 나누어

• 담금질 균열　• 담금질 변형　• 연화점 (soft spot)

의 세 가지로 나누어진다. 이들 원인과 대책을 표시한 것은 표 4-14와 같다.

표 4-14 담금질 결함과 대책

결함	원인	대책
담금질 균열	형태가 나쁘다.	형태를 바꾼다.
	저온까지 급랭	2단 냉각, 마퀜칭
담금질 휨	휨	노내 적재법에 주의
	냉각 불균일	균일 냉각, 프레스템퍼링
연화점	수증기의 부착	염수 담금질
	냉각법의 불균일	분수, 분무 담금질

⑦ 담금질에 따른 용적변화 : 담금질과 가장 밀접한 관계가 있는 것이 용적(容積) 변화이며, 그 정도는 담금질 효과에 따라 차이가 있다. 마텐자이트는 팽창된 조직이며, 그 조직에 의한 팽창 순서는 다음과 같다.

마텐자이트 > 미세 펄라이트 > 중간 펄라이트 > 조대 펄라이트 >
오스테나이트

오스테나이트가 펄라이트로 변태하는 것은 상기 변화와 같이 고용 탄소가 유리 탄소로 변화하는 것까지 수반한다. 여기서 γ가 α로 변한 것은 큰 팽창이며, 고용 탄소가 유리 탄소로 변화하면 수축을 수반한다. 그러므로 완전히 펄라이트로 되면 마텐자이트보다 수축량이 크다. 즉 펄라이트 양이 많을수록 팽창량은 적어진다.

이상과 같은 이유로 탄소량이 상이한 두 종류의 강을 단접하여 담금질하면 고탄소 부분에서 구부러진다. 그것은 마텐자이트 양이 두 부분에서 서로 다르기 때문이다. 강을 담금질한 직후에는 고온 부근의 내부와 외부의 냉각속도가 서로 다르므로, 그림 4-28과 같이 Ar_1 부근을 강하할 때 내부가 크게 팽창하여 균열이 생긴다. 그러므로 이 균열을 방지하기 위해서는 200℃ 이하에서 마텐자이트에 의한 이상 팽창이 서서히 일어나도록 한다. 즉 담금질한 후 상온까지 냉각시키지 않고 100~200℃ 부근에서 서랭하여 마텐자이트가 점차 석출하도록 한다.

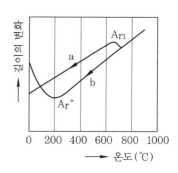

그림 4-28 냉각 곡선

2 풀림 (소둔 燒鈍, annealing)

일반적으로 풀림이라 하면 완전풀림(full annealing)을 말한다. 재료를 어느 온도까지 일정시간 가열을 유지한 후 노(爐) 내에서 서서히 냉각시키는 조작을 말한다. 그 목적은 다음과 같다.

① 단조나 주조 등 기계 가공에서 발생한 내부응력을 제거한다.
② 가공이나 공작, 열처리 등으로 경화된 재료를 연화한다.
③ 조직의 균일화, 미세화 및 표준화가 된다.

2-1 → 풀림 방법

(1) 완전 풀림(full annealing)

강을 Ac_1(과공석강) 또는 Ac_3(아공석강) 이상의 고온으로 일정시간 가열한 후 천천히 노 안에서 냉각시키는 조작을 말한다. 그림 4-29는 풀림온도를 표시한 것이며 경도 (H_B)는 탄소의 함유량에 따라 달라진다. 그림 4-30은 그 관계를 나타낸 것으로 완전 풀림하였을 때의 경도를 (b) 펄라이트로, 담금질했을 때는 (c) 마텐자이트로 표시한다. 또, 구상화 풀림하였을 때의 경도를 (a) 구상 Fe_3C로 표시한다.

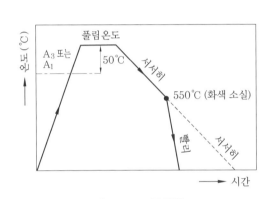

그림 4-29 풀림온도

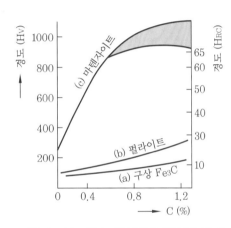

그림 4-30 탄소 함유량과 경도의 관계

(2) 구상화 풀림(spheroidizing annealing)

강 속의 탄화물(Fe_3C)을 구상화하기 위하여 행하는 풀림이다. 공구강에는 담금질의 사전 처리로서 필요한 조작이며 다음과 같은 방법이 있다.

① Ac_1 바로 아래 650~700℃에서 가열을 유지한 후 냉각한다.

② A_1 변태점을 경계로 가열 냉각을 반복한다(A_1 변태점 이상으로 가열하여 망상 Fe_3C를 없애고 바로 아래 온도로 유지하여 구상화한다).

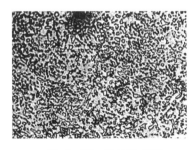

그림 4-31 구상화 조직

③ Ac_3 및 Acm 온도 이상으로 가열하여 Fe_3C를 고용시킨 후 급랭하여 망상 Fe_3C가 석출되지 않도록 한 후 구상화한다.

④ Ac_1점 이상 Acm 이하의 온도로 가열 후 Ar_1점까지 서랭한다.

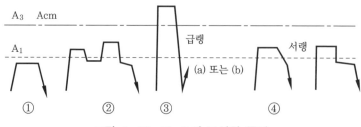

그림 4-32 Fe₃C 의 구상화 풀림

(3) 항온 풀림 (isothermal annealing)

S 곡선의 코 (nose) 혹은 이것보다 높은 온도에서 처리하면 비교적 빨리 연화되어 어닐링의 목적을 달성할 수 있다. 이와 같이 항온변태 처리에 의한 어닐링을 항온 어닐링 (isothermal annealing) 이라 한다. 이때 어닐링 온도로 가열한 강을 S 곡선의 코 부근의 온도 (600~650℃)에서 항온변태를 시킨 후 공랭 및 수랭한다.

그림 4-33은 S 곡선에서의 항온 어닐링을, 그림 4-34는 항온 어닐링의 과정을 설명한 것이다.

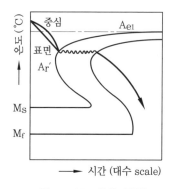

그림 4-33 항온 풀림

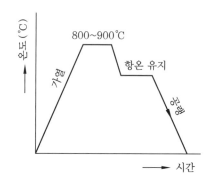

그림 4-34 항온 풀림 작업과정

항온 어닐링을 하면 짧은 시간에 작업이 끝나고, 노를 순환적으로 이용할 수 있는 장점이 있기 때문에 순환 어닐링이라고도 한다.

보통 공구강 및 자경성(自硬性, self-hardening)이 강한 특수강을 연화 어닐링하는 데 적합한 방법이다.

3 불림 (소준 燒準, normalizing)

재료를 변태점 이상의 적정 온도로 가열한 다음 일정 시간을 유지한 후 대기 중에서 공랭시키는 조작법이다. 강을 불림 열처리하면 취성이 저하되고 주강의 경우 주조 상태에 비해 연성이나 인성 등 기계적 성질이 현저히 개선된다. 즉 미세하고 균일하게 표준화된 금속조직을 얻을 수 있다.

3-1 ● 불림의 방법

(1) 보통 노멀라이징(conventional normalizing)

그림 4-35와 같이 일정한 노멀라이징 온도에서 상온에 이르기까지 대기 중에 방랭한다. 바람이 부는 곳이나 양지 바른 곳의 냉각속도가 달라지고 여름과 겨울은 동일한 조건의 공랭이라 하여도 노멀라이징의 효과에 영향을 미치므로 주의가 필요하다.

(2) 2단 노멀라이징(stepped normalizing)

그림 4-36과 같이 노멀라이징 온도로부터 화색(火色)이 없어지는 온도(약 550℃)까지 공랭한 후 피트(pit) 혹은 서랭 상태에서 상온까지 서랭한다. 구조용강(0.3~0.5 % C)은 초석 페라이트가 펄라이트 조직으로 바뀌어 강인성이 향상된다. 또, 대형의 고탄소강(0.6~0.9 % C)에서는 백점(百點)과 내부 균열이 방지된다.

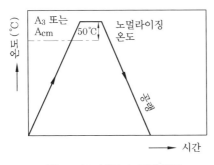

그림 4-35 보통 노멀라이징

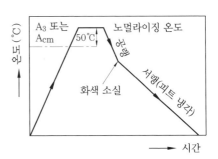

그림 4-36 2단 노멀라이징

(3) 등온 노멀라이징(isothermal normalizing)

등온 변태곡선의 코 온도에 해당하는 부근(550℃)에서 등온 변태시킨 후 상온까지 공랭한다. 그림 4-37과 같이 노멀라이징 온도에서 등온까지의 냉각은 열풍 냉각에 의하여 이루어지고 그 시간은 5~7분 정도가 적당하며 보통 저탄소 합금강은 절삭성이 향상된다.

(4) 2중 노멀라이징(double normalizing)

처음 930℃로 가열한 후 공랭하면 전 조직이 개선되어 저온 성분을 고용시키며 다음 820℃에서 공랭하면 펄라이트가 미세화된다. 보통 차축재와 저온용 저탄소강의 강인화에 적용된다.

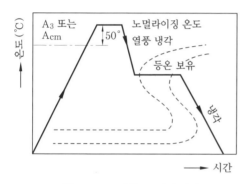

그림 4-37 등온 노멀라이징

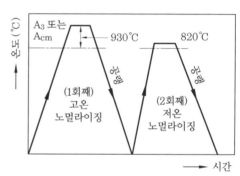

그림 4-38 2중 노멀라이징

4 뜨임 (소려 燒戾, tempering)

4-1 • 뜨임조직과 온도

담금질한 강은 경도는 증가하지만 취성이 있다. 또한 표면에 잔류응력이 남아 있으면 불안정하여 쉽게 파괴된다. 따라서 재료의 경도가 다소 감소하더라도 인성이 요구되는 기계재료 및 부품에는 담금질한 강을 다시 가열하여 인성을 증가시킨다. 즉 담금질한 강을 적당한 온도로 A_1 변태점 이하에서 재가열해 냉각함으로써 인성을 증가시키는 열적 조작을 뜨임(소려) 처리라고 한다.

뜨임으로 생기는 강의 조직변화는 재질에 따라 차이가 있으나 대략 표 4-15와 같다.

그림 4-39는 탄소량이 다른 각종 탄소강의 뜨임에 의한 인장강도와 인성 등을 나타

낸 것이다. 뜨임 온도가 상승함에 따라 인장강도는 점차 감소하는 반면에 인성은 점점 상승한다. 따라서, 고탄소인 경우가 저탄소일 때보다 각각 그 변화의 정도가 크고, 동일한 뜨임 온도를 비교하면 고탄소 측이 저탄소 측보다 인장강도가 높고 전성 등은 적다.

표 4-15 뜨임에 의한 조직 변화

조직명	온도 범위
오스테나이트 → 마텐자이트	150~300℃
마텐자이트 → 트루스타이트	350~500℃
트루스타이트 → 소르바이트	550~650℃
소르바이트 → 펄라이트	700℃

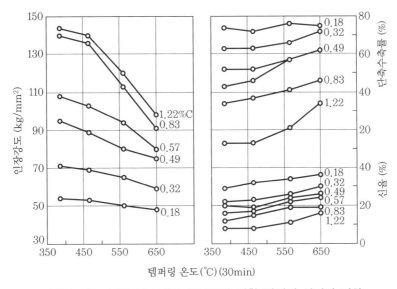

그림 4-39 각종 탄소강의 템퍼링에 의한 기계적 성질의 변화

4-2 • 심랭 처리 (sub-zero treatment)

0℃ 이하의 온도, 즉 심랭 온도에서 냉각시키는 조작을 심랭 처리라 한다.

이 처리의 주목적은 경화된 강 중의 잔류 오스테나이트를 마텐자이트화시키는 것으로 공구강의 경도 증가 및 성능을 향상시킬 수 있다. 또한, 게이지와 베어링 등 정밀기계 부품의 조직을 안정시키고 시효에 의한 향상과 치수 변화를 방지할 수 있으며 특수 침탄용강의 침탄 부분을 완전히 마텐자이트로 변화시켜 표면을 경화시키고 스테인리스강에는 우수한 기계적 성질을 부여한다.

다음 그림 4-40, 그림 4-41은 냉각속도 및 정지시간에 따른 Ms′점의 변화를 나타낸 것이다.

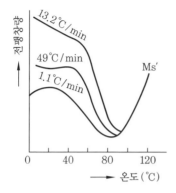 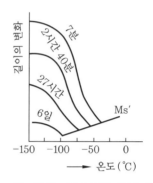

그림 4-40　120℃로 기름 담금질 후 105시간 유지한 후 0.8 % 탄소강의 냉각 속도에 따른 Ms′의 변화

그림 4-41　130℃로 2분간 유지 후 기름 담금질한 고속강의 저온 유지 시간에 따른 Ms′점의 변화

4-3 • 저온 뜨임

담금질한 부품에 내부응력이 발생된 상태이면 표면부에 압축응력이 잔류하는 경우를 제외하고는 일반적으로 좋지 않다.

표면부에 큰 인장응력이 작용하고 있는 상태는 풍선에 공기를 가득 불어넣은 상태와 비슷하여 항상 파손의 위험성이 있다. 따라서, 내부응력을 되도록 적게 하고 제거하는 것이 바람직하다.

내부응력을 완전히 제거하려면 풀림을 해야 하는데 이때에는 경도를 크게 감소시키지 않고 내부응력만 제거하여야 한다. 그러므로 경도를 희생시키지 않고 내부응력을 제거하기 위해 실시하는 것이 저온 뜨임이며 장점은 다음과 같다.

[장 점]
① 담금질에 의한 응력의 제거
② 치수의 경년변화 방지
③ 연마 균열 방지
④ 내마모성 향상

그림 4−42는 0.025%C의 암코철과 0.3%C의 탄소강 5 mm 환봉을 850℃에서 수중 담금질한 것을 저온 뜨임으로 응력을 제거한 때의 형상이다.

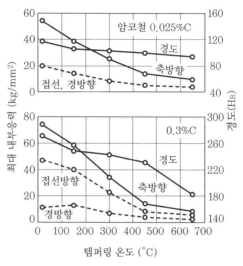

그림 4−42 템퍼링에 의한 내부응력 제거

4-4 •─ 고온 뜨임

고온 뜨임은 구조용 합금강처럼 강인성을 필요로 하는 것에 적용된다. 뜨임 온도는 400~650℃를 채택하고 뜨임 온도에서 급랭시킨다. 뜨임하는 횟수는 1회로 한다.

서서히 냉각하면 뜨임 취성을 나타내게 되므로 주의가 필요하며, 담금질한 후 400~650℃에서 뜨임하는 조작을 조질(調質)이라고 한다. 300℃에서 뜨임하면 오히려 여린 성질을 띠게 되므로 이 온도에서는 뜨임을 하지 않는다.

4-5 •─ 뜨임 경화

고속도강을 담금질한 후에 550~600℃로 재가열하면 다시 경화된다. 이것을 뜨임 경화라 한다. 따라서, 이런 경우는 뜨임 온도로부터의 냉각은 공기냉각이 필요하며, 급랭시키면 뜨임 균열이 일어나므로 주의하여야 한다.

뜨임 시간은 30~60분간을 표준으로 하되 필히 2~3회 반복 실시함이 필요하다. 2회째 뜨임 온도는 첫 번째보다 약 30~50℃ 낮게 하는 것이 좋다.

표면경화 열처리

1 표면경화의 개요

기어, 크랭크축, 캠, 스핀들, 베어링 등은 충격에 대하여 강인한 성질과 내마모성이 있어야 한다. 강의 표면층은 일정 부분 경화시켜 마모와 피로에 견디게 하고, 내부는 강인성을 갖도록 열처리 하는데 이를 표면경화(surface hardening)라고 한다.

강의 표면경화법은 화학적 방법과 물리적 방법으로 구분된다.

화학적 방법에는 침탄법 (carbonizing), 청화법 (cyaniding), 질화법 (nitriding), 시멘테이션 (cementation) 등이 있다.

물리적 방법에는 고주파 표면경화법 (induction hardening), 화염경화법(flame hardening) 등이 있다.

2 표면경화의 종류

2-1 · 침탄법 (carburizing)

침탄법은 침탄제에 따라 고체 침탄법, 액체 침탄법, 가스 침탄법 등으로 분류된다.

고체 침탄법이란 탄소 함유량이 적은 저탄소강을 침탄제 속에 묻고 밀폐시켜 900~950℃의 온도로 가열하면 탄소가 재료 표면에 약 1mm 정도 침투하여 표면은 경강이 되고 내부는 연강이 된다.

이것을 재차 담금질하면 표면은 열처리가 되어 단단해지고 내부는 저탄소강이 그대로 연강이 되는데 이를 침탄 열처리라 한다.

다음 그림 4-43은 고체 침탄 후의 열처리 과정을 설명한 것이다.

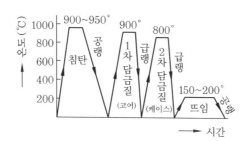

그림 4-43 고체침탄 담금질의 열처리 작업에 관한 도해

(1) 침탄용 강의 구비 조건

① 저탄소강이어야 한다.

② 표면에 결함이 없어야 한다.

③ 장시간 가열하여도 결정입자가 성장하지 않아야 한다.

(2) 침탄제의 종류

① 고체 침탄제 : 목탄, 골탄 $(BaCO)_3$ 40 % + 목탄 60 %

② 액체 침탄제 : $NaCN$, B_2Cl_2, KCN, $NaCO_3$ 등

③ 가스 침탄제 : CO, CO_2, 메탄 (CH_4), 에탄 (C_2H_6), 프로판 (C_3H_8), 부탄 (C_4H_{10}) 등

(3) 침탄량의 증감시키는 원소

① 침탄량을 감소시키는 원소 : C, N, W, Si 등

② 침탄량을 증가시키는 원소 : Cr, Ni, Mo 등

표 4-16 침탄법과 질화법의 비교

침탄법	질화법
1. 경도가 낮다. 2. 침탄 후 열처리가 필요하다. 3. 침탄 후에도 수정이 가능하다. 4. 표면경화를 짧은 시간에 할 수 있다. 5. 변형이 생긴다. 6. 침탄층은 여리지 않다.	1. 경도가 높다. 2. 질화 후 열처리는 필요 없다. 3. 질화 후 수정이 불가능하다. 4. 표면경화 시간이 길다. 5. 변형이 적다. 6. 질화층은 여리다.

2-2 · 질화법 (nitriding)

합금강을 암모니아 (NH_3) 가스와 같이 질소가 포함된 물질로 강의 표면을 경화시키는 방법이며, 침탄법에 비하여 경화층은 얇으나 경도는 크다. 담금질할 필요가 없고 내마모

성 및 내식성이 크며 고온이어도 변하지 않으나 처리 시간이 길고 생산비가 많이 든다.

2-3 • 청화법 (cyaniding)

탄소, 질소가 철과 작용하여 침탄과 질화가 동시에 일어나게 하는 것으로서 침탄 질화법이라고도 한다. 청화제로는 NaCN, KCN 등이 사용된다.

[장점]
① 균일한 가열이 이루어지므로 변형이 적다.
② 산화가 방지된다.
③ 온도 조절이 용이하다.

[단점]
① 비용이 많이 든다.
② 침탄층이 얇다.
③ 가스가 유독하다.

2-4 • 화염 경화법 (flame hardening)

화염 경화법은 산소-아세틸렌 화염으로 제품의 표면을 외부로부터 가열하여 담금질하는 방법이다. 산소-아세틸렌 화염온도는 약 3500℃이므로 강의 표면을 용해하지 않도록 주의하여야 한다. 담금질 냉각액은 물을 사용하며 담금질 후에는 150~200℃로 뜨임한다.

2-5 • 고주파 경화법 (induction hardening)

표면경화할 재료의 표면에 코일을 감아 고주파, 고전압의 전류를 흐르게 하면, 내부까지 적열되지 않고 표면만 급속히 가열되므로 적열된 후, 냉각액으로 급랭시켜 표면을 경화시키는 방법이다.

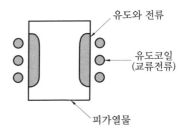

그림 4-44 유도가열 원리

[특징]
① 담금질 시간이 단축되고 경비가 절약된다.
② 생산 공정에 열처리 공정의 편입이 가능하다.
③ 무공해 열처리 방법이다.

④ 담금질 경화 깊이 조절이 용이하다.

⑤ 부분 가열이 가능하다.

⑥ 질량효과가 경감된다.

⑦ 변형이 적은 양질의 담금질이 가능하다.

3 금속 침투법 (metallic cementation)

금속 침투법은 제품을 가열하여 그 표면에 다른 종류의 금속을 피복하는 동시에 확산에 의하여 합금 피복층을 얻는 방법을 말하며 크롬 (Cr), 알루미늄 (Al), 아연 (Zn) 등을 피복시키는 방법을 많이 사용하고 있다.

3-1 크로마이징(chromizing)

Cr 을 강의 표면에 침투시켜 내식, 내산, 내마멸성을 양호하게 하는 방법으로 다이스, 게이지, 절삭 공구 등에 이용된다.

(1) 고체 분말법

Cr 또는 Fe−Cr 분말 60 %, Al_2O_3 30 %, NH_4Cl 3 % 의 혼합 분말 중에 넣어 980~1070℃에서 8~15 시간 동안 가열하면 0.05~0.15 mm 의 Cr 침투층이 얻어진다.

(2) 가스 크로마이징

$CrCl_2$ 가스를 이용하여 Cr 합금층을 형성하도록 한 것으로 조성식은 다음과 같다.

$$CrCl_2 + Fe \rightleftharpoons Cr + FeCl$$
$$Cr_2O_3 + 2Fe + 3C \rightleftharpoons 2[Fe-Cr] + 3CO$$

3-2 칼로라이징(calorizing)

Al 을 강의 표면에 침투시켜 내스케일성을 증가시키는 방법으로, Al 분말 49 %, Al_2O_3 분말 49 %, NH_4Cl 2 %와 강 부품을 용기에 넣어 노 내에서 950~1050℃로 가열하고 3~15 시간 유지시켜 0.3~0.5 mm 정도의 깊이로 침투시킨다. 이것은 취성이 매우 커서

950~1050℃에서 4~5시간 확산 풀림하여 사용하며, 900℃까지 고온 산화에 견디므로 고온에 사용되는 기계 기구의 부품에 이용된다.

3-3 • 실리콘나이징(siliconizing, 규소 침투법, 침규법 浸珪法)

강의 표면에 Si의 침투로 내산성을 증가시켜 펌프축, 실린더의 라이너관, 나사 등에 사용한다.

(1) 고체 분말법

강 부품을 규소 분말, Fe-Si, Si-C 등의 혼합물 속에 넣고 회전로나 침탄로에서 950~1050℃로 되었을 때 Cl_2 가스를 통과시켜 Fe-Si, Si-C와 반응하면 $SiCl_4$ 가스가 발생하며 이 가스가 강에 침투 확산하게 된다. 보통 2~4시간의 처리로 0.5~1.0 mm 정도가 침투된다.

(2) 가스법

$SiCl_2$ 와 H_2 의 혼합가스를 950~1050℃로 가열한 강에 통과시켜 Si를 침투시키는 방법으로 950℃에서 11시간의 처리로 약 1.2 mm 정도 침투된다.

3-4 • 보로나이징(boronizing, 침붕 浸硼)

강의 표면에 붕소(B)를 침투 및 확산시키는 방법으로 경도(Hv 1300~1400)가 높아 처리 후에 담금질이 필요 없으며, 경화 깊이는 약 0.15 mm이다.

3-5 • 기 타

위의 방법 외에 흑연 봉을 양극(+)에, 모재를 음극(-)에 연결하고 공기 중에 방전시키면 철강 표면에 2~3 mm 정도의 침탄 질화층을 만드는 방전 경화법, 용접에 의한 하드페이싱(hard facing), 금속 분말을 분사하는 메탈 스프레이(metal spray) 방법 등이 있다.

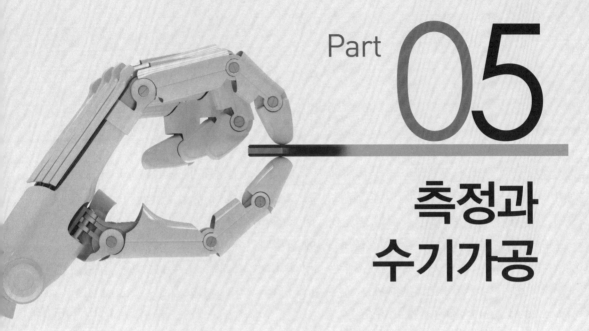

Part 05

측정과
수기가공

측 정

1 측정기의 개요

기계가공 과정에서 기계요소는 공작물의 치수, 형상, 표면상태가 공작도에 표시된 일정한 요구를 만족시켜야 한다. 이 중에서 치수, 형상, 표면상태 등을 가공 중이나 제작후에 측정하여 치수로 나타낸 것을 측정(measurement)이라 한다.

도면에 의해 제작된 기계 부품이 정밀 측정에 합격되었다면 이러한 기계 부품은 각기 다른 장소, 다른 시간에 제작되어 한곳에서 조립할지라도 충분히 기능을 발휘할 수 있어야 한다. 이것을 호환성이라고도 한다. 호환성은 바로 치수의 정밀 측정을 통하여 실현되므로 생산 원가를 절감할 수 있다.

1-1 측정 기구의 감도와 정도

(1) 감도(sensitivity)

측정기구의 감도란 측정하려고 하는 양의 변화에 대응하는 측정기구 지침의 움직임이 많고 적음을 가리키며 일반적으로 그 최소 눈금으로 표시한다.

예를 들면, 측정하려는 양이 0.01 mm 변했을 때 게이지 지침이 1눈금 움직였다고 하면 이 다이얼 게이지의 감도는 1눈금에 대하여 0.01 mm 라고 한다. 또, 온도가 1℃ 변했을 때에 온도계의 수은계가 1 mm 움직였다고 하면 이 온도계의 감도는 1 mm /1℃인 것이다.

(2) 정도 (정밀도)

측정기구를 사용하는 방법이 옳고 정상적인 측정기로 측정하였을 때에 나타나는 최대 오차를 그 측정기구의 정도라고 한다.

일반적으로 그 절댓값에 ±를 붙여서 표시한다.

1-2 ● 측정 오차

측정의 오차는 측정값으로부터 참값을 뺀 값을 가리킨다. 이에는 원인을 조사함으로 써 보정 가능한 계통적 오차, 그리고 원인이 불명확하고 측정자의 주의만으로는 피할 수 없는 보정 불가능한 우연 오차가 있다.

오차율 = 오차 / 참값

(1) 온도의 영향

일반적으로 물체는 온도가 상승하게 되면 팽창하므로 정밀 측정에서는 어떤 길이를 표시하는데 어떤 온도에서 측정되었는지, 또 어떤 온도에서 그 길이를 규정하는지가 중요하다. 우리나라에서는 기계 공업에서 치수 측정의 표준온도는 20℃이며, 영국은 62°F 이다.

치수를 측정할 때의 온도를 t [℃], 측정기의 재료 및 측정할 재료의 열팽창계수를 각 각 α_1, α_2라면 20℃에 대한 제품의 보정량은 $(\alpha_1 - \alpha_2) \times (t - 20)l$ 이 된다.

여기서, 20℃일 때의 제품 치수를 l, t [℃]일 때의 제품 길이를 L 이라 하면

$$L = l + (\alpha_1 - \alpha_2) \times (t - 20)l$$

측정기를 다루는 취급자는 이 온도의 영향을 고려하고, 특히 마이크로메타, 게이지 블록 등을 조작할 경우 온도 상승에 유의하여야 한다.

(2) 시차 (parallex)

측정기가 정확한 치수를 지시하여도 측정자의 부주의로 생기게 되는 관측 오차이다. 측정기의 눈금과 표선이 눈금선의 동일 평면 내에 있으면 관측방향과 관계없이 선의 상 대위치는 동일하게 보인다. 그러나 다른 평면 내에 있을 때는 관측방향에 따라 선의 상 대위치가 달리 보여 오차가 발생하므로 항상 눈금과 일치시켜 측정한다.

그림 5-1 시차

2 길이 측정

2-1 • 자 (scale)

공작용으로는 강판으로 만든 강철자를 널리 사용한다. 그 이유는 팽창 수축이 적어 견고하고 내구성이 있기 때문이다. 보통 30cm와 12인치의 눈금이 새겨져 있다. 또한 설비, 건축 등에 사용되는 접는 자(folding scale)는 목재 또는 강판을 이용해 만들고, 간단한 측정에 사용되는 마는 자(tape scale)는 스프링 강 또는 천으로 제작된다.

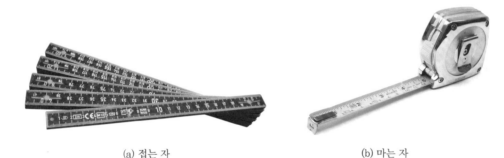

(a) 접는 자   (b) 마는 자

그림 5-2 자의 종류

2-2 • 버니어 캘리퍼스(vernier calipers)

버니어 캘리퍼스는 곧은 자와 2개의 조 (jaw) 및 깊이 바 (depth bar) 로 구성되어 주척의 눈금과 부척의 눈금으로 측정물의 바깥지름, 안지름 및 깊이를 측정하는 측정기이다.

부척의 눈금은 본척의 한 눈금을 1 mm 로 하고 주척의 19개 눈금이 부척에 20등분되어 있다. 따라서, 주척과 부척의 한 눈금의 차는 $1-(19 / 20) = 0.05$ mm 이며 부척으로 읽을 수 있는 최소 눈금이다.

(1) 버니어 캘리퍼스의 종류
① M₁형 버니어 캘리퍼스
   ⒜ 슬라이더가 홈형이며, 내측 측정용 조 (jaw)가 있고, 300 mm 이하에는 깊이 측정자가 있다.
   ⒝ 최소 측정값은 0.05 mm 또는 0.02 mm (19 mm 를 20등분 또는 39 mm 를 20등분) 이며, 호칭치수는 150, 200, 300, 600 mm 가 있다.

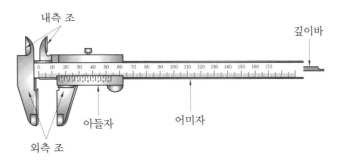

그림 5-3 M₁형 버니어 캘리퍼스

② M₂형 버니어 캘리퍼스

㈎ M₁형에 미동 슬라이더 장치가 붙어 있으며, 호칭치수는 130, 180, 280 mm 가 있다.

㈏ 최소 측정값은 0.02 mm (24.5 mm 를 25등분, 1 / 50 mm)이다.

그림 5-4 M₂형 버니어 캘리퍼스

③ CB형 버니어 캘리퍼스 : 슬라이더가 상자형으로 조의 선단에서 내측 측정이 가능하고 이송바퀴에 의해 슬라이더를 미동시킬 수 있다. CB형은 경량이지만 너무 복잡하여 최근에는 CM형이 널리 사용된다. 조의 두께로는 5 mm 이하의 작은 안지름을 측정할 수 없다.

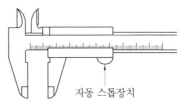

그림 5-5 CB형 자동 스톱장치

④ CM형 버니어 캘리퍼스

슬라이더가 홈형으로 조의 선단에서 내측 측정이 가능하고 이송바퀴에 의해 미동이 가능하다.

최소 측정값은 1 / 50 = 0.02 mm 이며 호칭치수는 300, 450, 600, 1000, 1500, 2000 mm 등이 일반적으로 사용된다. 또한, CM형 롱조 (long jaw) 타입은 조의 길이가 길어서 깊은 곳의 측정이 가능하다. 5 mm 이하의 작은 안지름은 측정할 수 없다.

⑤ 기타 버니어 캘리퍼스

버니어 캘리퍼스 특수형으로 구멍이나 오목한 곳의 깊이를 측정하는 버니어 깊이 게이지(vernier depth gauge), 정반 위에서 높이 측정이나 정밀한 금긋기 작업에 사용되는 버니어 높이 게이지(vernier height gauge), 지침으로 오차를 지시하는 다이얼 부착용 버니어 등이 있다.

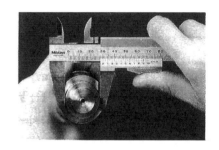

(a) 바깥지름 측정

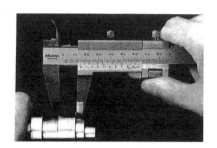

(b) 단 측정

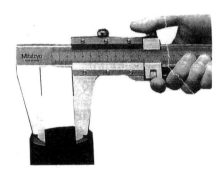

(c) 안지름 측정

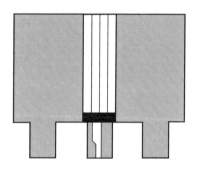

(d) 깊이 측정

그림 5-6 버니어 캘리퍼스의 측정 예

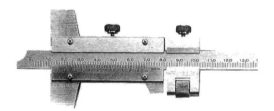

그림 5-7 깊이 버니어 캘리퍼스

그림 5-8 다이얼 버니어 캘리퍼스

(2) 아들자의 눈금

어미자 (본척) 의 $n-1$ 개의 눈금을 n 등분한 것이다. 그러므로 어미자의 1눈금 (최소 눈금) 을 A , 아들자 (부척) 의 최소 눈금을 B 라고 하면, 어미자와 아들자의 눈금차 C 는 다음 식으로 구한다.

$$C = A - B = A - \frac{n-1}{n}A = \frac{A}{n}$$

예를 들어, M형의 버니어 캘리퍼스와 같이 어미자 19 mm 를 20등분하였다면 $C = 1/20$ mm 가 곧 최소 측정 가능한 길이이다.

(3) 눈금 읽는 법

본척과 부척의 0점이 닿는 곳을 확인하여 본척을 읽은 후에 부척의 눈금과 본척의 눈금이 합치되는 점을 찾아서 부척의 눈금 수에 최소 눈금 (예 M형에서는 0.05 mm) 을 곱한 값을 더하면 된다.

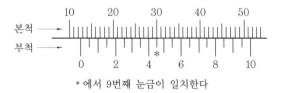

* 에서 9번째 눈금이 일치한다

그림 5-9 버니어 캘리퍼스 눈금읽기

다음은 KS B 5203에 규정된 각종 버니어 캘리퍼스의 호칭치수와 눈금방법을 나타낸 것이다.

표 5-1 각종 버니어 캘리퍼스의 호칭치수와 눈금방법

종류	호칭치수	눈금방법			
		단수	최소 측정길이	어미자	아들자
M형	15 cm (150 mm) 20 cm (200 cm) 15 cm (150 mm) 20 cm (200 mm)	2	1 / 20 mm (0.05 mm)	1 mm	어미자 19 mm를 20등분 하였다.
CB형	30 cm (300 mm) 60 cm (60 mm) 1 m (1000 mm) 15 cm (150 mm) 20 cm (200 mm)	2	1 / 50 mm (0.02 mm)	1 / 2 mm	어미자 12 mm 를 25등분 하였다.
CM형	30 cm (300 mm) 60 cm (600 mm) 1 m (1000 mm)	2	1 / 50 mm (0.02 mm)	1 mm	어미자 49 mm 를 50등분 하였다.

2-3 ● 마이크로미터 (micrometer)

(1) 마이크로미터의 구조

마이크로미터는 나사가 1회전함에 따라 1피치만큼 전진한다는 성질을 이용한 측정기이다. 미터식은 피치가 0.5 mm이므로 스핀들(spindle)이 1 mm를 이동하려면 2회전이 필요하다. 딤블(thimble)의 원주는 50등분되었으므로 $0.5 \times \dfrac{1}{50} = \dfrac{1}{100}$ 이 측정된다.

마이크로미터의 정도는 나사의 피치 오차, 딤블 및 슬리브(sleeve)의 눈금 오차로 결정된다. 일반적인 측정 범위는 0~500 mm 까지 25 mm의 간격으로 구분되어 있고, 앤빌(anvil)을 바꾸어 측정 범위를 다양하게 변화시킬 수 있는 것도 있다. 또, 마이크로미터는 스핀들과 앤빌의 사이에 공작물을 끼울 때의 힘, 즉 측정압에 의하여 측정값이 달라지므로 항상 일정한 측정이 되도록 래칫 스톱 (ratchet stop)을 이용하여 그 이상의 힘이 작용하면 공전하도록 되어 있다.

(2) 마이크로미터의 종류

① 외측 마이크로미터(outside micrometer)

② 내측 마이크로미터(inside micrometer)

③ 깊이 마이크로미터(depth micrometer)

④ 나사 마이크로미터(thread micrometer)

⑤ V－앤빌 마이크로미터(V－anvil micrometer)
⑥ 기어 마이크로미터(gear tooth micrometer)
⑦ 포인트 마이크로미터(point micrometer)

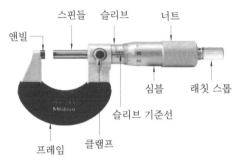

(a) 외측 마이크로미터

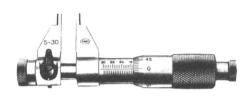

(b) 내측 마이크로미터

(c) 깊이 마이크로미터

(d) 나사 마이크로미터

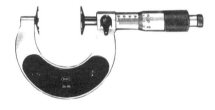

(e) 디스크형 기어 마이크로미터

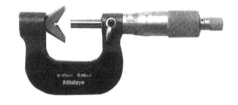

(f) V－앤빌 마이크로미터

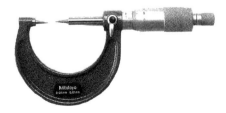

(g) 포인트 마이크로미터

그림 5-10 마이크로미터의 종류

마이크로미터의 0점 조정(zero setting)은 사용 전에 반드시 스핀들과 앤빌을 깨끗이 한 후 래칫 스톱 (ratchet stop) 을 돌려 양측 정면을 접촉시켰을 때 심블 (thimble)의 0점과 주척(sleeve)의 기선이 일치하는가를 확인하여야 한다.

(3) 마이크로미터의 눈금 읽기

마이크로미터의 눈금 읽기는 스핀들의 1회전이 피치 0.5 mm인 심블 전 원둘레의 50등분이므로 심블의 눈금 하나는 스핀들 이동량 0.01 mm를 나타낸다. 이것을 기본으로 하여 마이크로미터의 눈금 읽기 예를 그림 5-12에 나타내었다.

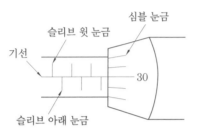

그림 5-11 마이크로미터의 눈금

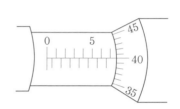

그림 5-12 마이크로미터의 측정값 읽기

2-4 측장기(measuring machine)

측장기는 내부에 표준자 또는 기준편을 가지고 피측정물의 치수와 길이를 직접 구할 수 있는 길이 측정기이다. 용도는 주로 게이지류, 정밀 공구, 정밀 부품의 길이 측정에 사용되므로 비교적 치수가 큰 것을 높은 정밀도로 측정하는 장치로 이루어져 있다.

구체적으로 측장기는 베드, 측정 테이블, 측정 헤드, 측미 현미경, 심압대 등으로 구성되어 있다.

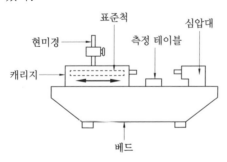

그림 5-13 횡형 측장기 형식

그림 5-14 읽음 장치의 예

2-5 • 하이트 게이지 (height gauge)

(1) 구 조

그림 5-15와 같이 기본 구조는 스케일(scale)과 베이스(base) 및 서피스 게이지(surface guage)로 조합되어 있으며, 여기에 정밀도가 높은 버니어 눈금을 붙여 정확한 측정이 가능하다. 스크라이버는 금긋기에 사용된다.

(2) 하이트 게이지의 종류

① HM형 하이트 게이지 : 견고하여 금긋기에 적당하고 비교적 대형이다. 0점 조정이 불가능하다.

② HB형 : 경량 측정에 적당하나 금긋기용으로는 부적당하다. 스크라이버의 측정면이 베이스 면까지 내려가지 않으며 0점 조정이 불가능하다.

③ HT형 : 표준형이며 본척의 이동이 가능하다.

④ 다이얼 하이트 게이지 : 다이얼 게이지를 버니어 눈금 대신 붙인 것으로 최소 눈금은 0.01 mm이다.

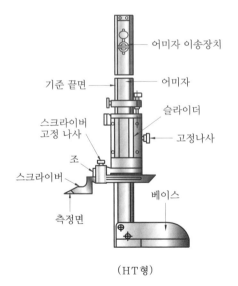

(HT형)

그림 5-15 하이트 게이지

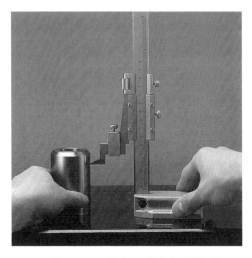

그림 5-16 하이트 게이지 작업 예

표 5-2 하이트 게이지의 눈금방법

눈금(mm)		최소 측정값
본척	버니어	
0.5 mm	12 mm 를 25등분	0.02
0.5 mm	24.5 mm 를 25등분	0.02
1 mm	49 mm 를 50등분	0.02
1 mm	19 mm 를 20등분	0.05
1 mm	39 mm 를 20등분	0.05

3 각도 측정

각도의 단위에는 라디안(radian)과 도(degree)가 있다. 반지름과 같은 호에 대한 중심각을 1라디안이라 하며, 도(°)는 원주를 360등분한 호에 대한 중심각을 1°라 하며, 1°의 1/60 을 1분(′), 1분의 1/60 을 1초(″)라 한다.

3-1 사인 바(sine bar)

사인 바는 그림 5-17과 같이 삼각함수의 사인(sine)을 이용하여 각도의 측정 및 높이를 변화시킴에 따라 임의의 각도를 설정할 수 있으며 각도의 설정은 롤러 중심간 거리 L 인 사인 바의 한쪽 롤러 밑에 블록 게이지를 정반면(定盤面)과 피측정물의 윗면이 평행할 때까지 고여서 각도 α 가 설정되었다면 직각 삼각형의 사인 법칙에서

$$E = l_1 \cdot \sin \alpha$$

$$\sin \alpha = \frac{E}{l_1} \text{이다.}$$

그림 5-17 사인 바

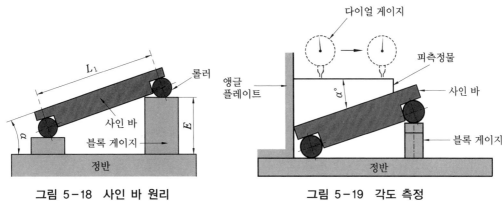

그림 5-18 사인 바 원리

그림 5-19 각도 측정

3-2 •각도 게이지 (angle gauge)

길이 측정 기준으로 블록 게이지가 있는 것과 같이 공업적인 각도 측정에는 요한슨식 각도 게이지와 N.P.L식 각도 게이지가 있다. 이것은 다각면(polygon)과 같이 게이지, 지그 공구 등의 제작과 검사에 사용되며 원주 눈금의 교정에도 사용된다.

(1) 요한슨식 각도 게이지 (Johans type angle gauge)

1918년 요한슨(Johanson)에 의해 고안되었으며, 길이 약 50 mm, 폭 19 mm, 두께 2 mm 의 열처리된 강으로 만들어진 판 게이지(flat[plate] gauge)이다. 지그, 공구, 측정기구 등의 검사에 반드시 필요하며 1개 또는 2개의 조합으로 여러 각도를 만들어 사용할 수 있게 되어 있다.

판 게이지는 49개 또는 85개가 1조를 이루고 있다. 각도 형성에서 85개 조는 0~10°와 350~360° 사이의 각도를 1° 간격으로, 그 외의 각도는 1분(′) 간격으로 만들 수 있으며 49개 조는 0~10°와 350~360° 사이의 각도를 1° 간격으로 그 외의 각도는 5분 간격으로 만들 수 있다. 다음 그림은 게이지 조합의 예이다.

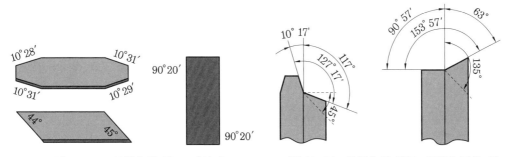

그림 5-20 요한슨식 각도 게이지

그림 5-21 요한슨식 각도 게이지 조합 예

(2) N.P.L 식 각도 게이지

길이는 약 90 mm, 폭은 약 15 mm 의 측정면을 가진 쐐기형의 열처리된 블록으로 각각 6초, 18초, 30초, 1분, 3분, 9분, 27분, 1°, 3°, 9°, 27°, 41°의 각도를 가진 12개의 게이지를 한 조로 한다.

이들 게이지를 2개 이상 조합하여 6초부터 81° 사이를 임의로 6초 간격으로 만들 수 있다. 조합 방법은 블록 게이지와 같다.

N.P.L식 각도 게이지는 측정면이 요한슨식 각도 게이지보다 크고 몇 개의 블록을 조합하여 임의의 각도를 만들 수 있고 그 위에 밀착이 가능하며 조합 후의 정도는 개수에 따라 2~3초 정도이다.

그림 5-22 N.P.L식 각도 게이지 조합 예

(3) 수준기 (level)

수준기는 수평 또는 수직을 측정하는 데 사용한다. 수준기는 기포관 내의 기포 이동량에 따라서 측정하며, 감도는 특종 (0.01 m /m−2초), 제 1 종 (0.02 m /m−4초), 제 2 종 (0.05 m /m−10초), 제 3 종 (0.01 m /m−20초) 등이 있다.

그림 5-23 수준기

4 비교 측정기

비교 측정기는 블록 게이지 또는 표준 게이지를 기준으로 하며 피측정물의 지름 및 길이를 측정하는 데 사용되는 측정기이다.

4-1 • 다이얼 게이지 (dial gauge)

일명 다이얼 인디케이터(dial indicator)라고 한다. 다이얼 게이지는 피측정물의 치수 변화에 따라 움직이는 스핀들 (spindle) 의 직선운동을 스핀들의 일부에 가공된 랙(rack)

과 피니언(pinion)에 의해 회전운동으로 변환되며, 이 회전운동은 피니언과 동축에 고정된 피니언 기어(pinion gear)와 지침 피니언에 의해 확대되어 지침 피니언 축에 붙은 지침에 의하여 균등 눈금상에 지시된다. 이때 지침 피니언과 맞물려 있는 헤어 코일 스프링 기어 (hair coil spring gear)와 동축에 연결된 헤어 코일 스프링은 기어를 항상 동일 기어면에 접촉시켜 기어의 백래시 (backlash) 을 제거하므로 동일 측정면에서 스핀들의 상승, 하강 등의 지시차를 적게 하는 작용을 한다. 또, 코일 스프링(coil spring)은 측정력을 주기 위한 것이고, 스핀들에 연결되어 있는 안내핀(guide pin)은 안내 홈을 따라 움직이며 스핀들의 일부에 가공된 랙의 회전을 방지하며 상하운동을 안내하는 역할을 한다. 측정범위는 0.01~10 mm 가 가장 많이 사용된다.

다이얼 게이지의 용도로는 평행도의 측정, 직각도의 측정, 진원도의 측정, 축의 굽힘 측정, 두께의 측정, 깊이의 측정, 공작기계의 정밀도 검사, 회전축의 흔들림 검사, 기계 가공에서의 이송량 확인 등이 있다.

그림 5-24 다이얼 게이지의 명칭

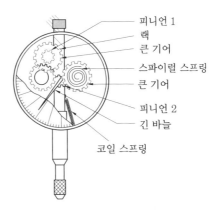

그림 5-25 다이얼 게이지의 내부 구조

4-2 옵티미터 (optimeter)

측정자의 미소한 움직임을 광학적으로 확대하여 측정하는 장치로 배율은 800배이다. 측정 최소 눈금은 0.001 mm, 정밀도는 ±0.25μ 정도이다. 이 방법의 측정기는 확대상이 투영되므로 프로젝터(projector)라고도 하며, 사용 가능한 범위는 각종 나사, 원통의 안지름, 축, 게이지 등과 같은 고정도를 요하는 것을 측정한다.

4-3 • 미니미터 (minimeter)

스핀들의 미소 직선 변위를 레버(lever)를 이용한 것으로 지침에 의해 100~1000배로 확대 가능한 기구이다. 부채꼴의 눈금 위를 바늘이 180° 이내에서 움직이도록 되어 있으며 지침의 흔들림이 미세하여 지시 범위가 60μ 정도이고, 최소 눈금은 보통 0.001 mm, 정밀도는 ±0.5μ 정도이다.

4-4 • 전기 마이크로미터 (electro micrometer)

전기 마이크로미터는 측정물에 측정자를 접촉시켜 측정자의 기계적인 미소 변위를 전기적인 양으로 확대하여 측정하는 장치이다. 측정 범위는 50μ 정도, 정밀도는 ±0.2μ 정도이다.

4-5 • 공기 마이크로미터 (air micrometer, pneumatic micrometer)

보통의 측정기로는 측정이 불가능한 미세한 변화까지 측정할 수 있으며 확대율이 만 배, 정밀도가 ±0.1~1μ이지만 측정 범위는 대단히 작다.

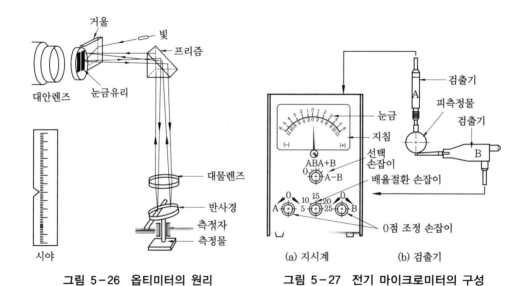

그림 5-26 옵티미터의 원리   그림 5-27 전기 마이크로미터의 구성

일정압의 공기가 두 개의 노즐을 통과하여 대기 중으로 흘러나갈 때 유출부의 작은 틈새의 변화에 따라서 나타나는 지시압의 변화에 의해 비교 측정이 이루어진다. 공기 마이크로미터는 노즐 부분을 교환함으로써 바깥지름, 안지름, 진각도, 진원도, 평면도 등을 측정할 수 있다. 또, 비접촉 측정이라서 마모에 의한 정도 저하가 없으며, 피측정물을 변형시키지 않으면서 신속한 측정이 가능하다.

5 표준 게이지 (standard gauge)

5-1 • 표준 블록 게이지 (standard block gauge)

일명 슬립 게이지(slip gauge)라고 한다. 길이 기준으로 사용되는 블록 게이지는 1897년에 요한슨 (Johanson) 이 처음으로 제작하였다. 보통 단면은 30 mm×9 mm 또는 35 mm×9 mm 이며, 양단면이 평행의 측정구이다. 블록 게이지는 여러 개를 조합하여 그 단면을 밀착시켜서 길이의 기준을 얻는다.

블록 게이지의 형상은 직사각형 단면을 가진 요한슨형, 중앙에 구멍이 뚫린 정사각형의 단면을 가

그림 5-28 표준 블록 게이지

진 호크 (hoke) 형과 원형으로 구멍이 뚫린 캐리(cary)형, 팔각형 단면으로서 2개의 구멍을 가진 것들이 있다.

일반적으로 블록 게이지의 재질은 특수 공구강을 많이 사용하나 최근에는 세라믹을 이용한 것들이 제작되고 있다.

(a) 요한슨형   (b) 호크형   (c) 캐리형

그림 5-29 형상에 따른 블록 게이지 종류

치수 정도 (dimension precision) 는 블록 게이지의 정도를 나타내는 등급으로 AA, A, B, C급의 4등급을 KS에서 규정하고 있으며 용도는 표 5−3과 같다.

표 5−3 블록 게이지의 등급과 용도

등급	용도	검사주기
AA급 (참조용, 최고기준용)	표준용 블록 게이지의 참조, 정도, 점검, 연구용	3년
A급 (표준용)	검사용 게이지, 공작용 게이지의 정도 점검, 측정기구의 정도 점검용	2년
B급 (검사용)	기계공구 등의 검사, 측정 기구의 정도 조정	1년
C급 (공작용)	공구, 낱공구의 정착용	6개월

5-2 • 표준 원통 게이지 (standard cylindrical gauge)

정밀히 규정된 치수로 다듬질된 플러그 게이지(plug guage)와 링 게이지(ring gauge)로서 한 벌로 되어 있다. 플러그 게이지는 공작물 구멍의 안지름을 검사하며 바깥지름 캘리퍼스를 벌리는 기준이 된다. 링 게이지는 환봉에 맞추어 바깥지름을 검사하며 안지름 캘리퍼스를 벌리는 기준이 된다.

5-3 • 표준 테이퍼 게이지 (standard taper gauge)

원통형 게이지와 유사한 것으로 테이퍼는 모스 테이퍼, 브라운−샤프 (Brown & Sharpe) 테이퍼가 사용된다. 그 규격은 번호로 표시한다.

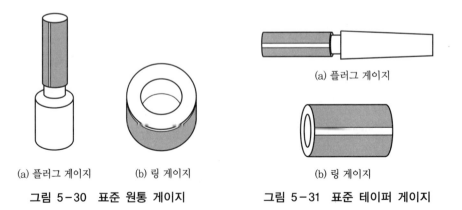

(a) 플러그 게이지   (b) 링 게이지

그림 5−30 표준 원통 게이지

(a) 플러그 게이지

(b) 링 게이지

그림 5−31 표준 테이퍼 게이지

5-4 ▸ 표준 나사 게이지 (standard thread gauge)

각종 치수의 나사를 정밀히 만든 게이지이다. 특히 다이스(dies), 탭, 기타 정밀한 나사 제작에 사용되며 플러그 게이지와 링 게이지로 되어 있다.

(a) 나사 플러그 게이지   (b) 나사 링 게이지

그림 5-32 표준 나사 게이지

5-5 ▸ 한계 게이지 (limit gauge)

제품의 호환성을 충분하게 하기 위해서는 제품에 공차 (최대 치수 − 최소 치수) 범위를 주며, 이때 공차 범위를 측정하는 게이지를 한계 게이지라 한다.

한계 게이지는 통과측(go-end)과 정지측(not-go end)을 갖추고 있는데 정지측으로 제품이 들어가지 않고 통과측으로는 제품이 들어가는데 그때의 제품은 주어진 공차 내에 있음을 나타내는 것이다. 용도에 따라서 공작용 게이지, 검사용 게이지, 점검용 게이지가 있다.

(1) 한계 게이지의 종류

① 봉형 게이지(bar gauge)

㈎ 블록 게이지로 측정하기 힘든 부분에 사용한다.

㈏ 블록 게이지와 같이 단면에 의하여 길이 표시를 한다.

㈐ 단면 형상은 양단 평면형, 곡면형이 있다.

㈑ 블록 게이지와 병용하며 사용법도 거의 같다.

② 플러그 게이지(plug gauge)와 링 게이지(ring gauge)

㈎ 플러그 게이지는 구멍의 안지름을, 링 게이지는 구멍의 바깥지름을 측정하며, 플러그 게이지와 링 게이지는 서로 한 조로 널리 사용된다.

㈏ 캘리퍼스나 공작물 지름 검사에 쓰인다.

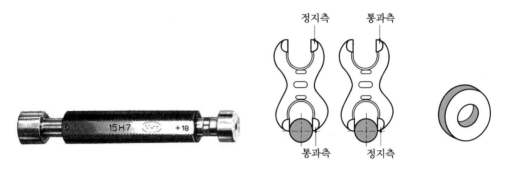

(a) 플러그 게이지   (b) 스냅 게이지   (c) 링 게이지

그림 5-33 한계 게이지의 종류

(2) 한계 게이지의 장·단점

① 제품 상호 간에 교환성이 있다.

② 완성이 필요 이상으로 정밀하지 않아도 되기 때문에 공작이 용이하다.

③ 측정이 쉽고 신속하며 다량의 검사에 적당하다.

④ 최대한의 분업 방식이 가능하다.

⑤ 가격이 비싸다.

⑥ 특별한 것은 고급의 공작기계가 있어야 제작이 가능하다.

6 기타 게이지류

(1) 와이어 게이지(wire gauge)

와이어 게이지는 봉재 지름 및 판재의 두께를 측정하는 게이지이며 번호로서 지름 또는 두께를 표시한다. 이것에는 B.S, B.W.G, S.W.G 등의 규격이 있다. 구멍의 번호가 클수록 와이어의 지름은 가늘어진다.

(2) 나사 피치 게이지(screw pitch gauge)

나사의 피치를 측정하는 게이지이다.

(3) 틈새 게이지(thickness gauge)

미세한 간격을 측정하며 게이지의 길이는 60~150 mm 정도이다. 판 두께는 0.01 mm, 또는 0.001 inch 단위로 표시한다.

(4) 센터 게이지 (center gauge)

선반에서 나사 바이트 설치 및 나사 깎기 바이트 공구각을 검사하는 게이지이며, 미터 나사용 (60°) 과 휘트워드 나사용 (55°) 이 있다.

(5) 드릴 게이지 (drill gauge)

직사각형 강철판에 여러 종류의 구멍이 뚫려 있어서 여기에 드릴을 맞추어 보고 드릴의 지름을 측정하는 게이지이다. 번호로 표시하거나 지름으로 표시한다.

(6) 반지름 게이지 (radius gauge)

여러 종류의 반지름으로 된 것을 조합한 것으로 모서리 부분의 라운딩 반지름 측정에 사용된다.

(a) 와이어 게이지

(b) 나사 피치 게이지

(c) 틈새 게이지

(d) 센터 게이지

(e) 드릴 게이지

(f) 반지름 게이지

그림 5-34 기타 게이지류

7 나사 측정

나사로는 보통 피치, 유효지름, 나사의 각도를 측정한다.

7-1 • 나사 마이크로미터에 의한 측정

V홈과 원뿔체를 앤빌과 스핀들에 붙인 것으로 간단하게 유효지름을 측정할 수 있다. 측정자는 일반적으로 나사의 크기에 따라 교환할 수 있도록 세트로 구비되어 있다.

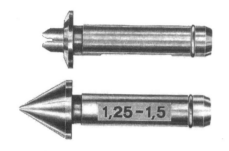

그림 5-35 유효지름 측정자

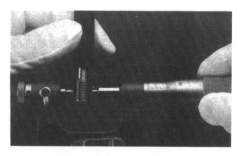

그림 5-36 나사 유효지름 측정

7-2 • 삼침법(three wire system)

나사의 유효지름의 측정에 사용되는 방법이며 정밀도가 가장 높다. 삼침법이란 지름이 동일한 3개의 핀을 이용하여 나사 한쪽에 2개의 핀을, 반대편에 1개를 나사 홈에 삽입한 다음 그 3침의 외측 치수를 측정하여 유효지름을 산출하는 방법이다.

그림 5-37 나사 측정용 3침 설치

(1) 미터나사(metric thread), 유니파이 나사(unified screw thread)

$$E = M - 3d + 0.86603 \times P$$

(2) 휘트워드 나사(Whitworth screw thread)

$$E = M - 3d + 0.96049 \times P$$

여기서, E : 유효지름, M : 3침 삽입 후 바깥지름, d : 3침의 지름, P : 피치

Chapter 02

수기가공

1 수기가공의 개요

수기가공은 공작기계를 사용하지 않고 정(chisel), 줄(file), 스크레이퍼(scraper), 해머, 톱, 탭(tap) 등의 공구를 사용하여 손으로 가공하는 것을 말한다. 기계 가공 기술의 발달로 수기가공 분야에서 활동할 수 있는 범위는 점점 좁아지고 있다.

2 금긋기 공구

공작물에 절삭가공의 기준선을 긋거나 중심 위치를 표시하는 것으로 사용되는 공구는 다음과 같다.

(1) 정반(surface plate)

가공물의 일부 또는 전부에 완성 가공할 형상의 기준선을 그을 때, 가공물을 놓는 평면대를 정반이라고 한다. 정반에는 금긋기 정반과 평면 검사용 정반의 두 가지가 있다. 일반적으로 수준기를 사용하여 평면과 수평을 검사한다.

그림 5-38 정반

(2) 직각자 (square)

공작물을 직각으로 완성 가공할 때 또는 다듬질된 제품이 직각을 이루는가를 검사할 때 사용한다.

(3) 조합 직각자 (combination square)

홈이 있는 자에 센터 헤드 (center head), 직각자 틀, 만능 분도기를 나사로 고정하여 조합한 것으로 직각자 치수의 옮김, 구멍의 깊이 등을 측정하는 데 이용되며, 분도기는 각도 측정, 센터 헤드는 2면이 자의 1측과 45°를 이루고 있으므로 환봉의 중심을 구하는 데 사용한다.

그림 5-39 직각자   그림 5-40 조합 직각자

(4) 서피스 게이지 (surface gauge)

정반 위에 놓고 이동시키면서 공작물에 평행선을 긋거나 평행면의 검사용으로 사용된다. 현재 금긋기 전용으로는 하이트 게이지 (height gauge)를 많이 사용한다.

(5) 금긋기 바늘 (scriber)

선을 긋는 바늘이며, 바늘끝은 다듬질한 공구강으로 제작되어 곧은 것과 굽은 것이 있다.

그림 5-41 금긋기 바늘

(6) 펀치 (punch)

센터 펀치는 가공물의 중심위치 표시 및 드릴로 구멍을 뚫을 자리 표시에 사용되며, 자리내기 펀치(dotting punch or prick punch)는 금긋기 한 것의 흔적을 표시할 때에 사용된다.

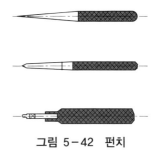

그림 5-42 펀치

(7) 캘리퍼스 (calipers)

다리 끝에 공작물을 대고 다리를 조정하여 크기를 측정한다. 자(尺) 눈이 있어서 직접 측정할 수 있는 것과 자 눈이 없이 다른 자를 이용하여 간접적으로 측정하는 것이 있다. 자 눈이 없는 캘리퍼스에는 보통 퍼스, 이동 퍼스, 스프링 퍼스가 있으며, 바깥지름, 두께 등을 측정하는 바깥지름 퍼스, 안지름, 홈의 폭을 측정하는 안지름 퍼스가 있다.

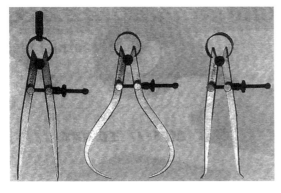

(a) 편파스 (b) 바깥지름 캘리퍼스 (c) 안지름 캘리퍼스

그림 5-43 캘리퍼스의 종류

그림 5-44 V-블록과 클램프

(8) V-블록

금긋기 전용 공구로 90°의 홈을 가지고 있다. 주철 또는 연강을 재료로 하며 2개씩 짝을 지어 한 쌍으로 사용된다.

(9) 디바이더와 트램멜 (divider & trammel)

디바이더는 자(尺)에서 치수를 공작물에 옮길 때, 원을 그릴 때, 선을 등분할 때 사용하며, 트램멜은 큰 원을 그릴 때 사용한다. 빔(beam) 위에 바늘의 위치를 조절하는 장치가 있다.

(10) 기타 공구

기타 금긋기 작업의 공구는 작업에 따라 많은 종류가 있다. 평행대, 바이스, 해머 드라이버, 앵글 플레이트, 수준기, 하이트 게이지, 스트레이지 에지 등이 있다. 또한, 공작물에 금긋기 작업 전에 선이 잘 나타나도록 백묵, 마킹 페인트, 매직잉크 등을 사용한다.

3   정 작업 (chipping)

공작물 표면에 흑피가 있을 때, 다듬질 여유가 클 때 해머로 정의 머리를 때려 정의 선단으로 공작물의 여유 부분을 잘라내는 작업을 정 작업이라 한다.

(a) 정   (b) 해머

그림 5-45   정 및 해머 잡는 방법

정 작업에 사용되는 공구로는 바이스, 정, 해머가 있다. 바이스는 공작물을 고정하는 장치이며 평행 바이스와 수직 바이스가 있다. 정은 탄소 함유량 0.8~1.0 % 인 탄소강으로 열처리하여 타격에 무뎌지지 않도록 한다.

해머는 공구강 또는 주강으로 만들며 양쪽을 담금질한 후 풀림 처리하여 사용하고 크기는 머리의 무게를 기준으로 한다.

그림 5-46   정의 종류   그림 5-47   정 작업 각노

4 줄 작업 (filing)

줄을 사용하여 공작물의 평면이나 곡면을 희망하는 형으로 다듬질하는 작업을 줄 작업이라 한다. 줄 작업은 기계가공이 어려운 부분, 기계가공 후의 끝손질, 조립 시 서로 잘 맞지 않는 부분 등을 다듬질하는 작업이다.

4-1 • 줄 (file)

탄소공구강 면에 정이나 기계작업에서 나타난 돌기 부분을 깎는 데 사용되는 손작업용 공구이다. 줄의 크기는 자루를 제외한 전 길이로 표시한다.

4-2 • 날의 크기 (grade of cut)

날의 피치, 즉 줄의 길이 방향에서 인접한 날 사이의 거리를 평균값으로 하여 거친날, 보통날, 가는날, 고은날의 4종류가 있다.

4-3 • 날의 형상

날의 종류는 줄 눈의 방향에 따라 다음과 같은 종류가 있다.
① 단목(single cut) : 판금의 가장자리, 주석, 납, 알루미늄 다듬질 작업
② 복목(double cut) : 일반 다듬질용, 연질 금속
③ 귀목(rasp cut) : 목재, 피혁, 베이크라이트 등의 비금속
④ 파목(curved cut) : 납, 알루미늄, 플라스틱, 목재

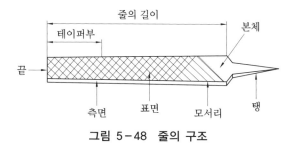

그림 5-48 줄의 구조

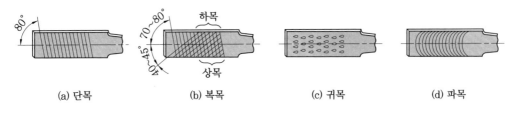

(a) 단목   (b) 복목   (c) 귀목   (d) 파목

그림 5-49 줄 눈의 형상

4-4 • 줄 단면의 형상

줄 단면의 형상은 그림 5-50과 같다.

평형   반원형   원형   사각형   삼각형   사다리형   타원형   부채형

그림 5-50 줄 단면의 형상

4-5 • 줄의 운동방향

줄의 양 끝에 각각 손을 대는 것이 일반적인 방법이며 한 손으로 잡을 때도 있다. 평면을 다듬질할 때는 직진법(straight filing)과 사진법(diagonal filing), 병진법을 이용하며, 특히 공작물을 깎아내는 데 효과적인 사진법이 많이 이용된다.

(a) 직진법   (b) 사진법   (c) 병진법

그림 5-51 줄의 작업방법

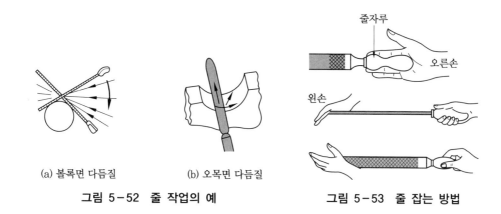

(a) 볼록면 다듬질   (b) 오목면 다듬질

그림 5-52 줄 작업의 예   **그림 5-53 줄 잡는 방법**

4-6 • 절단작업 (cutting)

쇠톱은 금속재료를 절단하는 작업 공구로 틀(flame)에 톱날을 끼워서 사용한다. 쇠톱은 톱날의 구멍을 틀과 조임대의 핀에 끼운 후 나비 너트로 조일 수 있도록 되어 있다. 톱날은 탄소공구강, 합금공구강, 고속도강으로 만들며 한쪽에 날이 가공되어 있고 톱날의 잇수는 절단하는 재료의 종류에 따라 선택한다. 연강과 황동에 사용되는 톱날은 날이 거칠고 잇수가 적으며 강이나 박강판의 톱날은 잇수가 많은 것을 사용한다.

쇠톱의 절단작업은 밀 때에는 힘을 주고 당길 때에는 몸의 상체를 일으키는 기분으로 톱날에 힘을 가하지 않는다.

톱날의 절삭각도는 보통 수평으로 하고, 절삭하는 재료에 따라 다르지만 약 3~5° 경사지게 작업하는 것이 좋다.

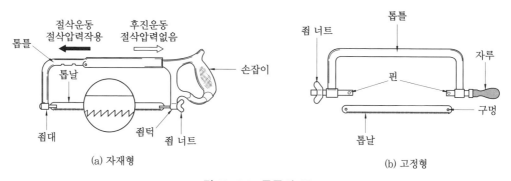

(a) 자재형   (b) 고정형

그림 5-54 톱틀의 구조

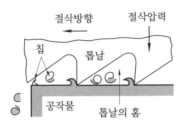

그림 5-55 톱날의 절삭 원리

표 5-4 톱날의 잇수와 용도

잇수 1inch 당	잇수 10mm 당	용도
14	5~6	연강, 구리합금, 경합금 등
18	7	일반구조용강, 탄소강, 주철 등
24	9~10	합금강, 강관, 앵글 등
32	12~13	얇은 철판이나 파이프 등

5　　스크레이퍼 (scraper) 작업

이 작업은 기계가공 또는 줄 작업 후에 정밀 다듬질이 필요할 때 사용되는 방법으로 주철, 황동, 베어링 메탈 등에 이용되며 열처리 경화된 강철에는 사용하기 어렵다.

5-1 • 평면 스크레이퍼 (flat scraper)

공작물이 작고 중량이 가벼울 때는 검사용 정반 위에 놓고 평면이 잘 맞는지를 조사한다.

공작물이 대형이든가 중량이 클 때는 검사용 정반을 물품 위에 놓고 검사한다. 이때 적색 페인트, 광명단 등을 정반 위에 바르고 공작물의 접촉면을 전후, 좌우로 여러 번 이동시키면 높은 면이 착색된다. 이 부분을 스크레이퍼로 깎아낸다.

5-2 • 곡면 스크레이퍼 (hook scraper)

오목면이나 볼록면을 그 면에 알맞는 굽은 스크레이퍼를 사용하여 평면 스크레이퍼와 같은 방법으로 공작물의 높은 부분을 깎아내는 작업을 곡면 스크레이핑이라 한다.

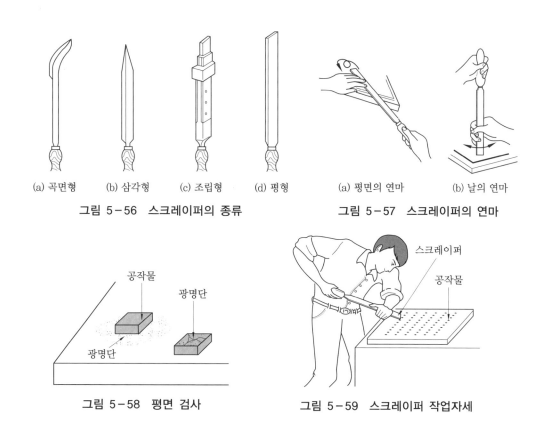

(a) 곡면형   (b) 삼각형   (c) 조립형   (d) 평형

그림 5-56 스크레이퍼의 종류

(a) 평면의 연마   (b) 날의 연마

그림 5-57 스크레이퍼의 연마

그림 5-58 평면 검사

그림 5-59 스크레이퍼 작업자세

6 금긋기 작업

금긋기 작업은 공작의 기준이 되는 중요한 작업으로 공작물의 모양과 크기, 금긋기 면의 상태, 가공 정도의 차이 등 여러 조건을 고려해서 알맞는 공작물의 설치, 기준 잡기, 금긋기의 순서 등을 정한다.

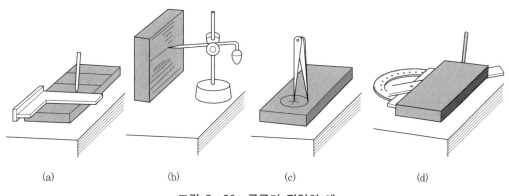

(a)   (b)   (c)   (d)

그림 5-60 금긋기 작업의 예

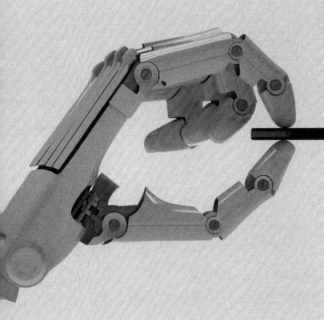

Part 06

절삭가공

절삭가공 총론

1 절삭의 개요

절삭가공(cutting)이란 공작물보다 경도가 높은 절삭공구를 공작물과 접촉시켜 그 사이에서 상대적인 운동을 통하여 피삭재의 불필요한 부분을 절삭, 제거함으로써 필요로 하는 형상의 치수로 제작하는 작업을 말한다.

이때 사용하는 공구로는 단인공구(single point tool)와 다인공구(multi point tool)가 있으며, 일반적으로 절삭이 이루어지면서 일정한 형태의 칩(chip)이 생성될 때 이를 절삭가공이라고 한다. 또한 연삭(grinding)이나 래핑(lapping) 등과 같이 미세한 칩을 발생하는 작업도 절삭이라고 볼 수 있으며 절삭운동의 종류는 다음과 같이 분류한다.

① 공구는 고정된 상태에서 공작물이 회전하는 방식
② 공구와 공작물이 동시에 회전하는 방식
③ 공작물을 고정시키고 공구가 회전하는 방식

1-1 ● 절삭날에 의한 가공

(1) 단인공구(single point tool)에 의한 가공

① 선삭(turning) : 그림 6-1 (a)와 같이 바이트를 사용하는 가공법이며 회전 절삭운동과 직선 이송운동을 조합하여 바깥지름·테이퍼·정면·내면 절삭 등을 가공하는 것을 말한다.

② 평삭(planing) : 그림 6-1 (b)와 같이 바이트를 사용하여 직선 절삭운동과 직선 이송운동을 조합하여 단면을 절삭하는 것을 말한다. 가공물이 비교적 작은 경우에는 바이트에 절삭운동을 주는 셰이퍼(shaper)가 쓰이고 내형 가공물에는 가공물에 절삭운동을 주는 플레이너(planer)가 사용된다. 또, 바이트가 수직 방향으로 절삭운동을 하는 슬로터(slotter)가 있으며, 이러한 공작 기계들은 이송을 임의의 곡선에 따라 조절하면 단면이 곡선을 이루는 곡면으로 가공할 수 있다.

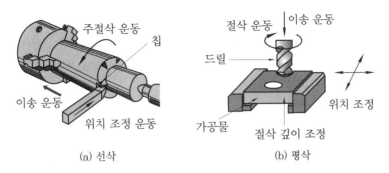

(a) 선삭   (b) 평삭

그림 6-1 단인공구에 의한 가공(선삭 및 평삭의 예)

(2) 다인공구(multi point tool)에 의한 가공

① 밀링(milling) : 원주에 많은 절삭날을 가진 공구를 회전시키고 가공물에 직선 이송
운동을 주어 평면을 절삭하는 방법으로, 그림 6-2 (a)와 같이 회전공구의 원주를
사용하는 것과 그림 6-2 (b)와 같이 회전공구의 단면을 사용하는 것이 있다.

② 드릴링(drilling) : 그림 6-2 (c)와 같이 드릴을 사용하여 공구의 회전 절삭운동과 회
전 중심방향에 직선 이송운동을 주면서 가공물에 구멍을 뚫는 가공법이다.

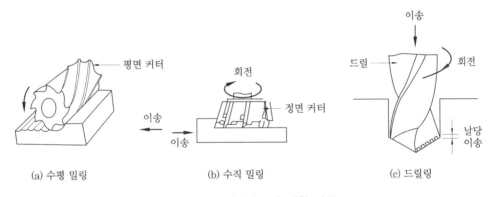

(a) 수평 밀링   (b) 수직 밀링   (c) 드릴링

그림 6-2 다인공구에 의한 가공

1-2 • 입자에 의한 가공

(1) 고정입자에 의한 가공

① 연삭(grinding) : 그림 6-3과 같이 경한 입자를 적정 결합제로 결합한 성형입자 공
구를 이용하여 가공물 표면을 가공하는 방식으로 주로 정밀도가 큰 표면 완성가공
에 사용하며 연삭숫돌의 회전 절삭운동과 이송운동 및 절삭깊이 운동의 조합으로
가공된다. 연삭숫돌과 가공물의 상대운동에 따라 바깥지름, 안지름, 평면 연삭으로

구분된다.

② 호닝(honing) : 주로 구멍 또는 내면 완성가공에 사용되는 방법으로 연삭과는 다른 각형 봉상의 혼(hone)을 고정장치로 설치하여 회전 절삭운동과 함께 축 방향에 왕복운동을 가하면서 가공하는 방식이다.

(2) 분말 입자에 의한 가공

① 액체 호닝(liquid honing) : 액체와 입자를 혼합하여 가공물 표면에 압축 분사시켜 가공하는 방법이다.

② 래핑(lapping) : 그림 6-4와 같이 연삭입자를 랩(lap)과 가공물 사이에 넣어 적당한 압력을 가하면서 상대운동을 시켜 가공하는 방법이다.

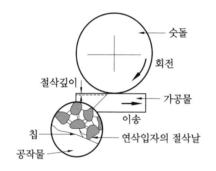

그림 6-3 고정입자에 의한 가공(연삭)

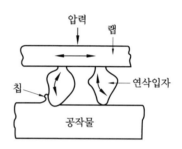

그림 6-4 분말입자에 의한 가공(래핑)

1-3 • 특수 가공

일반적으로 행해지는 가공법은 기계적 에너지 및 열적 에너지를 공급하여 그것을 원동력으로 사용하거나, 기계적 에너지 및 열적 에너지를 가공원리로 하지 않는 많은 가공법이 실용화되었다. 이들 가공법은 일반적으로 사용되어 온 가공법과 대조적이라는 의미에서 특수가공법이라 한다. 특수가공은 공급되는 에너지의 종류에 따라 전기가공(방전가공, 전자 빔 가공, 이온가공, 플라스마 가공), 광 가공(레이저 가공), 음향가공(초음파 가공), 화학가공(화학연마, 화학도금, 전해연마, 전해연삭) 등으로 나눌 수 있다.

이와 같이 칩(chip)을 발생시키지 않는 소성가공(압연, 인발, 압출, 단조, 프레스 등)과 구별하여 절삭가공이라 한다.

[절삭에 미치는 주요요인]

① 가공물의 재질

② 절삭공구의 재질 : 화학성분 및 열처리

③ 칩 단면적 : 깊이×이송

④ 절삭속도 (cutting speed)

⑤ 공구의 형상 : 공구각 (cutting angle)

⑥ 냉각 및 윤활 등이다.

2 칩의 종류와 형태

2-1 • 절삭 칩의 생성

절삭가공할 때 생성되는 칩의 형태는 절삭공구의 모양, 절삭속도, 절삭깊이, 이송, 가공물의 재질 등에 따라 다르며, 이 중 어느 한 조건이라도 충족되지 않으면 그 정도에 따라 불만족한 칩(chip)이 생성되고 가공면의 상태도 불량해진다. 가공물을 공구로 절삭할 때 가공물에서 깎여 나가는 칩을 확대하여 관찰하면 다음과 같이 네 종류의 기본 형태를 보인다.

[형상에 따른 칩의 종류]

• 일반형 칩의 분류

① 유동형 칩(flow type chip)

② 전단형 칩(shear type chip)

③ 열단형 칩(tear type chip)

④ 균열형 칩(crack type chip)

• ASTM 칩의 분류

① 불연속 칩(type Ⅰ)

② 구성인선이 없는 연속칩(type Ⅱ)

③ 구성인선이 있는 연속칩(type Ⅲ)

(1) 유동형 칩(flow type chip)

그림 6-5 (a)와 같이 칩이 공구의 경사면(top rake surface) 위를 연속적으로 흘러나가는 모양을 나타내 연속칩(continuous chip)이라고도 한다. 공구 선단부에서 칩은 전단응력을 받고, 항상 상부에 미끄럼이 생기면서 절삭작용이 행해지므로 진동이 작고 가공표면이 매끈한 가공면을 얻을 수 있다.

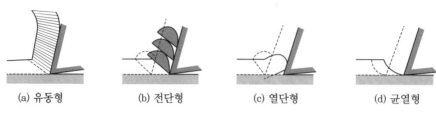

(a) 유동형   (b) 전단형   (c) 열단형   (d) 균열형

그림 6-5 절삭 칩의 생성 모양

[유동형 칩의 발생 조건]

　① 연성(ductile) 재료 (연강, 구리, 알루미늄 등)일 때

　② 칩의 두께가 얇고 작을 때

　③ 절삭속도가 클 때

　④ 바이트 인선의 경사각 (rake angle) 이 클 때

　⑤ 바이트 인선이 날카로울 때

　⑥ 인선에서 최적 온도가 유지될 때

(2) 전단형 칩 (shear type chip)

　바이트에 의해 압축을 받은 바이트 윗면의 재료는 어느 면에 가서 전단을 일으켜 칩이 연속해서 나오게 되는데 이때 가로 방향으로 끊어지려는 상태로 나오게 되는 것이다. 그림 6-5 (b)와 같이 칩의 두께는 항상 변화하므로 바이트면에 걸리는 힘도 변동하여 진동을 일으키기 쉽고 절삭저항과 절삭인선(刃先)의 발열도 변화되어 원활한 절삭이 되기 어려우며 다듬질면도 유동형에 비하여 나쁘다. 전단형 칩은 연성재료를 저속절삭 (low speed cutting)할 때 많이 발생한다.

(3) 열단형 칩 (tear type chip)

　그림 6-5 (c)와 같이 열단형 칩은 가공물의 재료가 점성인 경우 절삭 칩이 공구의 전방 경사면에 점착되어 그 면을 따라 급속히 유동 (flow cut) 되지 않음으로써 점점 절삭날에 집적(集積)되어 공구 날 끝으로부터 앞의 밑쪽 a′방향으로 균열이 생기고 bc면을 따라 전단이 생겨 분리되는 모양의 칩이다.

(4) 균열형 칩 (crack type chip)

　그림 6-5 (d)와 같이 주철과 같은 취성 재료를 저속으로 절삭할 때 bc 방향으로 순간적으로 균열이 발생하는 칩의 형태로, 이때 절삭저항은 끊어지지 않는 불연속칩(discontinuous chip) 으로 크게 변동한다. 따라서, 가공면이 홈을 깊게 만들기 때문에 바람직한 칩의 생성 상태는 아니다.

표 6-1 절삭조건과 칩의 상태

구분	가공물의 재질	공구 경사각	절삭속도	절삭깊이
유동형 칩	연하고 점성이 큼	크 다	크 다	작 다
전단형 칩	↓	↓	↓	↓
열단형 칩	굳고 취성이 큼	작 다	작 다	크 다

2-2 · 절삭칩 형태에 영향을 주는 인자

(1) 가공물의 재질

인성이 비교적 큰 연성재료를 절삭할 때는 절삭조건에 따라 유동형 칩이나 전단형 칩이 생성되고 취성재료에서는 균열형 칩이 생성된다. 인성이 큰 재료는 인장강도가 크기 때문에 인장응력에 의한 파괴보다는 전단응력에 의하여 파괴되기 쉽기 때문에 유동형 칩 또는 전단형 칩이 생성되며, 취성재료는 인장강도가 아주 작기 때문에 공구 날끝의 전방에서 인장응력에 의하여 파괴가 일어나 주로 균열형 칩으로 생성된다.

(2) 절삭조건

그림 6-6은 W. Rosenhain과 A.C Sturney의 연구 결과로서 경사각과 절삭깊이에 따른 칩 형태의 변화를 보여 준다. 가공물은 연강으로 하고 절삭속도를 일정하게 하였을 때 절삭깊이가 작고 경사각이 크면 유동형 칩이 생성된다. 또한, 절삭깊이가 크고 경사각이 작으면 열단형 칩이 되며, 절삭깊이와 경사각이 작으면 전단형 칩이 된다. 따라서, 정밀 가공은 절삭조건을 충분히 고려하여 결정해야 한다.

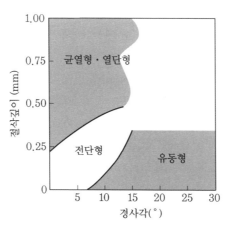

그림 6-6 절삭조건과 칩의 형태

2-3 • 구성인선 (BUE : built-up edge)

연강, 스테인레스강(stainless steel), 알루미늄(Al) 등의 연성가공물을 절삭할 때, 절삭공구에 절삭력과 절삭열에 의한 고온, 고압이 작용하여 절삭 공구인선에 매우 단단한 미세입자가 압착 또는 융착되어 나타나는 현상이다. 이 같은 현상으로 인하여 공구각을 변화시키고, 가공면의 표면거칠기를 불량하게 한다. 또 공구의 떨림(chattering) 현상으로 절삭공구 마모를 크게 하고 절삭에 나쁜 영향을 준다. 이렇게 절삭공구 인선에 부착된 단단한 물질이 절삭공구 인선을 대리하여 절삭하는 현상을 구성인선이라 한다.

구성인선의 발생 과정은 그림 6-7과 같이 발생 → 성장 → 최대 성장 → 분열 → 탈락의 과정을 반복한다.

그림 6-7 구성인선의 발생과정

또한, 구성인선의 발생·탈락의 주기는 극히 짧은 1/100~1/300 s 정도이며, 일반적으로 구성인선을 방지하려면 절삭깊이를 작게 하고 경사각을 크게 하며 공구 날 끝(cutting edge)을 예리하게 하고 윤활성이 있는 절삭제를 사용하며 절삭속도를 크게 할 것 등이 요구된다.

보통 고속도강의 공구를 사용하여 탄소강을 절삭할 때 구성인선은 절삭속도 10~25 m/min에서 쉽게 생기고, 120~150 m/min에서는 생기지 않는데 이 속도를 임계속도라 한다.

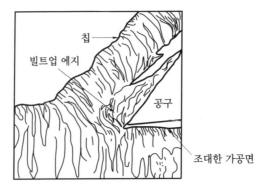

그림 6-8 구성인선

[구성인선의 방지 대책]

① 절삭깊이(depth of cut)를 적게 한다.

② 공구 상면의 경사각(rake angle)을 크게 한다.

③ 절삭공구 인선을 예리하게 한다.

④ 윤활성이 좋은 절삭 유제를 사용한다.

⑤ 절삭속도를 크게 한다.

3 절삭 역학

3-1 • 절삭비와 절삭각 (cutting ratio & shear angle)

그림 6-9와 같이 절삭이 진행되면 공구의 경사면에 수직력과 마찰작용이 크게 작용하여 가공물은 지속적으로 전단작용을 받는다. 이러한 전단작용과 공구·칩 사이의 마찰이 상호 작용하여 칩을 길게 또는 짧게 생성시키는 것이다. 이와 같은 전단을 일으키는 부분을 전단면 또는 전단영역이라 하고, 공구 진행방향과 전단면 사이의 각을 전단각(γ)이라 하며 절삭에서 매우 중요한 역할을 한다.

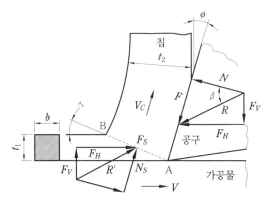

그림 6-9 절삭에서의 역학 관계

그림 6-9에서 보는 바와 같이 칩은 절삭방향과 전단면이 이루는 γ가 크면 얇고 길게 형성되고, γ가 작으면 두껍고 짧아져 전단면적이 커지므로 절삭력이 커야 한다. 절삭의 양부를 나타내는 파라미터를 절삭비(cutting ratio)로 흔히 사용하는데 γ, 절삭비(γ_c) 및 가공물과 공구의 상대 운동방향에 세운 수직선과 공구면이 이루는 경사각(ϕ)의 관계를

알아보면 다음과 같다. 이때 절삭 전의 재료 두께를 t_1, 절삭 후의 칩 두께를 t_2라 한다.

$$\gamma_c = \frac{t_1}{t_2} = \frac{\sin\phi}{\cos(\phi - \gamma)} \qquad \cdots\cdots\cdots\cdots\cdots\cdots\cdots\cdots\cdots\cdots\cdots\cdots\cdots\cdots (6-1)$$

이때 절삭작업에서 절삭 전·후의 칩 폭(b)이 변하지 않는다고 가정하면 다음과 같다.

$$\gamma_c = \frac{t_1}{t_2} = \frac{l_2}{l_1} \qquad \cdots\cdots\cdots\cdots\cdots\cdots\cdots\cdots\cdots\cdots\cdots\cdots\cdots\cdots\cdots\cdots\cdots\cdots (6-2)$$

여기서, l_1은 절삭 전의 칩 길이, l_2는 절삭 후의 칩 길이이다.

3-2 ▶ 절삭 저항 (cutting resistance) 과 힘의 평형

그림 6-9에서와 같이 공구와 가공물 간에 힘의 평형상태가 유지되려면 $R = -R'$이 어야 한다. 전단면상의 전단력을 F_s, 수직력을 N_s라 하고, 공구 동력계로 측정되는 수평분력(주분력)을 F_H, 수직분력(배분력)을 F_v라 하면 다음과 같은 관계가 성립한다.

$$\left. \begin{aligned} F_s &= F_H \cos\phi - F_v \sin\phi \\ N_s &= F_H \sin\phi - F_v \cos\phi \end{aligned} \right\} \qquad \cdots\cdots\cdots\cdots\cdots\cdots\cdots\cdots\cdots\cdots (6-3)$$

또, 경사면상의 마찰력 F와 수직력 N은 다음과 같다.

$$\left. \begin{aligned} F &= F_H \sin\gamma + F_v \cos\gamma \\ N &= F_H \cos\gamma - F_v \sin\gamma \end{aligned} \right\} \qquad \cdots\cdots\cdots\cdots\cdots\cdots\cdots\cdots\cdots\cdots (6-4)$$

따라서, 경사면상의 평균 마찰계수 μ는 다음과 같다.

$$\mu = \frac{F}{N} = \frac{F_H \sin\gamma + F_v \cos\gamma}{F_H \cos\gamma - F_v \sin\gamma} = \frac{F_v + F_H \tan\gamma}{F_H - F_v \tan\gamma} \qquad \cdots\cdots\cdots\cdots\cdots (6-5)$$

μ와 ϕ를 알고 F_H와 F_v를 공구 동력계로 측정하면 위의 식으로도 각각의 절삭력을 계산할 수 있으나 μ와 ϕ는 상호 연관을 가지고 작용하므로 정확한 예측은 할 수 없다.

3-3 ▶ 전단응력 (shear stress)

전단면상의 전단응력을 τ_s, 수직응력을 σ_s라 하고, A_s를 전단면적이라 하면 $A_s = bt_1 / \sin\phi$ 이므로 다음과 같다.

$$\tau_s = \frac{F_s}{A_s} = \frac{1}{bt_1}(F_H \cos\phi - F_v \sin\phi)\sin\phi \qquad \cdots\cdots\cdots\cdots\cdots\cdots\cdots (6-6)$$

$$\sigma_s = \frac{N_s}{A_s} = \frac{1}{bt_1}(F_H\sin\phi + F_v\cos\phi)\sin\phi \quad \cdots\cdots\cdots\cdots\cdots\cdots\cdots \quad (6-7)$$

3-4 • 전단 변형률 (shear strain)

전단 변형률을 구하기 위하여 작은 범위에서 전단되는 유동형 칩의 과정을 그림 6-10과 같이 나타낼 수 있다. 공구 선단이 진행되는 사이에 좌측 부분에서는 전단 변형으로서 Δs의 변형이 생긴다. 그러므로 AB⊥CD를 작도하고 경사각 α, 전단각 ϕ, 전단 변형률 γ라고 하면 γ는 다음과 같다.

$$\gamma = \frac{\Delta s}{\Delta y} = \frac{AB}{CD} = \frac{AD+BD}{CD}$$

여기서, $\angle BCD = \phi - \alpha$이고 $\tan(\phi-\alpha) = \dfrac{BD}{CD}$이다.

$$\gamma = \frac{AB}{CD} = cot\,\phi + \tan(\phi-\alpha) \quad \cdots\cdots\cdots\cdots\cdots\cdots\cdots \quad (6-8)$$

보통 $\phi = 15\sim20°$이고 $\alpha = 10°$ 정도이므로 식 (6-8)로 계산하면 γ는 3~4로 되어 절삭에서 변형률이 크다는 사실을 알 수 있다.

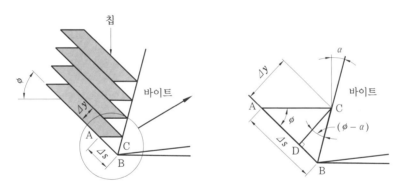

그림 6-10 전단 변형률

3-5 • 속도 (velocity)

가공물에 대한 공구의 절삭속도를 v_c, 공구에 대하여 상대적인 칩의 속도를 v_f, 가공물에 대한 칩의 속도로서 전단면상의 전단속도를 v_s라 하면 속도 선도는 그림 6-11과 같이 나타난다. 이들 상호 간의 관계식은 다음과 같다.

$$v_f = \frac{\sin \phi}{\cos (\phi - \alpha)} v_c = \gamma_c v_c$$

$$v_s = \frac{\cos \alpha}{\cos (\phi - \alpha)} v_c$$

$$v_f = \gamma_c v_c$$

$$v_s = \frac{\cos \alpha}{\cos (\phi - \alpha)} \times \frac{\sin \phi}{\sin \phi} v_c = \gamma v_c \sin \phi \quad \cdots\cdots\cdots\cdots\cdots\cdots\cdots\cdots\cdots \quad (6-9)$$

여기서, v_f 는 절삭비와 더불어 증가하며 v_s 는 전단 변형률과 더불어 증가됨을 알 수 있다.

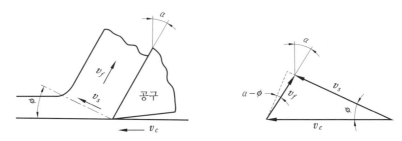

그림 6-11 절삭부에서의 속도 선도

4 절삭저항(cutting resistance)

절삭공구가 공작물을 절삭할 때 공작물이 공구에 작용하는 힘을 절삭저항이라 한다. 바이트에 의한 절삭의 절삭저항은 서로 직각을 이루는 3개의 분력으로 생각할 수 있다.

- 주분력(tangential component of cutting force ; F_1) : 절삭 방향으로 평행한 분력
- 이송분력(axial component of cutting force ; F_2) : 이송 방향과 평행한 분력
- 배분력(radial component of cutting force ; F_3) : 절삭 깊이 방향의 분력

이들 각 분력의 크기를 비교하면

$F_1 : F_2 : F_3 = (10) : (1{\sim}2) : (2{\sim}4)$ 이므로 이송분력이 가장 작은 값임을 알 수 있고 소요동력의 대부분은 F_1 로 소비된다.

주절삭력 F_1 은 공작물의 재질과 조직 등에 따라 달라지며 바이트의 날 설치각의 증가 및 윗면 경사각의 증가에 따라 주절삭력 F_1 은 감소된다.

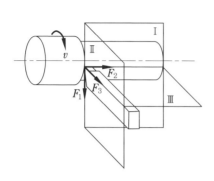

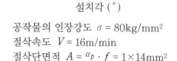

공작물의 인장강도 $\sigma = 80\text{kg/mm}^2$
절삭속도 $V = 16\text{m/min}$
절삭단면적 $A = {}^{a_p} \cdot f = 1 \times 14\text{mm}^2$

그림 6-12 절삭저항의 3분력   그림 6-13 3분력과 설치각의 관계

---

5 절삭동력(cutting power)

공작기계의 절삭동력 N 은 정미절삭동력 N_n , 이송동력 N_f , 그리고 기계 운전에 의한 각부의 마찰에 소비되는 손실동력 N_r 의 합으로 나타낼 수 있다.

$$N = N_n + N_f + N_r \qquad (6-10)$$

공작기계의 기계적 효율을 η 라고 하면

$$\eta = N_n + N_f / N \times 100\,\% \qquad (6-11)$$

따라서, 손실동력 N_r 는

$$N_r = N - (N_n + N_f) = N(1 - \eta)$$

$$= (N_n + N_f)(1 - \eta) \qquad (6-12)$$

으로 나타난다.

그런데 정미절삭동력 N_n 과 이송동력 N_f 는 주절삭력을 F_1 [kg], 이송분력을 F_2 [kg], 절삭속도를 v [m/min], 이송속도를 S [mm/rev], 회전수를 n [rpm] 이라고 하면

$$N_n = \frac{F_1 \cdot v}{60 \times 75}[\text{PS}] = \frac{F_1 \cdot v}{60 \times 102}[\text{kW}] \qquad (6-13)$$

$$N_f = \frac{F_2 \cdot n \cdot S}{60 \times 75 \times 10^3}[\text{PS}] = \frac{F_2 \cdot n \cdot S}{60 \times 102 \times 10^3}[\text{kW}] \quad \cdots\cdots\cdots\cdots\cdots\cdots (6-14)$$

가 되며, N_f 는 N_n 의 2~5 % 정도로 N_f 는 N_n 에 대하여 무시할 수 있는 값이다. 따라서, 식 (6-13)은

$$N_r = N - N_n = N_n \left(\frac{1-\eta}{\eta} \right) \quad \cdots\cdots\cdots\cdots\cdots\cdots\cdots\cdots\cdots\cdots (6-15)$$

로 나타낼 수 있다. 여기서 $\eta = N_n / N$ 이다. 또, N_r 는 공전 소요동력 N_L 과 부하작용 시의 N_L 의 변화, 즉 $N_L{}'$ 의 합으로 나타낼 수 있다. 즉,

$$N_r = N_L + N_L{}' \quad \cdots\cdots\cdots\cdots\cdots\cdots\cdots\cdots\cdots\cdots\cdots\cdots\cdots (6-16)$$

또한, 효율 η 는 부하량에 따라서도 변한다.

5-1 • 절삭속도 (cutting speed)

절삭속도란 공구와 가공물 사이의 관계 운동의 속도를 말하며 m /min 으로 표시한다. 선삭(turning)의 경우 절삭속도 v, 가공물의 지름 d [mm], 매분 회전수를 n [rpm]이라고 하면

$$v = \frac{\pi \cdot d \cdot n}{1000} [\text{m /min}] \quad \cdots\cdots\cdots\cdots\cdots\cdots\cdots\cdots\cdots\cdots\cdots (6-17)$$

5-2 • 이송속도 (feed speed)

이송운동의 속도를 말한다. 선삭에서는 주축 (spindle)의 1회전마다의 이송 (mm / rev) 으로 표시되며, 평삭에서는 공구 또는 가공물의 1왕복마다의 이송 (mm / stroke) 으로, 밀링(milling)에서는 mm /min, mm / rev(커터 1회전에 대한 이송), mm / tooth (밀링 커터의 날 1개마다의 이송)로 표시한다.

5-3 • 절삭깊이 (cutting depth)

절삭깊이는 가공물의 강성, 요구 표면거칠기와 가공 정도에 따라 적절히 선정한다. 거친 절삭시는 이송에서와 마찬가지로 칩 제거율이 최대가 되는 절삭깊이를 선정하나, 다듬 절삭시는 절삭 단면적이 작을수록 표면거칠기와 가공 정도를 향상시킬 수 있으므로 보통 거친 절삭깊이의 1 / 15 정도인 0.2 mm 를 표준으로 해서 조금씩 가감한다. 강은

0.25~0.4 mm, 주철은 0.4~0.5 mm 정도로 선정한다.

5-4 • 절삭 단면적 (chip area)

정확히 말해 절삭될 부분의 단면적이지만, 편의상 칩의 단면적으로 표시한다.

$$q = s \cdot t \,[\mathrm{mm}] \quad \cdots\cdots\cdots\cdots\cdots\cdots\cdots\cdots\cdots\cdots\cdots\cdots\cdots\cdots\cdots\cdots \quad (6-18)$$

여기서, q : 절삭 단면적(mm^2)
$\quad\quad\quad s$: 이송 (mm / rev)
$\quad\quad\quad t$: 절삭깊이

6 절삭온도 (cutting temperature)

6-1 • 절삭온도의 발생과 분산

절삭할 때 발생한 에너지는 대부분 열로 소비되며 공작물 내부에 잔류되어 있는 일정한 양의 열을 절삭온도라 한다. 절삭열은 다음과 같이 3구역으로 생각할 수 있다.

① 전단면 AB에서 전단변형을 일으키는 열(전단면에서 전단 소성변형에 의한 열이며, 저속절삭 범위에서 이 열이 가장 크다.)
② 칩과 공구 경사면과의 마찰열(고속절삭 범위에서 이 열이 가장 크다.)
③ 공작물에서 칩이 분리(AO면)될 때 생기는 마찰열(열 발생에 미소하여 무시할 수 있다.)

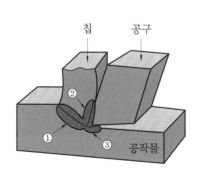

그림 6-14 절삭열의 발생

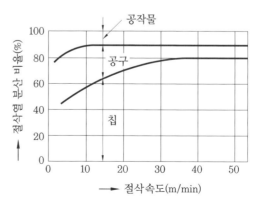

그림 6-15 절삭열의 분산 비율

또한, 절삭시에 발생하는 열은 칩, 공작물, 절삭공구로 각각 분산된다. 이 열의 분산은 절삭속도에 따라 달라지나 대부분의 열이 칩(chip)으로 분산되고 나머지 일부가 절삭공구 및 공작물로 전달된다.

그림 6–15에서와 같이 절삭속도와 절삭조건에 따라 달라지는데 이 중 절삭공구에 전달된 열은 공구의 경도를 저하시키고 마모, 용착의 원인이 되어 공구수명에 영향을 미치며 공작물에 전달되는 열은 가공 정도에 영향을 미친다.

6-2 • 절삭속도와 절삭공구의 온도

절삭속도가 증가함에 따라 절삭열은 대부분 칩과 함께 빠져 나가는데 절삭속도가 일정 범위를 넘으면 공구의 온도는 오히려 저하되는 현상이 일어난다.

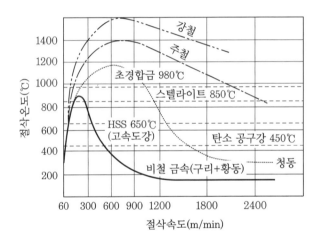

그림 6–16 절삭온도와 절삭속도의 관계

그림 6–16과 같이 절삭공구 인선 끝의 온도는 절삭속도가 빨라지면 처음에는 급격히 상승하다가 후에는 감소한다. 여기서 각종 절삭공구 재료에 따라 절삭이 불가능한 속도 범위가 나타난다.

이 범위를 넘으면 다시 절삭이 가능해진다. 예로서 황동 (Cu–Zn)을 고속도강으로 절삭할 때 약 50~400 m/min의 범위에서는 절삭이 불가능하나 이 범위를 지나면 다시 절삭이 가능해진다.

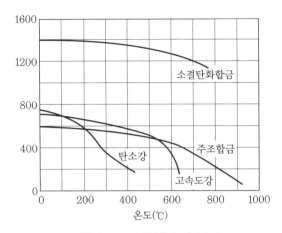

그림 6-17 절삭온도와 경도

6-3 • 절삭온도의 측정

절삭온도를 측정하는 방법에는 다음과 같은 것들이 있다.
① 칩의 색깔에 의한 방법
② 가공물과 공구간 열전대(thermo couple) 접촉에 의한 방법
③ 복사 고온계를 사용하는 방법
④ 칼로리미터(calorimeter)를 사용하는 방법
⑤ 공구에 열전대(thermo couple)를 삽입하는 방법
⑥ 시온 도료에 의한 방법
⑦ PbS 광전지를 이용한 측정 방법

(1) 칩의 색깔에 의한 방법

강을 고속으로 절삭할 때 칩이 여러 가지 색으로 변색되는 것을 경험한다. 이 색은 칩의 온도에 따라 변색하므로 이 색으로부터 반대로 칩의 온도를 구할 수 있지 않을까를 생각해볼 수 있다. 이 색은 풀림(tempering)할 때 생기는 뜨임색(temper color) 또는 연삭 변색이나 가열로 표면에 생긴 산화막에 의한 것이다.

그림 6-18과 같이 밖에서 들어오는 빛의 일부가 그 산화막의 표면에서 반사되고 나머지는 산화막을 투과하여

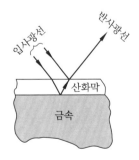

그림 6-18 산화막

금속 자체의 표면에서 반사되며 이 두 개의 빛에는 위상차가 생겨 간섭을 일으키기 때문에 차색되어 간섭색처럼 보이게 된다. 이 위상차는 산화막 두께에 의하여 결정되므로

결국 이 색은 산화막 두께에 의하여 결정된다.

절삭의 경우에 칩이 가열되는 것은 공구 경사면상을 미끄러지는 아주 짧은 시간 (10분의 1초) 이며 이 시간은 절삭속도, 절삭깊이, 공구의 형상 등에 따라 달라진다. 그러므로 칩이 일정 온도 이상으로 유지되는 시간은 최초로 가열된 온도와 냉각속도에 의해 결정된다.

즉, 절삭 조건이 일정할 때 절삭온도가 증가함에 따라 칩의 색은 다음 순서로 변화한다.
산화색－볏짚색－갈색－보라색－농염색－화염색

(2) 가공물과 공구간 열전대 (thermo couple) 접촉에 의한 방법

이것은 열전대의 한쪽을 가공물, 다른 한쪽을 공구로 하고 공구와 가공물의 접촉부, 즉 절삭부의 열기전력을 측정하여 공구의 날 끝 온도를 측정하는 방법이다. 그림 6-19 (a)와 같이 AB는 가공물과 같은 재질의 도선, CD도 공구와 같은 재질의 도선을 사용하면 절삭열에 의하여 가열된 E점의 열기전력은 온도계로 알 수 있다. 구체적인 실험 방법으로는 그림 6-19 (b)가 이용되며, 이렇게 하면 가공물과 공구의 접촉부분 온도만 알 수 있고, 또 그 접촉부분 중에서도 날 끝의 위치에 따라 가공물 온도가 다르므로 평균 온도밖에 알 수 없다.

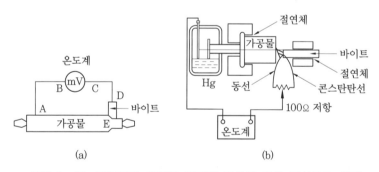

그림 6-19 가공물과 공구간 열전대 접촉에 의한 절삭온도 측정

(3) 복사 고온계 (radiation pyrometer)에 의한 방법

그림 6-20은 복사 고온계의 측정기구로서 절삭부 측면상의 어느 한 점을 측정하는 것이다. 측면에 암염 렌즈 (열선을 통과) 를 설치하면 그 점의 온도에 상당하는 열기전력이 생성되고 그것을 감도가 좋은 전압계로 측정하면 그 점의 온도를 알 수 있다. 또, 측정점의 크기를 한정하기 위하여 중간에 광원 조절장치를 놓고, 거기서 측정점을 조금씩

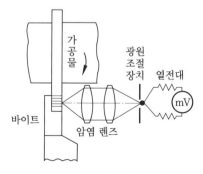

그림 6-20 복사 고온계 측정기구

이동하여 많은 점의 온도를 구하면 그 면의 온도 분포를 파악할 수 있다.

(4) 칼로리미터 (calorimeter) 를 사용하는 방법

유출하는 칩을 즉시 칼로리미터 중에 넣어 칩이 가지고 있는 전열량을 측정하고 이것을 칩의 중량과 비열로 나누어 평균 온도를 구하는 방법으로 칩의 방열만 주의하면 비교적 정확한 결과를 얻을 수 있다. 도구로는 천평, 한난계, 이중병으로 구성된 칼로리미터나 동판으로 만든 용기의 외측을 열절연한 것을 사용한다.

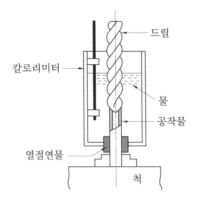

그림 6-21 칼로리미터를 사용하는 절삭열의 측정 방법

전열량 Q는 다음 식에 의하여 구한다.

$$Q = m \cdot (t - t_0) \, [\text{cal}] \quad \cdots\cdots\cdots\cdots\cdots\cdots\cdots\cdots\cdots\cdots\cdots\cdots\cdots\cdots\cdots \quad (6-19)$$

여기서, Q : 발생하는 전열량 (cal)
      m : 물의 질량＋칼로리미터의 수당 질량 (gr)
      t : 절삭 후의 물 온도(℃)
      t_0 : 절삭 전의 물 온도(℃)

(5) 공구에 열전대 (thermo couple) 를 삽입하는 방법

방전 가공법이나 초음파 가공법이 발전하면서 초경 공구에도 가는 구멍을 쉽게 뚫는 것이 가능해졌기 때문에 공구의 선단 근방의 수 개소에 측면으로부터 작은 구멍을 뚫고 열전대를 끼워 넣어서 절삭 중에 각 점의 온도 분포를 측정할 수 있게 되었다.

그림 6-22는 공구 곳곳에 지름 0.5 mm 의 구멍을 방전가공에 의해서 뚫고 지름 0.04 mm 정도의 가는 열전대를 끼워 넣어 각 부의 온도 분포를 측정한 것이다.

그림 6-22 (a)는 열전대의 삽입 방법, 그림 6-22 (b)는 구멍의 위치를 바꾸면서 공구 내의 온도 분포를 구하는 실측 예를 나타낸 결과이다.

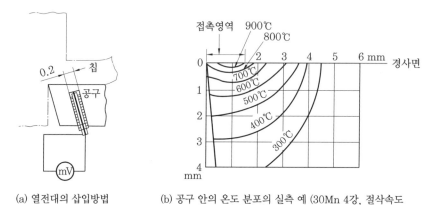

(a) 열전대의 삽입방법　　　(b) 공구 안의 온도 분포의 실측 예 (30Mn 4강, 절삭속도 95m/min, 절삭깊이 3mm, 이송 0.25mm/rev)

그림 6-22　열전대에 의한 절삭온도 측정

(6) 시온 도료에 의한 방법

시온 도료는 일정한 온도까지 가열하면 변색되는 도료로서 온도를 측정하고자 하는 물체의 표면에 칠하고 변색되는 부분의 온도를 측정하는 방법으로 베어링, 열기관, 전기 기계, 기타의 표면온도 측정에 이용되고 있다.

이 방법은 바이트의 여유면에 이 도료를 알코올에 녹여 두께 0.03~0.07 mm 정도로 칠하고 건조한 후 절삭하면 절삭공구 인선 부근이 변색되는데 그 경계선이 도료의 변색 온도를 나타낸다.

그림 6-23은 변색 온도가 다른 여러 종류의 도료에 의하여 바이트 여유면 표면의 온도 분포를 알 수 있다.

그림 6-23　칩의 색깔

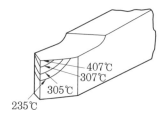

그림 0 24　시온 두료 사용

(7) PbS 광전지를 이용한 온도 측정

공구 여유면(특히 마모 흔적부분)의 온도 분포를 측정하는 방법이며 가공물에 가는 구멍을 뚫고 여유면이 이 구멍을 통과할 때 가는 구멍을 통과하는 열선을 PbS 양전지에서 받아 전기 신호로 변환시켜 측정하는 것이다.

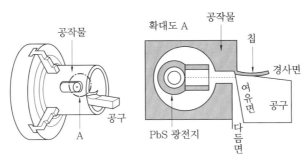

그림 6-25 PbS 광전지를 이용한 여유면 온도 측정

7 공구 수명 (tool life)

7-1 ● 공구 수명의 개요

가공재료의 피삭성을 조사하거나 공구의 성능을 알기 위해 공구수명을 파악하는 것이 필요하다. 금속 가공시 큰 압력으로 마찰이 일어나 공구가 마모되어 공구 본래의 형상을 잃음으로써 절삭저항이 증대된다. 또한, 가공상태가 불량해지는데, 이러한 현상이 어느 한계값을 넘으면 공구를 다시 연삭해야 한다. 이와 같이 공구를 다시 연삭할 때까지 소요되는 절삭시간 또는 절삭 개시에서 공구 교환까지 소요되는 총 절삭시간을 공구수명이라고 한다.

공구수명의 판정법에는 여러 가지가 있으나 다음과 같은 방법들이 많이 사용된다.

① 가공면 또는 절삭한 직후의 면에 광택이 있는 무늬 또는 점들이 생길 때(고속도강)
② 날의 마멸이 일정량에 이르렀을 때(초경합금 공구 사용 시)
③ 완성치수의 변화가 일정량에 이르렀을 때(완성 절삭 시)
④ 절삭저항의 주성분에는 변화가 없지만 배분력이나 이송분력이 급격히 증가하였을 때(고속도강 사용 시)
⑤ 절삭저항의 주성분이 절삭개시 때의 값에 비해 일정량 증가하였을 때

7-2 • 공구 수명식

표 6-2 공구수명 상수 C의 값

가공재료	고속도강(18-4-1)		초경공구
	건식절삭	습식절삭	건식절삭
SM 15 C	154	214	787
SM 25 C	126	176	630
SM 35 C	100	140	494
SM 45 C	80	112	398
SM 60 C	51	72	256
Ni-Cr강	87	122	398
주철 HB 100	115	158	570
HB 150	73	105	362
HB 200	41	56	204
주강	70	112	398
황동	350	-	1750
경합금	1320	-	6590

테일러(Taylor)는 실험으로 공구수명을 비교하여 1907년에 공구수명과 절삭속도 사이의 관계를 다음 식으로 표시하였다.

$$vT^n = C \quad \cdots\cdots\cdots\cdots\cdots\cdots\cdots\cdots\cdots\cdots\cdots\cdots\cdots\cdots\cdots\cdots\cdots\cdots\cdots\cdots\cdots (6-20)$$

여기서, v : 절삭속도 (m/min)

T : 공구수명 (min)

n : 공구와 공작물에 의하여 변하는 지수, 즉 고속도강 0.05~0.2, 초경합금 공구 0.125~0.25, 세라믹 공구 0.4~0.55이며, 일반적으로 $n : 1/10$~$1/5$이 사용되고

C : 공구·공작물 절삭조건에 따라 변하는 값이며, 공구수명을 1min으로 할 때의 절삭속도이다 (표 6-2 참조).

7-3 • 공구 파손

절삭공구는 기계적, 물리적, 화학적 반응으로 여러 형태의 마모가 발생해 절삭공구의 파손으로 연결되어 공구가 완전히 기능을 상실하게 되는데 실제로는 다음과 같은 형태로 나타난다.

(1) 온도 파손(temperature failure)

그림 6-26과 같이 공구의 경도와 강도는 온도에 따라 다르다. 절삭작업에서 절삭속 도가 크면, 절삭온도가 상승하여 마모가 커진다. 마모가 증가하면 공구 첨단의 압력 에 너지는 증가되고, 공구는 약해지면서 충분한 기능을 발휘하지 못하고 결국 파손된다. 이 러한 파손은 가끔 스파크(spark)를 일으키므로 쉽게 확인할 수 있다. 그러므로 공구수명 은 온도의 상승과 더불어 감소되고 마모가 생기면서 절삭저항이 증가한다.

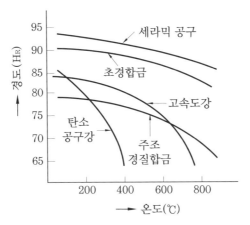

그림 6-26 공구의 경도와 온도의 관계

(2) 크레이터 마모(crater wear)

그림 6-27 (a)와 같이 칩이 절삭공구의 경사면상을 슬라이드(slide) 할 때 마찰력으로 인해 경사면에 생기는 마모를 크레이터 마모라 한다. 이 마모는 유동형 칩(flow type chip)에서 가장 뚜렷하게 나타나는 것으로 점차 진행하면 그림 6-27 (b)와 같이 A-A의 앞부분이 절손되어 절삭저항이 급격히 증대한다.

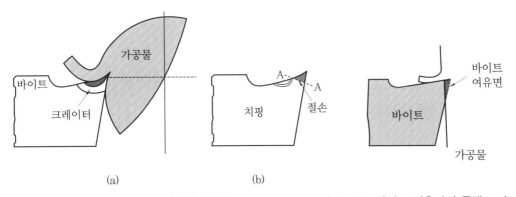

(a)   (b)

그림 6-27 크레이터와 치핑   그림 6-28 바이트 여유면의 플랭크 마모

(3) 플랭크 마모 (flank wear)

그림 6-28과 같이 절삭공구의 플랭크면과 생성된 절삭면 사이의 마찰에 의하여 플랭크면이 절삭방향과 평행하게 마모되는 현상이다. 주철과 같은 균열형 칩이 발생하는 경우에는 크레이터 마모가 발생하지 않는 반면, 여유면 날 끝의 마찰로 인해 바이트의 날끝이 마모된다.

(4) 결손 (chipping)

그림 6-27 (b)와 같이 커터나 바이트로 밀링이나 평삭과 같이 충격 힘을 받는 경우 또는 공작기계의 진동에 의해서 날 끝에 가한 절삭저항의 변화가 큰 경우에 날 끝 선단의 일부가 파괴되어 탈락하는 미세 결손현상이다.

8 공구 재료 (tool material)

8-1 ● 공구 재료의 특성

(1) 고온경도 (hot hardness)

절삭가공의 효율을 높이기 위해서는 빠른 절삭속도와 이송을 하게 된다. 이때 절삭속도가 높아지면 절삭으로 인한 마찰열이 높아지므로 고온에서도 경도가 저하되지 않고 절삭할 수 있는 고온경도가 필요하다.

(2) 내마모성 (resistance to wear)

절삭공구와 가공재료의 마찰에 의하여 절삭공구의 표면이 미세하게 소모되는 현상을 마모라고 한다. 절삭공구는 마모에 견디는 강도, 즉 내마모성이 필요하다.

(3) 강인성 (toughness)

절삭공구로 가공재료를 절삭할 때, 충격 등의 큰 외력을 받으면 파괴된다. 절삭공구는 외력에 의해 파손되지 않고 견딜 수 있는 강인성이 필요하다.

(4) 저마찰성 (low friction)

절삭할 때, 칩이 절삭공구와 마찰하게 되는데, 마찰계수가 적을수록 경제적이고 효율성 높은 절삭을 할 수 있다. 따라서 절삭공구는 저 마찰성이 필요하다.

(5) 제작성이 좋고, 가격이 저렴해야 한다.

8-2 • 절삭공구의 재료

(1) 탄소공구강(carbon tool steel)

탄소 0.60~1.50 %를 함유한 것이 탄소강이며 금속 절삭용은 탄소가 1.2~1.5 % 정도이다. 고온경도가 낮고 날의 온도가 300℃에 이르면 사용할 수 없으므로 주로 탭 작업 같은 저속 절삭용, 총형 바이트용 등 기타 특수목적에 사용되고 있다. 또한, 탄소공구강은 경화층이 얕고 중심부는 비교적 무르며, 강인성(toughness)을 갖는 것이 특징이다.

표 6-3 탄소공구강의 종류, 용도 및 경도

기호	화학성분 (%)					용도	담금질 경도(H_{RC})
	C	Si	Mn	P	S		
STC 1	1.30~1.50	0.50 이하	0.50 이하	0.030 이하	0.030 이하	경질바이트, 면도날, 각종 줄 등	63 이상
STC 2	1.10~1.30	0.35 이하	0.50 이하	0.030 이하	0.030 이하	바이트, 후라이스, 제작용 공구, 드릴, 소형 펀치, 면도날 등	63 이상
STC 3	1.00~1.10	0.35 이하	0.50 이하	0.030 이하	0.030 이하	탭, 나사절삭용 다이스, 쇠톱날, 철공용 끌(chisel), 게이지, 태엽, 면도날	63 이상
STC 4	0.90~1.00	0.35 이하	0.50 이하	0.030 이하	0.030 이하	태엽, 목공용 드릴, 도끼, 철공용 끌, 면도날, 목공용 띠톱, 펜촉 등	61 이상
STC 5	0.80~0.90	0.35 이하	0.50 이하	0.030 이하	0.030 이하	각인, 스냅, 태엽, 목공용 띠톱, 원형 톱, 펜촉, 등사판 줄, 톱날 등	59 이상
STC 6	0.70~0.80	0.35 이하	0.50 이하	0.030 이하	0.030 이하	각인, 스냅, 원형톱, 태엽, 우산대, 등사판 줄 등	56 이상
STC 7	0.60~0.70	0.35 이하	0.50 이하	0.030 이하	0.030 이하	각인, 스냅, 프레스형, 나이프 등	54 이상

[비고] 각종 강재는 불순물이 Cu : 0.30 %, Ni : 0.25 %, Cr : 0.20 % 이하이어야 한다.

(2) 합금공구강(alloy tool steel)

경화능을 개선하기 위해, 탄소량 0.8~1.5% 정도를 함유한 탄소공구강에 소량의 Cr, W, V, Ni 등의 원소를 첨가한 강이다. 탄소공구강보다 절삭능력이 양호하고 내마모성 및 고온경도가 높아 저속 절삭용 및 총형 공구용으로 많이 사용된다. 공구 인선의 온도는 450℃ 정도까지 사용할 수 있으며, W강, W-Cr강, Cr강 등이 주로 사용된다.

표 6-4 합금공구강의 종류, 용도 및 경도

기호	화학성분(%)									용도	담금질 경도 (H_{RC})
	C	Si	Mn	P	S	Ni	Cr	W	V		
STS 1	1.30~1.40	0.35 이하	0.50 이하	0.030 이하	0.030 이하	–	0.50~1.00	4.00~5.00	–	절삭공구, 냉간드로잉용 다이스	63 이상
STS 11	1.20~1.30	0.35 이하	0.50 이하	0.030 이하	0.030 이하	–	0.20~0.50	3.00~4.00	0.10~0.30		62 이상
STS 2	1.00~1.10	0.35 이하	0.50 이하	0.030 이하	0.030 이하	–	0.50~1.00	1.00~1.50	–	탭, 드릴, 커터, 핵소우	61 이상
STS 21	1.00~1.10	0.35 이하	0.50 이하	0.030 이하	0.030 이하	–	0.20~0.50	0.50~0.25	0.10~0.25		61 이상
STS 5	0.75~0.85	0.35 이하	0.50 이하	0.030 이하	0.030 이하	0.70~1.30	0.20~0.50	–	–	원형톱, 띠톱, 핵소우	45 이상
STS 51	0.75~0.85	0.35 이하	0.50 이하	0.030 이하	0.030 이하	1.30~2.00	0.20~0.50	–	–		45 이상
STS 7	1.10~1.20	0.35 이하	0.50 이하	0.030 이하	0.030 이하	–	0.20~0.50	2.00~0.50	–	톱날	62 이상
STS 8	1.30~1.50	0.35 이하	0.50 이하	0.030 이하	0.030 이하	–	0.20~0.50	–	–	줄	63 이상

[비고] 1. STS 1, STS 2 및 STS 7은 V 0.20 % 이하를 함유하여도 좋다.
    2. 각종 불순물로 인해 Ni 은 0.25 % (STS 5와 STS 51은 제외) Cu 는 0.25 % 를 초과해서는 안 된다.

(3) 고속도강(high speed steel)

표 6-5 고속도강의 종류, 용도 및 경도

기호	화학성분(%)										용도	담금질 경도 (H_{RC})
	C	Si	Mn	P	S	Cr	Mo	W	V	Co		
SKH 2	0.70~ 0.85	0.35 이하	0.60 이하	0.030 이하	0.030 이하	3.50~ 4.50	─	17.00~ 19.00	0.80~ 1.20		강력 절삭용 공구, 드릴용	62 이상
SKH 3	─	─	─	─	─	─	─	─	─	4.50~ 5.50	고속절삭용 외 각종 공구	63 이상
SKH 4A	─	─	─	─	─	─	─	─	1.00~ 1.50	9.00~ 11.00	고난삭재 절삭용 외 각종 공구	64 이상
SKH 4B	─	0.85 이상	0.06 이상				─	18.00~ 20.00	─	14.00~ 16.00		64 이상
SKH 5	0.20~ 0.40	0.35 이하	0.06 이하				─	17.00~ 22.00	─	16.00~ 17.00		64 이상
SKH 6	0.70~ 0.85	─	─	─	─	─	─	10.00~ 12.00	1.60~ 2.00	─	각종 절삭용 공구, 드릴용	62 이상
SKH 8	0.70~ 0.80	─	─	─	─	─	─	17.00~ 19.00	0.80~ 1.20	2.00~ 3.00	인성을 필요로 하는 고속도 재료 절삭용 외 각종 공구	62 이상
SKH 9	0.75~ 0.90	─	─	─	─	─	4.00~ 6.00	6.00~ 7.00	1.80~ 2.30	─		62 이상

　　고속도강(high speed steel)은 W, Cr, V, Mo 등을 함유하는 합금강으로 고온경도 및 내마모성이 우수하여 고온절삭이 가능하며 날의 온도는 600℃ 정도까지 열을 받아도 연화되지 않는 특징이 있어 주로 밀링커터, 구멍작업, 드릴, 탭, 리머 등에 사용되며 다음과 같이 2종으로 대별할 수 있다.

　① 표준 고속도강 : W 18%-Cr 4%-V 1%를 함유하는 것을 18-4-1계의 표준 고속도강이라고 한다.

② 특수 고속도강 : 우수한 절삭 성능을 얻기 위하여 Co 및 V 등의 함유량을 많이 첨가 시킨 것이다. 특수 고속도강에는 Co = 4~20 %를 첨가한 것과 탄소 함유량에 따라 V를 증가시킨 것 등이 있다. 고속도강의 열처리 온도는 그 성능에 대단히 중요한 영향을 주게 되므로 재질에 적합한 온도에서 열처리를 해야 충분한 경도를 얻을 수 있다. 고속도강은 적당한 뜨임(tempering) 온도에서 뜨임함으로써 경도의 증가를 얻을 수 있으므로 보통 적당한 담금질(quenching) 및 뜨임을 하여 사용한다. 고온 가열로 인하여 생기는 표면의 산화 및 탈탄을 방지하기 위하여 염욕(salt bath) 을 사용하는 것이 효과적이다.

(4) 소결 초경합금(sintered hard metal)

소결 초경합금은 주성분인 탄화 텅스텐(Wc), 탄화 티탄(Tic), 탄화 탄탈(Tac) 등의 탄화물 분말에 Co, Ni 분말과 같은 금속 결합제를 혼합하여 1400℃ 이상의 고온으로 가열하여 고압으로 압축성형 한 후 소결(sintering)시킨 합금이다. 초경합금의 특징은 경도가 높고, 고온에서도 경도 저하 폭이 크지 않으며, 압축강도가 강에 비하여 월등히 높은 특성을 갖는다. 그러나 초경합금은 취성(brittleness)이 커서 충격이나 진동에는 약하므로 주의하여 사용해야 한다. 미국에서는 카볼로이(Carboly), 영국은 미디아(Midia), 독일은 비디아(Widia), 일본은 당가로이(Tungaloy), 우리나라에서는 초경합금이라는 제품명으로 생산되어 사용되고 있다.

표 6-6 소결 탄화물 경질합금의 성분과 용도

종별	기호	화학성분(%)				경도 RA	벤딩 강도 (kg/min²)	용도
		W	Ti	Co	C			
S종 (강제 절삭용)	SF	53~72	15~30	5~6	8~13	92 이상	80 이상	강재정밀 절삭용
	S₁	72~78	10~15	5~6	7~9	91 이상	90 이상	
	S₂	75~85	6~10	5~7	6~8	90 이상	100 이상	일반강 절삭용
	S₃	78~85	2~6	6~8	5~7	89 이상	110 이상	
G종 (주철 절삭용)	G₁	89~92	–	3~5	5~7	90 이상	120 이상	주철, 비철금속 내마모 기계부분품
	G₂	87~90	–	5~7	5~7	89 이상	130 이상	
	G₃	83~88	–	7~10	4~6	89 이상	140 이상	
D종 (다이용)	D₁	88~92	–	3~6	5~7	89 이상	120 이상	드로잉 다이
	D₂	86~89	–	6~8	5~7	88 이상	130 이상	내마모 기계부분품
	D₃	83~87	–	8~11	4~6	88 이상	140 이상	내마모 기계부분품

표 6-7　소결 탄화물 경질합금의 분류

용도			사용상 분류	재료별 분류	용도			사용상 분류	재료별 분류
절삭공구용	강용	정밀다듬질용	P 01	SF	주물 기타		고속용	K 10	G 1
		고속용	P 10	S 1			중속용	K 20	G 2
		중속용	P 20				저속용	K 30	G 3
				S 2				K 40	
			P 30		내마모용		내마모성 (충격이 작을 때)	V 1	D 1
				S 3			내마모성 (충격이 중간일 때)	V 2	D 2
		저속용	P 40				내마모성 (충격이 클 때)	V 3	D 3
			P 50						
	일반적	고속용	M 10		내충격용		충격이 작을 때		G 5
		중속용	M 20				충격이 중간일 때		G 6
			M 30				충격이 클 때		G 7 G 8
		저속용	M 40						
	정밀다듬질용		K 01						

(5) 주조 경질합금 (cast alloyed hard metal)

대표적인 것으로 스텔라이트 (stellite) 가 있다. 이것은 Co, W, Cr, C 등을 주조하여 만든 합금이다. 강철 공구와 달리 단조 (forging)나 열처리 모두 시행하지 않는 것이 주조합금의 특징이다. 특히, 고온경도와 내마멸성이 크므로 고속절삭 공구로서 특수 용도에 사용되며 850℃ 이내에서 경도와 인성을 유지한다.

표 6-8　스텔라이트의 성분 함유량과 경도

기호\성분	Co (%)	Cr (%)	W (%)	C (%)	기타 (%)	경도 (H_{RC})
A	38	30	18	2.0	12	62.5
B	41	32	17	2.5	5	61
C	52	30	11	2.5	4	60
D	53	31	10	1.5	4	58

(6) 세라믹 공구 (ceramic tool)

산화알루미늄(Al_2O_3 ; 순도 99.5% 이상) 분말을 주성분으로 마그네슘(Ma), 규소(Si) 등의 산화물과 소량의 다른 원소를 첨가제로 하여 소결한 절삭공구이다. 고온에서 경도가 높고 내마모성이 좋아 초경합금보다 고속절삭이 가능하며, 매우 가볍다. 세라믹 공구의 결점으로는 초경합금보다 인성(toughness)이 적고 취성이 커서 충격(impact)이나 진동(vibration)에는 매우 약하다. 세라믹은 고속 다듬질에는 우수한 성질을 타나내지만, 중절삭에는 적합하지 않다.

(7) 다이아몬드 (diamond)

다이아몬드는 최대 경도를 갖는 재료로서 최고급 특수공구로 사용된다. 예를 들면, 경질고무, 베이크라이트(bakelite), Al 및 Al 합금 및 황동의 절삭에 대단히 능률이 좋다. 특히, 초정밀 완성가공 및 연삭숫돌의 보정과 소자가공에 사용된다. 그러나 다이아몬드 공구는 취성이 있고 값이 비싼 것이 결점이다. 다이아몬드의 일반적인 성질은 다음과 같다.

① 알려져 있는 물질 중에서 가장 경도가 크다 (H_B : 7000).
② 어떤 순수한 물질보다도 열팽창이 적다 (강의 12 %).
③ 열전도율이 크다 (강의 2배, 알루미늄의 1 / 3배).
④ 공기 중에서도 815℃ (약 1500°F) 로 가열하면 연소하여 CO_2 로 변한다.
⑤ 금속에 대한 마찰계수 및 마모율이 적다.

(8) 피복 초경합금 (coated tungsten carbide material)

피복 초경합금은 초경합금의 모재 위에 내마모성이 우수한 물질(TiC, TiN, Al_2O_3)을 5~10μm 얇게 피복한 것으로 가스의 플라스마 상태에서 생기는 이온을 이용하여 피복하는 물리적 증착방법(physical vapor deposition)과 반응가스를 고온 (900~1000℃) 에서 화학반응시켜 피복하는 화학적 증착방법(chemical vapor deposition)으로 구분된다. 피복 초경합금은 주로 화학 증착법으로 행하며, 이는 고온에서 증착되기 때문에 접착력이 아주 강하여 강, 주강, 주철, 비철금속 절삭에 많이 사용된다.

(9) CBN 공구 (cubic boron nitride, 입방정 질화붕소)

CBN 은 다이아몬드 다음가는 경도를 지닌 재료로서 CBN의 미소 분말을 초고온·고압 (2000℃, 7만 기압)으로 소결한 것이며 최근에 많이 사용되고 있는 소재이다.

CBN 은 초경합금이니 세라믹보다도 고경도, 고열전두율, 저열팽창률의 장점을 갖고 있다. 다이아몬드와는 달리 공기 중에도 안정된 물질로서 철과의 반응성이 낮아 절삭열이 많이 발생되는 철계 금속의 절삭에 이상적이다. 절삭가공 분야에서 현재까지의 일반적인 상식은 열처리 후의 고경도의 각종 난삭재료는 비능률적으로 경제적인 절삭이 곤란하여 부득이 절삭가공을 하고 열처리한 후 연삭가공을 할 수밖에 없었다.

그러나 CBN 재료의 출현으로 각종 난삭재료, 고속도강, 담금질강, 내열강 등의 절삭이 가능해졌으며, 또한 연삭숫돌의 재료로서 SiC계, Al$_2$O$_3$계보다 장점을 많이 가지고 있어 각종 난삭재료의 연삭가공에 많이 활용되고 있다. 상품명은 보라존 (Borazon) 이라한다.

9 절삭제와 윤활

9-1 • 절삭제 (cutting fluids)

기계가공에서 절삭성능을 향상시키기 위하여 여러 가지의 절삭 유제를 사용한다. 절삭 유제를 사용함으로써 절삭공구와 가공물의 마찰을 줄여 칩을 유동형으로 변환시키기도 하고, 구성인선의 발생을 억제하여 가공면의 거칠기를 향상시킨다.

[절삭 유제의 사용 목적]
① 냉각 작용 : 가공물과 공구의 인선을 냉각시켜 공구의 경도저하를 방지한다.
② 윤활 작용 : 절삭공구와 가공면 칩 사이의 마찰을 감소시킨다.
③ 세척 작용 : 절삭시 발생하는 칩을 분리해 씻어낸다.
④ 방청(防錆) 작용 : 가공면의 부식을 방지한다.

9-2 • 절삭제의 종류

절삭제의 종류는 대단히 많으며, 혼합한 것 또는 혼합하지 않은 것 등이 있으나 일반적으로 다음과 같은 것이 많이 사용되고 있다.

(1) 석유 (petroleum oil)

석유는 금속 절삭유의 60 % 이상을 차지한다. 첨가제가 없는 것 또는 유황, 염소 또는 인 (P) 이 들어 있는 화학약품의 용액이다. 점성이 높고 암흑색을 나타낸다. 작업에 따라서 석유와 유황유 (지방유에 6~12 % 유황을 화학적으로 결합시킨 것)와 혼합하여 사용하며 고속도 절삭에 적합하다. Ni, 스테인리스강, 단조강 등을 절삭하는 데 적합하며 나사깎기, 브로칭 가공(broaching), 깊은 구멍뚫기, 자동선반 작업에 많이 사용된다.

(2) 수용성 절삭유(solube oil)

광물성유를 화학적으로 처리하여 80 % 이상의 물과 혼합하여 사용하는 것으로 유화유 (emulsion) 이다. 표면활성제와 금속부식 방지제를 혼합한다. 점성이 낮고 비열이 큰 까 닭에 윤활작용보다는 도리어 냉각작용이 크다. 따라서, 고속도 절삭 및 연삭작업에서 절 삭액으로 사용된다.

표 6-9 절삭유 선정

공작물재료 \ 절삭종류	황삭가공	사상가공	나사가공	절단가공	구멍가공	널링	리머	테이퍼 연삭 가공
연강	유화유	광유	광유	광유, 유화유	광유	광유	광유	광유
경강	유화유	광유	광유	유화유, 광유	광유	광유	광유	광유
주철	사용안함	사용안함	사용안함	사용안함	사용안함	사용안함	사용안함	광유 (경유)
황동, 청동	유화유만	유화유만	유화유만	유화유만	유화유만	유화유만	유화유만	광유

표 6-10 절삭유의 분류

구분	종류	특성
수용성 절삭유	W_1종	광유 및 계면 활성제를 주성분으로 하고 물에 희석시키면 백색의 현탁액이 된다. 1~3호 통칭 : 에멀션형 수용성 절삭유제
	W_2종	계면 활성제를 주성분으로 하고 물을 추가하여 희석하면 투명 또는 반투명 으로 변한다. 1~3호 통칭 : 솔루블형 수용성 절삭유제
	W_3종	무기 염류를 주성분으로 하고 물을 추가하여 희석하면 투명해진다. 1~2호 통칭 : 설루션형 불용성 절삭유제
불수용성 절삭유	1종	광유 또는 광유와 지방유로 이루어지고 극압 첨가제를 포함하지 않는다. 1~6호 통칭 : 혼성유
	2종	광유 또는 광유와 지방유로 이루어지고 염소, 유황제 및 기타의 극압 첨가 제를 포함한 것이다. 통칭 : 불활성형 불수용성 절삭유제
	3종	2종과 같으며 1~8호 통칭 : 활성형 불수용성 절삭유제

(3) 광물성유(mineral oil)

광물성유로서는 석유, 기계유 또는 이것들을 혼합하여 사용한다. 석유는 점도가 낮은 까닭에 절삭속도가 높을 때 사용되고 점도가 높은 기계유는 저속도 절삭, 즉 태핑 (tapping), 브로칭(broaching) 가공 등에 사용된다. 점도를 높이기 위하여 유화 또는 염 화하여 사용한다.

(4) 지방질유 (fatty oil)

지방질유에는 동물성유, 식물성유 및 어유를 포함한다. 보통 단독으로 사용되나 때로는 높은 점성을 주기 위하여 광물성유를 첨가한다. 동물성유로는 돈유 (lard oil) 가 많이 사용되며 식물성유보다 점성이 높아 저속절삭과 다듬질 가공에 쓰인다. 동물성유만으로 사용할 경우는 적고, 5~50 % 의 광물성유를 혼합하여 윤활성을 향상시킨다.

돈유와 테레빈유를 여러 가지 비율로 혼합한 것은 Al 또는 굳은 강철을 절삭할 때 또는 유리에 구멍을 뚫을 때 쓰인다. 또, 돈유와 석유의 혼합유는 Al 및 밀링가공 (milling) 할 때 쓰인다.

식물성유에는 종자유 (seed oil), 대두유, 올리브유, 면실유, 피마자유 등이 있으며 모두 점도가 높고 양호한 유막을 형성하여 좋은 윤활성능을 발휘하여 가공면을 곱게 만든다.

그러나 냉각작용은 원활하지 못하며 구성인선(built-up edge)의 발생을 감소시킨다. 나사깎기, 기어가공, 다듬질 절삭 등에 많이 사용된다.

(5) 고체 윤활제 혼합액 (suspension of solid lubricants)

흑연 및 이유화 몰리브덴 등 고체 윤활제를 섞은 절삭유를 사용할 때가 있다. 절삭깊이, 이송, 절삭속도 등과 피절삭 재료에 따라 절삭유를 선택하여 사용한다.

9-3 • 윤활 (lubrication)

움직이는 두 물체의 사이에 윤활체(기체, 액체, 고체)를 공급해 마찰저항을 줄여 그 움직임을 원활하게 하는 동시에 기계적 마모를 줄이는 것을 윤활이라 한다.

윤활제의 구비조건은 사용 상태에서 충분히 정도를 유지할 것, 한계 윤활상태에서 견디어 낼 수 있는 유성(油性)이 있을 것, 산화나 열에 대한 안정성이 높고 화학적으로 불활성이며 깨끗하고, 균질할 것 등이다. 또한, 윤활의 목적으로는 윤활작용, 냉각작용, 밀폐작용, 청정작용 등이 있다.

(1) 윤활 방법

① 유체 윤활 (fluid lubrication) : 완전 윤활 또는 후막 윤활이라고도 하며, 유막에 의해 마찰면이 완전히 분리되어 베어링 간극 중에서 균형을 이루게 된다. 하중, 속도 및 충분한 윤활상태가 유지되면 마찰은 윤활유의 정도와 관련이 있을 뿐 금속의 성질에는 거의 무관하다.

② 경계 윤활 (boundary lubrication) : 불안전 윤활이라 하며 이것은 유체 윤활상태에서

하중이 증가하거나 윤활제의 온도가 상승하여 점도가 떨어져 유압막으로는 하중을 지탱할 수 없는 상태를 말하며 경계 윤활은 고하중 저속 상태에서 일어나기 쉽다.

③ 극압 윤활(extreme pressure lubrication) : 고체 윤활이라고도 하며, 하중이 더 증대되어 마찰온도가 높아지면 유막이 하중을 지탱하지 못하고 파괴되어 금속과 금속이 접촉되며 서로 달라붙는 현상이다.

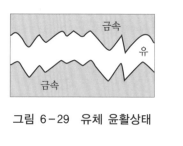

그림 6-29 유체 윤활상태

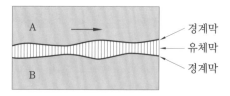

그림 6-30 이상적인 유체 윤활상태

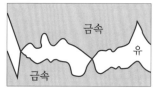

그림 6-31 경계 윤활상태

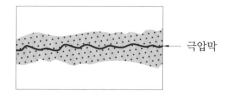

그림 6-32 극압 윤활상태

(2) 윤활제의 종류

① 액체 윤활제 : 광물성유와 동물성유가 있으며 점도, 유동성, 인화점은 동식물유가 좋고, 고온에서의 변질이나 금속의 부식성은 광물성유가 좋다.

② 고체 윤활제 : 흑연, 활석, 운모 등이 있으며 그리스(grease)는 반고체유이다.

③ 특수 윤활제 : 극압물(P, S, Cl)을 첨가한 극압 윤활유와 응고점이 −35~−50℃인 부동성 기계유, 내한, 내열에 적합한 실리콘유, 절삭 시 냉각과 마찰을 감소시키기 위하여 사용하는 절삭유가 있다.

(3) 윤활제 급유방법의 종류

① 적하 급유방법(drop feed oiling) : 마찰면이 넓은 부분 또는 시동 빈도가 많을 때 사용하고 저속 및 중속 축의 급유에 사용한다.

② 오일링 급유방법(oiling lubrication) : 고속 축의 급유를 균등히 할 목적으로 사용되며 사용 회전 축보다 큰 링을 축에 기름통을 통하여 축 위에서 급유한다.

③ 강제 급유방법(circulating oiling) : 고속 회전에 베어링의 냉각 효과를 필요로 할 때 경제적인 방법으로 대형 기계에 자동 급유되도록 순환 펌프를 이용하여 급유한다.

④ 비말 급유방법(splash oiling) : 커넥팅 로드(connecting rod) 끝에 달린 기름 국자로

부터 기름을 떠 올려 비산시키는 방법으로 경제적이다.

⑤ 패드 급유방법(pad oiling) : 무명과 털을 섞어서 만든 패드 일부를 기름통에 담가 저널의 아랫면에 모세관 현상으로 급유하는 방식이다.

⑥ 담금 급유방법(oil bath oiling) : 마찰부 전체를 기름 속에 담가서 급유하는 방식으로 피벗 베어링에 사용된다.

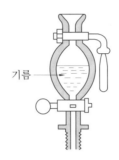

그림 6-33 실린더 적하 급유

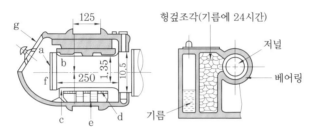

그림 6-34 패드 급유방법

선 반

1 선반의 개요

  선반(lathe)은 주축(spindle) 끝단에 부착된 척(chuck)에 가공물(work piece)을 고정하여 회전시키고, 공구대(tool post)에 설치된 공구(bite)로 절삭깊이(depth of cut)와 이송(feed)을 주어 가공물을 주로 원통형으로 절삭하는 공작기계이다. 즉 회전운동과 직선 이송운동의 조합으로 원통형상의 제품을 절삭하는 공작기계이다. 그림 6-35는 선반의 기본적인 가공방법을 나타낸다.

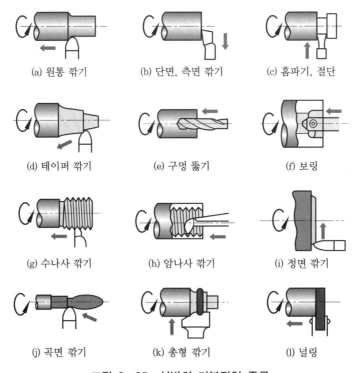

(a) 원통 깎기	(b) 단면, 측면 깎기	(c) 홈파기, 절단
(d) 테이퍼 깎기	(e) 구멍 뚫기	(f) 보링
(g) 수나사 깎기	(h) 암나사 깎기	(i) 정면 깎기
(j) 곡면 깎기	(k) 총형 깎기	(l) 널링

그림 6-35 선반의 기본작업 종류

2 선반의 분류 및 종류

2-1 • 선반의 분류

① 가공물의 재질에 따라 : 금속용 선반, 목공용 선반
② 설치 상태에 따라 : 고정식 선반, 이동식 선반
③ 축 방향에 따라 : 수평식 선반, 수직식 선반
④ 동력 전달법에 따라 : 피대차식 선반, 수압식 선반
⑤ 이송기구에 따라 : 자동식 선반, 비자동식 선반
⑥ 주축의 회전수에 따라 : 저속도 선반, 고속도 선반
⑦ 절삭량에 따라 : 강력 선반, 중력, 선반, 경력 선반
⑧ 축의 개수에 따라 : 단축, 2축, 다축 선반
⑨ 베드의 형상에 따라 : 영식, 미식, 갭(gap)식
⑩ 작업 목적에 따라 : 보통 선반, 탁상 선반, 정면 선반, 터릿 선반, 자동 선반, 수직 선반 등

2-2 • 선반의 종류

(1) 보통 선반 (engine lathe)

일반적으로 선반이라 하면 보통 선반을 의미한다. 주요 부품은 주축대(head stock), 심압대(tail stock), 베드 (bed), 왕복대(carriage) 및 이송기구로 구성되어 있다.

그림 6-36 보통 선반

(2) 탁상 선반(bench lathe)

작업대 위에 설치하고 시계부속 등 작고 정밀한 가공물을 가공하기 위한 선반으로 구조는 보통 선반과 같으나 크기가 작다.

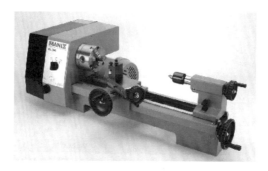

그림 6-37 탁상 선반

(3) 공구 선반(tool room lathe)

정밀한 공구제작을 위한 부속장치를 가진 선반이다. 일반적으로 기어 변속장치를 통하여 많은 속도 단수로 회전하여 공작물 진동 방지대(center rest), 급속 변환기어, 리드 스크루(lead screw), 이송봉(feed rod), 테이퍼 가공장치(taper attachment), 체이싱 다이얼(chasing dial), 척(chuck), 콜릿 장치(draw-in collect attachment) 및 공구의 릴리빙 장치(2심 깎기장치) 등을 장치한다. 또, 심압대(tail stock)에는 센터 끝이 손상되지 않게 하기 위하여 베어링 센터(bearing center)를 장치할 때도 있다. 소공구, 게이지, 다이(die), 기타 정밀한 기계부속을 가공하는 사용하는 선반이다.

(4) 터릿 선반(turret lathe)

터릿 선반은 6~8종 정도의 절삭공구를 부착하고 가공순서에 따라 절삭공구 부착대의 절삭공구를 적절하게 변경하여 가공해 가는 기계이다. 즉 능률적인 가공을 목적으로 한 공작기계이다. 보통 선반의 심압대 대신 터릿대(turret carriage)를 놓은 것이며 터릿 원형 또는 6각형이다.

터릿 선반을 터릿의 구조에 따라 분류하면 터릿의 회전축이 축선과 직교한 것에는 램형(ram type), 새들형(saddle type)이 있고, 축선과 평행한 것에는 드럼형(drum type)이 있다.

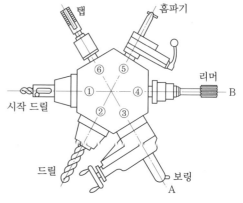

그림 6-38 터릿대의 공구 배치

램형 터릿 선반의 터릿은 슬라이드 (slide) 위에 고정되어 베드에 고정된 새들 안에서 길이 방향으로 움직이는 터릿 선반이다. 이것은 봉재의 작업 능력으로 65 mm 이내의 소형 또는 중형 터릿 선반에 이용되며 신속하게 램이 이동하는 특징이 있다. 터릿은 수평면 위에서 회전하는 것이 보통이며, 소형 터릿 선반에서는 회전축이 15° 정도 앞으로 경사진 것과 기계 전면을 향하여 수직으로 설치된 것도 있다.

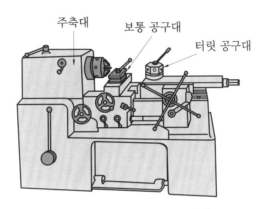

그림 6-39   램형 터릿 선반

새들형 터릿 선반은 터릿이 새들 위에 장치되어 있으며 이 새들은 에이프런 또는 기어박스와 함께 베드 위를 길이 방향으로 이동한다. 터릿 대신에 분할회전 테이블을 장치하고 그 위에 공작물을 따라 공구판 (tool plate) 을 올려놓고 작업을 하는 플랫형 터릿 선반 (flat type turret lathe) 도 있다.

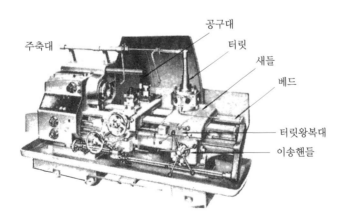

그림 6-40   새들형 터릿 선반

드럼형 터릿 선반은 새들 위에 주축의 축심과 평행히 회전 드럼을 장치하고 그 밑에 붙은 분할판에 장치, 제거하기 쉬운 공구판을 설치하도록 되어 있다. 이 면판은 회전하

며 분할하는 동시에 회전이송도 되며 이것으로 공구에 전후이송을 줄 수 있다. 드럼의
후단에는 공구의 절삭길이를 제한하는 정지장치가 있으며 복잡한 형상의 소형 공작물을
가공하는 데 편리하다.

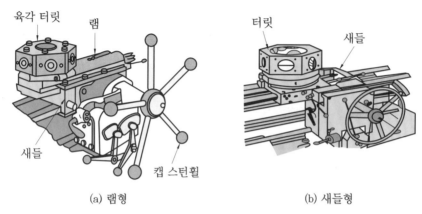

(a) 램형   (b) 새들형

그림 6－41   터릿대의 형식

(5) 모방 선반 (copying lathe)

가공하고자 하는 공작물과 같은 실물이나 모형을 따라 공구대가 자동적으로 절삭깊이
및 이송운동을 하는 것으로 모형과 같은 윤곽을 깎아내는 선반이다.

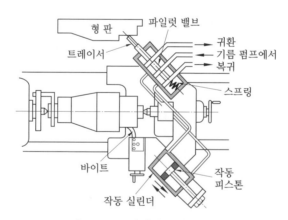

그림 6－42   선반의 모방 절삭장치

(6) 정면 선반 (face lathe)

지름이 큰 공작물을 정면가공하기 위하여 특히 스윙(swing)을 크게 만든 선반이며, 플
라이 휠(fly wheel)이나 큰 벨트 풀리 등의 절삭가공에 쓰인다.

(7) 자동 선반(automatic lathe)

가공물의 떼어 내리기는 작업자가 한 개씩 손으로 하고 나머지 작업은 자동적으로 하는 선반으로 다음과 같은 분류가 있다.

그림 6-43　자동 선반

① 작 업
　　㈎ 센터 작업용(for center work)　　㈏ 척 작업용(for chuck work)
　　㈐ 바 작업용(for bar work)
② 공구대 형식
　　㈎ 보통 공구대(ordinary tool post)　㈏ 터릿 공구대(turret tool post)
③ 주축의 수
　　㈎ 단축 자동 선반(single spindle)　㈏ 다축 자동 선반(multiple spindle)
④ 작업의 자동화
　　㈎ 전자동 선반(automatic lathe)　　㈏ 반자동 선반(semi-automatic lathe)

(8) 기타 특수 선반

① 차축 선반(axle lathe) : 철도 차량용 차축을 주로 가공하는 선반이며, 면판붙이 주축대 2개를 마주 세운 구조이다.
② 크랭크 축 선반(crank shaft lathe) : 크랭크 축의 베어링 저널 부분과 크랭크 핀을 가공하는 선반으로, 베드(bed) 양쪽에 크랭크 핀을 편심시켜 고정하는 주축대가 있다.
③ 수치제어 선반(numerical control lathe : NC 선반) : 가공에 필요한 절삭조건을 수치적인 부호로 변환시켜 천공 테이프 또는 카드에 기록하고 컴퓨터의 정보처리 회로와 서보(servo) 기구를 이용하여 정보화하고 공구와 새들을 제어시켜 자동적으로 절삭가공이 되도록 만든 선반이다.

그림 6-44 정면 선반

3 선반의 구조

3-1 • 선반의 각부 명칭

선반은 여러 가지 종류가 있으나 기본이 되는 보통 선반의 각부 명칭은 다음 그림 6-45와 같다.

그림 6-45 선반의 각부 명칭

3-2 • 선반의 구조

선반의 구조는 크게 나누어 주축대(head stock), 베드(bed), 심압대(tail stock), 왕복대(carriage), 이송기구(feed mechanism)로 구분된다.

(1) 주축대

주축대(head stock)에는 공작물을 지지하면서 회전을 주는 주축(spindle)과 변속장치 및 왕복대의 이송기구가 내장되어 있다. 주축은 굽힘과 비틀림 모멘트에 의한 응력에 대해 충분히 안전하게 설계되고 재질도 Ni-Cr강과 같은 특수강을 사용하여 정밀하게 만들어진다.

또, 주축은 중공축으로 되어 있어 길이가 긴 봉재 공작물을 관통시켜 가공하는 데 편리하도록 되어 있다. 주축의 우측 단에 면판이나 척을 고정하기 위한 나사부가 있고, 구멍 끝에는 센터를 고정하기 위한 테이퍼가 있다. 이 테이퍼를 모스 테이퍼라 한다.

최근 고속선반에는 원추형 볼 베어링을 사용하고 베어링 간격이 길어지면 그림 6-46과 같이 3점 지지로 하여 휨과 진동을 방지하고 있다.

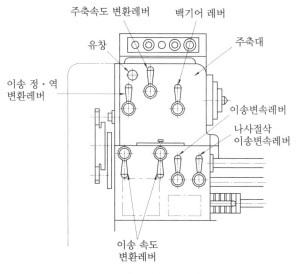

그림 6-46 주축대의 외부 구조

주축을 중공으로 하면 굽힘과 비틀림에 대한 강성은 커지고 중량은 가벼워지므로 베어링 하중이 감소되고 긴 환봉 재료작업이 가능해지며 센터를 뽑아내거나 콜릿 척을 사용할 수 있는 이점이 있다.

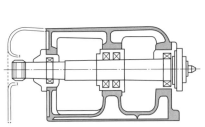
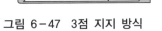
그림 6-47 3점 지지 방식

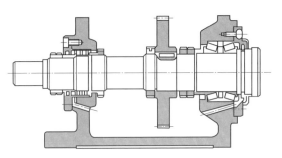
그림 6-48 테이퍼 롤러 베어링을 사용한 선반의 주축

선반 주축단 (spindle nose) 은 나사식이 사용되었으나 절삭속도가 빨리짐에 따라서 면 판이 빠져나갈 위험이 있으므로 최근에는 플랜지식(flange type), 캠록식(cam lock type), 테이퍼 키식(taper key type) 등이 많이 사용된다.

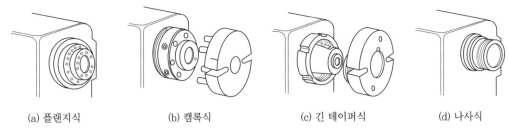

(a) 플랜지식   (b) 캠록식   (c) 긴 테이퍼식   (d) 나사식

그림 6-49 주축의 끝 모양 종류

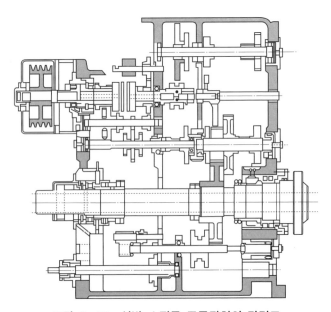

그림 6-50 선반 스핀들 구동장치의 단면도

주축대는 주축 구동과 왕복대의 자동 이송장치 및 나사깎기 변환 기어로 이루어져 있다.

주축 구동 변속장치로는 단차 및 백기어(back gear), 기어 선택, 유압 또는 무단 변속장치에 의한 것들이 있다. 주축의 회전속도는 무단 변속구동이 효율적이나 단차 또는 기어로 속도단을 형성할 때는 등비급수 속도열을 갖도록 한다.

(2) 베드

베드(bed)는 골격(rib)이 있는 상자의 주물이며 그 위에 주축대, 심압대, 왕복대, 테이퍼 장치 및 공작물을 지지하며 절삭운동의 절삭력을 받으며 베드의 안내면(guide)은 왕복대와 심압대의 이동을 정확히 또 원활하게 한다. 베드는 선반의 모든 부분의 무게 및 절삭력을 받아 변형이 나타날 수 있어 공작물의 정밀도, 가공면의 양부를 좌우한다. 베드의 재질은 보통 주철에 20~40 %의 강철 파쇄를 넣은 반강주철(semi steel cast iron)이 사용되었으나 최근에는 미하나이트 주철(meehanite cast iron) 또는 구상흑연주철(nodular cast iron)이 사용된다.

(a) 영국식 베드(평형)   (b) 미국식 베드(산형)   (c) 절충식 베드

그림 6-51 베드의 종류 및 구조

베드를 제작할 때에는 다음과 같은 조건이 충족되어야 한다.
① 내마모성이 높은 재료
② 높은 강성 및 방진성
③ 가공의 정밀도 및 높은 직진도

한편, 베드의 형상을 결정할 때는 다음 요인에 따른다.
① 베드 안내면은 주축대, 심압대 등의 이동면에 따라 산형, 평형, 절충형으로 한다.
② 무게, 크기, 부분품, 작업 범위 등
③ 구동장치 및 설비의 내장, 변속장치, 회전방향 변속기구, 윤활 및 냉각장치의 위치 등
④ 칩 처리의 용이성
⑤ 베드 내부 관찰을 위한 창구의 설치 등이다.

표 6-11 영국식, 미국식 베드의 비교

영국식 베드 (평형)	미국식 베드 (산형)
• 왕복대와 접촉하는 면적이 넓어 중절삭에 좋다. • 베드의 마모에 의해 정밀도가 현저히 떨어진다. • 베드면이 평평하여 접촉면이 크므로 슬라이딩이 좋지 않다. • 절삭칩이 쌓여 베드면에 상처가 생기기 쉽다. • 단위 면적당의 압력이 적어 베드의 마모가 적다.	• 절삭력과 자중으로 왕복대는 베드의 산형을 밀면서 이동하므로 진동이 없다. • 베드면이 마모되어도 정밀도의 영향이 미소하다. • 접촉면이 적으므로 왕복대의 슬라이딩이 좋다. • 베드면이 산형이므로 절삭칩이 쌓이지 않아 베드면에 상처가 생기는 일이 적다. • 정밀도가 높은 가공에 알맞다.

(3) 심압대

심압대(tail stock)는 센터작업을 할 때 공작물을 지지하거나 드릴, 리머(reamer), 탭(tap) 등의 공구를 심압축의 테이퍼 구멍에 끼워서 작업을 하는 역할을 한다. 심압축의 테이퍼는 모스 테이퍼(morse taper)가 사용되며 구비 조건은 다음과 같다.

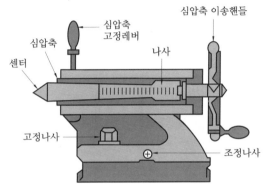

그림 6-52 심압대의 구조 및 명칭

① 심압대는 베드의 어떠한 위치에도 적당히 고정할 수 있어야 한다.

② 센터를 고정하는 심압대의 스핀들은 축 방향으로 이동하여 적당한 위치에 고정할 수 있어야 한다.

③ 심압대의 상부는 조정나사에 의하여 축선과 편위시켜 테이퍼 절삭을 할 수 있어야 한다.

(4) 왕복대

왕복대(carriage)는 베드의 안내면 상에 놓이고 주축대와 심압대 사이에 위치하며 좌우 왕복운동을 한다. 왕복대는 새들, 에이프런, 공구대 등으로 구성되어 있으며 몸체는 ㅐ자 형의 새들을 통하여 베드 안내면에 놓여 있고 그 위에 공구대(tool post)가 있다. 새들은 베드 위를 왕복하고 바이트에 세로이송을 주는 부분으로 그 위에 세로 이송대가 있다. 세로이송, 가로이송은 수동 및 자동으로 할 수 있으며, 세로 이송대 위에는 회전공구 이송대, 복식 공구대가 있다.

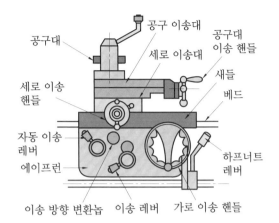

그림 6-53 왕복대의 구조 및 각 부분의 명칭

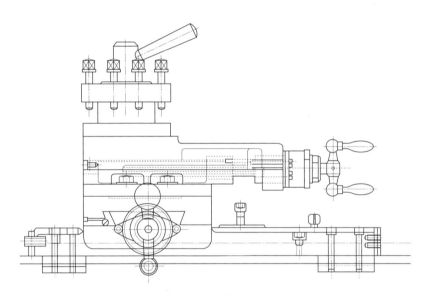

그림 6-54 왕복대 단면

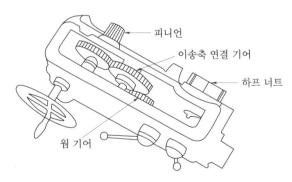

그림 6-55 에이프런의 내부 구조

(5) 이송기구

이송기구(feed mechanism)는 주축대의 주축 회전운동을 리드 스크루(lead screw) 또는 이송 축(feed rod)에 전달할 때 기어(gear)의 연결로 전달된다. 절삭작업에 사용되는 선반의 이송은 다음과 같다.

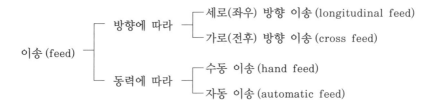

공구를 주축 회전에서 전달되는 회전기구로 길이방향과 전후방향으로 이송시키는 장치이다. 이송장치에는 이송기어 박스(feed gear box)가 있으며 이 안에 들어 있는 기어를 선택함으로써 희망하는 이송속도를 택할 수 있다. 나사가공을 할 때도 이 장치를 사용하며 리드 스크루(lead screw)를 겸용한다. 리드 스크루의 피치는 보통 4~12 mm 또는 산수로 25.4 mm마다 4~6개로 한다. 이송기어 박스는 주축대에서 회전을 받아 필요한 속도 변환을 하여 이송축(feed rad) 또는 리드 스크루를 통하여 왕복대에 자동이송 또는 나사 절삭운동을 하게 한다.

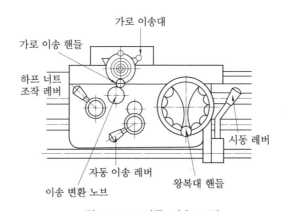

그림 6-56 자동 이송 조작

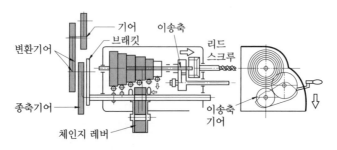

그림 6-57 이송장치의 구조

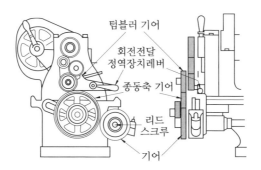

그림 6-58 변환 기어식 이송기구

3-3 • 선반의 크기(lathe size)

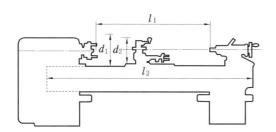

d_1 : 베드 위의 스윙
d_2 : 왕복대 위의 스윙
l_1 : 양 센터 간의 최대거리
l_2 : 베드의 길이

그림 6-59 선반의 크기 표시

표 6-12 선반의 분류 및 크기 표시법의 예

선반 명칭	크기 표시 방법	비고
탁상 선반 시계용	1. 베드 위의 스윙(swing) 2. 양 센터 사이의 최대 거리 3. 왕복대 위의 스윙	
보통 선반 갭 선반 모방 선반	1. 베드 위의 스윙 2. 양 센터 사이의 최대 거리 (예 스윙 330 mm, 센터 사이 1500 mm) 3. 왕복대 위의 스윙	
정면 선반 크랭크축 선반	1. 베드 위의 스윙, 면판과 왕복대의 최대 거리 2. 왕복대 위의 스윙	

수직 선반
  쌍주형
  터릿형
	1. 베드 위의 스윙
	2. 테이블의 지름
	3. 테이블 상면과 공구대 사이의 최대 거리
	4. 공구대 상하 피드 최대 거리	

터릿 선반
  램형
  보통램형
  새들형
  드럼형
	1. 깎을 수 있는 봉재의 최대 지름 또는 스핀들 구멍의 지름
	   (예 구멍 36 mm)
	2. 베드 위의 스윙
	3. 횡 이송대 위의 스윙
	4. 스핀들 끝과 터릿면과의 최대 거리
	5. 콜릿척의 능력	

공구 선반 릴리빙 선반	1. 베드 위의 스윙 2. 양 센터 사이의 최대 거리 (예 스윙 300 mm×1500 mm) 3. 왕복대 위의 스윙	

자동 선반
  센터 작업용
  척 작업용
	1. 베드 위 스윙
	2. 스핀들의 개수 및 종축과 횡축의 구별
	3. 자동이송 최대 길이
	4. 왕복대 위의 스윙	

4 선반용 부속품

4-1 • 센터 (center)

센터는 공작물을 지지하는 중요한 부속품이며 용도에 따라 다음과 같이 2종류로 구분된다. 하나는 주축에 사용하는 것으로 라이브 센터(live center, 활심)라 하고, 또 하나는 심압대 축에 사용하는 것으로 데드 센터(dead center, 사심)라고 한다.

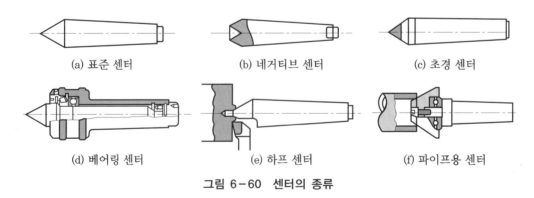

(a) 표준 센터   (b) 네거티브 센터   (c) 초경 센터

(d) 베어링 센터   (e) 하프 센터   (f) 파이프용 센터

그림 6-60 센터의 종류

주축과 심압대에는 센터 구멍이 있다. 센터 구멍에는 모스 테이퍼(morse taper)가 사용되며 주축 및 심압축 테이퍼 구멍에 끼워 사용한다. 선단 각도는 일반적으로 60°이지만 대형 선반은 중량물을 지지하기 위하여 75° 또는 90°인 것도 사용된다. 센터는 일반적

으로 양질의 탄소강 또는 고속도강으로 만든다. 라이브 센터는 주축 및 공작물과 일치되어 회전하므로 지지부분은 마찰이 없으나 데드 센터(dead center)는 공작물을 지지하여 마치 축과 축받침 같은 관계이므로 마찰열 때문에 쉽게 손상된다.

표 6-13 모스 테이퍼 값

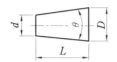

번호	테이퍼	θ	D[mm]	d[mm]	L[mm]
2	1 / 20.020 = 0.04995	2°51′18″	17.781	14.534	66
3	1 / 19.922 = 0.05020	2°52′34″	23.826	19.760	81
4	1 / 19.254 = 0.05194	2°56′38″	31.269	25.909	103.2
5	1 / 19.002 = 0.05263	3°0′6″	44.401	37.470	131.7

특히, 최근에는 초경 바이트를 사용해서 고속절삭을 하므로 심압대측 센터에는 공작물 롤러를 삽입한 회전 센터가 많이 사용된다. 또한, 양 센터 중심을 맞추는 방법에는 양 센터를 접근시키는 방법, 시험봉을 사용하는 방법 및 공작물을 하는 방법이 있다.

이상과 같은 방법으로 조사해 보고 만일 양 센터가 일치하지 않으면 심압대의 조정나사를 돌려 데드 센터를 조금 이동시켜 일치가 되도록 한다.

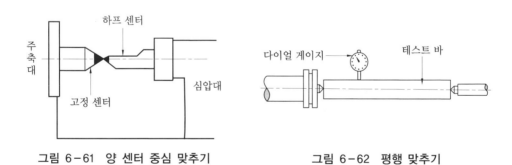

그림 6-61 양 센터 중심 맞추기   그림 6-62 평행 맞추기

4-2 • 센터 드릴 (center drill)

공작물에 센터 끝이 들어가는 구멍을 뚫는 드릴이다. 센터 구멍은 공작물의 가공목적과 방법에 따라 적당한 모양이 결정되며 공작물의 중량, 가공 중 절삭력에 견딜 수 있는 크기이어야 한다. 일반적으로 센터 드릴은 공작물의 지름에 따라 그 크기가 정해진다.

표 6-14 센터 드릴과 공작물의 관계

(단위 : mm)

공작물의 지름	센터 구멍의 호칭 지름
8 ~ 12	1.5
12 ~ 20	2
20 ~ 30	2.5
30 ~ 50	3
40 ~ 80	4
60 ~ 100	5

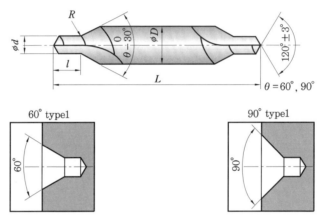

그림 6-63 센터 드릴

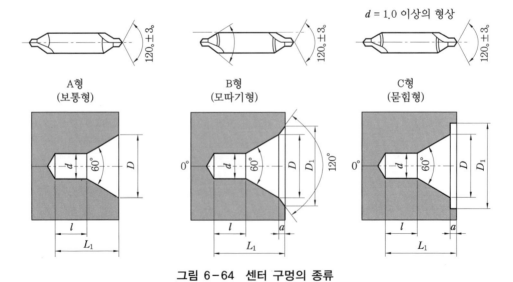

그림 6-64 센터 구멍의 종류

4-3 • 돌리개 (dog or carrier)

돌리개는 공작물의 한 끝에 고정하고 그 꼬리가 곧은 것은 회전판에 심어진 핀에 걸어서 회전을 시켜 공작물의 양 센터 작업에 사용한다. 돌리개의 종류는 그림 6-65와 같다.

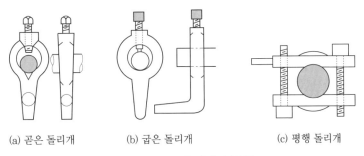

(a) 곧은 돌리개   (b) 굽은 돌리개   (c) 평행 돌리개

그림 6-65 돌리개의 종류

4-4 • 면판 (face plate)

면판은 여러 개의 구멍과 가늘고 긴 홈이 있어 이 구멍을 이용하여 척으로 고정할 수 없는 대형 공작물이나 복잡한 형상의 공작물을 볼트나 클램프 또는 각판으로 고정하여 가공한다. 공작물이 중심에서 균형이 맞지 않을 때에는 반드시 대각선 방향에 균형추를 달아서 무게의 균형을 잡고 가공한다.

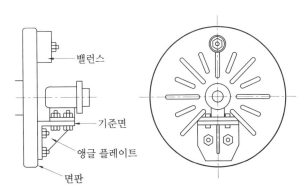

그림 6-66 앵글 플레이트를 면판에 장치했을 경우

4-5 • 방진구 (work rest)

길이가 공작물 지름의 20배 이상인 가늘고 긴 공작물을 가공할 경우에는 공작물이 자체 중량과 절삭력에 의해 휘기 때문에 진원으로 절삭작업을 할 수 없게 된다. 이것을 방지하기 위하여 방진구를 사용하며 종류에는 고정식 방진구 (steady work rest) 와 이동식 방진구 (follow work rest) 가 있다.

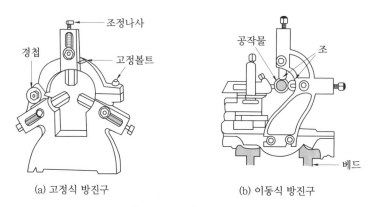

(a) 고정식 방진구   (b) 이동식 방진구

그림 6 – 67   방진구의 종류

4-6 • 심봉 또는 맨드릴 (mandrel)

공작물에 구멍이 정확히 마무리되어 있어도 그 구멍과 동심이 되게끔 바깥지름을 마무리해야 하는 예가 많다. 이러한 경우에 공작물의 구멍을 통하여 양 센터 사이에 장치하면 편리하다. 심봉의 종류에는 다음과 같은 것이 있다.

(1) 표준 심봉

가장 널리 사용되고 있는 형식으로 공구강을 담금질한 후 연삭하여 만든다. 바깥지름은 100 mm에 0.05 mm 정도의 테이퍼로 되어 있고 양단은 약간 지름이 작으며 돌리개의 나사를 대는 부분은 평평하게 되어 있다.

(2) 갱 심봉

두께가 얇은 공작물을 여러 개 가공할 때 사용하면 편리하다. 공작물은 너트를 조여주는 힘에 의하여 고정된다.

(3) 팽창 심봉

표준 심봉에서는 공작물의 구멍 지름 사이에 약간의 치수 차가 있어도 쓸모가 없지만 팽창 심봉은 다소의 치수 차가 생겨도 사용할 수 있다.

(4) 나사 심봉

나사가 있는 공작물은 나사를 기준으로 작업할 때 나사 심봉을 사용한다.

(5) 원추 심봉

구멍 지름이 큰 공작물을 가공하거나 공작물에 의하여 각각의 구멍 지름이 다른 경우에 원추 심봉을 사용하면 편리하다. 원추 심봉은 너트를 조여주는 힘에 의하여 축 방향으로 이동하여 공작물을 고정한다.

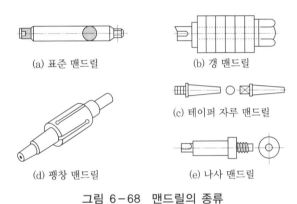

(a) 표준 맨드릴 (b) 갱 맨드릴

(c) 테이퍼 자루 맨드릴

(d) 팽창 맨드릴 (e) 나사 맨드릴

그림 6-68 맨드릴의 종류

4-7 척 (lathe chuck)

척은 선반의 주축에 설치하고 수 개의 조 (jaw) 로 공작물을 고정하여 주축과 함께 회전을 한다. 척의 크기는 척 본체의 바깥지름으로 표시하며 다음과 같은 종류가 있다.

(1) 단동척 (independent chuck)

단동척은 공작물을 고정하는 조가 보통 4개이며 나사로서 반지름 방향에 각각 조가 단독적으로 이동한다. 이 척은 공작물의 바깥지름이 불규칙할 때 또는 중심을 편심시켜 가공할 때 편리하다.

(2) 만능척 (연동척, universal chuck, scroll chuck)

보통 3개의 조를 갖고 있으며 한 개의 조를 척 핸들로 회전시키면 조가 동시에 같은 양의 거리를 방사상으로 이동한다. 이 척은 환봉, 6각, 8각 등의 규칙적인 형상을 가진 재료를 가공할 때 편리하다.

(3) 벨척(bell chuck)

벨척은 4, 6 또는 8개의 볼트가 방사상으로 원주상에 박혀 있다. 이것은 불규칙한 짧은 공작물을 가공할 때 편리하다.

(4) 양용척(combination chuck, 복동척)

4개의 조가 단독적 또는 동시에 움직일 수가 있어서 불규칙한 공작물을 고정할 때 편리하나 현재 많이 사용되지 않는다.

(5) 콜릿 척(collet chuck)

터릿 선반(turret lathe), 자동선반에 많이 사용되는 척으로서 지름이 가는 환봉재료의 고정에 편리하다. 보통 선반에서는 주축 테이퍼 구멍에 슬리브(sleeve)를 꽂고 여기에 척을 끼워 사용한다.

(6) 공기척(air chuck)

공작물을 척에 붙이고 떼는 것을 신속, 확실하게 하기 위해서 압축 공기나 유압으로 조를 작동시키는 척이다. 구조는 압축 공기 또는 유압으로 피스톤을 작동하고 이 운동으로 척의 조를 조작해서 공작물을 고정한다.

(a) 단동척 (b) 연동척 (c) 유압 척 (d) 마그네틱 척 (e) 콜릿 척

그림 6-69 척의 종류

5 선반 바이트(lathe tool)

선반용 절삭공구는 일반적으로 바이트(bite)라 불리는 것으로 자루(shank) 끝에 절삭날이 달린 모양을 하고 있다.

5-1 ● 바이트의 형상

바이트는 선반의 공구대에 지지되는 자루와 날 부분으로 이루어져 있으며, 날 부분은 경사면과 여유면에 의해 절삭날을 형성하고 있다. 절삭날은 주절인과 측면절인으로 되어 있고, 이것을 연결하는 것을 각 (angle) 또는 둥근 부분을 노즈 (nose) 라 한다. 바이트의 규격은 일반적으로 폭×높이×길이로 나타낸다.

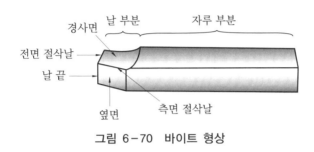

그림 6-70 바이트 형상

5-2 ● 바이트의 중요 각도

(1) 전방 경사각(front rake angle) : α, 바이트 절인의 선단에서 바이트 밑면에 그은 수평면과 경사면이 이루는 각도
(2) 측면 경사각(side rake angle) : α', 직각된 면 내에서 측정한 밑변에 평행한 평면과 경사면이 형성하는 각도
(3) 전방 여유각(front clearance angle) : γ, 바이트의 선단에서 그은 수직선과 여유면 사이의 각도

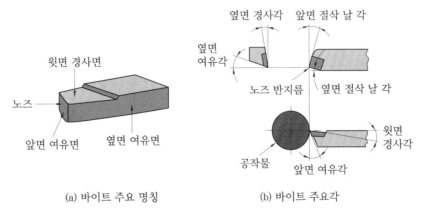

(a) 바이트 주요 명칭   (b) 바이트 주요각

그림 6-71 바이트의 중요 각도

(4) 측면 여유각(side clearance angle) : γ', 측면 여유면과 밑면에 직각된 직선이 형성하는 각도

(5) 측면 절인각(side cutting edge angle) : ϕ, 주절인과 바이트 중심선의 각도

(6) 전방 절인각(front cutting edge angle) : ϕ', 부절인과 바이트의 중심선에 직각된 각도이다. 초경 바이트의 각도 표시는 다음 그림 6−72와 같이 나타낸다.

표 6−15 바이트의 설치각

공작물 재질		고속도강 바이트				초경합금 바이트			
		γ	γ'	α	α'	γ	γ'	α	α'
주철	경	8	10	5	12	4~6	4~6	0~6	0~10
	연	8	10	5	12	4~10	4~10	0~6	0~12
탄소강	경	8	10	8~12	12~14	5~10	5~10	0~10	4~12
	연	8	12	12~16	14~22	6~12	6~12	0~15	8~15
쾌삭강		8	12	12~16	18~22	6~12	6~12	0~15	8~15
합금강	경	8	10	8~10	12~14	5~10	5~10	0~10	4~12
	연	8	10	10~12	12~14	6~12	6~12	0~15	8~15
청동 황동	경	8	10	0	−2~0	4~6	4~6	0~5	4~8
	연	8	10	0	−4~0	6~8	6~8	0~10	4~16
알루미늄		8	12	35	15	6~10	6~10	5~15	8~15
플라스틱		8~10	12~15	−5~16	0~10	6~10	6~10	0~10	8~15

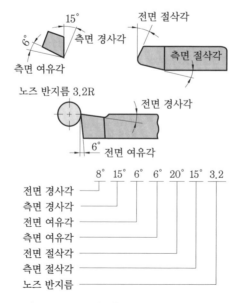

그림 6−72 초경 바이트의 각도 표시방법

5-3 · 바이트의 종류

바이트는 제작과정에 따라 완성(ground) 바이트, 단조(forged) 바이트, 용접(welded) 바이트, 클램프(clamped) 바이트, 비트(bit) 바이트 등으로 분류되며, 구조 및 재질, 절삭조건, 사용목적 등에 따라 여러 종류가 있다.

(1) 바이트의 구조에 따른 종류

① 단체 바이트(solid tool) : 날 부분과 자루 부분을 같은 재질로 만든 것

② 팁 바이트(welded tool) : 자루의 날 부분에만 초경합금 등의 공구재료로 된 팁(tip)을 용접하여 만든 것

③ 클램프 바이트(clamped tool) : 공구 재료의 팁을 바이트 자루에 용접을 하지 않고 나사를 이용하여 기계적으로 고정한 것

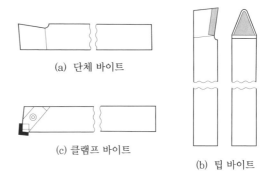

(a) 단체 바이트

(c) 클램프 바이트

(b) 팁 바이트

그림 6-73 바이트의 구조상 분류

(2) 바이트의 사용 목적에 따른 종류

그림 6-74는 바이트의 사용목적에 따른 각 용도별 종류를 나타낸 것이다.

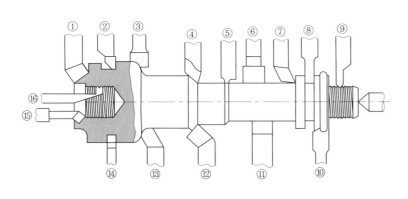

① 오른쪽 황삭 바이트
② 오른쪽 편인 바이트
③ 총형 바이트
④ 왼쪽 황삭 바이트
⑤ 검 바이트
⑥ 스프링 바이트
⑦ 우각 황삭 바이트
⑧ 절단 바이트
⑨ 수나사 바이트
⑩ 총형 바이트
⑪ 원형 완성 바이트
⑫ 굽은 오른쪽 바이트
⑬ 굽은 환선 바이트
⑭ 홈 절삭 바이트
⑮ 보링 바이트
⑯ 암나사 바이트

그림 6-74 바이트의 용도별 종류

(3) 재질에 의한 바이트 분류

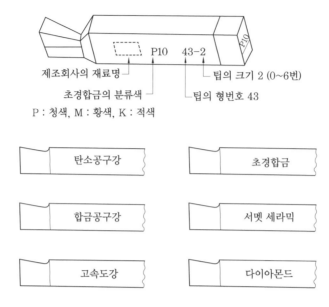

그림 6-75 재질에 의한 바이트 분류

(4) 모양에 의한 바이트 분류

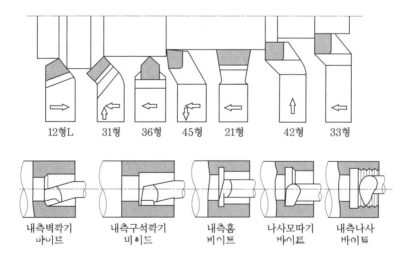

그림 6-76 모양에 의한 바이트 분류

(5) 인서트 (insert) 팁의 규격

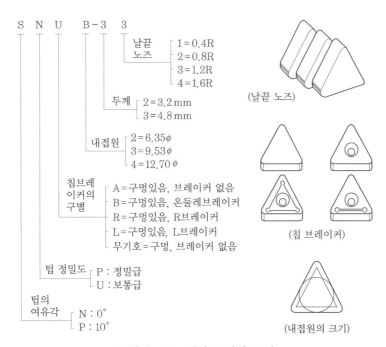

그림 6-77 인서트 팁의 규격

5-4 • 바이트 설치

정확히 연삭된 바이트를 공구대에 확실하게 설치하여야 한다. 이때 바이트의 돌출길이는 고속도강의 경우 자루높이의 2배, 초경 바이트의 경우 1.5배를 넘지 않도록 한다.

가공할 공작물의 지름이 클 때에는 바이트의 위치가 중심선보다 다소 높거나 낮아도 그다지 문제가 되지 않는다. 그러나 지름이 작은 것을 가공할 때는 바이트의 위치가 절삭 효율에 미치는 영향이 크다.

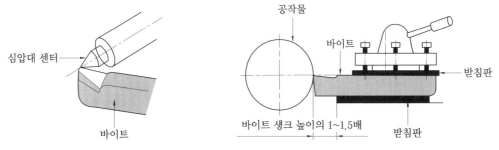

그림 6-78 심압대 센터와 바이트 날 설치   그림 6-79 바이트의 높이

그림 6-80 (a)는 공작물의 중심과 바이트, 선단 높이가 일치할 때이며 바이트의 각도 α, β가 적당히 커진다. 그림 6-80 (b)는 바이트의 높이가 너무 큰 예인데, 이때는 α가 크고 β_1이 작아져 가공면과 바이트 선단 사이에 마찰이 많이 생기는 접촉 상태이므로 절삭작업이 원활하지 않다. 그림 6-80 (c)는 바이트의 위치가 너무 낮은 경우이며, 이때는 α가 너무 작고 β_2가 너무 커져 날 끝이 마모되면서 잘 절삭되지 않는다. 일반적으로 거친 절삭에는 중심선보다 다소 높게 하고 완성 가공할 때에는 중심선과 일치시킨다(α : 상면 경사각, β, β_1, β_2 : 전면 여유각).

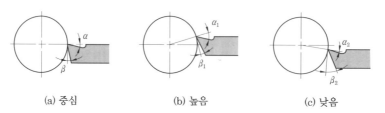

(a) 중심   (b) 높음   (c) 낮음

그림 6-80 바이트 높이와 날 끝 각도

5-5 • 바이트의 휨량

절삭할 때 바이트는 그림 6-81과 같이 밀려나온 빔(beam)의 선단에 절삭저항 P를 받게 되므로, 절삭저항에 견딜 수 있는 충분한 강도가 필요하며 날 끝이 가급적 적게 굽어야 한다. 굽힘이 크면 진동을 일으켜 마무리 면은 불량해지고 날 끝은 쉽게 파손된다. 날 끝의 굽힘에 대해서는 다음 식으로 나타낼 수 있다.

$$Y = \frac{4PL^3}{Ebh^3}$$

여기서, Y : 바이트 날 끝의 굽힘량 (mm) P : 날 끝에 걸리는 절삭저항 (kg)
          L : 바이트의 돌출량 (mm) E : 탄성계수 (탄소공구강 $21000\,kg/mm^2$)
          b : 바이트의 폭 (mm) h : 바이트의 높이 (mm)

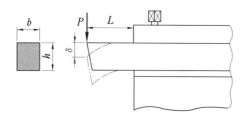

그림 6-81 바이트의 휨량

5-6 · 가공면의 거칠기(surface roughness)

선반절삭에 의한 가공면의 거칠기는 절삭방향의 가공면과 절삭방향에 직각인 방향, 즉 이송방향의 가공면의 거칠기로 나누어 생각할 수 있다. 절삭방향에 직각인 면의 거칠기는 이송에 의해서 나타나는 공구 날 끝의 자국이다.

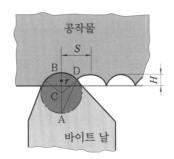

그림 6-82 곡률 반지름에 의한 가공면의 거칠기

그림 6-82와 같이 둥근 날끝 바이트의 날의 곡률 반지름 r, 이송을 S라고 하면 가공면의 굴곡을 나타내는 최대 높이 H 는 다음과 같다.

$\triangle \mathrm{BCD} \backsim \triangle \mathrm{DCA}$ 이므로

$$\frac{\mathrm{BC}}{\mathrm{CD}} = \frac{\mathrm{CD}}{\mathrm{CA}} \qquad \therefore \ \frac{H}{\dfrac{S}{2}} = \frac{\dfrac{S}{2}}{2r - H}$$

실제로 H 는 $2r$ 에 비해서 작은 값이 되므로 $2r - H \fallingdotseq 2r$ 로 볼 수 있으므로

$$\frac{H}{\dfrac{S}{2}} = \frac{S}{4r} \qquad \therefore \ H = \frac{S^2}{8r}$$

위 식에서 이송을 반으로 줄이면 표면거칠기는 1/4 로 감소하고 곡률 반지름이 클수록 표면거칠기는 향상된다. 그러나 곡률 반지름이 너무 크면 진동이 생기기 쉽고 진동에 의한 절손(chipping) 영향으로 오히려 거칠기가 저하될 수 있으므로 적정 크기를 유지하여야 한다. 또, 이송속도가 너무 작으면 이송속도 이외의 영향으로 다듬면 거칠기가 커진다. 절삭면 표면거칠기 측정방법에는 비교 측정법(method of comparison)과 직접 측정법(method of direct measurement)이 있다.

5-7 • 칩 브레이커 (chip breaker)

선반작업에서 강철을 선삭할 때 칩이 짧게 끊어지도록 바이트에 칩 브레이커를 만든다. 이것은 연속 칩의 발생이 작업진행에 지장을 주고, 긴 칩으로 인하여 위험을 느낄때, 경사각을 변화시켜 칩을 파괴하지 못할 경우에 칩 파괴장치를 두는데 이것은 공구경사면에 홈을 파 칩을 주기적으로 짧게 배출하도록 한 것을 칩 파괴장치, 즉 칩 브레이커라 한다.

표 6-16 칩 브레이커의 폭(W)

이송 (mm/rev) 절삭 깊이(mm)	0.2~0.3	0.3~0.42	0.45~0.55	0.55~0.7	0.7~0.8
0.1~1	1.6	2.0	2.5	2.8	3.2
1.6~6.5	2.5	3.2	4.0	4.5	4.8
8~13	3.2	4.0	5.0	5.2	5.8
14~20	4.0	5.0	5.5	6.0	6.5

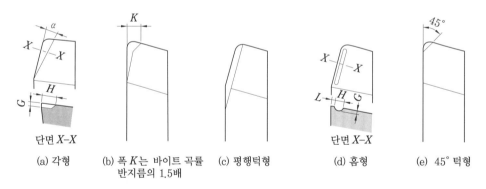

(a) 각형   (b) 폭 K는 바이트 곡률 반지름의 1.5배   (c) 평행턱형   (d) 홈형   (e) 45° 턱형

그림 6-83 칩 브레이커의 종류

6   선반 작업

선반으로 가공할 수 있는 작업에는 많은 종류가 있으나 기본 작업으로는 센터작업, 척작업, 테이퍼 절삭작업, 나사절삭 등이 있다.

6-1 ►•센터 작업

센터 작업이란 주축 측의 라이브 센터(live center)와 심압대 측의 데드 센터(dead center)로 공작물의 양쪽에 뚫린 센터 구멍을 지지하고 회전판과 돌리개(dog)로써 주축의 회전을 공작물에 전달하여 절삭하는 것을 말한다.

(1) 센터 구멍(center hole)

센터 구멍은 공작물 단면에 정확히 선반 센터에 맞도록 뚫어야 하며 구멍 크기는 공작물의 지름에 따라 다르며 보통 표 6-17과 같다.

표 6-17 공작물의 지름과 센터

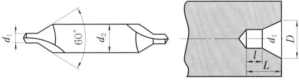

지름 (mm)	호칭 치수 d_1 [mm]	드릴 지름 d_2 [mm]	D [mm]	L [mm]	l [mm]
5 이하	0.7	3.5	2	2	0.8
5~15	1	4	2.5	2.5	1.2
10~25	1.5	5	4	4	1.8
20~35	2	6	5	5	2.4
30~45	2.5	8	6.5	6.5	3
35~60	3	10	8	8	3.6
40~80	4	12	10	10	4.8
60~100	5	14	12	12	6
80~140	6	18	15	15	7.2

그림 6-84 (b)는 센터 구멍의 형상을 도시한 것이다.

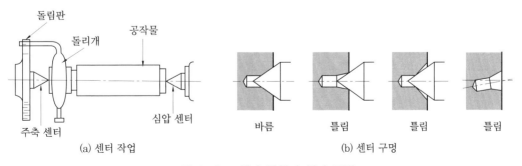

| 돌림판 | 돌리개 | 공작물 | | | | |

(a) 센터 작업 　　　　바름　　틀림　　틀림　　틀림 (b) 센터 구멍

그림 6-84 센터 작업과 센터 구멍

(2) 공구의 높이

공구 끝의 높이는 거칠은 선삭에 있어서는 중심선보다 다소 높게 맞추어 절삭을 해도 관계가 없으나 테이퍼 가공, 보링, 나사절삭 등은 공작물 중심높이에 정확히 맞추어야 한다.

일반적으로 곧은 봉을 깎을 때는 공작물의 중심 위로 약 5° 높이 공구 끝을 설치할 수 있으나 중심 이하로 낮게 설치하면 공구 끝이 재료를 파고드는 경향이 있고, 반대로 너무 높게 설치하면 전면 여유각이 감소되어 공작물이 공구 밑면에 닿기 때문에 절삭성을 저하시킨다.

(3) 널링 작업 (knurling)

일명 룰렛(roulette) 작업이라고도 하며, 공작물 표면에 널(knurl)을 눌러 굴려서 자리를 내는 작업이다. 너트, 나사, 핸들 등 손으로 잡고 조절하는 부분에 새겨 미끄러지지 않도록 하는 것이다. 널링을 하면 바깥지름이 커지므로 미리 바깥지름을 작게 가공하여 자동이송을 사용할 수 있으며, 1, 2회로 완성하고 충분히 절삭유를 부어 주어야 하며 저속 회전으로 한다.

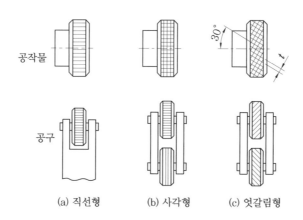

(a) 직선형　　(b) 사각형　　(c) 엇갈림형

그림 6-85 널링 모양의 종류

(a) 우경사목　(b) 좌경사목　(c) 평목　(d) 홈평목　(e) 동근평목

그림 6-86 널링 모양의 형상

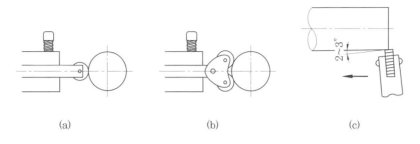

(a)   (b)   (c)

그림 6-87 널링 공구의 설치

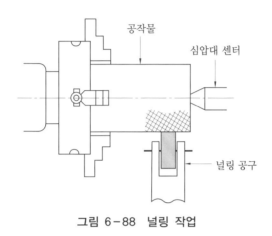

그림 6-88 널링 작업

6-2 • 척 작업

공작물을 센터로써 지지하기가 어려울 때나 공작물이 작아서 센터작업이 곤란할 때는 척에 공작물을 물려서 절삭가공을 하는 것을 척 작업이라고 한다.

(1) 척의 고정

척은 공작물의 형상에 따라 단동척 또는 연동척을 선택한다. 주축에서 센터를 빼고 주축과 척의 나사부를 깨끗이 한 다음 돌려놓는다. 척을 끼울 때는 베드면에 목재 판을 깔고 베드에 손상을 방지하도록 한다.

(2) 공작물 고정

공작물을 고정할 때는 형상에 따라 그림 6-90와 같이 고정한다. 그림 6-90 (a)는 재료의 지름이 작은 것을 물릴 경우이며, 그림 6-90 (b)는 공작물의 지름이 커서 조 (jow)를 반대 방향으로 끼워 물리는 방법이며, 그림 6-90 (c)는 구멍이 큰 공작물을 안에서 물리는 것을 나타낸 것이다. 이때 물릴 여유는 공작물의 크기에 따라 다르나 가공하는 데 지장이 없는 범위 내에서 가능한 한 작게 물리는 것이 작업상 편리하다.

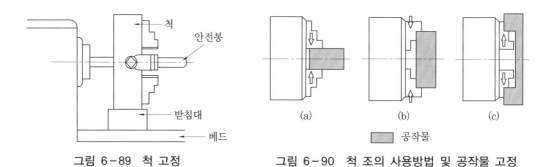

그림 6-89 척 고정   그림 6-90 척 조의 사용방법 및 공작물 고정

(3) 공작물의 중심잡기

절삭여유가 많을 때는 보통 서피스 게이지를 사용하여 센터를 잡는다. 그림 6-91과 같이 베드 위에 직접 서피스 게이지를 놓고 그 바늘 끝을 축심에 맞추어 공작물과 바늘 사이의 간격을 보아서 조정한다. 다듬질 면과 같이 보다 정밀도가 요구될 때는 다이얼 게이지를 사용하여야 한다.

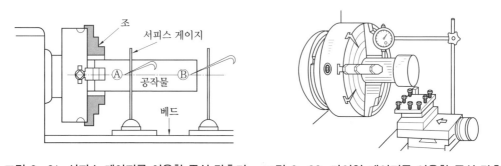

그림 6-91 서피스 게이지를 이용한 중심 맞추기   그림 6-92 다이얼 게이지를 이용한 중심 맞추기

6-3 • 테이퍼 작업

테이퍼를 절삭하는 방법에는 다음과 같은 방식이 있다.
① 복식 공구대 (compound tool post) 를 경사시키는 방법
② 심압대 (tail stock) 를 편위시키는 방법
③ 테이퍼 장치 (taper attachment) 를 사용하는 방법
④ 총형 바이트를 이용하는 방법
⑤ 테이퍼 드릴 또는 테이퍼 리머(taper reamer)를 이용하는 방법 등이 있다.
일반적으로 ①~②의 방법을 많이 사용한다.

(1) 복식 공구대를 경사시키는 방법

선반 센터의 선단이나 베벨 기어의 소재 등과 같은 테이퍼가 크고 비교적 길이가 짧은 공작물의 테이퍼 절삭에 사용한다. 이 방법은 수동 이송으로 가공해야 하는 단점이 있다. 복식 공구대의 경사각도는 다음과 같은 식으로 구할 수 있다.

$$\tan \theta = \frac{X}{l} , \quad X = \frac{D-d}{2}$$

$$\therefore \tan \theta = \frac{D-d}{2l}$$

여기서, D : 큰 지름 θ : 테이퍼값 d : 작은 지름 l : 테이퍼 길이

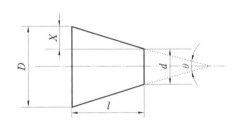

그림 6-93 공작물의 테이퍼

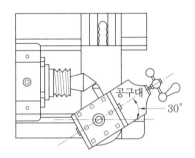

그림 6-94 60° 센터 가공

(2) 심압대를 편위시키는 방법

양 센터 사이에 공작물을 설치하고 센터를 서로 엇갈리게 하여 선삭할 때 심압대를 편위시키는 방법이다. 이 방법은 테이퍼 부분이 비교적 길 경우 사용되며 심압대의 편위량은 다음 식으로 구할 수 있다.

$$X = \frac{(D-d)L}{2l} \, [\text{mm}]$$

여기서, X : 심압대의 편위량 D : 공작물의 큰 지름 d : 공작물의 작은 지름
L : 공작물의 길이 l : 테이퍼 길이

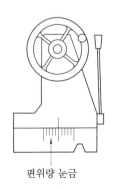

편위량 눈금

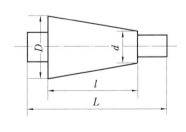

그림 6-95 심압대 조정, 심압대 편위시 테이퍼

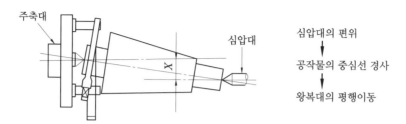

주축대

심압대

심압대의 편위

공작물의 중심선 경사

왕복대의 평행이동

X

그림 6-96 심압대 편위의 테이퍼 가공

예제 1 다음 그림과 같은 공작물을 절삭할 때 테이퍼량 및 복식 공구대를 사용할 때의 회전각도와 심압대의 편위량을 구하여라.

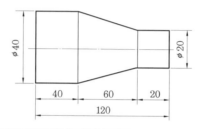

해설 (1) 테이퍼량

$$T = \frac{D-d}{l} = \frac{40-20}{60} \coloneqq 0.33$$

(2) 복식 공구대 회전각

$$\tan\theta = \frac{D-d}{2l} = \frac{40-20}{2\times60} = \frac{1}{6} \coloneqq 0.1667 \qquad \therefore \theta = 9.46° \coloneqq 9°28'$$

(3) 심압대 편위량

$$X = \frac{(D-d)L}{2l} = \frac{120(60-40)}{2\times60} = 20 \text{ mm}$$

(3) 테이퍼 절삭장치(taper attachment)에 의한 방법

선반 베드의 후면에 장치하며 공구대를 조정한 각도 만큼씩 전후로 자유롭게 이동되며 공작물의 안지름, 바깥지름 테이퍼를 절삭하는 장치이다. 공작물의 장치는 양 센터 사이 또는 척에 장치하고 테이퍼 장치(taper attachment)를 사용하면 다음과 같은 장점이 있다.

① 선반의 모든 조절을 변경할 필요가 없다.

② 공작물의 센터가 동일 중심선상에 있으므로 센터 구멍이 손상되지 않는다.

③ 테이퍼 보링이 바깥지름 선삭과 같이 용이하다.

④ 심압대를 편위시키는 방법보다 넓은 범위의 테이퍼를 가공할 수 있다.

⑤ 자동이송이 되므로 능률이 좋고 가공면도 양호하다.

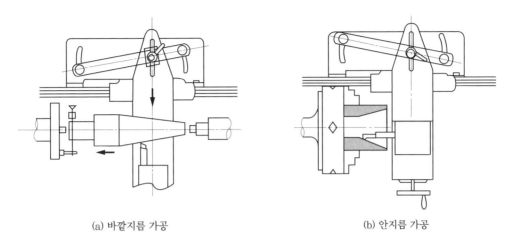

(a) 바깥지름 가공   (b) 안지름 가공

그림 6-97 테이퍼 절삭장치에 의한 가공방법

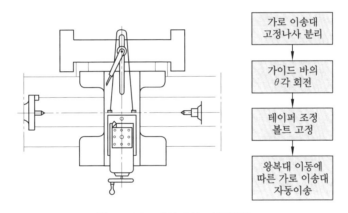

그림 6-98 테이퍼의 가공원리

표 6-18 테이퍼 가공방법 산정

가공법	각도	테이퍼 길이(mm)
복식 공구대	매우 광범위하다.	비교적 짧다. (200 내외)
심압대 편위	매우 좁다. (편위량 5 mm 내외)	길다.
테이퍼 절삭장치	비교적 크다. (30° 이내)	비교적 길다. (500 내외)
층형 바이트 이용	매우 크다.	매우 짧다.

6-4 • 나사작업 (threading)

그림 6-99와 같이 회전하는 공작물과 기어열에 의하여 일정한 비율로 회전하게 되는 리드 스크루(lead screw)와 물리는 분할 너트로, 왕복대를 세로 방향으로 이송시키면 공작물에 나사가 절삭된다. 절삭되는 나사의 피치는 변환 기어의 잇수비에 의하여 정해지므로 필요한 속도비를 주는 기어의 잇수를 계산으로 구하고 이 값에 맞는 기어를 끼운다. 전기어식 선반에서는 레버로써 변환하여 바이트에 소요이송을 주어 나사절삭을 한다. 피치는 나사산 사이의 거리이며 미터식 나사는 mm, 인치식 나사에서는 1인치마다의 산수, 즉 산수 / in로 표시한다.

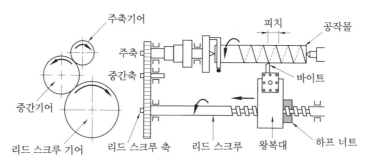

그림 6-99   나사 절삭 방법

(1) 변환 기어의 계산법

선반에서 나사를 깎을 때 사용하는 선반의 리드 스크루(lead screw)가 인치식인지 미터식으로 되어 있는지 알아야 한다. 단차식 선반에서 미국식 선반은 기어(gear)의 잇수가 20개에서 64개 사이는 4개씩 잇수가 증가되며 이외에 72, 80, 120, 127개의 잇수를 가진 기어가 각각 1개씩 있다. 리드 스크루는 4산 / in, 5산 / in, 6산 / in 등이 있다. 영국식 선반은 잇수 20개에서 120개 사이는 5개씩 잇수가 증가되며 이외에 127개의 잇수를 가진 기어가 1개 있다. 리드 스크루는 2산 / in 이 많다. 변환 기어의 조합방식은 단식과 복식이 있다.

나사의 절삭관계를 식으로 나타내면

① 리드 스크루가 미터식 나사인 경우

$$\frac{A}{C} = \frac{x}{P} \quad \text{또는} \quad \frac{A}{B} \times \frac{B'}{C} = \frac{x}{P}$$

② 리드 스크루가 인치식인 경우

$$\frac{A}{C} = \frac{L}{t} \quad \text{또는} \quad \frac{B}{A} \times \frac{B'}{C} = \frac{L}{t}$$

여기서, A : 주축의 전동기어의 이수 B : 중간측 기어의 이수
C : 리드 스크루의 기어 이수 B' : 중간측 기어의 이수
L : 리드 스크루의 1인치당 산수 t : 깎으려는 나사의 1인치당 산수
P : 리드 스크루의 피치 $\left(\dfrac{1}{L}\right)$ x : 깎으려는 나사의 피치 $\left(\dfrac{1}{t}\right)$

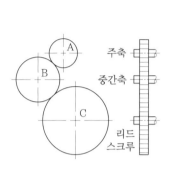

그림 6－100 2단 걸이 (단식)

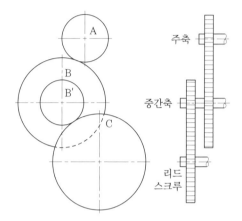

그림 6－101 4단 걸이 (복식)

예제 2 피치 5 mm 인 리드 스크루의 미식(美式) 선반에 피치 3 mm 의 나사를 깎을 때 변환기어를 계산하여라.

[해설] 미터식 선반이므로 $\dfrac{A}{C} = \dfrac{3}{5} = \dfrac{3}{5} \times \dfrac{8}{8} = \dfrac{24}{40}$ ∴ $A = 24,\ C = 40$

예제 3 1인치에 2산인 리드 스크루의 영식(英式) 선반으로 $13\frac{1}{2}$산/inch의 나사를 깎을 때 변환기어를 계산하여라.

[해설] 인치식 선반이므로 $\dfrac{A}{B} \times \dfrac{B'}{C} = \dfrac{2}{13\frac{1}{2}} = \dfrac{2}{\dfrac{27}{2}} = \dfrac{4}{27} = \dfrac{4 \times 1}{9 \times 3} = \dfrac{4 \times 5}{9 \times 5} \times$

$\dfrac{1 \times 30}{3 \times 30} = \dfrac{20}{45} \times \dfrac{30}{90}$ ∴ $A = 20,\ B = 45,\ B' = 30,\ C = 90$

③ 인치식 리드 스크루로 미터식 나사를 깎는 경우

1인치는 25.4 mm 이므로 $\dfrac{1 \times 10}{25.4 \times 10} = \dfrac{100}{254} = \dfrac{5}{127}$

깎으려고 하는 나사의 피치(x mm)는 $\dfrac{1.5x}{127}$ (인치)가 되고, 리드 스크루 피치 $\dfrac{1}{L}$ (인치)가 되므로

$$\frac{A}{B} \times \frac{B'}{C} = \frac{x}{P} = \frac{5x/127}{1/L} = \frac{5 \cdot x \cdot L}{127}$$

④ 미터식 리드 스크루로 인치식 나사를 깎는 경우

깎으려는 나사의 산수 (t) 를 피치로 표시하면 $\frac{1}{t}$ [inch]이고, 밀리미터로 환산하면

$\frac{1}{t} \times \frac{127}{5}$ mm 가 된다. 따라서,

$$\frac{A}{B} \times \frac{B'}{C} = \frac{x}{P} = \frac{1/t \times 127/5}{P} = \frac{127}{5 \cdot P \cdot t}$$

예제 4 리드 스크루가 4산 / in의 선반으로 피치 6 mm 인 나사를 깎을 때의 변환기어를 계산하여라.

[해설] 피치는 $\frac{1}{4}$ inch 가 되고 공작물의 피치 6 mm 를 인치로 환산하면 $6 \times \frac{5}{127}$ 이므로

$$\frac{A}{C} = \frac{x}{P} = \frac{6 \times 5 \times 4}{1/4} = \frac{6 \times 5 \times 4}{127} = \frac{120}{127} \qquad \therefore A = 120, \ B = 127$$

예제 5 리드 스크루의 피치 8 mm 인 선반으로 6산 / in 의 나사를 깎을 때의 변환기어를 구하여라.

[해설] 공작물의 피치 $\frac{1}{6}$ inch 를 mm 로 환산하면 $\frac{1}{6} \times \frac{127}{5}$ mm

$$\frac{A}{B} \times \frac{B'}{C} = \frac{x}{P} = \frac{1/6 \times 127/5}{8} = \frac{127}{6 \times 5 \times 8} = \frac{127}{240} = \frac{127}{80} \times \frac{1}{3} = \frac{127}{80}$$

$$\times \frac{1 \times 20}{3 \times 20} = \frac{127}{80} \times \frac{20}{60} \qquad \therefore A = 127, \ B = 80, \ B' = 20, \ C = 60$$

예제 6 리드 스크루가 8 mm 인 선반으로 피치 3 mm 의 3줄 나사를 깎을 때의 변환기어를 계산하여라.

[해설] 절삭되는 나사의 리드 (lead) $l = n \cdot P = 3 \times 3 = 9$

$$\frac{A}{C} = \frac{x}{P} = \frac{9}{8} = \frac{9 \times 8}{8 \times 8} = \frac{72}{64}$$

$$\therefore A = 72, \ C = 64$$

(2) 나사절삭의 작업요령

나사 절삭용 바이트는 윗면의 높이를 공작물의 중심선과 일치시키고 센터 게이지를 사용하여 직각이 되도록 고정한다. 절삭깊이는 나사의 크기에 따라 다르며 절삭제를 뿌리면서 나사절삭을 한다. 나선각의 영향으로 바이트의 진행쪽의 날은 절삭이 잘 되나

반대쪽은 절삭이 잘 되지 않는다.

  따라서, 그림 6-103 (b)와 같이 바이트의 좌측 날로 절삭되고 우측은 나사면을 다듬는 역할을 한다. 나사는 여러 번 반복 절삭행정 끝에 완성되며 처음 1회의 절삭행정이 끝나고 다음 절삭을 할 때 이미 깎여진 홈에 바이트를 일치시켜야 한다. 이것을 지시하여 주는 것이 체이싱 다이얼(chasing dial)이다.

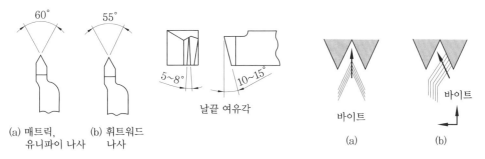

그림 6-102 삼각나사 절삭용 바이트   그림 6-103 나사 가공시 바이트 절입방법

(3) 나사절삭시 주의사항

  ① 바이트는 센터 게이지에 맞추어서 연삭한다.
  ② 바이트의 윗면 경사각(rake angle)을 주면 나사각의 각도가 변하므로 경사각을 주지 않아야 한다.
  ③ 바이트의 높이는 공작물의 중심선에 있어야 한다.
  ④ 바이트의 설치는 센터 게이지를 사용하여 정확히 고정한다.

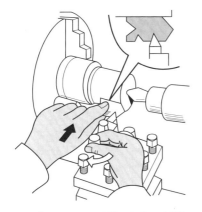

그림 6-104 나사 바이트 설치

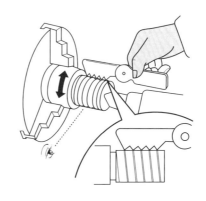

그림 6-105 나사 피치의 확인

6-5 • 선반의 절삭조건

(1) 절삭공구의 재질 및 적용

초경합금의 재종 분류는 절삭 공구용으로 P, M, K와 내마모 공구용은 D 및 광산, 토목 공구용은 E로 구분된다. 서멧(cermet) 재종은 TiC – TaC와 TiCN – TaC 계 등으로 구분되고, 피복 초경합금의 재종은 TiCN 과 Al_2O_3 계로 사용된다 (표 6 – 19 참조).

표 6 – 19 인서트 팁의 재종 및 적용

분류	I.S.O Class	초경합금 재종	Cermet	피복 초경합금 (coated Insert)	성능 경향	경도 (HRA)	항절력 (kg/mm^2)	피삭재	절삭조건
절삭공구용 재종	01	KTP 01	KTCT05, KTCT10, KTCT20, KTCT30	KT150, KT200, KT300, KT350, KT650	절삭속도 / 내마모성 / 이송 / 인성	93.0 이상	130 이상	강, 주강, 가단주철 (연속형 Chip)	고속절삭, 정밀사상
	10	KTP 10				92.5 이상	150 이상		고속절삭, 사상선삭, 모방선삭, 나사가공
P	20	KTP 20				92.0 이상	180 이상		일반적인 선반작업, 모방선삭, 내마모성을 요하는 Milling 작업
	25 / 30	KTP 25				91.5 이상	200 이상		일반적인 Milling 작업, 단속선삭, 황삭
	40	KTP 40				89.0 이상	230 이상		저속절삭, 흑피, 황삭 단면가공 작업
M	10	KTM 10	KTCT05, KTCT10, KTCT20	KT150, KT200, KT300, KT350	절삭속도 / 내마모성 / 이송 / 인성	92.5 이상	180 이상	강, 주강, Stainless강 주철, 고망간강, 연질 쾌삭강	사상선삭, 모방선삭
	20	KTM 20				92.0 이상	190 이상		일반적인 선반작업
	40	KTM 40				88.5 이상	250 이상		저속절삭, 흑피, 단속부, 용접부 절삭, 황삭
절삭공구용 재종	01	KTUF 1	KTCT05, KTCT10	KT150, KT200, KT300, KT600	절삭속도 / 내마모성 / 이송 / 인성	93.0 이상	180 이상	주철, 칠드주철, 가단주철 (비연속성 Chip), 고 Si-Al 합금 비철금속 (Cu, Al), 비금속류 (목재, plastic)	일반재질의 사상가공
	10	KTK 10				92.5 이상	180 이상		일반적인 고정밀도 요구되는 선반작업
K	20	KTK 20 M				92.0 이상	180 이상		Milling 전용
	20	KTK 20				91.5 이상	180 이상		일반선삭, 황삭, 단속작업
	30	KTK 30				90.0 이상	180 이상		중절삭, 단속작업, 황삭

종류			기호				경도	강도	특성	용도
초미립자 합금			KTUF 2				90.0 이상	230 이상	일반강, 주철, 비철금속, 칠드 주철	저속절삭에서 소절 삭 면적작업, 자동선 반, 정밀Boring, Hob, Reamer, End Mill Dril용으로 사용
내마모 공구용 재종	D	10	KTD 10			↑ 내마모성 인성 ↓	91.5 이상	200 이상	내마모용 내충격용	Nozzle. Lathe center
		20 ≀ 30	KTDX 2				89.5 이상	240 이상		Dies. punch용
		40 ≀ 50	KTDX 5				87.0 이상	270 이상		Header Dies. 내충격 Dies용
		60	KTD 60				83.0 이상	250 이상		
광산 · 토목 공구용 재종	E	10	KTE 10			↑ 내마모성 인성 ↓	90.0 이상	220 이상	착공용	석탄, 연암 착공용
		15	KTE 15				89.5 이상	230 이상		석탄, 연암, 중경암, 착공용
		20	KTE 20				89.0 이상	230 이상		석탄, 연암, 중경암, 착공, 석공용
		30	KTE 30				88.0 이상	250 이상		중경암, 경암, 착공, 석공
		35	KTE 35				87.5 이상	270 이상	석공용	중경암, 경암, 초경 암, 착공
		40	KTE 50				85.0 이상	270 이상		경암, 초경암, 토목 광산 착공
비자성 초경합금			KTNM 50				87.5 이상	200 이상	내마모, 내충격, 비자성, 금형공구	비자성 dies 류, punch 류, mechanical seal
고온 내식성 합금			KTCR				89.0 이상	90 이상	내열성, 내산화성, 내식성, 내마모성	Plastic. Glass. Lens 용의 Mold. 전·자기 장치의 마모 부품. 고압 수증기 Valve. Valve seat 석유화 학 공업의 Valve 등 모든 산업분야에 광 범위 사용

(2) 절삭조건

산업의 발달로 절삭공구는 탄소공구강, 합금공구강, 고속도강, 주조경질합금, 초경합금, 세라믹, 서멧, 피복 초경합금, CBN(질화붕소입방정형) 순서로 개발되었다.

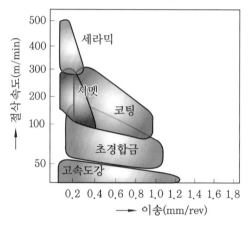

그림 6-106 공구의 재료별 적용영역

(3) 절삭조건의 실용값

절삭속도는 주절삭운동에 의하여 발생하는 날 끝과 공작물과의 상대속도이며 선반의 경우 공작물의 외주속도가 절삭속도가 된다. 표 6-20은 선반의 절삭조건을 나타낸 것이다.

표 6-20 선반의 절삭조건

가공물의 재질	인장강도 (N/mm²)	고속도강 공구				WC 공구			
		절삭 깊이 (mm)	이송 (mm/rev)	절삭속도 (m/min)	수명 (min)	절삭 깊이 (mm)	이송 (mm/rev)	절삭속도 (m/min)	수명 (min)
일반구조용강, 열처리강, 공구강, 주강	~500	0.5	0.1	75~60	60	1	0.1	220~170	120
		3	0.5	65~50		6	0.6	110~80	
		10	1.5	35~20		10	1.5	80~50	60
	500 ~700	0.5	0.1	70~50	60	1	0.1	200~150	120
		3	0.5	50~30		6	0.6	100~70	
		10	1.5	30~20		10	1.5	70~50	60
	700 ~900	0.5	0.1	45~30	60	1	0.1	150~110	120
		3	0.5	30~22		6	0.6	80~55	
		10	1.5	18~12		10	1.5	55~35	60

	900~1100	0.5	0.1	30~20	60	1	0.1	110~75	60
		3	0.4	20~15		3	0.6	55~35	
		6	0.8	18~10		6	1.5	35~25	
	1100~1400	–	–	–	–	1	0.1	75~50	60
		–	–	–		3	0.3	50~30	
		–	–	–		6	0.6	30~20	
쾌삭강	~700	0.5	0.7	90~60	240	1	0.1	160~120	240
		3	0.3	75~50		3	0.3	120~80	
	700~	0.5	0.1	70~40	240	1	0.1	120~80	240
		3	0.3	50~30		3	0.3	90~60	
구리합금	200~350	3	0.3	150~100	120	3	0.3	450~350	240
		6	0.6	120~80		6	0.6	350~250	
	350~800	3	0.3	100~60	240	3	0.3	400~300	240
		6	0.6	60~40		6	0.6	300~200	
알루미늄 및 합금, 마그네슘 합금	60~320	0.5	0.1	180~160	240	0.5	0.1	700 이상	240
		3	0.3	160~140		3	0.3	600~400	
		6	0.6	140~120		6	0.6	500~250	
알루미늄 합금 (경화처리)	320~440	1	0.1	140~100	240	1	0.1	400~200	120
		6	0.6	120~80		6	0.6	300~150	
	440	–	–	–	–	1	0.1	200~120	120
		–	–	–		6	0.6	150~50	
구상흑연 주철	400~700	–	–	–	–	1	0.1	180~140	60
		–	–	–		3	0.3	150~90	
		–	–	–		6	0.6	100~70	
흑심가단 주철	350	0.5	0.1	70~45	60	1	0.1	240~200	60
		3	0.3	60~40		3	0.3	180~140	
		6	0.6	40~20		6	0.6	140~80	
백심가단 주철	350~450	0.5	0.1	60~40	60	1	0.1	150~90	60
		3	0.3	50~35		3	0.3	100~60	
		6	0.6	35~20		6	0.6	75~50	

(4) 절삭가공 시간

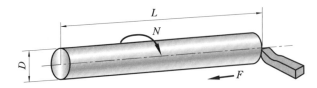

그림 6-107 절삭시간을 구하기 위한 도식도

그림 6-107과 같이 공작물의 길이를 L 이라면 바이트의 1분간 이동거리는

$$L = F \cdot N$$

로 나타낼 수 있다. 또한, 실제 절삭시간(T)은

$$T = \frac{L}{NF}[분]$$

여기서, T : 실제 절삭시간 (min), L : 공작물 길이 (mm)
D : 공작물 지름 (mm), N : 공작물의 회전수 (rpm)
F : 이송량 (mm / rev), V : 절삭속도 $\left(\dfrac{\pi DN}{1000}\text{m/min}\right)$

드릴링 머신

1 드릴링의 개요

1-1 • 드릴링 머신(drilling machine)과 기본 작업

드릴링이란 드릴 머신의 주축에 드릴을 고정하여 회전시키면서 회전축 방향의 이송으로 공작물에 구멍을 뚫는 공작기계이다. 드릴 작업에서는 드릴 홈을 따라 비틀림 모멘트와 드릴을 이송하기 위한 추력(thrust)이 발생한다. 드릴머신의 이송은 1회전당 드릴의 이동거리로 표시하며, 공작물을 테이블 위에 고정시켜 구멍 위치를 결정하고 드릴 작업을 한다.

일반적으로 드릴링 머신으로 할 수 있는 일은 그림 6-108과 같다.

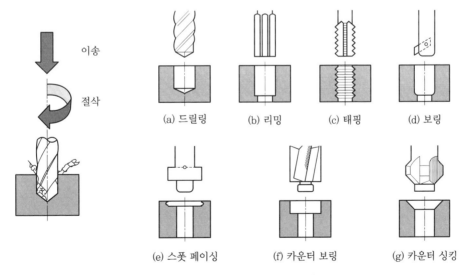

이송

절삭

(a) 드릴링　　(b) 리밍　　(c) 태핑　　(d) 보링

(e) 스폿 페이싱　　(f) 카운터 보링　　(g) 카운터 싱킹

그림 6-108　드릴링의 작업방법 및 종류

(1) 구멍 뚫기(drilling)

구멍을 뚫는 데 사용되는 공구는 드릴이며 구멍을 뚫는 기본적인 작업이다. 깊은 구멍을 뚫을 때에는 자루가 긴 심공용(沈孔用) 드릴을 사용하고, 절삭부(切削部)에 충분히

급유(給油)하면서 작업한다.

(2) 리밍(reaming)

뚫린 구멍을 정확한 크기와 매끈한 면으로 다듬질하는 작업이며 공구로써 리머 (reamer)를 사용한다.

(3) 보링(boring)

이미 뚫린 구멍이나 주조하여 뚫린 구멍을 크게 넓히는 가공이며, 구멍의 크기나 모양을 바로잡는 작업이다.

(4) 카운터 보링(counter boring)

볼트 또는 너트의 머리 부분이 가공물 안에 묻히도록 구멍 상부를 원통형으로 크게 깎아내는 작업이다. 절삭공구로는 카운터 보어(counter bor)를 주로 사용하며 엔드밀 (end mill)을 사용하기도 한다.

(5) 카운터 싱킹(counter sinking)

접시머리 나사를 사용할 구멍에 머리 부분이 묻히도록 원추형으로 가공한다. 절삭공구는 카운터 싱크(counter sink)를 사용한다.

(6) 스폿 페이싱(spot facing)

볼트나 너트가 닿는 구멍 주위를 평면으로 가공하여 잘 체결되도록 하는 가공방법이다. 또한 구멍 중심과 경사져 있을 때도 스폿 페이싱 작업을 한다.

(7) 태핑(tapping)

탭을 사용하여 구멍에 암나사를 가공하는 작업이다.

2 드릴링 머신의 종류 및 구조

2-1 ● 탁상 드릴링 머신(bench type drilling machine)

베이스를 탁상 위에 올려놓고 볼트로 고정시키고, 공작물을 테이블에 고정하여 작업한다. 테이블은 칼럼을 따라 상하로 이동하며 전동장치에는 기어를 사용하지 않고 V벨트로 주축을 회전시키고 변속은 단차로 이루어진다.

변속기구는 일반적으로 Ｖ벨트와 단차를 사용한 유한속도 변환기구가 많으나 원추형 풀리와 벨트를 사용한 무단 변속기구, 원추 풀리의 경사면의 원주속도를 이용하는 변속 방식으로 되어 있다.

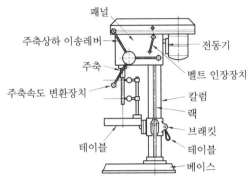

그림 6-109 탁상 드릴링 머신

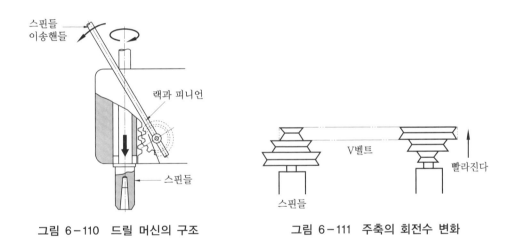

그림 6-110 드릴 머신의 구조   그림 6-111 주축의 회전수 변화

2-2 ● 직립 드릴링 머신 (upright drilling machine)

직립 드릴링 머신은 비교적 대형 공작물의 구멍을 뚫을 때 필요한 공작기계로 단차식과 기어식이 있다. 그림 6-112는 직접 드릴링 머신의 구조를 나타낸 것인데 테이블은 칼럼의 상하 이동 및 칼럼을 중심으로 선회시킬 수 있고, 그 자체도 회전이 된다. 공작물은 크기가 작을 때는 테이블 위에 고정하고, 공작물이 너무 클 때는 베이스 위에 바로 고정한다. 주축 역회전 장치가 있어 태핑을 할 수 있으며, 스핀들의 하부에는 보통 모스 테이퍼가 있어 드릴 소켓을 직접 압입하든가 드릴 척을 이용할 수 있다.

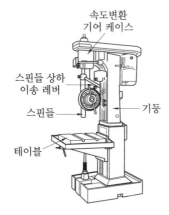

그림 6-112　직립 드릴링 머신

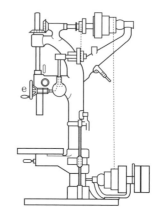

그림 6-113　직립 드릴링 머신의 구조

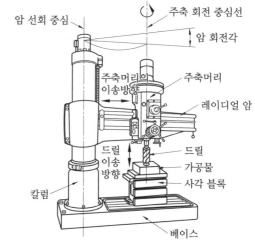

그림 6-114　레이디얼 드릴링 머신

2-3 ● 레이디얼 드릴링 머신 (radial drilling machine)

　크고 무거운 공작물에 구멍을 뚫으려고 할 때는 공작물을 이동하기 곤란하다. 이와 같은 대형 공작물에 구멍뚫기 작업에 적합한 기계로서 드릴링 헤드를 수평방향으로 이동시키는 암 (arm) 과 암을 지지하는 직립 칼럼(vertical column) 으로 구성되어 있다. 암은 베드 위에서 임의의 위치로 회전되며, 드릴링 헤드는 암의 길이방향으로 임의의 위치로 이동 조절된다. 따라서, 드릴을 공작물상의 어디로든 신속히 가져갈 수 있다.

2-4 다축 드릴링 머신(multiple spindle drlling machine)

다축 드릴링 머신은 그림 6-115와 같으며 다수의 구멍을 동시 가공 및 다른 작업을 할 때 능률적이다. 먼저 작업에 필요한 공구들을 고정시켜 놓고 순서대로 필요한 공구를 사용해서 하나의 공작물에 구멍뚫기, 리머 작업, 탭 작업 등의 일관 작업을 연속적으로 할 수 있다. 이 드릴링 머신은 정밀도가 높고 제품을 일정하게 다량 생산할 수 있는 장점이 있다.

그림 6-115 다축 드릴링 머신

3 드릴의 종류와 구조

3-1 드릴의 종류

드릴은 재료에 따라 탄소강 드릴, 고속도강 드릴, 탄화텅스텐을 끝에 붙인 팁 드릴(tipped drill) 등이 사용되며 자루의 모양에 따라서 곧은 자루 드릴, 테이퍼 자루 등이 있다.

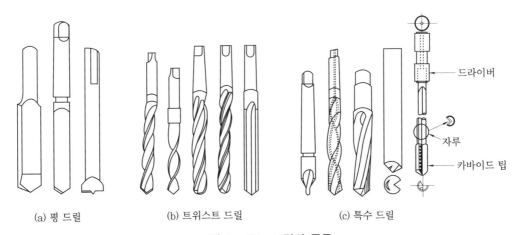

(a) 평 드릴   (b) 트위스트 드릴   (c) 특수 드릴

그림 6-116 드릴의 종류

3-2 ─• 드릴의 각부 명칭

드릴의 기본 구성요소는 자루, 몸체, 날 끝 등이며 드릴의 각부 명칭은 다음과 같다.

(1) 드릴 끝 (drill point)

드릴 절삭날의 끝부분이며 원추형이다. 절삭날은 이 부분에서 연삭한다.

(2) 몸체 (body)

드릴의 본체가 되는 부분이며 홈이 있다.

(3) 홈 (flute)

드릴 본체에 직선 또는 나선으로 패인 홈이며 칩을 유출하고 절삭유를 공급하는 통로가 된다.

(4) 자루 (shank)

드릴 고정구에 맞추어 드릴을 고정하는 부분이다. 곧은 것과 테이퍼진 것이 있는데 드릴 지름이 13 mm 이하인 것은 곧은 자루이며, 그 이상은 테이퍼진 자루이다.

(5) 꼭지 (tang)

테이퍼 자루 끝을 납작하게 한 부분으로 드릴에 회전력을 주며 드릴과 소켓이 맞는 테이퍼부를 손상시키지 않고 드릴을 돌려주는 역할을 한다.

(6) 사심 (dead center)

드릴 끝에서 두 절삭날이 만나는 점이다.

(7) 절삭날 (lips)

드릴 끝에서 드릴링 작업을 할 때 재료를 깎아내는 날 부분이다.

(8) 마진 (margin)

드릴 홈을 따라서 나타나 있는 좁은 면이며 드릴 크기를 정히며 드릴의 위치를 잡아준다.

(9) 웨브 (web)

홈과 홈 사이의 좁은 단면이다.

(10) 몸여유 (body clearance)

마진보다 지름을 작게 한 드릴 몸부분이며 절삭시 공작물에 드릴 몸이 닿지 않도록 여유를 두기 위한 부분이다.

(11) 홈나선각(helix angle)

드릴의 중심축과 홈의 비틀림 사이에 이루는 각이다.

(12) 날여유각(lip clearance)

장해를 받지 않고 재료에 먹어들도록 절삭날에 주어지는 여유각이다.

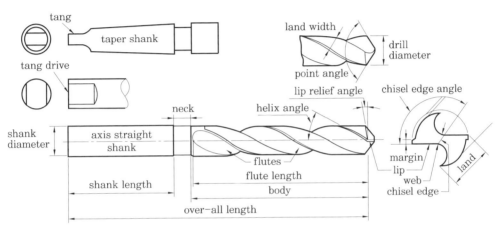

그림 6-117 드릴의 각부 명칭

3-3 • 드릴 절삭력

(1) 회전력 (torque)

기계 동력의 90 % 정도를 차지하며 이송속도와 절삭속도에 영향을 준다.

(2) 추력 (thrust)

드릴 지름과 이송속도에 따라 변화되며, 특히 웨브 (web) 의 크기와 드릴이 마모되었을 때 증가한다.

(3) 굽힘 (bending)

최초 드릴의 설치 잘못으로 드릴이 파손되는 원인이 된다.

3-4 • 드릴의 재연삭

드릴 작업시 드릴 마모는 일정한 속도비로 진행되는 것이 아니고 어떤 시점에서 급속

하게 진행되므로 드릴이 너무 무뎌지기 전에 재연삭을 하여야 한다. 드릴의 재연삭 항목으로는

① 날 끝각을 바로 잡는다(그림 6-118 (a)).

② 날 길이를 동일하게 한다(그림 6-118 (a)).

③ 날 여유각(lip clearance angle)을 바로 잡는다(그림 6-118 (b)).

④ chisel edge angle을 바로 잡는다(그림 6-118 (b)).

⑤ 웨브 시닝(web thinning)을 정확히 한다(그림 6-118 (c)).

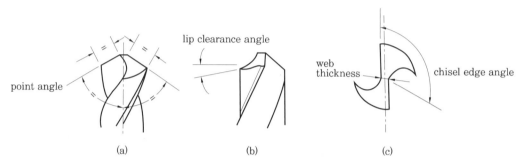

그림 6-118 드릴의 재연삭

3-5 • 드릴 각도

보통 드릴의 여유각은 8~15°, 선단날 끝각은 강철이 18°이다. 그러나 재질에 따라 선단날 끝각은 60~150°까지 사용되고, 비틀림각은 24~32°가 사용된다. 드릴의 연삭은 드릴날의 길이가 드릴 중심축에 대칭형이어야 한다.

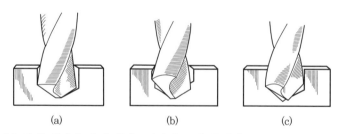

(a) 날의 길이가 같지 않다. 구멍이 크게 뚫린다.
(b) 중심축에 대한 각이 다르다. 턱이 지고 구멍이 크게 뚫린다.
(c) 날의 경사각이 다르다. 한쪽 날이 절삭하여 반대쪽으로 드릴을
    미는 경향이 있다.

그림 6-119 드릴로 잘못 뚫린 구멍 예

표 6-21 드릴 각도

공작물의 재질	드릴 각도	경사각	비틀림 각
일반용 드릴	118	12~15	20~32
알루미늄 합금 (얇은 구멍)	118	6~9	20~33
알루미늄 합금 (깊은 구멍)	118~130	12	32~35
쾌삭황동, 청동	118~125	12~15	10~20
구리합금	110~130	10~15	30~40
주 철	90~118	12~15	20~30
연강, 저탄소강	118	12~15	20~32
고속도강	135	5~7	20~32
스테인리스강	118~140	5~7	20~32
목 재	70	12	30~40

3-6 • 드릴의 고정구

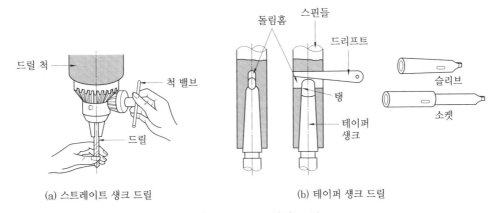

(a) 스트레이트 섕크 드릴   (b) 테이퍼 섕크 드릴

그림 6-120 드릴의 고정

(1) 드릴을 직접 주축에 고정하는 방법

드릴의 지름이 어느 정도 커지면 자루부가 테이퍼로 되어 있어서 이것이 주축의 테이퍼 구멍에 맞을 때는 직접 드릴 자루를 주축에 박아 고정한다.

(2) 소켓 또는 슬리브를 사용하는 방법

드릴의 자루부가 주축 구멍에 맞지 않을 때에 슬리브 또는 소켓을 주축에 박고 거기에다 드릴을 꽂아서 고정한다.

(3) 드릴 척을 사용하는 방법

지름이 작은 드릴은 자루가 스트레이트로 되어 있어서 주축 구멍에 맞지 않으므로 주축에 맞는 드릴 척의 자루를 주축에 꽂아 고정한 다음, 드릴을 척에 고정하는 방식이다. 척의 구조에는 여러 가지가 있으나 그림 6-120은 일반적으로 많이 사용되고 있는 자콥스(Jacob's)드릴 척의 구조를 나타낸 것이다.

4 드릴작업의 절삭조건

4-1 • 절삭속도

드릴작업에서 절삭속도의 선정은 가공물의 기계적 성질, 즉 인장강도, 경도 등에 대한 영향이 크다. 또, 드릴의 지름이 커지면 절삭열의 방출, 칩 배출, 절삭유의 유입조건이 좋으므로 절삭속도를 높일 수 있으나, 드릴 지름이 작아지거나 구멍 깊이가 깊어지면 절삭속도를 줄여야 한다. 보통 깊이가 바깥지름의 3배이면 10 %, 4배이면 20 %, 5배이면 30 %의 절삭속도를 감소시킨다. 또한, 리머의 절삭속도는 드릴의 1 / 2~1 / 3 을 취하고, 태핑시의 절삭속도는 연강일 때 15~20 m /min, 주철일 때 10~18 m /min 을 취하며, 주철 절삭시는 절삭유를 사용하지 않는다. 드릴의 절삭속도는 드릴 바깥지름의 주속도로 표시한다.

절삭속도 V 는

$$V = \frac{\pi d n}{1000} \,[\text{m / min}]$$

여기서, V : 절삭속도 (m /min)
d : 드릴 지름 (mm)
n : 드릴의 회전수 (rpm)

로 구멍을 뚫는 데 소요되는 시간
T [min] 는

$$T = \frac{t + h}{ns} = \frac{\pi d (t + h)}{1000 vs}$$

여기서, S : 드릴 1회전하는 동안에 길이방향의 이송거리 (mm / rev)
h : 드릴 끝 원추의 높이 (mm)
t : 구멍의 깊이 (mm)

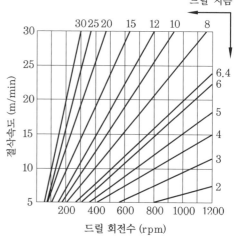

그림 6-121 드릴의 절삭속도와 회전수

표 6-22는 드릴작업의 절삭조건을 나타낸 것이다.

표 6-22　드릴작업의 절삭조건

드릴 지름 (mm)	강 $\sigma_B \leqq 50$ kgf / mm^2		강 $\sigma_B = 50\sim70$ kgf / mm^2		강 $\sigma_B = 70\sim90$ kgf / mm^2		강 $\sigma_B = 90\sim100$ kgf/ mm^2	
	v	s	v	s	v	s	v	s
2~5	20~25	0.1	20~	0.1	15~18	0.05	10~14	0.05
6~11	20~25	0.2	20~	0.2	15~18	0.1	10~14	0.1
12~18	30~35	0.25	20~	0.25	15~18	0.2	12~18	0.15
19~25	30~35	0.3	25~	0.3	18~22	0.3	16~20	0.2
26~50	25~30	0.4	25	0.4	15~20	0.35	14~16	0.3

드릴 지름 (mm)	주철 $\sigma_B \leqq 12\sim18$ kgf / mm^2		주철 $\sigma_B = 18\sim30$ kgf / mm^2		황동, 청 (연) $\sigma_B = 70\sim90$ kgf / mm^2		청동 (경) $\sigma_B = 90\sim100$ kgf / mm^2	
	v	s	v	s	v	s	v	s
2~5	25~30	0.1	12~18	0.1		0.05		0.05
6~11	30~40	0.2	14~18	0.15		0.15		0.1
12~18	25~40	0.35	16~20	0.2	$\leqq 50$	0.3	$\leqq 35$	0.2
19~25	20	0.6	16~20	0.3		0.45		0.35
26~50	20	1.0	16~18	0.4		—		—

예제 7　드릴링의 작업조건으로 절삭속도 30 m / min, 드릴의 지름 20 mm, 이송을 0.1 mm / rev 라 하고, 드릴 끝의 원추 높이를 5.8 mm 라고 하면, 깊이 90 mm 인 구멍을 뚫는 데 소요되는 시간을 구하여라.

[해설] 소요시간 T분은 다음과 같이 계산한다. 절삭속도 V [m / min] 가 되기 위하여 지름 d [mm]의 드릴은 다음 회전수 n 을 갖는다.

$$n = \frac{1000 \cdot V}{\pi d} [\text{rpm}]$$

따라서, 구멍깊이 t [mm], 드릴 끝의 원추높이 h [mm]에 대하여 드릴링 소요시간은

$$T = \frac{t + h}{ns} = \frac{\pi d \, (t + h)}{1000 vs} [\text{min}]$$

즉, $T = \dfrac{\pi \times 20 \times (90 + 5.8)}{1000 \times 30 \times 0.1} = 2.1 \, \text{min}$

4-2 • 이 송

이송의 크기는 드릴 1회전에 대하여 드릴 축 방향으로 진행한 거리로 나타내며 2날이 있으므로 1날의 이송은 그것의 반이 된다. 이송 크기에 따라 가공면의 표면거칠기 등 가공 정도에 영향을 미치며 구멍 깊이가 깊어지면 감소시켜야 한다. 깊이가 바깥지름의 3~4배이면 10 %, 5~8배이면 20 %의 이송을 감소시킨다. 리머의 이송은 지름에 따라 다르며 보통 드릴의 2~3배를 취한다.

4-3 • 절삭동력

드릴 작업에는 드릴을 회전시키는 데 필요한 회전 모멘트 M [kg-cm] 이송에 필요한 추력(thrust) P [kg]가 작용한다. 회전 모멘트와 각속도 $\left(\dfrac{2\pi}{60}\right)$를 알고 있을 때 회전 마력 N_m 을 구하면,

$$N_m = \frac{M\dfrac{2\pi}{60}n}{75 \times 100} = \frac{M \cdot n \cdot 2\pi}{75 \times 60 \times 100}$$

이송 S [mm / rev] 에 대한 추력을 P 라고 하면 이송에 필요한 마력 N_f 는

$$N_f = \frac{P \cdot S \cdot n}{75 \times 60 \times 1000}$$

드릴에 필요한 전동력 N 은

$$N = N_m + N_f = \frac{M \cdot n \cdot 2\pi}{75 \times 60 \times 100} + \frac{P \cdot S \cdot n}{75 \times 60 \times 1000}$$ 이다.

예제 8 Ni−Cr 강철에 지름 40 mm 의 구멍을 뚫는다. 이때 피드 0.4 mm 일 때, $n=160$ rpm 의 조건에서 이것에 필요한 동력을 계산하여라. (단, 비틀림 모멘트 $M=$ 2600 kg−m, 스러스트 $P=2400$ kg 이다.)

해설 $N = \dfrac{2600 \times 160 \times 2 \times 3.14}{75 \times 60 \times 100} + \dfrac{2400 \times 0.4 \times 160}{75 \times 60 \times 1000} = 5.81 + 0.0342 = 5.8442 \text{ HP}$

예제 9 탁상 드릴링 머신에서 드릴지름 10 mm, 절삭속도 $V=18$ m/min, 피드 0.4 mm 로 주철에 구멍을 뚫을 때 필요한 동력을 계산하여라. (단, 드릴에 작용하는 비틀림 모멘트 $M=95$ kg−m, 스러스트 (推力) $P=180$ kg 이다.)

해설 $N = \dfrac{95 \times 575 \times 2\pi}{60 \times 75 \times 100} + \dfrac{180 \times 0.4 \times 575}{60 \times 75 \times 1000} = 0.76 + 0.0090 = 0.7690 \text{ HP}$

$\left(\text{단, 여기서 회전수 } n = \dfrac{1000\,V}{\pi d} = \dfrac{1000 \times 18}{\pi \times 10} \fallingdotseq 575\right)$

5 리밍 작업 (reaming)

리밍은 드릴로 뚫어진 구멍이나 선삭 가공품의 구멍의 형상과 치수를 리머를 사용하여 정밀하게 다듬질하는 작업이다. 리밍을 하려면 드릴로써 소요 지름보다 작게 구멍을 뚫은 후에 리머를 사용한다.

5-1 리머의 종류

리머의 종류는 일반 분류방식에 따라 다음과 같이 분류한다.

(1) 구멍의 형상에 따른 분류
① 곧은 리머(stright reamer)
② 테이퍼 리머(taper reamer)

(2) 사용 방법에 따른 분류
① 손 리머(hand reamer)
② 기계 리머(machine reamer or chucking)

(3) 구조에 따른 분류
① 단체 리머(solid reamer)
② 중공 리머(hollow reamer)
③ 팽창 리머(expansion reamer)
④ 조절 리머(adjustable reamer)

리머의 분류 중에서 많이 사용되는 리머는 다음과 같다.
① 기계 리머(machine reamer or chucking) : 날 길이가 짧고 자루가 직선인 것과 테이퍼로 된 두 가지가 있다.
② 셀 리머(sheel reamer) : 자루가 없어 자루를 끼워서 사용할 수 있도록 제작된 것으로 이것은 지름이 큰 것에 사용되며 1개의 자루로 각종 크기의 셀 리머를 끼워 쓸 수 있는 것이 편리하다.
③ 조절 리머(adjustable reamer) : 날을 조절하여 지름을 조절할 수 있는 리머이다. 조절할 때마다 지름이 달라지므로 연삭기로 연삭하고 링 게이지로 검사한 다음 사용

한다.

④ 팽창 리머(expansion reamer) : 중공의 몸통에 축방향으로 여러 개의 홈을 두어 몸체를 약간 팽창시켜 지름을 조정한다.

⑤ 테이퍼 리머(taper reamer) : 날 부분이 테이퍼로 되어 있어서 테이퍼 절삭에 사용된다.

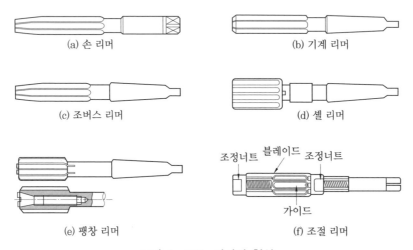

(a) 손 리머   (b) 기계 리머

(c) 조버스 리머   (d) 셸 리머

(e) 팽창 리머   (f) 조절 리머

그림 6-122 리머의 형상

표 6-23 리머의 절삭속도

가공재료		절삭속도 (m / min)	피드 (mm / rev)			
			리머의 지름 (mm)			
			5 이하	5~20	21~50	50 이상
탄소강 및 주강	연	3~6	0.2~0.3	0.3~0.5	0.5~0.6	0.6~1.2
	경	2~4				
합금강 단조품	연	3~4	0.1~0.2	0.2~0.4	0.4~0.5	0.5~0.8
	경	2~3				
주철	연	4~6	0.4~0.5	0.5~1	1~1.5	1.5~3
	경	3~4				
Cu 및 Cu-Zn		8~14	0.3~0.5	0.5~1	1~2.5	1.5~3
Al 및 Al 합금	연	12~20	0.3~0.5	0.5~1	2~1.5	1.5~3
	경	0~32				
Mg 및 Mg 합금		30	0.4~0.5	0.5~1.2	1.2~2	2~3

6 · 탭 작업 (tapping)

태핑이란 탭을 사용하여 암나사를 가공하여 볼트(bolt) 또는 스터드(stud) 등을 연결하기 위한 것으로 핸드 탭, 기계 탭, 테이퍼 탭, 스테이 탭(stay tap)의 종류가 있다.

탭은 탄소 공구강이나 고속도강으로 제작되나 고속도강은 탄소 공구강에 비하여 약 2배의 절삭속도로 작업할 수 있고 공구 수명도 길다.

보통 사용되는 핸드 탭의 구조 및 각부 명칭은 그림 6-123과 같다.

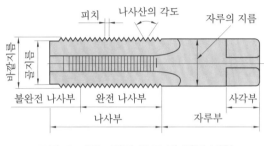

그림 6-123 탭의 구조 및 각부 명칭

(1) 핸드 탭(hand tap)

핸드 탭은 3개가 1조를 형성하고 수기 가공으로 암나사를 가공할 때 사용한다. 자루단부에는 각형부가 있어 탭 렌치(tap wrench)로 고정하여 회전시킨다.

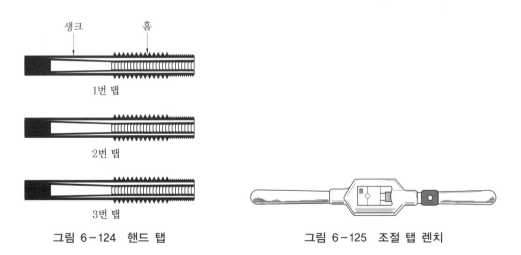

그림 6-124 핸드 탭 · · · 그림 6-125 조절 탭 렌치

(2) 테이퍼 탭(taper tap)

관(pipe)의 연결부분 나사에 사용되고 너트 탭(nut tap)은 너트의 나사작업에 사용된다. 자루부가 특히 크고 여러 개의 너트에 대한 나사작업을 순차적으로 가공할 수 있다.

(3) 스테이 탭(stay tap)

증기 보일러, 기관차 등의 내외판을 연결하는 볼트 나사작업에 사용된다. 형상이 매우 길고 선단은 리머부, 중간은 나사 절삭부, 끝부분은 나사 안내부로 되어 있다.

(4) 기계 탭(machine tap)

드릴링 머신으로 나사를 절삭할 때 사용되는 것으로 머신 고정구와 함께 사용된다. 형상은 핸드 탭의 2번 탭과 비슷하나 자루(shank) 부분이 매우 길다. 주축에는 역전 장치가 있으며 깊은 구멍에 탭 작업을 할 경우 탭의 부러짐을 고려하여 작업 중 칩을 제거하고 절삭유를 사용하는 것이 좋다.

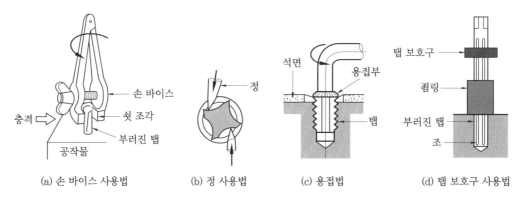

(a) 손 바이스 사용법　(b) 정 사용법　(c) 용접법　(d) 탭 보호구 사용법

그림 6-126　부러진 탭을 빼는 방법

표 6-24　탭 작업에 필요한 드릴 구멍 (미터나사)

공칭지름 [mm]	피치 P [mm]	수나사 높이 h [mm]	암나사 높이 d [mm]	탭용 구멍지름 (mm)		
				60 %	70 %	80 %
2	0.4	0.260	1.523	1.58	1.63	1.69
3	0.6	0.390	2.285	2.37	0.45	2.53
4	0.75	0.487	3.107	3.22	3.32	3.41
5	0.9	0.585	3.927	1.06	4.18	4.30
6	1.0	0.650	4.808	1.96	5.09	5.22
8	1.25	0.812	6.511	6.76	6.86	7.02
10	1.5	0.974	8.214	8.44	8.43	8.82
12	1.75	1.137	9.915	10.18	10.41	d 10.64
14	2	1.299	11.619	11.92	12.18	12.44
20	2.5	1.624	17.023	17.46	17.72	18.05

보링 머신

1 보링 머신(boring machine)의 개요

보링(boring)이란 드릴가공, 단조가공, 주조가공 등에 의하여 이미 뚫어져 있는 구멍을 좀 더 크게 확대하거나, 표면거칠기가 높고, 치수가 정확하게 완성 가공하는 작업이다.

보링 머신에서는 보링, 드릴링, 리밍, 태핑, 밀링가공의 일부분까지도 가능하다.

보링 머신은 가공물을 고정시키고 절삭공구를 회전 및 이송하는 방법과 가공물을 회전시키고 공구를 이송하는 방법이 있으며, 보링 머신의 크기는 테이블 크기, 주축 지름, 주축의 이송거리, 테이블의 이동거리 등으로 표시한다.

2 보링 머신의 종류

보링 머신을 작업방법에 따라 분류하면 다음과 같다.

① 수평 보링머신(horizontal boring machine)

- 테이블형(table type)
- 플로어형(floor type)
- 플레이너형(planer type)
- 이동형(portable type)

② 수직 보링머신(vertical boring machine)

③ 정밀 보링머신(fine boring machine)

④ 코어 보링머신(core boring machine)

⑤ 지그 보링머신(jig boring machine)

2-1 • 수평 보링머신

주축이 수평으로 설치되어 있으며 대표적인 보링 머신이다. 수평 보링머신의 크기는 주축 지름의 크기, 테이블 크기, 주축의 이동거리, 주축 헤드의 상하 이동거리 및 테이블의 이동거리로 나타난다.

또한, 수평 보링머신은 테이블형(table type), 플로어형(floor type), 플레이너형(planer type), 이동형(portable type)으로 분류한다.

(1) 테이블형 (table type)

테이블이 새들(saddle) 안내면 위를 스핀들과 평행한 방향과 직각 방향으로 수평면 내에서 이동한다. 보링 이외의 기계가공이 요구되는 일반 공작에 사용된다.

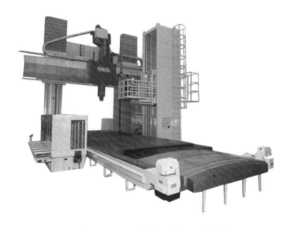

그림 6-127 테이블형 보링머신

(2) 플로어형 (floor type)

테이블형으로 가공하기 어려운 큰 공작물에 사용되며 공작물을 고정할 때는 T 홈이 있는 고정된 플로어판 (floor plate) 을 사용한다.

주축 헤드 (head) 는 칼럼(column, 지주)을 따라 상하로 이동하고 칼럼은 베드 위를 전후로 이동하여 주축의 위치를 정한다. 외부 지지대인 수직 칼럼은 플로어판 위의 적정 위치에 고정할 수 있고 주축 지름이 100 mm 이상일 경우 이 형식을 사용한다.

(3) 플레이너형 (planer type)

테이블형과 유사하나 테이블을 지지하는 새들이 없고 길이방향 이송으로 베드상의 안내면을 따라 칼럼이 이동한다. 플레이너형은 공작물이 길고 무거운 경우에 사용된다.

(4) 이동형(portable type)

보링 머신을 공작물 근처로 이동시켜 사용하는 것으로 대형 기계의 수리에 적합하다. 보링 머신의 호칭은 주축 지름으로 나타낸다.

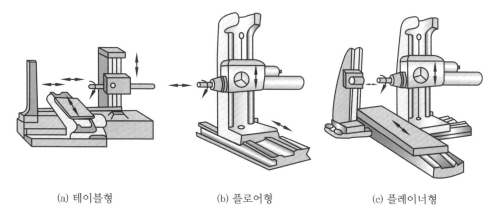

(a) 테이블형　　　　　　　(b) 플로어형　　　　　　　(c) 플레이너형

그림 6-128 수평 보링머신

2-2 • 수직 보링머신

스핀들이 수직을 이루는 형식으로 주축 스핀들이 고정밀도의 안내면에 따라 이송되며, 절삭공구의 위치는 크로스 레일(cross rail)상의 공구대에 의해 조절된다. 절삭공구의 형상은 선삭이나 평삭할 때와 같으며 공작물을 고정한 테이블이 회전하여 보링, 수평가공, 수직가공 등을 한다.

2-3 • 정밀 보링머신

다이아몬드나 초경합금 바이트를 사용하여 내연기관의 실린더와 같이 형상이 정밀하고 매끈한 면을 다듬질하는 데 사용되는 공작기계이다. 주축 방향에 따라 수평형과 수직형이 있다.

2-4 • 코어 보링머신

가공할 구멍이 드릴 작업할 수 있는 것보다 훨씬 클 때 구멍에 해당하는 부분은 전부 절삭하지 않고 환형(渙形) 홈을 깎아 코어(core)가 남게 하는 가공을 하면 시간을 절약할 수 있고 코어로 남은 재료를 다른 용도에 사용할 수도 있는 가공방법을 코어 보링이라 한다. 판재에 큰 구멍을 뚫을 때 또는 포신가공 등에 사용된다.

2-5 • 지그 보링머신

정밀도가 요구되는 공작물, 특히 각종 지그 제작 및 정밀기계의 구멍가공 등에 사용하는 전용 기계이며 가공품의 허용오차가 ±2~5μ 정도로 매우 작다. 테이블과 주축대의 위치는 "나사식 측정 장치, 표준봉 게이지와 다이얼 게이지, 현미경을 사용한 광학 장치, 전기식 계측 장치" 등에 의해 설정되므로 정밀도가 높다. 지그 보링머신에는 1개의 지주를 갖는 단주형(single column type)과 2개의 지주를 갖는 쌍주형 보링머신이 있다.

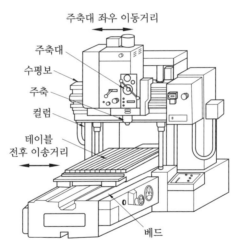

그림 6-129   지그 보링머신

3 보링 공구

3-1 • 보링 바이트

보링 바이트는 선반작업에서 바이트의 역할과 같으며, 바이트는 다이아몬드공구와 초경합금 공구를 사용한다. 그러나 구멍 크기 및 공작물의 가공위치에 따라 직접 바이트를 보링 바 (boring bar) 에 고정하는 방법과 보링 주축단에 고정하는 방법이 있다.

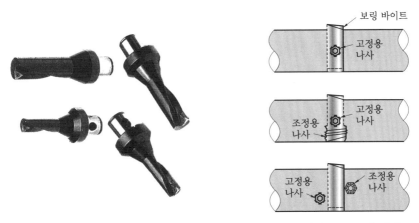

그림 6-130 보링 바   그림 6-131 보링 바이트를 보링 바에 고정하는 방법

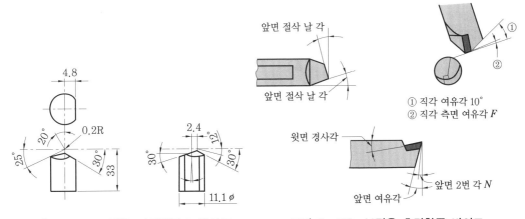

그림 6-132 보링용 다이아몬드 바이트   그림 6-133 보링용 초경합금 바이트

3-2 • 보링 공구대

보링 공구대(boring head)는 절삭할 구멍 지름이 너무 커서 바이트를 보링 바에 직접 고정할 수 없는 경우 사용하며 보통 바이트 2개가 사용되고, 바이트가 이동하도록 조절 식으로 된 단면(facing) 보링 공구대가 있다.

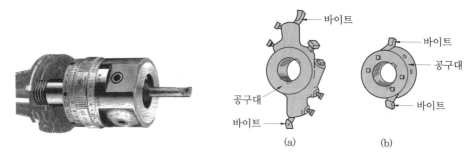

그림 6-134 보링 공구대

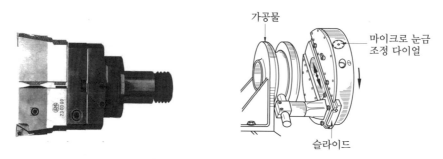

그림 6-135 단면 보링 공구대

셰이퍼, 슬로터

1 셰이퍼 (shaper)

1-1 • 셰이퍼의 개요

셰이퍼는 형삭기라고 하며, 공구인 바이트가 직선 왕복운동을 하고 공작물은 바이트의 운동방향에 대하여 직각방향으로 이송을 주는 공작기계이다. 셰이퍼는 귀환행정(return storke) 때 공작물에 이송을 주며 비교적 소형 공작물의 평면, 각홈, 키홈(key home), T홈 및 불규칙한 표면 윤곽 등을 가공할 수 있다. 셰이퍼는 직선 왕복운동으로 공작물을 절삭하므로 절삭효율은 좋지 않으나 필요한 형상의 바이트를 쉽게 제작하여 사용할 수 있고, 귀환행정은 절삭행정(cutting stroke)보다 2~3배로 빠른 속도로 작업한다.

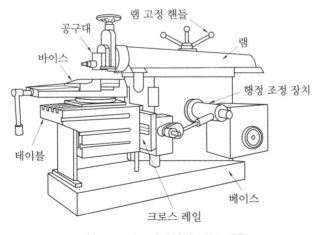

그림 6-136 셰이퍼의 각부 명칭

1-2 • 셰이퍼의 종류

셰이퍼를 일반 구조에 따라 분류하면 다음과 같다.

(1) 램(ram)의 운동방향에 따라

① 수평 셰이퍼

② 수직 셰이퍼

(2) 램의 왕복기구에 따라

① 랙(rack)과 피니언(pinion)에 의한 것

② 스크루(screw)와 너트(nut)에 의한 것

③ 유압(hydraulic) 기구에 의한 것

④ 크랭크의 슬로티드 로커 암(rocker arm)에 의한 것

(3) 구조에 따라

① 표준 셰이퍼(standard shaper)

② 만능 셰이퍼(universal shaper)

③ 연삭식 셰이퍼(draw cut shaper)

표준 셰이퍼는 바이트를 밀치면서 절삭하는데 연삭식 셰이퍼는 끌어당기면서 절삭하는 셰이퍼이다.

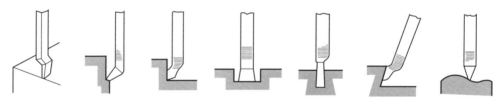

(a) 평면 절삭 (b) 수직 절삭 (c) 측면 절삭 (d) 넓은 홈 절삭 (e) 홈 절삭 (f) 각도 절삭 (g) 곡면 절삭

그림 6-137 셰이퍼의 가공 종류

1-3 ● 셰이퍼의 크기

셰이퍼 크기는 램의 최대 행정길이, 테이블 크기(길이×폭×높이), 회전 테이블은 테이블 지름, 테이블의 이송거리(좌우×상하)로 표시한다. 일반적인 호칭은 램의 최대 행정(stroke)으로 한다.

1-4 • 셰이퍼의 구조

(1) 공구대

그림 6-138은 셰이퍼용 공구대로, 구조는 플레이너와 같으나 다만 횡방향의 이송기구가 없다. 램의 귀환행정 때 바이트를 들어올려 바이트 날 끝과 가공면의 마찰을 방지한다.

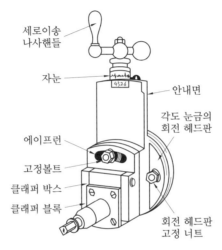

그림 6-138 공구대

(2) 테이블 이송기구

테이블 이송기구는 수동이송과 자동이송이 있으며, 래칫 바퀴는 커넥팅 로드가 왕복운동으로 래칫(ratchet)을 회전시켜 폴(pawl, 멈춤쇠)을 일정량씩 옮기게 된다. 수동이송 시는 폴을 들어올려 준다.

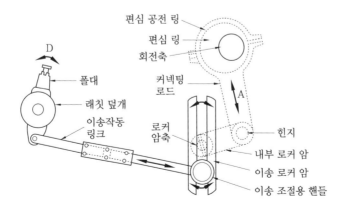

그림 6-139 테이블 이송기구

(3) 클래퍼 (claper)

귀환행정시 바이트 뒷면과 공작물의 충격을 줄이기 위하여 바이트를 약간 위로 뜨게 하는 장치이다.

(4) 셰이퍼 바이트 (shaper bite)

셰이퍼용 바이트의 날 끝각과 형상은 선반용 바이트와 유사하고 자루 부분이 굽은 바이트(goose necked tool)를 사용한다. 이 바이트는 날 끝의 경사각 (rake angle) 이 바이트의 밑면 높이와 일치하든가 혹은 밑면 이하로 되도록 날 끝에 가까운 자루 부분이 굽어져 있는 바이트이다. 그림 6-140은 바이트의 형상별 종류를 나타낸 것이다.

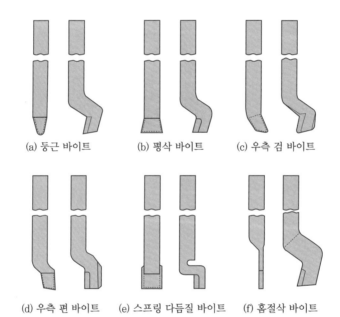

(a) 둥근 바이트   (b) 평삭 바이트   (c) 우측 검 바이트

(d) 우측 편 바이트   (e) 스프링 다듬질 바이트   (f) 홈절삭 바이트

그림 6-140   셰이퍼용 바이트

(5) 램의 행정조절

큰 기어에 고정된 크랭크 핀의 위치가 기어의 중심과 가까워지면 행정(stroke)은 작아지고 멀어진다. 바이트의 행정길이는 공작물 길이보다 20~30 mm 정도 길게 조절한다.

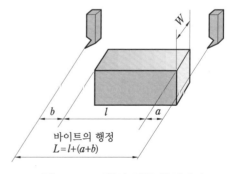

바이트의 행정
$L = l + (a+b)$

그림 6-141   램의 절삭 행정길이

1-5 셰이퍼 작업

(1) 절삭속도

절삭은 거칠은 절삭과 다듬질 절삭으로 분류한다. 거칠은 절삭은 절삭깊이와 이송을 많이 주어 절삭운동을 많이 하고, 다듬질 절삭은 절삭깊이와 이송을 작게 준다. 또한, 절삭마다 깎아내는 칩의 양이 일정할 때는 이송을 작게 하고, 절삭깊이를 깊게 하면 이송을 많이 주어 절삭깊이를 줄일 때보다 효율적이다.

이상적인 방법은 소요가공 표면의 정밀도에 적합한 최대의 이송을 주고, 공구와 전동기 그리고 기계가 견딜 수 있는 범위 안에서 절삭깊이를 주도록 한다.

표 6-25 셰이퍼의 절삭속도 (m/min)

일감의 재질		고속도강 바이트	초경합금 바이트
연강		16~22	40~75
경강		6~12	20~40
주철	무른 것	14~22	30~45
	굳은 것	8~14	25~40
황동		30~40	기계의 최대 속도
청동		20~30	기계의 최대 속도
알루미늄		40~60	기계의 최대 속도

셰이퍼의 절삭속도는 램의 절삭행정에서 그 평균속도 (m/min) 로 나타낸다. 셰이퍼 가공을 하려면 공작물과 바이트의 재질에 따라 적절한 절삭속도 범위를 정하고 이것에 따라 램의 매분 왕복횟수를 계산한다.

절삭속도를 v [m/min] 라면

$$v = \frac{nL}{1000K}$$

$$n = \frac{1000Kv}{L}$$

여기서, n : 램(바이트)의 1분간 왕복횟수 (stroke / min)
$\quad\quad L$: 행정길이 (mm)
$\quad\quad K$: 절삭행정의 시간과 바이트 1왕복의 시간의 비 $(K = \frac{3}{5} \sim \frac{2}{3})$

예제 10 연강인 공작물을 고속도강 바이트로 셰이퍼 가공할 때 바이트의 1분간의 왕복횟수를 구하여라. (단, 절삭속도는 15 m/min, 행정길이 400 mm, K는 3 / 5 이다.)

해설 $n = \dfrac{1000KV}{L}$ [stroke / min]

$$= \dfrac{1000 \times \dfrac{3}{5} \times 15}{400} = 37.5$$

(2) 절삭가공 시간

공작물 폭을 W로 할 때 셰이퍼의 가공시간은 다음 관계식으로 구한다.

$$T = \dfrac{W}{nf}$$

여기서, T : 셰이퍼의 가공시간 (min)
f : 이송 (mm / stoke)

예제 11 공작물 길이 300 mm, 폭 100 mm인 각재를 셰이퍼로 가공할 때 가공시간을 구하여라. (단, K의 값은 3 / 5, 부가길이$(a + b)$ =20 mm, 절삭속도 12 m/min, 이송 1.5 mm 이다.)

해설 $n = \dfrac{1000KV}{L}$

$$= \dfrac{1000 \times \dfrac{3}{5} \times 12}{300 + 20} = 22.5$$

$$T = \dfrac{100}{22.5 \times 1.5} ≒ 3.0 \text{ min}$$

(3) 이송 및 절삭깊이

이송은 바이트가 1왕복할 때마다 테이블이 램의 행정방향과 직각방향으로 이동하는 거리(mm)를 말하며, 바이트가 1회의 왕복으로 공작물을 깎는 깊이를 절삭깊이라 한다.

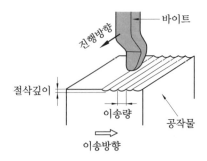

그림 6-142 이송과 절삭깊이

거칠게 깎을 때에는 절삭깊이를 강재는 1.5~3 mm, 주철재는 3~5 mm 정도로 한다. 다듬질 가공일 경우는 이보다 작게 하고, 특히 스프링 바이트로 다듬질 가공할 때에는 더 작게 한다.

(4) 공작물의 고정방법

셰이퍼에서는 테이블 위의 셰이퍼 바이스에 공작물을 고정시키는 경우가 많다. 공작물이 크거나 형상이 불규칙하여 바이스에 고정하기가 어려울 때는 테이블의 T홈에 끼운 T볼트와 너트를 이용하여 테이블에 직접 고정한다.

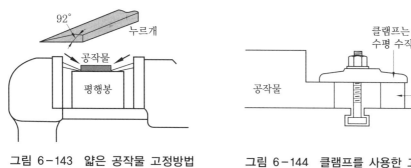

그림 6-143 얇은 공작물 고정방법   그림 6-144 클램프를 사용한 고정방법

2 슬로터 (slotter)

2-1 • 슬로터의 개요

직립 셰이퍼라고도 하며, 공구는 수직 또는 수직에 가까운 각도로 상하 직선 왕복운동을 하고, 테이블은 수평면에서 직선 또는 원운동을 하여 주로 키홈(key home), 스플라인(spline) 구멍 등을 가공하는 데 사용되는 공작기계이다.

슬로터의 크기는 램의 행정, 테이블 크기, 테이블의 이동거리(좌우×전후), 회전 테이블의 지름으로 표시한다.

램의 구동기구는 셰이퍼의 램 구동기구와 크랭크와 링크, 크랭크와 레버, 휘트워드 급속귀환 장치(whitworth quick return mechanism), 랙과 피니언(rack & pinion), 유압식 등이 있다.

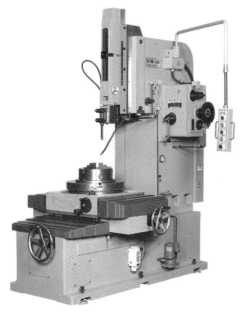

그림 6-145 슬로터

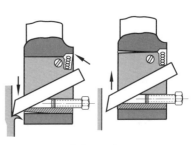

(a) 바이트 고정구

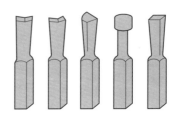

(b) 슬로터 바이트

그림 6-146 바이트 고정구 및 슬로터 바이트

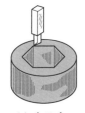

(a) 각 구멍

(b) 내부 스플라인

(c) 불규칙 단면

(d) 펀치

그림 6-147 슬로터의 가공 예

2-2 ▶ 램의 운동기구

그림 6-148은 휘트워드 급속귀환 장치이다. 축은 a, b 만큼 편심되어 전동기어가 회전하면 전동핀, 슬라이더를 거쳐 암을 회전시키고 축이 회전하면 크랭크에 전동한다.

왼쪽 그림에서 전동기어가 화살표 방향으로 회전하면 전동핀이 pmq 만큼 회전하는 동안에 축은 rus 를 반회전하고 전동핀이 qnp 회전하는 동안에 축은 svr 을 반회전한다.

따라서, 반회전하는 원호의 시간이 다르기 때문에 램의 급속귀환이 이루어진다. 즉, 크랭크가 1회전 중에 반회전은 빠르고, 다른 반회전은 늦어져 램이 급속귀환이 된다.

또, 램의 상하운동에는 램의 직선운동을 유지하기 위하여 램에 추를 달아서 운동을 원활히 하도록 한다.

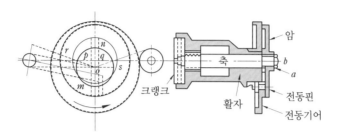

그림 6-148   휘트워드 급속귀환 장치

2-3 • 테이블의 이송기구

테이블은 베드에 따라 좌우로 이동되고 새들상에서 전후로 이동하며, 회전 테이블은 웜(worm)과 웜기어에 의하여 회전된다. 자동이송 장치는 램의 1왕복운동마다 캠(cam) 홈, 링크 이송봉을 거쳐 래칫 휠(rachet wheel)이 회전되어 이송축인 나사를 회전시킨다. 이송량은 조절핸들의 위치를 바꾸어 조절한다.

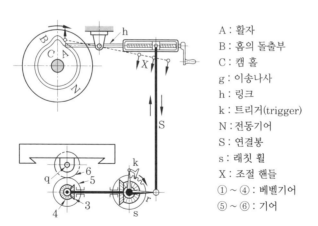

A : 활자
B : 홈의 돌출부
C : 캠 홀
g : 이송나사
h : 링크
k : 트리거(trigger)
N : 전동기어
S : 연결봉
s : 래칫 휠
X : 조절 핸들
① ~ ④ : 베벨기어
⑤ ~ ⑥ : 기어

그림 6-149   테이블 이송기구

플레이너

1　플레이너의 개요

플레이너(planer), 셰이퍼(shaper), 슬로터(slotter)는 주로 평면을 가공하며, 평삭기 또는 형삭기라고 한다. 절삭운동은 직선적인 왕복운동이며, 절삭행정(cutting stroke)과 귀환행정(return stroke)으로 구분된다.

절삭할 때는 절삭조건에 적합한 표준 절삭속도에 따라 절삭하고, 귀환할 때는 빠른 속도로 귀환하는 급속 귀환방식으로 한다. 평삭 또는 형삭작업에서는 직선 절삭운동과 직선 이송운동을 하면서 평면, 측면, 곡면 등을 가공한다. 정밀도 높은 가공이 어렵고 시간적인 비효율성 때문에 다른 공작기계를 사용하는 경우가 많다.

2　플레이너의 종류

플레이너는 테이블의 수평 왕복운동과 공구를 테이블의 왕복운동에 직각방향으로 간헐적(間歇的)인 이송운동으로 평면을 절삭함을 주목적으로 하는 공작기계이며, 주로 여러 가지 기계의 기준면, 안내면이 될 평면을 절삭하는 데 사용한다. 따라서, 정밀도가 높은 가공면이 요구된다. 플레이너의 종류는 지주에 따라 다음과 같이 분류한다.

2-1 • 쌍주식 플레이너 (double – housing planer)

그림 6-150과 같이 크로스 레일(cross rail)을 지지하는 지주 두 개가 있으며 보통 4개의 공구대를 장치한다.

2개는 크로스 레일에 나머지 2개는 지주에 장치한다. 가공물 크기는 양 지주 사이의 거리에 따라 제한을 받으나 강성(剛性)은 높다. 플레이너 크기는 테이블의 크기(길이×폭) 공구대의 수평 또는 상하 이동거리, 테이블 면과 공구대의 최대거리로 표시한다.

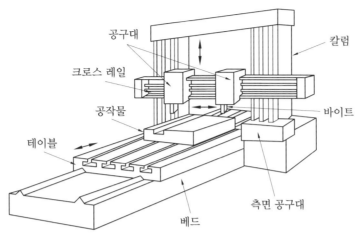

그림 6-150 쌍주식 플레이너

2-2 • 단주식 플레이너 (openside planer)

그림 6-151과 같이 한쪽에만 칼럼(column)이 있고 가공물의 폭은 쌍주식과 같이 제한을 받지 않는다.

공작물은 테이블 좌측을 넘어 뻗어 나갈 수 있으며 필요하면 플레이너 좌측에 롤링 테이블을 두어 그 위에 공작물을 올려놓을 수 있다. 단주식의 크기를 표시하는 방법도 쌍주식과 같으며, 공작물의 폭에는 제한이 없으나 칼럼(지주)의 안쪽 면부터 레일(rail) 끝에 공구대(tool head)가 위치하였을 때의 공구 위치까지의 거리는 플레이너 호칭 폭보다 약 300 mm 긴 것이 보통이다. 플레이너의 크기 표시법은 폭×높이×길이(테이블의 행정)의 순서로 한다.

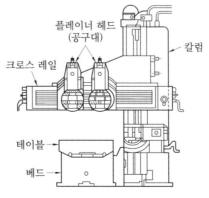

그림 6-151 단주식 플레이너

2-3 • 특수형 플레이너

(1) 피트형 플레이너(pit type planer)

피트형 플레이너는 대형 공작물을 가공할 때 사용되며, 보통 플레이너와 차이점은 테이블은 고정되어 있고 공구가 이송한다는 점이다. 램형 공구대가 크로스 레일(cross rail)에 설치되며 크로스 레일을 지지하는 칼럼은 안내면 위를 웜 구동장치에 의하여 왕복운동을 한다.

(2) 에지형 플레이너(edge type planer)

두꺼운 주물의 모서리(edge)나 압력 용기용 두꺼운 강판의 모서리를 가공하기에 편리한 플레이너이다.

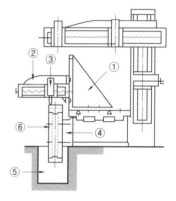

그림 6-152 피트형 플레이너

3　플레이너의 구조

3-1 • 베드와 테이블(bed & table)

강도와 강성을 고려하여 설계되며 안내면은 플레이너 가공을 하고 스크레이핑(scraping) 작업을 한다. 급유는 압력 급유장치, 자동 급유장치 등이 있다. 테이블 윗면에는 T홈이 있고 밑면은 베드의 안내면과 맞는 산형부가 있다. 강성을 높이고 무게를 줄이기 위하여 가운데는 빈 구조로 설계해 리브(rib)를 설치하고 있다.

3-2 • 공구대(tool head)

공구대는 공구를 고정하고 크로스 레일에 장치하여 이송을 주는 것이다. 구조와 작동은 셰이퍼용 공구대와 같다. 상하이송 나사 핸들로서 공구에 상하이송을 시키며 자동 이송장치가 있다. 자동이송은 이송봉의 클러치(clutch)를 거쳐 봉의 회전이 베벨기어 (bevel gear: G_1, G_2, G_3, G_4)에 전달되어 아래 이송나사를 돌려준다. 자동이송을 사용하고자 할 때는 레버(D)를 돌려 베벨기어(G_1, G_2)에 물리도록 한다.

3-3 • 크로스 레일 (cross rail)

크로스 레일에는 새들과 공구대를 장치한다. 지주에 각각 설치된 수직방향의 나사로 지주에 가공된 전면 위를 수직으로 이동하여 위치를 정하게 되며 두 수직나사는 지주 위에 수평으로 놓인 나사축에 의하여 동일한 회전을 한다.

크로스 레일은 절삭가공할 경우 지주에 단단히 고정하고, 높이를 조정할 때는 풀어놓는다.

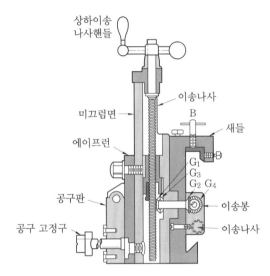

그림 6 – 153   플레이너 공구대

4 테이블의 왕복 기구

4-1 • 2개의 벨트에 의한 방법 (two belt drive)

구조가 간단하여 가장 많이 사용되고 있으나, 행정이 끝날 때 귀환행정이 있고 역전할 때 많은 전력이 소모되는 결점이 있으므로 중량이 적은 경금속 주물에 사용된다.

4-2 • 워드 레오나드 (word leonard) 장치에 의한 방법

모터의 회전속도를 광범하게 변환할 수 있도록 모터 공급 전압을 가감하는 방법으로

테이블의 운동에 직류 모터와 전동기 전용 가변 전압의 전동 발전기를 구비하여 발전기의 전압을 가감 조절하고, 또한 회전방향을 변환시켜 가역운동을 시키는 방법이다.

4-3 • 나사축 (screw rod)에 의한 방법

너트를 테이블 베이스(base)에 고정하고 나사축과 연결한 것이고 동력은 벨트로부터 베벨기어를 거쳐 나사축을 회전시킨다.

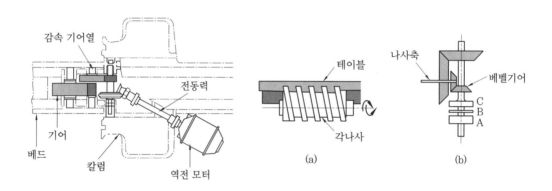

그림 6-154　역전 모터에 의한 장치 　　　그림 6-155　나사축 테이블 장치

4-4 • 유압 운전 장치

베드에 실린더를 고정하고 테이블의 호브에 피스톤 봉이 고정되어 유압으로 피스톤을 밀어 테이블을 왕복운동시키는 방법이며, 무단 변속이 되므로 임의의 절삭속도와 귀환속도를 얻을 수 있다.

5　플레이너 바이트와 고정공구

5-1 • 플레이너 바이트

플레이너 바이트는 선반용 바이트와 비슷하나 크고 견고하게 만들어진다. 환봉을 평면 절삭할 때는 그림 6-156 (a)와 같이 곧은 바이트를 사용하면 공작물의 가공면을 파고

들기 쉽고 떨림의 원인이 되기 때문에 그림 6-156 (b)와 같이 날 끝을 고정면까지 구부려서 후퇴시킨 것이 많이 사용된다. 바이트의 뒷면을 연삭 다듬질하여 공구대에 확실하게 고정시킨다. 날 끝의 폭이 넓은 다듬질용 바이트를 사용할 경우는 바이트 고정, 공작물 형상과 공작물의 고정방법이 확실치 않으면 공작물의 탄성적인 상대변위에 의한 떨림 자국이 나타나기 쉽다. 따라서, 바이트 날 끝을 절삭방향에 대하여 경사지게 하면 절삭 칩의 흐름이 좋고 절삭면이 매끈해져 떨림 자국이 나타나지 않는다.

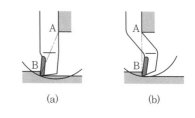

(a) (b)

그림 6-156   평삭(planing)

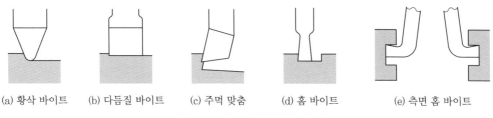

(a) 황삭 바이트   (b) 다듬질 바이트   (c) 주먹 맞춤   (d) 홈 바이트   (e) 측면 홈 바이트

그림 6-157   플레이너용 바이트

5-2 • 공작물 고정방법

플레이너 작업은 공작물의 표면과 측면을 길이방향으로 절삭하는 것이 기본이다. 일반적으로 공작물을 테이블에 고정하는 방법은 공작물의 형상에 따라 다르다.

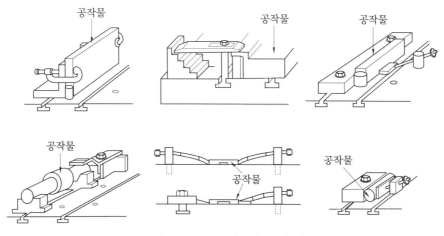

그림 6-158   공작물의 고정 예

5-3 • 고정 공구

공작물의 고정 공구로는 고정용 클램프 (clamp) 와 복잡한 형상의 공작물을 지지하는 잭(jack)이 있다.

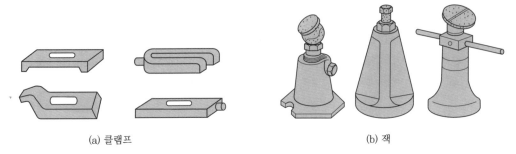

(a) 클램프   (b) 잭

그림 6-159   각종 고정 공구

밀 링

1 밀링 머신의 개요

밀링 머신(milling machine)은 주축에 고정된 밀링커터(milling cutter)를 회전시키고, 테이블에 고정한 가공물에 절삭조건에 적합한 깊이와 이송을 주어 가공물을 필요한 형상으로 절삭하는 공작기계이다.

(a) 평면 절삭   (b) 홈 절삭   (c) 절단   (d) 절삭

(e) 총형 절삭   (f) 키 홈 절삭   (g) 엔드밀 절삭   (h) 곡면 절삭

(i) 평면 절삭   (j) 각 파기   (k) 기어 절삭   (l) 비틀림 절삭

그림 6-160 밀링 머신의 가공 예

가공물은 테이블에 고정구로 고정하고 가로방향, 세로방향, 상하방향으로 이송을 주어 가공된다. 밀링 머신은 주로 평면을 가공하는 공작기계이며, 홈, 각도, T홈, 더브테일

(dovetail), 총형, 드릴의 홈, 기어의 치형(tooth form)이나 분할, 키홈, 나사 등의 복잡한 가공을 할 수 있다. 그림 1-160은 밀링 머신의 가공 예이다.

2 밀링 머신의 종류

밀링 머신의 종류는 다음과 같이 분류한다.

2-1 · 니형 밀링 머신(knee column type milling machine)

일반적으로 가장 많이 쓰이는 밀링 머신이며, 기둥(column), 니(knee), 테이블(table) 등으로 구성되어 있다. 테이블에 공작물을 고정시키고 전후, 좌우, 상하로 움직여 입체적으로 가공할 수 있다. 니형 밀링 머신에는 다음 세 가지 형식이 있다.

(1) 플레인 밀링 머신(plain milling machine)

아버(arbor)가 주축과 수평으로 설치되어 평면절삭, 측면절삭 등을 주로 하고, 주축에 직접 밀링 커터를 고정하면 니 위에 새들(saddle)이 위치해 전후로 이동하고, 또 그 위에 테이블이 좌우로 이동하면서 공작물의 위치를 설정하여 절삭한다.

밀링 머신의 크기 표시는 번호로 나타내는데 이는 테이블의 이송거리(좌우×전후×상하)로 표시된다. 표 6-26에서 전후 이동량이 50 mm 커짐에 따라 번호는 1씩 증가하는 것을 알 수 있다.

표 6-26 수평 밀링 머신의 호칭번호와 테이블 이송량

(단위 : mm)

테이블 이송＼호칭번호	0	1	2	3	4	5
좌우 이송	450	550	700	850	1050	1250
전후 이송	150	200	250	300	350	400
상하 이송	300	400	400	450	450	500

① 수평 밀링 머신(horizontal milling machine) : 주축이 칼럼 상부에 수평방향으로 장치되어 니는 칼럼 앞면을 상하로 미끄러져 이동하고 니 위의 새들은 전후방향으로 이동한다. 또, 테이블은 새들 위에서 좌우로 이송되므로 칼럼 앞면을 전후, 좌우, 상하

세 방향으로 이동할 수 있는 구조이다. 주축에 아버를 고정하고 아버에 고정된 밀링 커터를 회전시켜 가공하게 된다. 오버 암(over arm)은 아버가 굽히는 것을 방지하기 위하여 칼럼 위에 고정한다.

② 수직 밀링 머신(vertical milling machine) : 수직 밀링 머신은 정면 밀링 커터나 엔드 밀(end mill)을 장치하는 주축 헤드가 수직으로 설치되어 주로 평면, 키홈(key home) 등을 가공한다.

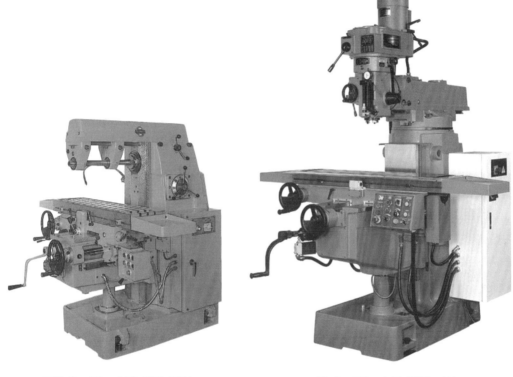

그림 6-161 수평 밀링 머신   그림 6-162 수직 밀링 머신

③ 만능 밀링 머신(universal milling machine) : 만능 밀링 머신은 플레인 밀링 머신과 비슷하며 차이점은 새들 위에 회전대가 있어 수평면 안에서 필요한 각도로 테이블을 회전시킬 수 있어 분할대(index head)나 헬리컬(helical) 절삭장치를 사용하여 헬리컬 기어, 트위스트 드릴의 비틀림 홈 등의 가공이 가능하다.

2-2 ●생산형 밀링 머신(manufacturing type milling machine)

생산성 향상을 주목적으로 단순화하여 자동화된 밀링 머신으로, 스핀들 헤드가 1개인 단두형, 2개인 쌍두형, 그 이상인 다두형이 있다.

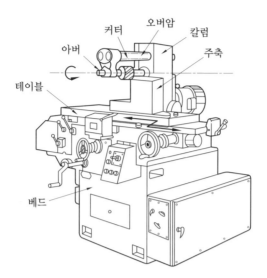

그림 6-163 생산형 밀링 머신

2-3 ► 플레이너형 밀링 머신 (planer type milling machine)

플래노 밀러(plano miller)라고 하며, 플레이너의 공구대 대신 밀링 헤드가 장치된 형식이다. 중량물 및 대형 공작물의 중절삭과 강력 절삭에 적합하다.

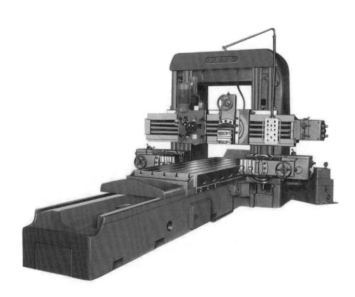

그림 6-164 플레이너형 밀링 (플래노 밀러)

2-4 • 특수 밀링 머신

(1) 모방 밀링 머신(copy milling machine)

모방장치를 이용하여 단조(forging), 프레스, 주조형 금형 등의 복잡한 형상을 정밀도가 높게 능률적으로 가공할 수 있는 구조로 되어 있다.

절삭공구는 엔드 밀(end mill)을 사용하며 전기적 모방방식과 공기 유압 모방방식의 두 가지가 많이 사용된다.

(2) 나사 밀링 머신(thread milling machine)

나사를 밀링 머신에서 가공하는 방식에는 두 가지가 있다. 그중 하나는 선반과 같이 리드 스크루(lead screw)를 사용하여 원판상 커터(disc cutter)로서 가공한다. 다른 하나는 피치가 작은 나사를 전문적으로 나사 호브(thread hob)를 사용하여 절삭하는 방법이다. 공작물의 1회전으로 나사가 완전히 절삭되는 장점이 있다. 전자를 긴 나사 밀러(long thread miller)라 하고, 후자를 짧은 나사 밀러(short thread miller)라고 한다.

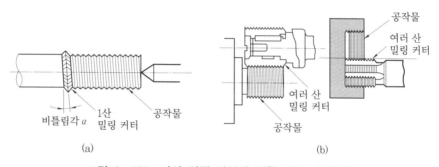

그림 6-165 나사 밀링 머신에 의한 나사 가공작업

(3) 공구 밀링 머신(tool milling machine)

밀링 커터, 지그(jig), 게이지(gauge), 다이(die) 등의 소형 부품을 제작하는 데 사용되며, 테이블은 좌우 및 상하로 자동이송 및 수동이송으로도 조절이 가능하다.

주축 헤드가 전후방향으로 이동하여 공작물을 만능식 테이블상에서 자유로이 회전되시키면서 회전 바이스, 분할대, 수직 절삭장치 등을 사용하여 다각적인 작업이 가능하다.

3 밀링 머신의 구조

(1) 칼럼 (column)

베이스 (base) 를 포함하고 있는 기계의 지지틀이다. 칼럼의 전면을 칼럼면이라 하며, 니(knee)가 수직방향으로 상하이동할 때 니를 지지하고 안내하는 역할을 한다.

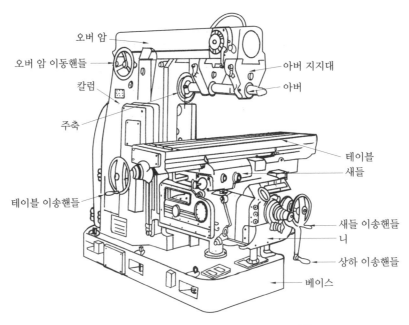

오버 암
오버 암 이동핸들
칼럼
주축
테이블 이송핸들
아버 지지대
아버
테이블
새들
새들 이송핸들
니
상하 이송핸들
베이스

그림 6-166   밀링 머신의 구조 및 명칭

(2) 주축 (spindle)

절삭공구에 회전운동을 주는 것이 주축이며, 칼럼 상부에 칼럼면과 직각을 이루게 수평방향으로 설치한다. 공구는 형식에 따라 아버(arbor), 어댑터 또는 주축 구멍에 직접 고정한다. 주축 구멍은 테이퍼 져 있고 규격이 정해져 있다.

(3) 니 (knee)

니는 칼럼 앞면의 안내면을 따라 상하이송되는 부분으로 새들 (saddle) 과 테이블을 지지한다.

(4) 새들 (saddle)

새들은 테이블을 지지하고 테이블은 그 새들 위에서 길이방향으로 이동한다. 새들은 니 위의 수평면 내에서 전후 이송으로 절삭가공 위치를 조절한다.

(5) 테이블 (table)

공작물을 직접 고정하는 부분으로, 새들 상부의 안내면에 장치되어 좌우로 이동한다. 또한, 공작물을 고정하기 편리하도록 T홈이 테이블 상면에 파져 있다.

(6) 오버 암 (over arm)

오버 암은 칼럼의 상부에 설치되어 있는 것으로 아버를 지지하는 데 사용한다.

4 부속장치 (attachment)

밀링 부속장치는 주축, 오버 암, 테이블 등에 설치하여 작업범위를 넓히는 데 필요한 장치로서 표준형과 특수형이 사용되며 각종 부속장치는 다음과 같다.

4-1 • 아버 (arbor)

밀링 머신 주축의 테이퍼 구멍에 고정하고 타단을 지지부에 의하여 지지되는 봉을 아버라 하며, 아버에 절삭공구인 커터를 끼우고 칼라(collar)로 절삭공구의 위치를 조정한다.

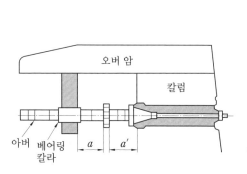

그림 6-167 아버에 커터를 고정하는 위치

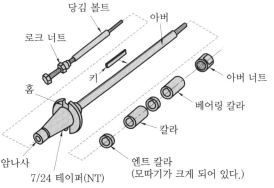

그림 6-168 아버의 부품

4-2 ● 어댑터 (adapter)와 콜릿 (collet)

엔드 밀(end mill)과 같이 자루의 크기나 테이퍼가 주축과 다를 경우 어댑터에 콜릿을
끼우고 공구를 고정한다.

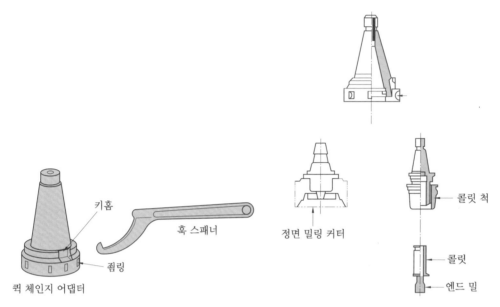

키홈
훅 스패너
쥠링
퀵 체인지 어댑터

그림 6-169 퀵 체인지 어댑터

정면 밀링 커터
콜릿 척
콜릿
엔드 밀

그림 6-170 퀵 체인지 어댑터의 용도

회전 멈춤 키
키홈
주축과 어댑터의 회전 멈춤 키를
맞추어 끼운다.

그림 6-171 퀵 체인지 어댑터의 설치

그림 6-172 콜릿

4-3 • 바이스 (vise)

작업용도에 따라 보통 바이스(plain vise), 회전 바이스(swivel vise), 만능 바이스 (universal vise)가 사용되며, 테이블의 T홈에 볼트로 고정하고 공작물을 장착한다.

(a) 보통 정밀 바이스

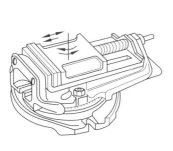

(b) 회전식 바이스

(c) 만능식 각도 바이스

그림 6-173 바이스의 종류

4-4 • 회전 테이블 장치 (rotary table attachment)

공작물에 회전운동이 필요할 경우 회전 테이블 장치가 사용된다. 회전 테이블 위의 바이스에 공작물을 고정시키고 수동 또는 테이블 자동이송으로 가공한다.

원판 가공은 물론이고, 테이블의 좌우 및 전후이송을 주면 윤곽가공도 가능하다. 그리고 회전 테이블 핸들을 사용하면 분할작업도 할 수 있다. 일반적으로 테이블 지름은 300, 400, 500 mm 등이 많이 사용된다.

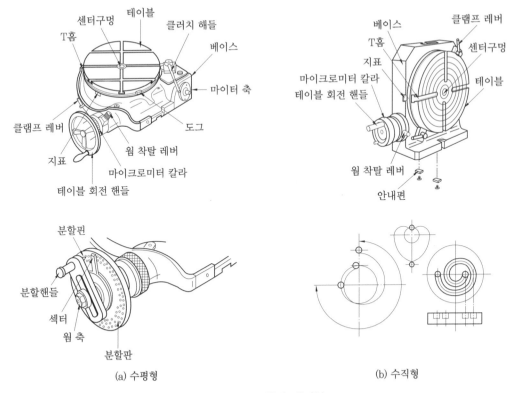

(a) 수평형   (b) 수직형

그림 6-174   회전 테이블

4-5 • 슬로팅 장치 (slotting attachment)

슬로팅 장치는 수평 밀링 머신 및 만능 밀링 머신의 칼럼면에 설치하여 주축의 회전운동을 공구대의 직선 왕복운동으로 변환시켜 밀링 머신에서도 바이트를 사용하여 직선운동으로 절삭가공할 수 있는 장치이다.

4-6 • 수직 밀링장치 (vertical milling attachment)

수직 밀링장치는 수평 밀링 머신의 칼럼면에 고정하고 수평방향의 주축 회전을 기어를 거쳐 수직방향으로 전환시키는 장치이다.

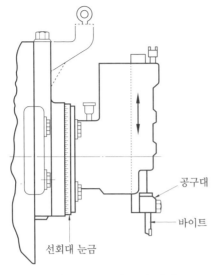

공구대

바이트

선회대 눈금

그림 6-175 슬로팅 장치

그림 6-176 수직 밀링장치

4-7 • 랙 밀링장치(rack milling machine)

그림 6-177과 같이 수평식 밀링 머신이나 만능식 밀링 머신의 주축과 기어에 의해 구동되고 공작물 고정용 특수 바이스와 총형 커터를 이용하여 랙(rack)을 가공한다.

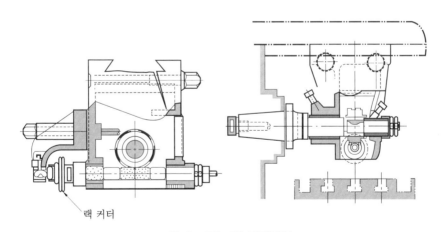

랙 커터

그림 6-177 랙 밀링장치

랙 밀링장치의 주축과 밀링 머신의 주축은 서로 직각인 평면 내에 있으며 테이블을 1피치(pitch)만큼 이송하려면 테이블의 이송나사에 고정되어 있는 등분판이나 분할대를 이용한다.

4-8 · 분할대 (index head or dividing head)

분할대는 밀링 머신 테이블에 설치하고 공
작물을 분할대의 주축과 심압대 축 센터 사이
에 지지하거나 주축에 장치한 축에 공작물을
원주분할, 홈파기 각도분할 등을 하며 기어,
나선, 캠, 공구의 홈 등을 가공하는 데 사용되
는 장치이다.

그림 6-178 분할대

5 밀링 커터 (milling cutter)

5-1 · 밀링 커터의 종류

(1) 평면 밀링 커터 (plain milling cutter)

원통의 원주에 절삭날을 가진 것으로, 밀링 커터 축과 평행한 평면을 절삭하는 데 사
용되며 곧은날과 비틀림 날이 있다. 비틀림 날의 나선각은 25~45°이며, 45~60° 및 그
이상은 헬리컬 밀(helical mill)이라 한다.

(a)　　　　　　　　(b)　　　　　　　　(c)

그림 6-179 평면 밀링 커터

(2) 엔드 밀 (end mill)

원주와 단면에 날이 있으며 셸 엔드 밀(shell end mill)을 제외하고는 자루가 달려 있
다. 주로 홈파기, 윤곽가공 및 평면절삭에 사용된다.

(a) 4날 엔드 밀   (b) 6날 엔드 밀

그림 6-180   엔드 밀

(3) 정면 밀링 커터(face milling cutter)

외주와 정면에 절삭날이 있으며 밀링 커터 축과 수직인 평면을 가공할 때 쓰인다.

정면 밀링 커터는 절삭능률과 다듬질면 정밀도가 우수한 초경 밀링 커터를 많이 사용하며, 구조적으로는 납땜식, 심은 날식, 스로 어웨이(throw away)식이 있으나, 최근에는 공구관리의 간소화를 위해 스로 어웨이 밀링 커터가 널리 사용된다.

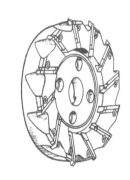

그림 6-181   정면 밀링 커터

(4) 각 밀링 커터(angle milling cutter)

① 편각 커터(single angle cutter) : 원주상에 절삭날이 있으며 날의 경사각은 공구 측면에 대하여 45° 또는 60°이다.

② 양각 커터(double angle cutter) : V형 날을 가지며 측면에 대하여 경사진 두 원추면에 각각 날이 있다. 일반적으로 날의 경사각은 공구 측면에 대하여 45°, 60°, 90°이다. 용도는 주먹맞춤(dovetail), 홈, V홈, 래칫 바퀴(ratchet wheel), 리머의 홈 등을 가공하는 데 사용한다.

(a) 편각 커터   (b) 양각 커터

그림 6-182   각 밀링 커터

(5) 측면 밀링 커터(side milling cutter)

주로 측면 및 원주 방향에 날이 있는 것을 측면 밀링 커터라 한다. 비교적 폭이 좁고 홈 및 단면가공에 사용한다. 용도에 따라 2개 또는 3개를 조합하여 특수작업에 이용되는 경우도 있다.

(a) 보통날 밀링 커터　　(b) 엇갈린 날 밀링 커터　　(c) 조립날 밀링 커터

그림 6-183　측면 밀링 커터

(6) 플라이 커터(fly cutter)

플라이 커터는 아버에 고정하여 사용하는 단인공구이며, 날은 필요한 모양으로 연삭하여 사용한다. 이것은 수량이 적은 공작물의 특수한 형상을 가진 부분을 가공할 경우 총형 밀링 커터로 만들어 사용한다.

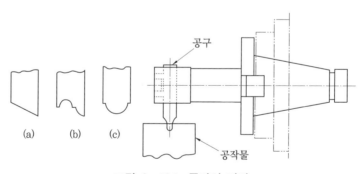

그림 6-184　플라이 커터

(7) 총형 밀링 커터(formed milling cutter)

곡선 윤곽의 치형을 가지며 여러 형상의 윤곽을 가공하는 데 사용되며, 종류에는 총형 윤곽 커터(shaped or formed profile cutter)와 총형 2번 각 커터(form or cam relieved cutter)가 있다.

그림 6-185　총형 밀링 커터

(8) T홈 밀링 커터(T-slot milling cutter)

엔드 밀이나 측면 커터 등으로 가공한 홈의 바닥을 T형으로 가공하는 데 사용되는 커터이다.

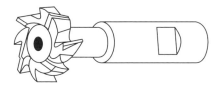

그림 6-186 T-홈 커터

6 밀링 커터의 주요 공구각

6-1 ·밀링 커터의 각도

곧은 날 밀링 커터는 커터가 회전함에 따라 날 1개가 순간적으로 단속 절삭하여 떨림(chatering)이 일어나기 쉬우므로 날의 수를 많게 하든가 또는 날에 비틀림각을 주는 동시에 다수의 날로 절삭하면 절삭이 용이하고 매끈한 가공면을 얻을 수 있다.

일반적으로 날의 폭이 20mm 이상인 평면 밀링 커터는 모두 비틀날로 제작된다. 경절삭용은 비틀림각이 15°, 중절삭용의 비틀림각은 25° 이상이다. 밀링 커터의 크기는 평면 커터, 측면 밀링 커터 등은 바깥지름과 폭으로 나타내며, 정면 커터는 바깥지름으로 나타낸다.

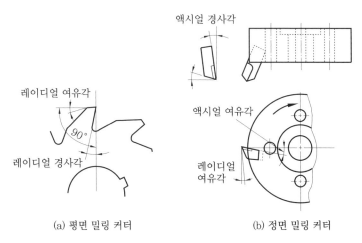

(a) 평면 밀링 커터   (b) 정면 밀링 커터

그림 6-187 밀링 커터의 주요 공구각

표 6-27 밀링 커터의 공구각

공작물 재료		고속도강 밀링 커터		초경합금 앞면 밀링 커터			
		레이디얼 윗면 경사각	레이디얼 여유각	레이디얼 윗면 경사각	바깥날 여유각	액시얼 윗면 경사각	액시얼 여유각
알루미늄		20~40	10~22	10	9	-7	5
플라스틱		5~10	5~7	-	-	-	-
황동 청동	무른 것	0~10	10~12	6	9	-7	5
	보통	0~10	4~10	3	6	-7	5
	굳은 것	-	-	0	4	-7	3
주철	무른 것			6	4	-7	3
	굳은 것	8~10	4~7	3	4	-7	3
	냉강	-	-	0	4	-7	3
가단주철		10	5~7	6	4	-7	3
구리		10~15	8~12	-	-	-	-
강	무른 것	10~20	5~7	-6	4	-7	3
	보통	10~15	5~6	-8	4	-7	3
	굳은 것	10~15	4~5	-10	4	-7	3
	스테인리스	10	5~8	-	-	-	-

6-2 ● 날의 각부 작용

(1) 커터의 본체

밀링 커터의 주체를 형성하는 것으로, 재질에 적응한 열처리를 하여 내부 변형을 완전히 제거할 필요가 있다. 솔리드 밀링 커터와 같이 본체에 절삭날이 있으며, 열처리를 한 후에 인선 연삭을 하여 사용하는 것이 있으나 이러한 본체에는 고속도강 제2종 (SKH 2) 부터 제4종 (SKH 4) 이 일반적으로 쓰이고 있다. 대형 커터에는 초경 팁을 탄소 공구강 주위에 심는 것도 있다.

(2) 인 선

경사면과 여유면이 교차하는 부분으로서 절삭기능을 충분히 발휘하기 위해서는 연삭을 잘해야 한다.

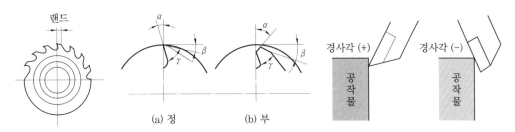

그림 6-188 랜드 그림 6-189 플레인 커터의 경사각 그림 6-190 경사각과 커터의 날 끝

(3) 랜드 (land)

여유각에 의하여 생기는 절삭날 여유면의 일부로서 랜드의 나비는 작은 커터가 0.5 mm 정도이고 지름이 큰 커터는 1.5 mm 정도이다.

(4) 경사각 (rake angle)

절삭날과 커터 중심선이 이루는 각도를 경사각이라 한다.

(5) 여유각 (clearance angle)

커터의 날 끝이 그리는 원호에 대한 접선과 여유면이 이루는 각도를 여유각이라 하며, 일반적으로 재질이 연한 것은 여유각을 크게, 단단한 것은 작게 한다.

표 6-28 밀링 커터의 여유각

공구	초경질	정면 커터	고속도강, 플레인 커터
일감재료	외주 여유각	정면 여유각	여유각
주철	4~7	3~5	4~7
탄소강	4~6	3~4	5~7
합금강	4~6	3~4	4~5
알루미늄, 마그네슘	9~10	5~ 0	10~12
황동, 청동	6~9	5~7	4~12
스테인리스	–	–	5~8

(6) 비틀림각

비틀림각은 인선의 접선과 커터 축이 이루는 각도이다.

① -경사각 : 왼쪽으로 비틀려진 것

② +경사각 : 오른쪽으로 비틀려진 것

③ -경사각은 절삭력이 크고 다듬질면이 양호하며, 추력은 위쪽으로 받는다.

④ +경사각은 절삭 정밀도가 좋으며, 추력은 아래로 받는다.

⑤ 막깎기용 : 25~45°
⑥ 보통 절삭용 : 10~15°

7 밀링가공의 절삭조건

7-1 절삭속도의 선정

생산성 향상과 능률적인 작업을 위하여 적당한 절삭속도를 밀링에서 선정할 때 다음과 같은 원칙이 적용된다.

① 밀링 커터의 수명을 길게 유지하기 위하여 절삭속도는 약간 낮게 선정한다.
② 일반으로 다듬질 가공에는 고속절삭과 작은 이송을 주며 황삭 (roughing) 에는 저속절삭과 큰 이송을 적용한다.
③ 처음으로 하는 작업에는 평균 절삭속도를 선정하고 낮은 절삭속도에서 시작한다.
④ 커터의 날 끝이 빨리 손상될 때에는 절삭속도를 감소시킨다.

7-2 절삭속도 및 이송

밀링의 절삭속도는 다음 식으로 계산된다.

$$V = \frac{\pi DN}{1000} [\text{m / min}]$$

여기서, V : 절삭속도 (m /min), D : 밀링 커터의 지름 (mm), N : 회전수 (rpm)

1분간의 이송 f [mm], 회전당 이송 f_r, 커터의 날 수 Z, 날 1개당 이송을 f_z 이라 하면

$$f = N \cdot f_r = f_z \cdot Z \cdot N \ (f_r = \text{회전당 이송} = f_z \cdot Z)$$

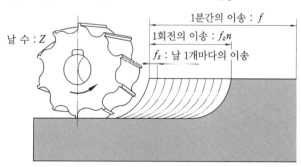

그림 6-191 밀링에서의 이송

표 6-29 밀링 커터의 절삭속도

가공물 재료	탄소강	고속도강	합금 (황삭)	합금 (다듬질)
주철 (연질)	18	32	50~60	120~150
주철 (경질)	12	24	30~60	75~100
가단주철	9~15	24	30~75	50~100
탄소강 (연질)	14	27	20~75	150
탄소강 (경질)	8	15	25	30
알루미늄	77	150	95~300	300~1200
황동 (연질)	30	60	236	180
황동 (경질)	25	50	150	300
청동	25	50	75~150	150~240
구리	25	50	150~240	240~300
에보나이트	30	60	240	450
베이클라이트	25	50	150	210
파이버	18	40	140	200

절삭속도 및 피드는 가공물의 재료, 밀링 커터의 재질, 절삭깊이, 절삭폭, 절삭동력 등 각종 조건에 따라 적당한 것을 선택하여야 한다. 일반적으로 절삭속도는 공구수명이 허용되는 한도 내에서 큰 값을 선정한다.

7-3 · 절삭동력

밀링 머신의 절삭량은 매분의 절삭용적으로 표시하면

$$Q = \frac{b \cdot t \cdot f}{1000} \ [\mathrm{cm^3/min}]$$

여기서, Q : 매분 절삭량 $(\mathrm{cm^3/min})$
　　　　t : 절삭깊이 (mm)
　　　　b : 절삭폭 (mm)
　　　　f : 매분당 이송 (mm)

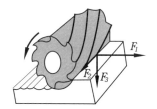

그림 6-192 밀링의 절삭분력

절삭동력과 이송동력에 대한 일반식은 다음과 같이 표시할 수 있다.

$$N_C = \frac{F_1 \cdot V}{60 \times 75} [\mathrm{HP}] = \frac{F_1 \cdot V}{102 \times 60} [\mathrm{kW}]$$

$$N_F = \frac{F_2 \cdot f\,'}{60 \times 75} [\mathrm{HP}] = \frac{F_2 \cdot f\,'}{102 \times 60} [\mathrm{kW}]$$

여기서, N_C : 정미 절삭동력 (rp),　　　　N_F : 이송동력 (HP)

$\quad\quad\quad$ F_1 : 주 절삭분력 (kg),　　　　$\quad$ F_2 : 이송분력 (kg)

$\quad\quad\quad$ V : 절삭속도 (m/min),　　　　$\quad$ f' : 이송속도 (m/min)

7-4 ● 절삭효율

밀링 머신의 전체동력 $P = (P_c + P_f)$ 에 대한 이송동력(P_f)의 비는 다음과 같다.

$$\frac{P}{P_f} = \frac{F_1 \cdot V \cdot \eta_c}{F_2 \cdot f \cdot \eta_f} + 1$$

여기서, η_C : 주축의 구동효율,　　　　η_f : 이송 구동효율

그리고 주절삭 F_1과 이송분력 F_2가 형성하는 각을 θ 라 하면 $F_2 = F_1 \cos\theta$ 이다.

따라서, P와 P_f 의 비는

$$\frac{P}{P_f} = \frac{V \cdot \eta_c}{f \cdot \eta_f \cdot \cos\theta} + 1$$

여기서, 절삭깊이가 작은 원주 밀링작업을 할 때에는 $\theta = 0°$이고, 정면 밀링가공할 때에는 $\theta = 90°$이므로 이송동력은 후자보다 전자가 크다.

구동효율은 운동기구 및 부하에 따라 다르나 보통 주축 구동효율은 70~90 % 이고, 이송 구동효율은 15~30 % 정도이다.

그리고 밀링 머신의 전체 동력효율에 대한 이송 동력효율은 10~15 % 정도이다.

예제 12　고속도강으로 만든 지름 50 mm 의 셸 엔드 밀(18개 인선)로 연강을 깎을 때 밀링 머신의 테이블의 매분간 이송을 구하여라. (단, 절삭속도는 15 m/min, 커터의 1개 인선당 이송은 0.1 mm이다.)

해설 1분간의 이송 f , 매회전당 이송 f_r , 커터의 날 수 Z, 날 1개당 이송을 f_z 라 하면

$f = n \cdot f_r = f_z \cdot z \cdot n = 0.1 \times 18 \times n = 1.8n$ …… ①

$V = \pi DN/1000$ 에서 $N = 1000V/\pi D = 1000 \times 15/\pi \times 50 = 96$ rpm …… ②

①, ②에서 f 를 구하면

$f = 1.8 \times 96 ≒ 172$ mm/min

7-5 ● 절삭깊이와 절삭 폭의 선정

절삭깊이는 일반적으로 거친절에 3 mm, 다듬질 절삭에 0.5 mm 정도이지만 실제로 절

삭깊이 값은 기계 강도, 공작물의 형상 및 설치방법, 절삭여유 등에 따라 다르게 설정된다.

절삭 폭이 정면 커터의 지름보다 너무 작을 경우에는 진동이 커져 치핑을 일으켜 공구의 수명이 단축되므로 일반적으로 정면 절삭에서는 커터 지름의 50~60 %가 되도록 하는 것이 좋다. 또한, 1개의 날이 이송하면서 그리는 곡선을 스로코이드 곡선(throchoid curve)이라 하며 이송속도에 따라 모양이 달라진다.

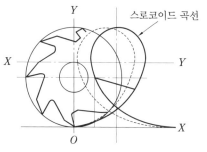

그림 6-193 스로코이드 곡선

8 밀링 절삭방법 및 분할법

8-1 ● 상향절삭과 하향절삭

밀링 절삭방법에는 상향절삭과 하향절삭이 있다. 상향절삭과 하향절삭을 비교하면 표 6-30과 같다.

표 6-30 상향절삭과 하향절삭의 비교

절삭방법 내용	상향절삭	하향절삭
이송나사의 백래시	절삭에 큰 영향이 없다.	백래시를 완전히 제거하여야 한다.
기계부착 방식의 강성	강성이 낮아도 무방하다.	작업시 충격이 크기 때문에 높은 강성이 필요하다.
공작물의 부착	상향으로 힘이 작용하여 공작물을 들어올리는 형태이므로 불리하다.	하향으로 힘이 작용하여 공작물을 누르는 형태라서 유리하나, 완전히 장착해 놓지 않으면 충격력으로 날아가는 경우가 있다.
인선의 수명	절입시 마찰열로 프랭크 마모가 빨라 수명이 짧다.	상향에 비하여 수명이 길다.
구성인선의 영향	비교적 적다.	구성인선의 피니시 면에 직접 영향을 미치는 경우가 있다.
마찰저항	절입시의 마찰저항이 커서 아버를 위로 들어올리는 힘이 크다.	절입시 마찰력은 적으나 하향으로 큰 충격력이 작용한다.

	광택면은 좋게 보이나 상향의 힘에 의한 회전저항이 생겨 전체적으로 하향절삭보다 떨어진다.	표면에 광택은 없으나, 저속의 이송에서는 회전저항이 생기지 않아 매끄럽고 고른 면이 된다. 이론면에서는 상향절삭보다 피니시 면이 더 좋다. 연질재의 경우 구성인선의 영향으로 피니시 면이 나쁘게 된다.
다듬질면		
절삭조건		상향절삭보다 절삭속도, 이송속도를 더 올릴 수 있다. 중절삭이 가능하다.

상향절삭은 올려 깎기라고도 하며, 커터 날의 회전방향과 테이블의 이송방향이 서로 반대이며 테이블에서 공작물을 들어올리는 힘이 작용하므로 커터는 공작물을 끌고 들어가는 경향이 있다. 하향절삭은 내려 깎기라고도 하며, 커터 날의 회전방향이 테이블의 이송방향과 같으며 커터는 공작물에서 뒤쪽으로 밀리나 지지면으로 누르는 경향이 있다.

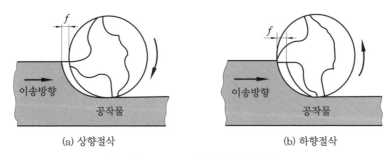

(a) 상향절삭   (b) 하향절삭

그림 6-194 밀링 절삭 방법

8-2 • 백래시(back lash) 제거장치

상향절삭에서는 그림 6-195 (a)처럼 절삭저항의 수평 분력이 테이블의 이송나사에 의한 수평 이송력과 반대방향이므로 테이블 너트와 이송나사의 플랭크(flank)는 서로 밀어붙이는 상태가 되어 이송나사의 백래시가 절삭력을 받아도 절삭에 영향을 미치지 않는다

그러나 하향절삭에서는 그림 6-195 (b)처럼 양 힘의 방향이 한 방향이므로 절삭력의 영향을 받게 되어 공작물에 절삭력을 가하면 백래시 양만큼 이동하여 떨림(chattering)이 일어나 공작물과 커터에 손상을 입히고 절삭상태가 불안정해져 백래시를 제거하여야 한다.

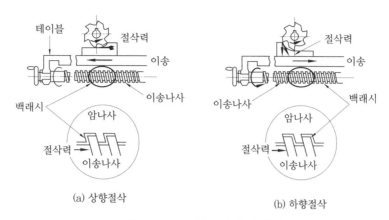

(a) 상향절삭　　　　　　　(b) 하향절삭

그림 6-195 이송나사의 백래시

다음 그림 6-196은 백래시 제거장치를 나타낸 것으로 고정 암나사 이외에 또 다른 백래시 제거용 암나사가 있어 핸들을 회전시키면 나사 기어에 의해 이 암나사가 회전하여 백래시를 제거한다.

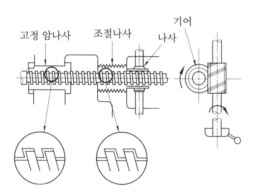

그림 6-196 백래시 제거장치

8-3 • 분할작업 (indexing operating)

분할에 사용되는 분할법은 다음과 같이 분류한다.

① 직접 분할법(direct dividing method)

② 간접 분할법(indirect dividing method)

　㈎ 단식 분할법(simple dividing)

　㈏ 차동 분할법(differential dividing)

(1) 직접 분할법(direct dividing method)

주축의 선단에 고정되어 있는 직접 분할판을 이용하여 분할하는 방법이다. 직접 분할판에는 등간격으로 24개의 구멍이 있으므로 분할판에 분할핀을 회전시켜 12구멍씩 회전하면 2등분으로, 8구멍씩 회전하면 3등분, 6구멍씩 회전하면 4등분으로 분할되므로 2, 3, 4, 6, 8, 12, 24등분으로 분할된다. 즉 24/n 가 정수인 경우에만 분할이 가능하다. 용도는 정밀도를 요구하지 않는 부품의 비교적 단순한 분할을 할 때 사용되는 방법이다.

$$x = \frac{24}{n}$$ 여기서, x : 분할 크랭크의 회전수, n : 등분 (분할) 수

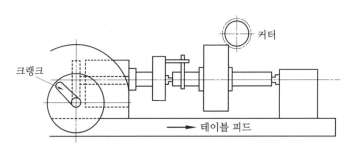

그림 6-197 직접 분할법

(2) 간접 분할법(indirect dividing method)

① 단식 분할법(simple dividing) : 단식 분할법은 스핀들 작업을 하기 위하여 잇수가 40개인 웜기어(worm gear)와 스핀들 웜, 웜(worm) 축을 돌리기 위한 크랭크는 그림 6-198에서 분할대의 크랭크를 40회전시키면 웜과 웜기어는 주축을 1회전 할 수 있는 기구로 되어 있다. 즉, 주축을 $1/N$ 회전하려면 분할 크랭크는 $40/N$을 회전시킨다.

$$n = \frac{40}{N} = \frac{R}{N'}$$

여기서, n : 분할 크랭크의 회전수, N : 공작물의 등분 분할수
R : 크랭크를 돌리는 구멍의 수, N' : 분할판에 있는 구멍수

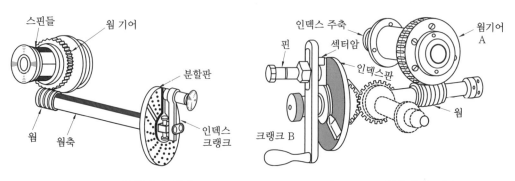

그림 6-198 분할대의 원리   그림 6-199 분할대의 기구

　단식 분할법으로 분할할 수 있는 수는 2~60까지는 모든 수, 60~120 사이는 2와 5의 배수, 120 이상을 N으로 하였을 때 $40/N$에서 분모가 분할판의 구멍수가 되는 수 등이다. 각도 분할에서 분할 크랭크가 1회전하면 스핀들은 $360°/40 = 9°$ 회전한다. 분할각을 도 (°) 로 표시하면

$$n = \frac{D°}{9} = \frac{D'}{540} = \frac{D''}{32400}$$

　여기서, $D°$: 분할각 (도), D' : 분할각 (분), D'' : 분할각 (초)

표 6-31 분할판의 종류와 구멍수

종류	분할판	구멍수	종류	분할판	구멍수
브라운 샤프형	No.1 No.2 No.3	15, 16, 17, 18, 19, 20 21, 23, 27, 29, 31, 33 37, 38, 39, 41, 43, 47, 49	신시내티형	표면	24, 25, 28, 30, 34, 37, 38, 39, 40, 42, 43
				이면	46, 47, 49, 51, 53, 54, 57, 58, 59, 62, 66
			밀워키형	표면	100, 96, 92, 84, 72, 66, 60
				이면	98, 88, 78, 76, 68, 58, 54

② 차동 분할법 (differential dividing) : 단식 분할이 안 될 경우에 이용되며 필요한 분할을 2종 운동의 복합으로 원하는 분할을 얻게 하는 방법이다. 즉, 분할판은 인덱스 핸들 (index handle) 의 각 회전에 따라 움직이고, 또 그 방향으로 변환기어도 과부족량을 차동변환 기어를 작동하여 조절한다. 차동 분할에는 단식 차동 분할법과 복식 차동 분할법이 있다.

㈎ 단식 차동 분할법

　　　　　$\therefore N_1 - N = \pm n$

　여기서, N : 소요의 분할수, N_1 : 단식 분할이 가능한 N에 가까운 수

　이때 $\pm n$ 은 크랭크가 N_1 등분할 때 분할판을 이동시켜 스핀들이 $1/N_1$ 이 아니고 $1/N$이 되도록 하기 위한 차동수이다. "+"는 크랭크의 같은 방향에 여분으로 분할판을 회전하고, "−"는 크랭크와 반대방향으로 회전함을 표시한다. 크랭크의 1회전은 스핀들을 1 / 40 회전시키므로 분할판을 $(\pm n/N_1) \times 40$만큼씩 위치의 변동을 줄 필요가 생기게 된다. 따라서,

$$\frac{A}{B} = \frac{(\pm n)}{N_1} \times 40$$

이 변환기어의 치수비(齒數比)에 상당한 A 및 B 등의 기어로서 조절한다. (+)일 때에는 크랭크와 분할판이 같은 방향으로 중간기어 1개를 사용한다. (−) 일 때에는 중간기어 2개를 사용하여 회전을 반대로 한다. 변환기어로 브라운 샤프형(brown & sharpe type) 분할대에는 24, 26, 28, 32, 40, 44, 48, 56, 64, 72, 86, 100 등의 12종의 변환기어가 있고 1008등분까지 가능하다.

(나) 복식 차동 분할법

변환기어가 2단으로 된 것으로 복식 변환기어에 의하여 조절하게 된다. 기어 A, B, C, D를 사용하여 2단 연결한다.

$$\frac{A}{B} \times \frac{C}{D} = \frac{\pm x}{N_1} \times 40 \text{으로 표시한다.}$$

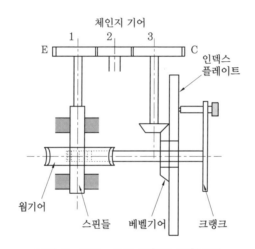

그림 6-200 차동 분할의 변환기어

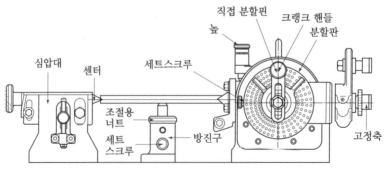

그림 6-201 만능 분할대

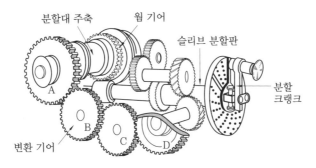

그림 6-202 차동 기어 배열

예제 13 브라운 샤프형 분할판을 사용하여 잇수가 92개인 스퍼기어를 절삭할 때 분할 크랭크의 회전수를 구하여라.

해설 $n = \dfrac{40}{N} = \dfrac{40}{92} = \dfrac{10}{23}$

∴ 브라운 샤프형 분할판 No.2의 23구멍열을 이용하여 10구멍씩 회전시킨다.

예제 14 원주를 239등분하여라.

해설 ① $N_1 = 240$으로 하면 분할판의 구멍수와 크랭크 회전수 n은 단식 분할로 구할 수 있다.

$n = \dfrac{40}{N_1} = \dfrac{40}{240} = \dfrac{1}{6} = \dfrac{3}{18}$

∴ 브라운 샤프형 분할판의 18구멍열을 이용하여 크랭크를 32구멍씩 회전시킨다.

② 변환기어 계산

$$\dfrac{A}{B} = \dfrac{(N_1 - N)}{N_1} \times 40 = \dfrac{240 - 239}{240} \times 40 = \dfrac{40}{240} = \dfrac{4}{24} = \dfrac{1 \times 4}{3 \times 8}$$

$$= \dfrac{1 \times 24}{3 \times 24} \times \dfrac{4 \times 7}{8 \times 7} = \dfrac{24}{72} \times \dfrac{28}{56}$$

변환기어는 $A = 24$, $B = 72$, $C = 28$, $D = 56$

$N_1 - N$의 값이 (+)이므로 중간기어는 1개를 사용하여 같은 방향으로 회전하도록 한다.

9 밀링 가공법

9-1 공작물 고정방법

밀링 작업에서 공작물을 고정시키는 방법에는 바이스에 의한 고정, 테이블에 직접 고정하는 방법 및 부속장치에 의한 고정방법이 있다.

(1) 밀링 바이스 설치

① 다이얼 게이지를 오버 암에 설치하여 평행도를 측정한다.

② 조(jaw)의 양쪽 끝의 차이가 없을 때까지 수정을 되풀이한다.

③ 평행을 이루면 부착 볼트를 오른쪽과 왼쪽 번갈아가며 완전히 죈다.

④ 다시 평행도를 측정, 수정한다.

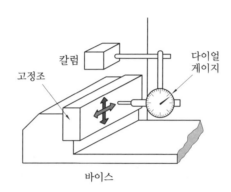

그림 6-203 밀링 바이스의 설치방법

(2) 공작물 고정방법

공작물 고정방법은 작업자와 공작물에 따라 그림 6-204와 같이 고정한다.

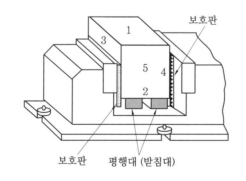

(a) 바이스에 의한 고정

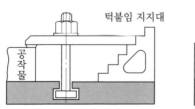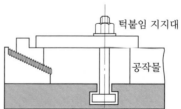

(b) 클립을 이용한 고정

그림 6-204 공작물의 고정방법

9-2 • 절삭공구 고정방법

원주에 절삭날이 있는 커터의 고정은 그림 6-205와 같이 커터의 고정위치를 칼라 (collar) 로 조정하고 아버(arbor) 끝은 아버 지지부로 지지한다. 정면 밀링 커터, 엔드 밀 등은 자루(shank)를 주축 테이퍼 구멍에 직접 장착한다.

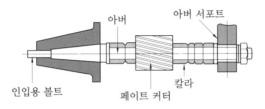

그림 6-205 아버에 커터의 고정위치

10 밀링에서의 기어 절삭 (gear cutting)

10-1 • 치형의 커터

기어의 치형 크기를 나타내는 방법으로 지름피치(diametral pitch, $DP°$), 모듈(module, M) 및 원주피치(circular pitch, P)가 사용된다.

$DP°$(diametral pitch)는 인치식, M(module)은 미터식이며, 다음 식으로 나타낸다.

$$DP° = \frac{Z}{D} \text{ 또는 } DP° = \frac{25.4}{M}$$

$$M = \frac{D}{Z} \text{ 또는 } M = \frac{25.4}{DP°}$$

$$P = \frac{\pi D}{Z} = \pi M$$

같은 지름피치($DP°$) 및 모듈(M)을 갖는 기어라도 치수가 다르면 치형이 다소 변화 한다. 따라서, 1개의 커터로서 가공할 수 없으므로 치수에 따라서 필요한 형상의 커터 번호(cutter number)를 사용하여 절삭하게 된다. 표 6-32는 인벌류트(involute) 커터 의 번호와 절삭할 수 있는 기어의 치수를 표시한 것이다.

표 6-32 커터의 번호와 절삭 치수

커터번호	1	$1\frac{1}{2}$	2	$1\frac{1}{2}$	3
절삭가능 잇수	135~랙	80~134	55~134	42~54	35~54
커터번호	$3\frac{1}{2}$	4	$4\frac{1}{2}$	5	$5\frac{1}{2}$
절삭가능 잇수	30~34	26~34	23~25	21~25	19~20
커터번호	6	$6\frac{1}{2}$	7	$7\frac{1}{2}$	8
절삭가능 잇수	17~20	15~16	14~16	13	12~13

10-2 • 평기어 절삭

평기어(spur gear)의 절삭은 다음 순서로 진행된다.

① 커터를 선택할 것

② 커터를 아버에 고정할 것

③ 기어를 가공한 재료를 준비하여 설치할 것

④ 가공물의 축선과 커터의 회전 중앙면을 일치시킬 것

⑤ 분할대(index head) 준비와 치수 계산을 할 것

⑥ 커터가 가공물의 최상부에 접촉할 때까지 테이블을 높여 회전판에 있는 눈금 스케일에 맞출 것

⑦ 적당한 절삭속도로 가공할 것

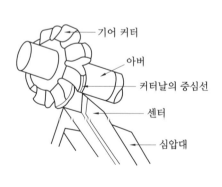

그림 6-206 커터 중심 맞추기

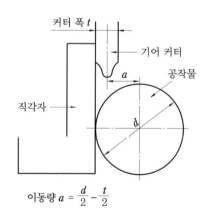

이동량 $a = \dfrac{d}{2} - \dfrac{t}{2}$

그림 6-207 커터와 공작물 중심잡기

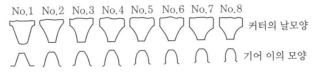

커터의 날모양

기어 이의 모양

그림 6-208 인벌류트 커터의 형상

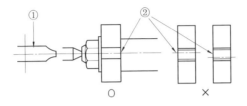

① 인벌류트 중심 맞추기 기어 커터
② 커터에 의한 절삭 흔적

그림 6-209 공작물 중심잡기

10-3 스파이럴 기어 절삭

스파이럴 기어(spiral gear)를 절삭할 때는 평기어의 가공방식에 의하나 다음 사항이 추가된다.

① 분할에 대한 계산

② 각도 변환기어 계산

③ 테이블 회전각도

④ 커터의 번호 결정

스파이럴 기어 절삭은 다음 식으로 나타낸다.

$$P = \frac{P_n}{\cos \theta} = P_n \sec \theta = \frac{\pi \cdot D}{Z}$$

여기서, P : 원주피치, P_n : 법선피치, θ : 비틀림각
D : 피치원 지름, D_0 : 바깥지름

또한, 커터의 번호는 평기어와 약간 다르므로 평기어와 대등대는 등가 치수를 Z_0라 하면

$$Z_0 = \frac{Z}{\cos^3 \theta}$$

여기서, Z : 실제 치수

스파이럴 기어의 절삭원리는 분할과 테이블의 나사 사이에 기어열을 사용하면 분할대의 주축이 1회전하는 사이에 테이블을 어느 정도까지 전진시킬 수 있다. 이와 같이 주축에 설치된 환봉을 커터로 깎으면 스파이럴 가공이 된다. 즉 드릴, 밀링 커터의 비틀림 홈이나 등속 캠 등의 가공이 된다. 이때 원주가 1회전 할 사이에 스파이럴이 진행되는 거리 L을 피드라 하고, 원주 πD와 L을 관련하여 D를 공작물 지름, θ를 헬리컬 각이라면

$$L = \frac{\pi \cdot D}{\tan \theta}$$

로 표시된다.

다음은 비틀림 절삭의 변환기어 계산방법인데 분할대의 주축 1회전은 마이트 스핀들을 40회전하기 위해서 기어비 1 : 1의 경우를 생각하면 테이블 이송나사의 5 mm의 경우에는 5 mm×40 = 200 이다. 이것을 기준으로 이상의 설명을 식으로 나타내면 다음과 같다.

$$\frac{A \times C}{B \times D} = \frac{L}{P \times 40}$$

여기서, P : 테이블 이송나사측의 피치, L : 리드 (lead, mm)
A : 분할대 축의 기어, B : 테이블 이송나사 축의 기어
C : D와 물리는 기어(고정축상에 장치되는 기어)
D : 마이트 스핀들 쪽에 장치되어 C와 물리는 기어

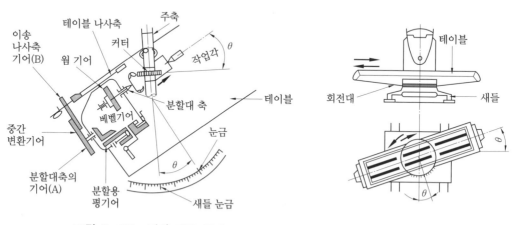

그림 6-210 기어 가공 원리　　　　　　　　그림 6-211 테이블 선회

10-4 •베벨 기어 절삭

베벨 기어(bevel gear)를 밀링 머신으로 가공하는 것은 비능률적이므로, 비교적 정밀하지 않는 부분에 사용할 목적으로 제작할 때 밀링 머신이 사용된다.

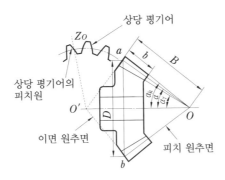

그림 6-212 베벨 기어

따라서, 커터의 치형을 결정하려면 다음과 같다. 커터로 가공할 치장, 즉 이의 길이 l 은 모선의 길이 m 의 1/3 이하로 한정한다.

$$\therefore l < m \times 1/3$$

밀링 커터는 베벨 기어의 피치원을 반지름으로 하는 상당 평기어의 치형으로 된 것을 사용한다. 베벨 기어의 가상 잇수는 다음 식으로 구하고 여기서 얻은 가상 잇수에 의하여 커터를 선택한다.

$$Z_0 = \frac{Z}{\cos \alpha}$$

여기서, Z_0 : 가상 잇수
Z : 실제 잇수
α : 베벨 기어의 중심각도

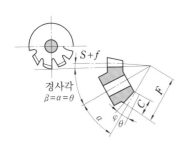

그림 6-213 공작물의 경사

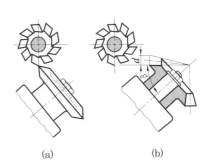

그림 6-214 베벨 기어 가공시의 커터와 공작물의 위치

브로치 가공

1 브로칭 머신의 개요

가늘고 긴 일정한 단면 모양을 가진 공구에 많은 날을 가진 브로치(broach)라는 절삭 공구를 사용하여 가공물의 내면이나 외경에 필요한 형상의 부품을 가공하는 절삭방법을 브로칭(broaching)이라 한다. 가공방법에 따라 키홈, 스플라인 홈, 원형이나 다각형의 구멍 등의 내면 형상을 가공하는 내면 브로칭 머신(internal broaching machine)과 세그 먼트 기어(segment gear), 홈, 특수한 외면의 형상을 가공하는 외경 브로칭 머신(surface broaching machine) 등이 있다. 브로칭 머신에는 브로치를 가공물에 압입하여 가공하는 압입식(押入式)과 브로치를 잡아당겨 가공하는 인발식(引拔式)이 있다.

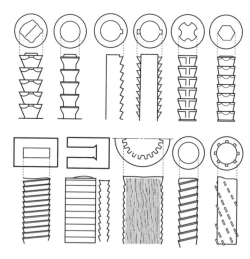

그림 6-215 브로치 가공의 예

2 절삭공구 및 절삭조건

2-1 ● 브로치

브로치는 일반적으로 자루부, 안내부, 절삭부, 평행부로 구성되어 있다. 자루는 브로칭 머신의 안내(slide)에 고정하는 부분으로 고정방법에 따라 압입, 키(key) 공(孔)이 있는 것과 걸치기 홈이 있는 것 등으로 구별된다. 브로치의 날 한 개마다 칩의 두께는 한도가 있으므로 복잡한 단면의 구멍에 대하여는 브로치 길이가 길어진다. 이것은 제작이나 취급에도 불편하므로 적당한 길이로 분할하여 조립식, 브로치로 사용할 경우가 많다.

절삭부는 실제 절삭날이 있는 부분으로 날 바깥지름 또는 치수가 점차 커져서 소정의 크기가 되는 테이퍼형의 부분이다.

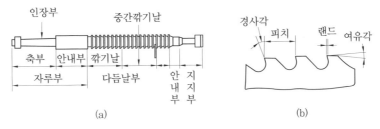

그림 6-216 브로치의 각부 명칭

2-2 ● 피치와 날의 높이

절삭부를 결정할 때 중요시되는 것은 인선의 피치(pitch)와 각, 인선 끝의 절삭량, 즉 이송(feed)이다. 위의 두 가지로 정하여지는 절삭날 끝수를 알면 절삭부분의 길이가 결정된다.

특히, 브로치의 특징은 절삭 중 발생하는 칩이 날 끝과 날 끝 사이에 남아 있게 되므로 피치를 조절하여야 한다. 피치는 치수가 작고 절삭길이가 짧을 때에는 절삭날 끝을 적게 하고, 치수가 크고 절삭길이가 길 때에는 절삭날 수를 많이 한다.

$$P = C\sqrt{L}$$

여기서, P =피치(mm), L =절삭부의 길이(mm), C =정수(1.5~2)

날의 높이는 공작물의 재질 및 절삭할 부분의 길이에 따라 다르나 높이(h)는 대략 다음과 같다.

$$h = (0.35 \sim 0.5)P \quad \text{정도이다.}$$

브로치 작업에서 완성 가공면에 때로 떨림이 발생하는 경우가 있어 이것을 방지하기 위하여 피치 길이를 다르게 한다. 즉, 피치가 전부 같으면 1개의 인선이 공작물을 통과하는 순간에 동력이 다소 떨어진다.

이것이 떨림의 원인이 되므로 피치 길이를 조절해 동력 분포를 균일하게 하면 가공면이 미려해진다. 절인 사이의 피치는 0.1~0.5 mm 정도씩 크게 변화시키면 좋다.

2-3 ● 날의 각도와 형상

날의 경사각과 여유각은 표 6−33과 같고, 그림 6−216 (b)는 브로치의 각도를 표시한 것이다.

표 6 − 33 브로치의 각도

재질	경사각	여유각
탄소강	15~17°	4~7°
경강, 공구강, 니켈강	13~15°	4~7°
주강, 주철	4~10°	3~4°
황동, 동	2~4°	3~4°

랜드(land)는 공작물의 절삭 중 브로치를 지지 작용하는 인선부이며 동시에 마멸된 인선을 재연삭할 때 가공여유가 되고, 또한 브로치 수명과도 밀접한 관계가 있다. 수명을 길게 할 때에는 폭이 넓은 것이 요구되나 너무 넓으면 마찰이 커져서 좋지 않아 보통 0.2~1.0 mm 정도로 한다.

2-4 ● 절삭속도

브로치의 절삭속도는 가공물의 재질 및 가공 형상에 따라 다르지만 대개 구멍의 모양이 복잡할수록 느린 속도로 가공한다. 절삭깊이가 너무 얕으면 좋은 결과를 얻지 못하고 누름작용만 하게 되는데 이로 인하여 인선의 마모가 증가하므로 적당한 크기의 절삭 깊이를 적용하는 것이 필요하다.

일반적으로 사용되는 각종 재질에 따른 절삭속도 및 브로치의 종류별 절삭깊이는 표 6-34, 표 6-35와 같다.

표 6-34 각종 재질에 따른 절삭속도

재질	절삭속도 (m /min)
중탄소강	18
공구강	6~14
주철	16~18
황동	34
알루미늄	110

표 6-35 브로치의 종류 및 절삭깊이

브로치의 종류	절삭깊이 (mm)
환공 (丸孔) 브로치	0.05
키 및 홈가공 브로치	0.09
사각 브로치	0.75
스플라인 브로치	0.06

3 브로칭 머신의 종류

절삭방향에 따라 인발식, 압입식, 연속식 브로칭 머신으로 구분되며, 브로치의 운동방향에 따라 수평식, 수직식 브로칭 머신으로 구분된다.

수평식 브로칭 머신은 마룻바닥에 설치한 높이가 그다지 높지 않고 긴 행정(stroke)을 얻을 수 있어서 작업성이 좋다. 그러나 공작물이나 브로치의 자체 중량이 크면 휨과 같은 연형이 생기므로 변형에 의한 정밀도 저하가 없도록 주의하여야 한다.

강재를 브로치 작업할 경우 절삭유를 사용하면 브로치의 수명을 연장하고 다듬질면이 미려해진다. 수용성 절삭유는 경절삭 다듬질에 사용하고, 비수용성인 광물성유는 중절삭용으로 사용한다.

톱기계

1 톱기계의 개요

금속을 절단하는 톱기계(sawing machine)는 목공용 톱기계와 같이 톱날의 운동방향에 따라 그 종류가 다양하지만, 톱날의 운동방향이 직선으로 왕복운동을 하는 핵 소잉 머신(hack sawing machine), 톱날이 원형으로 회전운동하는 서큘러 소잉 머신(circular sawing machine) 및 톱날이 띠(band) 형상으로 직선운동하는 밴드 소잉 머신(band sawing machine)의 3종류가 일반적으로 많이 사용된다.

1-1 • 핵 소잉 머신(hack sawing machine)

핵 소잉 머신은 직선으로 톱날이 정렬된 톱을 U자형 틀에 끼워 크랭크 기구를 왕복운동시킴으로써 일정한 하중을 가해 금속을 절단하는 기계이다.

핵 소잉 머신의 규격은 톱날(saw blade) 길이와 핵 소잉의 행정(stroke) 및 절단할 수 있는 최대 능력으로 표시한다. 행정은 분당 50~200회 정도이고 절삭 속도 20~50 m/min, 톱날 길이 300~600mm, 날수는 1인치에 대하여 4~12산 정도이다.

그림 6-217 핵 소잉 머신

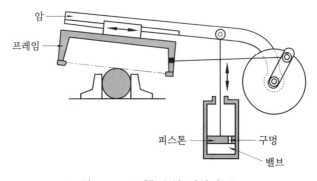

그림 6-218 핵 소잉 머신의 구조

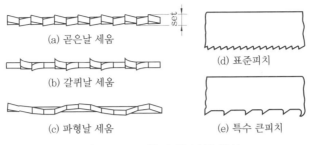

(a) 곧은날 세움

(b) 갈퀴날 세움

(c) 파형날 세움

(d) 표준피치

(e) 특수 큰피치

그림 6-219 핵 소잉 날의 형상

1-2 • 원형 톱기계 (circular sawing machine)

원형 톱기계는 지름이 큰 회전톱을 사용하여 공작물을 절단하는 기계이다.

절단면이 깨끗하고 톱날이 강력하며 내구력이 크고 절단능력이 좋다. 또한, 절단시간이 짧아 대량 생산에 적합하다. 톱은 단일형(solid type), 분할형(seamental type) 및 삽입치형(inserted tooth type)의 3종류가 있다.

원형 톱기계의 규격은 원형 톱의 지름과 절단할 수 있는 공작물의 최대 치수로서 표시한다. 원형 톱날의 경사각은 12~25°, 여유각은 7~11°의 범위에 있다.

그림 6-220 원형 톱기계

그림 6-221 강재 삽입치형 톱날

1-3 • 띠톱 기계 (band sawing machine)

띠톱 기계는 띠톱의 절단 운동방향에 따라 수평식과 수직식 두 종류가 있다. 수평식 띠톱기계는 절삭속도가 커서 주로 재료의 절단에 사용되고, 수직식 띠톱기계는 띠톱날을 사용하여 판재의 곡선을 따라 윤곽을 잘라내는 작업 및 다이(die) 제작에 많이 쓰인다. 기계의 상부, 하부에는 띠톱을 감고 돌려주는 원형 바퀴가 있다. 이 기계는 띠톱 맞대기 용접장치, 그 용접부의 다듬질 장치 등을 설비하여 톱을 절단했다가 이을 때 사용한다. 이 기계의 크기는 원형 바퀴의 지름으로 표시된다.

그림 6 – 222 수평식 띠톱 기계

그림 6 – 223 수직식 띠톱 기계

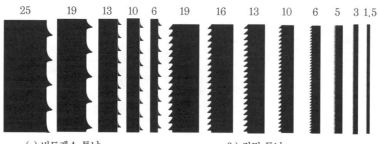

(a) 버트레스 톱날   (b) 정밀 톱날

레이커형   웨이브형   스트레이트형

그림 6 – 224 띠톱 기계의 톱날

1-4 ● 절단 연삭기 (abrasive cutting off machine)

유기질 결합제를 사용하여 제작된 얇고 지름이 큰 연삭숫돌로서 금속 및 비금속 절단에 사용된다. 환봉은 50mm 이내, 관은 90mm 이내로 절단이 가능하다.

그림 6-225 절단용 연삭기

기어 절삭가공

1 기어 절삭가공의 개요

기어 절삭가공(gear cutting)은 기어의 치형을 공작기계로 절삭가공하는 것을 의미한다. 기어의 치형에는 인벌류트 곡선을 이용한 것과 사이클로이드 곡선을 이용한 것이 있다. 기어가공은 주조나 전조에 의한 방법도 있으나 절삭가공 방법으로 가공하면 능률적이고 정밀도가 높은 기어를 제작할 수 있다. 가공된 기어는 다시 기어 연삭기로 연삭하거나 래핑(lapping)이나 기어 셰이빙(gear shaving) 등으로 기어의 정밀도를 높일 수 있다. 기어 전용 절삭기에는 호빙머신, 기어 셰이퍼, 베벨 기어 절삭기 등이 있다.

2 기어의 종류

(a) 평기어

(b) 헬리컬기어

(c) 더블헬리컬기어

(d) 랙과 피니언

(e) 안기어와 바깥기어

그림 6-226 평행축 기어

(a) 스퍼 베벨기어   (b) 헬리컬 베벨기어   (c) 스파이럴 베벨기어

(d) 제롤 베벨기어   (e) 크라운 기어   (f) 앵귤러 베벨기어

그림 6 - 227 교차축 기어

(a) 나사기어   (b) 하이포이드기어   (c) 헬리컬 크라운 기어

(d) 원통형 웜기어   (e) 장고형 웜기어

그림 6 - 228 어긋난 축 기어

3 기어의 크기

(1) 지름피치 (diametral pitch)

이의 크기를 인치로 나타낸 것으로 지름피치가 작을수록 이의 크기는 커진다. 표준기어의 피치원 지름과 원주피치 (p) 가 인치단위일 때 지름피치

$$D.P = \frac{Z}{D} = \frac{\pi}{p}$$

$$m = \frac{25.4}{D.P} = \frac{25.4D}{Z} = \frac{25.4p}{\pi}$$

(2) 원주피치

피치원의 둘레를 표준기어의 잇수로 나눈 값이다.

$$p = \frac{\pi D}{Z} = \pi m$$

(3) 모듈(module)

피치원의 지름을 표준기어의 잇수로 나눈 값이다.

$$m = \frac{D}{Z} = \frac{p}{\pi}$$

(4) 속도비

$$i = \frac{N_2}{N_1} = \frac{D_1}{D_2} = \frac{m\,Z_1}{m\,Z_2} = \frac{Z_1}{Z_2}$$

여기서, N_1, N_2 : 피니언, 기어의 회전수　　　Z_1, Z_2 : 피니언, 기어의 잇수

　　　　D_1, D_2 : 피니언, 기어의 피치원 지름　　m : 표준기어의 모듈

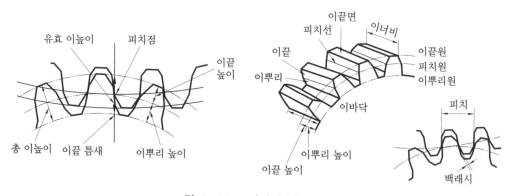

그림 6-229　기어의 각부 명칭

(5) 기초원 지름과 바깥지름

표준기어의 기초원 지름은 압력각을 α라 할 때 다음과 같이 계산한다.

$$D_{g1} = D_1 \cos\alpha = m\,Z_1 \cos\alpha$$

$$D_{g2} = D_2 \cos\alpha = m\,Z_2 \cos\alpha$$

여기서, D_{g1}, D_{g2} : 피니언, 기어의 기초원 지름

　　　　D_{o1}, D_{o2} : 피니언, 기어의 바깥지름

　　　　α : 표준기어의 압력각

표준기어의 바깥지름은

$$D_{o1} = m(Z_1 + 2) \qquad\qquad D_{o2} = m(Z_2 + 2)$$

(6) 표준기어의 축간거리

$$C = \frac{(D_1 + D_2)}{2} = \frac{m(Z_1 + Z_2)}{2}$$

(7) 법선피치 (normal pitch)

기초원의 원주를 기어 잇수로 나눈 값이다. 기어의 피치원과 기초원, 법선피치의 관계를 나타낸 식은 다음과 같다.

$$D_g = D \cdot \cos\alpha$$

$$p_n = \pi D_g / Z$$

여기서, D : 기어의 피치원 지름 $\qquad D_g$: 기어의 기초원 지름

P_n : 법선피치 $\qquad\qquad p$: 원주피치

따라서, 법선피치는

$$P_n = \pi D_g / Z = \pi D \cos\alpha / Z = p \cdot \cos\alpha$$

4 기어 절삭법의 분류

현재 기어 절삭법은 형판에 의한 방법, 총형 공구에 의한 방법, 창성법 등이 사용되고 있다.

4-1 형판 (template) 에 의한 기어 절삭법

그림 6-230처럼 거칠게 가공된 기어소재와 치형과 똑같은 곡면을 가진 형판을 셰이퍼의 테이블에 설치한다. 공구대와 이송나사의 연결을 끊고 추를 걸어 안내봉을 형판으로 지지하고 테이블을 오른쪽으로 이송하면 안내봉과 바이트가 평행이동을 하며 바이트는 기어소재에 치형을 가공하게 된다. 특히 이때 형판과 바이트의 관계를 정확히 해야 정밀한 치형을 가공할 수 있다.

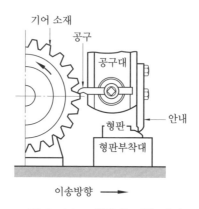

그림 6-230 형판에 의한 방법

4-2 · 총형 공구에 의한 기어 절삭법

그림 6-231 (a) 처럼 기어의 치형과 치형 사이의 홈과 같은 형상의 총형 바이트를 사용하여 규정된 깊이로 절삭하고 기어소재를 1피치만큼 회전시켜서 차례로 기어를 절삭하는 방법이다. 밀링 머신에서는 그림 6-231 (b) 와 같이 인벌류트형 밀링 커터를 사용하여 기어를 가공한다.

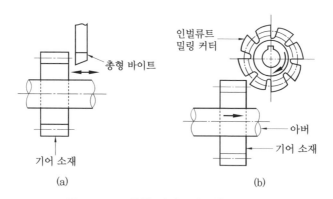

그림 6-231 총형 바이트에 의한 기어절삭

4-3 · 창성법 (generating process) 에 의한 기어 절삭법

기어가 회전운동을 할 때에 절삭공구와 공작물이 서로 접촉하는 것과 같은 상대운동으로 절삭하는 방법을 창성법이라 한다. 인벌류트 치형을 정확히 가공할 수 있는 방법으로서 그림 6-232 (a)와 같이 공구를 정확히 기어 모양을 가공하고 이것과 물고 돌아가는 기어의 소재와 미끄럼 없이 구름 접촉에 의하여 운동을 전달할 때 이론적인 상대운동을 주면서 공구에 축 방향 왕복운동을 시켜 그림 6-232 (b), (c)와 같이 랙 커터(rack cutter) 또는 회전 커터인 호브(hob)를 사용하는 방법이 있다. 피니언 커터 또는 랙 커터를 사용하는 방법을 기어 셰이빙이라 하고, 호브를 사용하는 방법을 기어 호빙이라고 한다.

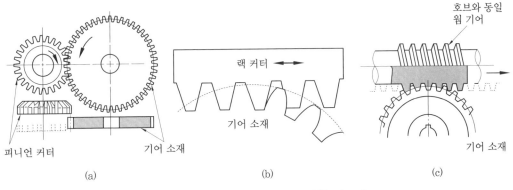

그림 6-232 창성법에 의한 치형 가공법

5 기어 절삭기계의 종류

기어를 가공하는 기어 절삭기계(gear cutting machine)는 기어의 종류에 따라 다음과 같이 구분한다.

(1) 원통형 기어 절삭기계

① 호빙머신(hobbing machine) : 호브(hob)
② 펠로스 기어 셰이퍼(fellows gear shaper) : 피니언 커터(pinion cutter)
③ 마그 기어 절삭기계(maag gear cutting machine) : 랙 커터(rack cutter)

(2) 베벨(bevel) 기어 절삭기계

① Reinecker type bevel gear cutting machine) : 단인 커터
② Gleason type bevel gear cutting machine) : 2개 커터
③ Klingelnberg type bevel gear cutting machine) : 테이퍼 호브
④ Oerlikon type bevel gear cutting machine) : 관상 커터

(3) 웜(worm) 기어 절삭기

① 기어 호빙머신(gear hobbing machine) : 직선 호브에 의한 웜 절삭

② 웜 기어 절삭기(worm gear cutting machine) : 테이퍼 호브에 의한 절삭

5-1 · 호빙머신 (hobbing machine)

(1) 호빙머신의 개요

호빙머신은 밀링 머신의 한 종류로 호브라 불리는 커터가 웜 기어와 맞물려 돌아가는 것과 같은 작용으로 기어를 가공한다. 현재 널리 사용되는 기어 절삭기로서 평기어, 헬리컬 기어, 웜 기어 등의 제작에 활용되어 응용 범위도 넓다.

호빙머신은 수직형과 수평형으로 나뉘며, 대형 기어 제작에서는 수직형, 소형 기어 제작에서는 수평형으로 절삭한다.

기어의 정밀도는 호브의 정밀도에 따라 결정되고, 피치 (pitch) 의 정밀도는 호빙머신의 테이블을 회전시키는 웜 기어의 정밀도에 따라 결정된다.

호빙머신의 규격은 가공할 수 있는 기어의 최대 피치원의 지름과 기어의 폭 및 최대 모듈 (module) 로서 나타낸다.

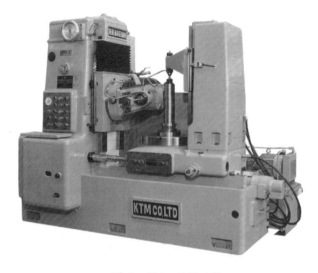

그림 6-233 호빙머신

(2) 호빙머신의 기구

① 호브의 회전기구 : 그림 6-234에서 전동축의 회전은 축 1→2→3 →4를 거쳐 호브에 전달된다. 여기서 축 1의 2회전에 대하여 호브는 1회전한다.

② 호브 헤드의 이송기구 : 축 1의 회전은 5축과 차동장치와 6을 거쳐 분할용 변환기어 A, C→7 (웜과 웜기어) → 축 p→호브축 이송용 변환기어 → 축 q→8→9→10 축을 거쳐 11축을 회전시킨다. 11축에는 나사봉과 너트가 있어 호브가 상하로 이송된다.

③ 테이블의 회전기구 : 축 1의 회전은 차동기어 장치 → 분할용 변환기어 (A, C)→7→ TW 로 들어간다. W 는 테이블 하부의 웜기어이다. 만약 그림 6−234에서 변환기어의 잇수 A = C 일 때 테이블 1회전은 축 1이 40 회전에 해당된다.

④ 테이블의 이송기구 : 축 1의 회전은 그림 6−234의 축 1→5→차동 기어장치→A, C→7→p→피드 변환기어→q→8→13 을 거쳐 테이블을 이송시킨다. 8과 12축의 연결은 클러치로서 필요에 따라 단절한다.

절삭깊이는 조절 핸들로써 테이블 이송을 조절한다. 기어 절삭가공 중에는 테이블을 고정한다.

⑤ 차동기구 : 헬리컬 기어의 절삭가공에는 차동기어 장치가 사용된다. 이때는 축 6을 연결시키면 축 15의 회전으로 c가 작용하여 "＋"또는 "−"로 어떤 양만큼 A 의 회전을 증감시킨다.

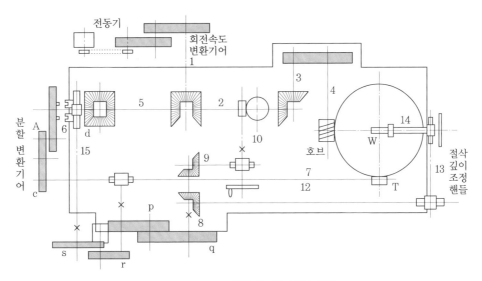

그림 6−234 호빙머신의 전동기구

(5) 호브(hob)

호브는 일정한 치형 곡선을 가지고 있고 절삭날은 일중 또는 다중 나사로 된 웜이라고 볼 수 있다. 각각의 절삭날은 커터 날과 같이 각도가 다양하다.

공구 재료로서는 주로 고속도강이며 열처리 (담금질) 된 상태로 사용되고 생산능률을 향상시키기 위하여 초경질 합금의 팁을 사용한 것도 있다.

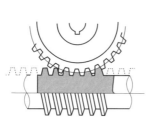

그림 6-235 호브에 의한 창성원리

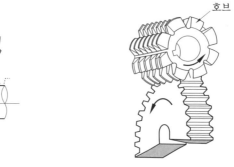

그림 6-236 평기어 절삭

호브의 종류는 다음과 같다.

① 단체 호브 : 가장 간단한 호브이고 고속도강 재료로 단조하여 만든다.

② 조립 호브 : 합금강 본체의 홈에 고속도강의 플레이트를 심은 호브이다.

③ 초경 호브 : 초경합금 팁을 가진 플레이트를 심은 호브로서 합성섬유 재료나 비철금속 재료의 기어절삭에 유리하며 경도가 높은 강재 기어절삭에도 양호하다.

④ 다줄 호브 : 호브 절삭날의 나사를 여러 줄로 한 것으로 2줄이나 3줄인 것이 많다. 거친 절삭에 쓰이는 경우가 많고 가공시간을 단축할 수가 있어 편리하다.

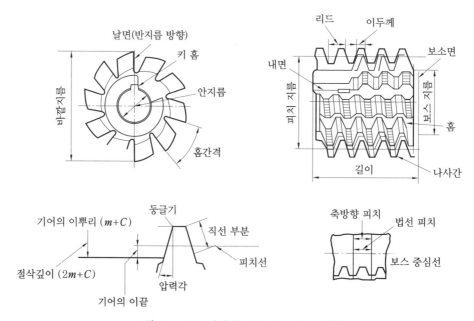

그림 6-237 기어절삭 호브의 각부 명칭

호브의 선택은 평기어나 헬리컬 기어를 가공하기 위한 호브로 일반적으로 오른나사 한 줄 호브가 사용된다. 호브 끝면에 모듈, 리드 각, 압력각이 각인되어 있다. 호브의 날 수는 보통 9~12개가 많이 사용된다.

(4) 호브 축의 경사각

호브의 나선줄은 기어의 잇줄 방향과 일치해야 하므로 그림 6-238처럼 호브의 리드 각 (β) 만큼 기울여야 한다.

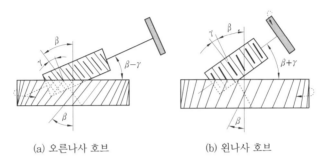

(a) 오른나사 호브   (b) 왼나사 호브

그림 6-238 호브 축의 경사각

헬리컬 기어에서 기어의 나선각 (helix angle) 을 γ, 호브의 리드각 (lead angle) 을 β 라고 하면

① 오른나사 호브를 왼나사 헬리컬 기어가공 : $\beta + \gamma$ (호브 왼쪽 올림)
② 왼나사 호브로 왼나사 헬리컬 기어가공 : $\beta - \gamma$ (호브 왼쪽 올림)
③ 오른나사 호브로 오른나사 헬리컬 기어가공 : $\beta - \gamma$ (호브 오른쪽 올림)
④ 왼나사 호브로 오른나사 헬리컬 기어가공 : $\beta + \gamma$ (호브 오른쪽 올림)

(5) 절삭속도와 이송속도

절삭속도는 호브의 바깥지름과 회전수에 따라 결정되며 다음 식으로 계산된다. 한편 절삭속도를 높일수록 호브의 손상은 적으나, 호빙머신의 강성이 허용되는 범위 내에서 이송은 큰 편이 좋으므로 기어소재의 성질과 호브의 재질을 고려해야 한다.

$$V = \frac{\pi d n}{1000}$$

여기서, V : 절삭속도 (m /min), d : 호브의 바깥지름 (mm), n : 호브의 회전수 (rpm)

표 6-36은 호브의 이송거리와 절삭속도를 나타낸 것이다.

표 6-36 호브의 이송거리와 절삭속도

재료	다듬절삭		거친절삭	
	이송거리 / 일감 1회전 f [mm]	절삭속도 V [m/min]	이송거리 / 일감 1회전 f [mm]	절삭속도 V [m/min]
주철 (무른 것)	1.5~2.5	37	–	
황동, 청동	1.25~2.25	33	–	–
저탄소강	1.15~1.90	40	2.30~3.00	40
탄소강 (0.35~0.45 C)	1.00~1.50	33	1.90~2.25	33
탄소강 (0.45~0.06 C)	1.00~1.25	30	1.65~1.90	30
고탄소강	0.75~1.75	20	1.15~1.50	20

5-2 ● 기어 셰이퍼 (gear shaper)

(1) 펠로스 기어 셰이퍼 (fellows gear shaper)

기어절삭에 왕복운동을 이용하게 된 것은 호빙머신이 등장한 이후이며, 초기에는 성형공구 또는 형판(templete)을 이용하여 기어를 깎았다. 이후 성형공구 대신 피니언 커터를 사용하여 상하 왕복운동과 회전운동을 시키는 창성식 기어절삭형 기계가 출현하였으며, 대표적 예로 미국의 펠로스(fellows) 기어 셰이퍼를 들 수 있다.

그림 6-239는 기어와 유사한 피니언 커터가 축방향으로 상하운동을 하면서 적당한 깊이까지 이송되어 공구와 가공물이 마치 두 개의 기어가 맞물려 회전하는 것과 같다. 이때 커터의 왕복운동이 가공물에 인벌류트 치형을 형성한다. 가공물의 1회진으로 기어 절삭이 완료되며, 커터와 가공물의 회전은 깎으려는 기어의 잇수에 따라 변환 기어를 조절한다.

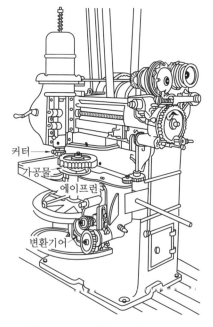

커터
가공물
에이프런
변환기어

그림 6-239 펠로스 기어 셰이퍼

기어 셰이퍼로 가공 가능한 기어는 평기어 (spur gear), 헬리컬 기어, 랙, 내접 기어 등이며, 생산속도가 빨라 자동차 공업에 많이 이용되고 있다.

헬리컬 기어에는 일반적으로 비틀림 각도 15° 및 23°가 많이 사용된다.

(2) 마그 기어 셰이퍼(maag gear shaper)

랙 커터형을 사용하는 기어 셰이퍼에는 마그식 기어 셰이퍼와 선더랜드식 기어 셰이퍼 (sunderland gear shaper) 등이 있다. 마그식 기어 셰이퍼는 주로 헬리컬 기어와 평기어를 절삭하며, 호빙머신에서와 같이 1개의 커터로 피치가 같은 임의의 기어를 절삭할 수 있다. 선더랜드식 기어 셰이퍼는 두 개의 랙 커터를 사용하여 2중 헬리컬 기어를 제작할 때 사용된다.

램 헤드 내부에는 슬로터와 같이 편심판과 크랭크 기구가 들어 있어 회전운동을 왕복운동으로 전환한다. 테이블은 웜과 웜 휠로 회전이송이 이루어지고, 또 변환기어에 연결된 이송나사에 의하여 가로이송이 주어진다. 램에는 공구대가 있어 랙형 커터가 하향운동을 하면서 절삭이 이루어지고 기어소재는 정지하게 된다.

랙형 커터가 귀환행정을 할 때는 클래퍼 (claper) 에 의하여 기어소재로부터 떨어지며, 기어소재는 랙형 커터에 대하여 구름 접촉을 하도록 테이블을 일정량만큼 회전시키고 가로이송을 준다.

랙형 커터가 기어소재의 이(齒)를 1~2개 절삭하고 나면 기어소재의 회전위치는 그대로이나, 테이블의 이송에 의하여 커터가 원위치로 귀환하고, 랙 커터는 다시 다음 이를 절삭하게 된다.

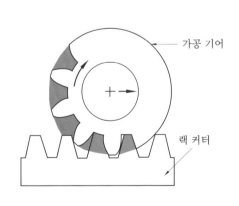

그림 6-240 랙 커터에 의한 치형 창성원리

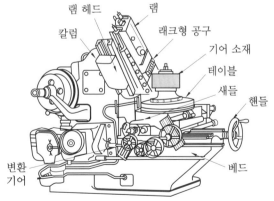

그림 6-241 마그 기어 절삭기

연삭기

1 연삭기의 개요

연삭(grinding)은 단단하고 미세한 연삭입자(abrasive grain)를 결합하여 제작한 연삭
숫돌(grinding wheel)을 고속회전시켜, 가공물의 원
통면이나 평면을 극히 소량씩 가공하는 정밀 가공법
이며, 연삭하는 기계를 연삭기(grinding machine)라
한다.

연삭가공에서는 숫돌 입자의 예리한 모서리 하나
하나가 밀링 커터의 날과 같은 작용을 한다. 숫돌바
퀴의 무수히 많은 입자 날이 가공 효과를 나타내므
로 정밀도가 높고 표면거칠기가 우수한 가공면을 완
성할 수 있다. 연삭가공을 이용하면 일반적인 금속
재료는 물론이고, 절삭가공이 곤란한 열처리된 경화

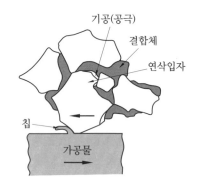

그림 6-242 연삭 칩의 발생

강, 초경합금 등의 단단한 재료도 가공할 수 있다. 연삭 중에 입자가 탈락하는 현상은
결합제로 결합한 입자가 둔화되어 절삭저항이 결합제의 강도 이상으로 증대하면 발생하
게 된다. 새로운 입자의 생성과 더불어 연삭이 진행되는데, 이러한 현상을 자생작용(self
dressing)이라 한다.

[연삭가공의 특징]

① 경화된 강처럼 단단한 재료를 가공할 수 있다.

② 칩이 미세하여 정밀도가 높고 표면조도가 우수한 가공면을 얻을 수 있다.

③ 연삭압력 및 연삭저항이 적어 자석척(magnetic chuck)으로 가공물을 고정할 수
있다.

④ 자생작용으로 새로운 입자가 나타나므로 드레싱(dressing)만 필요하고 다른 공구와
같은 연삭작업은 필요하지 않다.

⑤ 절삭속도는 대단히 빠르며 1500 m/min 정도가 일반적이다.

2 연삭기의 구조와 종류

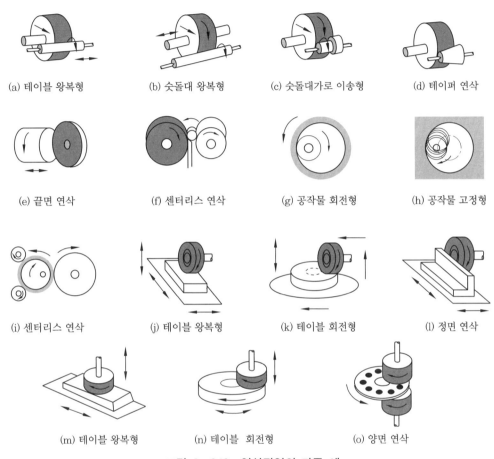

(a) 테이블 왕복형 (b) 숫돌대 왕복형 (c) 숫돌대가로 이송형 (d) 테이퍼 연삭

(e) 끝면 연삭 (f) 센터리스 연삭 (g) 공작물 회전형 (h) 공작물 고정형

(i) 센터리스 연삭 (j) 테이블 왕복형 (k) 테이블 회전형 (l) 정면 연삭

(m) 테이블 왕복형 (n) 테이블 회전형 (o) 양면 연삭

그림 6-243 연삭작업의 가공 예

연삭기를 작업에 따라 분류하면 표 6-37과 같다.

표 6-37 연삭기의 분류

원통 원삭기	바깥지름 연삭기 (plain cylindrical grinding machine) 안지름 연삭기 (internal grinding machine) 센터리스 연삭기 (centerless grinding machine)
평면 연삭기	수평 평면 연삭기 (horizontal spindle surface grinding machine) 수직 평면 연삭기 (vertical spindle surface grinding machine)
공구 연삭기	만능 공구 연삭기 (universal tool grinding machine)

특수 연삭기	나사 연삭기 (thread grinding machine)
	성형 연삭기 (forming grinding machine)
	크랭크축 연삭기 (crank shaft grinding machine)
	롤 연삭기 (roll grinding machine)
	캠 연삭기 (cam grinding machine)
	기어 연삭기 (gear grinding machine)

2-1 • 바깥지름 연삭기 (plain cylindrical grinding machine)

원통의 바깥지름을 연삭하는 연삭기를 바깥지름 연삭기라 하고, 테이퍼 연삭, 끝면, 내면, 평면연삭을 할 수 있는 연삭기를 만능 연삭기라고 한다.

바깥지름 연삭기는 베드 (bed) 위에 숫돌대와 그 구동장치가 설치되어 있고, 테이블 위에는 주축대와 심압대가 설치되어 있다. 주축대와 심압대 양 센터 사이에 공작물을 장치하고 주축대의 구동장치로써 회전시킨다. 테이블은 유압 구동장치로써 좌우로 왕복 시키고, 대형 연삭기는 공작물을 정위치에 두고 숫돌대를 테이블 위에서 운동하게 한다. 바깥지름 연삭기의 연삭방법으로는 다음 세 종류를 들 수 있다.

(1) 바깥지름 연삭방식

① 공작물에 이송을 주는 것

② 연삭숫돌에 이송을 주는 것

③ 공작물, 연삭숫돌 모두 이송을 주지 않고 전후 이송으로 작업하는 것 (plunge cut)

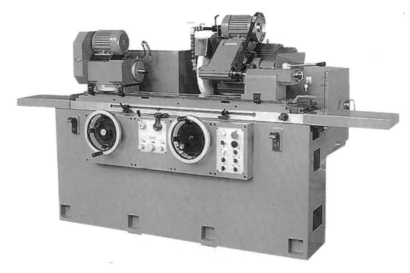

그림 6-244 바깥지름 연삭기

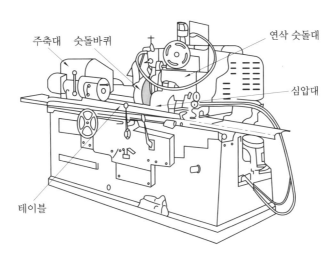

그림 6-245 바깥지름 연삭기의 구조

(a) 테이블 이동형
(norton type)

(b) 숫돌대 왕복형
(landis type)

(c) 플랜지 커팅
(plunge cutn type)

S : 숫돌, W : 공작물, 1 : 절삭운동, 2 : 주 이송 운동, 3 : 부 이송 운동, 4 : 절삭 깊이 운동

그림 6-246 바깥지름 연삭기의 이송방식

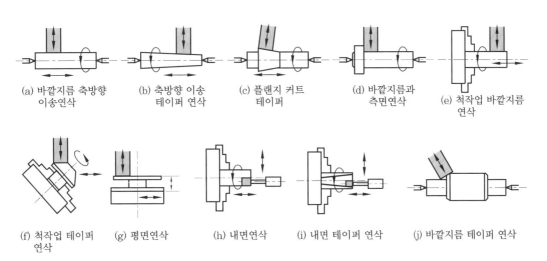

(a) 바깥지름 축방향
이송연삭

(b) 축방향 이송
테이퍼 연삭

(c) 플랜지 커트
테이퍼

(d) 바깥지름과
측면연삭

(e) 척작업 바깥지름
연삭

(f) 척작업 테이퍼
연삭

(g) 평면연삭

(h) 내면연삭

(i) 내면 테이퍼 연삭

(j) 바깥지름 테이퍼 연삭

그림 6-247 만능 연삭기의 연삭가공

2-2 • 센터리스 연삭기 (centerless grinding machine)

센터리스 연삭기는 바깥지름 연삭기에 속하나 공작물의 센터 대신에 공작물의 표면을 조정하는 조정숫돌(regulating wheel)과 지지대로 지지하여, 센터리스 연삭에서 공작물과 연삭숫돌이 서로 반대방향으로 회전하게 된다. 연삭속도는 2000m/min 정도이고, 조정숫돌의 원주속도는 10~300m/min 정도이다. 센터리스 연삭법은 바깥지름 연삭, 단면연삭, 나사연삭, 내면연삭 등의 생산에 능률적이다. 또한, 센터리스 연삭기에서 원통으로 신속하게 연삭하기 위해서는 공작물의 중심을 될수록 높여, 공작물의 회전속도는 고속으로 하고, 통과 이송속도는 비교적 느리게 하여야 한다.

센터리스 연삭기의 이송방법은 다음과 같은 종류가 있다.

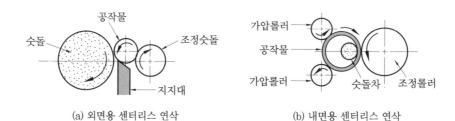

(a) 외면용 센터리스 연삭   (b) 내면용 센터리스 연삭

그림 6-248 센터리스의 연삭방법

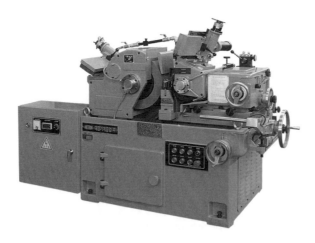

그림 6-249 센터리스 연삭기

(1) 통과 이송법 (through feed method)

공작물을 연삭숫돌과 조정숫돌 사이로 통과시켜 숫돌 한쪽에서 반대쪽으로 빠져나가는 동안에 연삭한다. 공작물 이송은 그림 6-250과 같이 조정숫돌로 한다. 조정숫돌은 연삭숫돌 축과 2~8° 경사지게 한다.

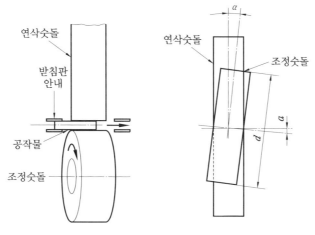

그림 6-250 통과 이송법의 원리

여기서, 조정숫돌 바퀴는 공작물에 회전과 이송을 주며 이송속도는 다음 식과 같다.

$$F = \pi d N \sin \alpha \, [\text{mm/min}]$$

여기서, F : 공작물의 이송속도
d : 조정숫돌의 지름 (mm)
N : 조정숫돌의 회전수
α : 경사각 (°)

(2) 전후 이송법 (in-feed method)

전후 이송법은 연삭숫돌 바퀴의 나비보다 짧은 공작물, 턱붙이 또는 끝면 플랜지붙이, 테이퍼가 있는 것, 곡선 윤곽들이 있는 것 등은 통과이송이 되지 않으므로 받침판 위에 올려놓고 조정숫돌 바퀴를 접근시키거나 수평으로 이송하여 연삭하는 방식이다.

그림 6-251은 전후 이송법의 원리를 나타낸 것이며, 일감을 한쪽으로 가볍게 눌러 대기 위하여 0.5~1.5° 약간 경사시킨다.

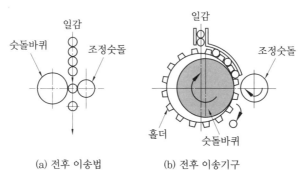

(a) 전후 이송법　　　(b) 전후 이송기구

그림 6-251 전후 이송법의 원리

> **예제 15** 센터리스 연삭기에서 조정숫돌차의 바깥지름이 400 mm, 회전수가 30 rpm, 경사
> 각이 4°일 때 공작물의 1분간 이송속도를 구하여라.

[해설] $F = \pi d N \sin\alpha$
$= \pi \times 400 \times 30 \times 0.07 = 2630\,\text{mm/min}$

(3) 단 이송법(end feed method)

테이퍼진 공작물에 사용되는 방법으로 연삭숫돌과 조정숫돌을 적당한 테이퍼로 드레싱한다.

(4) 전후 통과 이송법(combination in-feed and through feed method)

① 1회 통과로 연삭에 편리한 공작물을 연삭하되 연삭량이 많아서 통과이송만으로 연삭하기 어려울 때 적합하다.

② 공작물이 크고 두 지름이 작을 때 작은 지름을 연삭하되 이 부분의 길이가 숫돌 폭보다 길 때 적합하다.

③ 굽은 공작물의 굽은 양이 연삭깊이보다 크고 공작물의 길이가 숫돌 폭보다 짧을 때 적합하다.

2-3 • 내면 연삭기(internal grinding machine)

구멍의 내면을 전문으로 연삭하는 데 사용되는 연삭기로, 숫돌의 바깥지름이 구멍 안지름보다 작고 숫돌을 고정할 주축은 길어 고속회전한다. 연삭방법에는 보통형과 유성형(플라너타리형)이 있다.

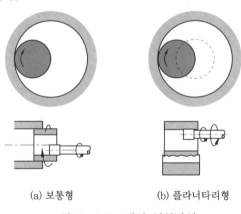

(a) 보통형   (b) 플라너타리형

그림 6-252 내면 연삭방식

(1) 보통형 내면 연삭기(plain type internal grinding machine)

공작물과 연삭숫돌에 회전운동을 주어 연삭하는 방식으로 축방향 이송은 연삭숫돌대의 왕복운동으로 한다.

(2) 유성형 내면 연삭기(planetary type internal grinding machine)

공작물은 정지시키고 숫돌축이 회전 연삭운동과 동시에 공전운동을 하는 방식으로, 공작물의 형상이 복잡하거나 대형이라서 회전운동을 시키기 어려울 경우에 사용된다.

안지름 연삭과 바깥지름 연삭을 비교하면 다음과 같은 특징이 있다.

① 가공 중에 안지름을 측정하기 곤란하므로 자동치수 측정장치가 사용된다.

② 사용되는 숫돌의 바깥지름은 연삭할 구멍의 지름보다 작아야 하므로 숫돌 외면의 단위 면적마다의 일 양이 많아져 바깥지름 연삭 때보다 숫돌의 마모가 심하다.

③ 숫돌의 바깥지름이 작으므로 소정의 연삭속도(25~35 m/s)를 얻으려면 숫돌의 1회전 수를 높여야 한다.

2-4 • 평면 연삭기(surface grinding machine)

평면연삭 방법에는 숫돌 원주면을 이용하는 숫돌차의 주축이 수평인 것과 숫돌 측면을 사용하는 수직 방법이 있다.

다음 그림 6-253은 평면 연삭기를, 그림 6-254는 평면연삭의 방법을 나타낸 것이다. 테이블에 공작물을 고정하는 방법은 마그네틱 척을 사용하는 것과 바이스를 사용하는 것이 있다.

그림 6-253 평면 연삭기

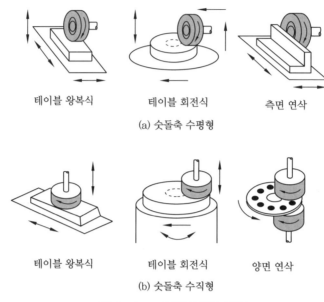

테이블 왕복식　　　　　테이블 회전식　　　　　측면 연삭

(a) 숫돌축 수평형

테이블 왕복식　　　　　테이블 회전식　　　　　양면 연삭

(b) 숫돌축 수직형

그림 6-254 평면연삭의 방법

2-5 ●공구 연삭기 (tool grinding machine)

공구 연삭기는 바이트 및 커터의 마멸 또는 손상된 공구류를 재연삭하는 데 사용되며, 다음과 같은 종류가 있다.

(1) 바이트 연삭기 (bite grinding machine)

선반 또는 공작기계의 바이트 연삭에 사용되는 그라인더 (grinder) 로는 단두식과 쌍두식이 있다.

(2) 커터 연삭기 (cutter grinding machine)

일반적으로 밀링 커터를 연삭하는 것으로 구조는 밀링 머신과 유사하나 밀링 커터 대신 연삭숫돌로 대치한 연삭기이다.

(3) 드릴 연삭기 (drill grinding machine)

드릴 연삭장치를 이용한 공구 연삭기로, 드릴을 고정하여 회전시키면서 날 끝과 여유면을 절삭한다. 드릴의 날 끝을 손으로 연삭하면 날 끝각을 정확히 맞추기 어려우나 드릴 연삭기를 사용하면 정확한 모양으로 연삭할 수 있다. 드릴의 인선각도는 강철과 118°를 이루며, 여유각은 12~25°로 연삭하고 지름에 따라 적당히 고정구를 교체하여 작업한다.

그림 6-255 드릴 전용 연삭기

(4) 만능 공구 연삭기 (universal tool grinding machine)

절삭공구의 정확한 공구각을 연삭하기 위하여 사용되는 연삭기로서 초경합금 공구, 밀링 커터, 리머 (reamer), 드릴 연삭, 호브 (hob) 등을 연삭한다.

그림 6-256 만능 공구 연삭기

밀링 커터를 연삭하는데 여유각은 평형 숫돌과 테이퍼 컵형 숫돌로 연삭하는 두 가지 방법이 있다.

① 평형 숫돌에 의한 연삭 : 평형 숫돌로 밀링 커터와 리머의 날을 연삭할 때는 상향연삭 (up grinding) 과 하향연삭 (down grinding) 의 두 가지 방법이 있다.

여유각을 형성하기 위해 평형 숫돌의 중심을 편위시키는 방법은 절삭날 받침을 커터 중심과 일치시키고 숫돌대를 상하로 편위시킨다. 편심거리 (C) 는

$C = 0.0088 D\alpha$ 로 계산한다.

여기서, 편심거리 : C [mm], 숫돌 지름 : D [mm], 여유각 : $\alpha°$

② 테이퍼 컵형 숫돌에 의한 연삭 : 테이퍼 컵형 숫돌로 밀링 커터의 여유각을 연삭할
경우는 그림 6-257 (c)와 같이 숫돌대에 고정한 절삭날 받침과 함께 편위시키고 절
삭날 받침의 끝을 숫돌 중심선과 일치시킨다. 편심거리(C)는

$$C = \frac{D_o}{2} \sin\alpha = 0.0088 D_o \alpha \text{로 계산된다.}$$

여기서, 편심거리 : C [mm]
커터 지름 : D_o [mm]
여유각 : $\alpha°$

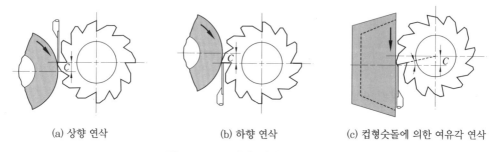

(a) 상향 연삭   (b) 하향 연삭   (c) 컵형숫돌에 의한 여유각 연삭

그림 6-257 밀링 커터의 연삭방법

2-6 • 특수 연삭기 (special grinding machine)

(1) 캠 연삭기 (cam grinding machine)

내연기관의 캠을 연삭하는 데 사용되며 마스터 캠(master cam)이 있어 공작물의 윤곽
을 자동적으로 연삭하는 모방 연삭기이다.

(2) 나사 연삭기 (thread grinding machine)

고정밀도가 요구되는 나사, 담금질된 나사 또는 탭 (tap) 등의 연삭에 사용되는 연삭기
로 숫돌의 날 수에 따라 나사 연삭법은 1산형 나사숫돌에 의한 방법과 다수형 나사숫돌
에 의한 방법이 있다.

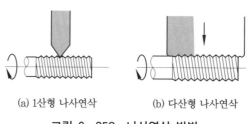

(a) 1산형 나사연삭   (b) 다산형 나사연삭

그림 6-258 나사연삭 방법

(3) 롤러 연삭기(roller grinding machine)

금속 압연용, 인쇄용, 제지용 등 롤러 표면의 정밀 연삭가공에 사용되는 연삭기이다. 가로이송과 세로이송을 동시에 주어 롤러의 중앙부를 오목하게 또는 볼록하게 연삭할 수 있다는 점이 바깥지름 연삭기와 다르다.

(4) 기어 연삭기(gear grinding machine)

기어 연삭기는 톱니의 곡면부분을 연삭하는 연삭기이다.

연삭방법의 종류로는 기어 밀링 커터형으로 숫돌을 형성하여 그 숫돌의 단면형을 기어소재에 옮기는 성형법, 기어와 물게 될 랙(rack)을 직선형 숫돌로 바꾸어 놓은 창성법이 있다. 총형 숫돌 연삭법은 기어의 홈과 같은 모양으로 성형하여 홈을 하나씩 연삭하는 방법이며, 랙형 공구로 기어를 가공하는 방법은 2개의 컵형 숫돌바퀴로 가상적인 랙 치형을 만들고, 이 기어가 피치선과 피치원에서 정확한 구름운동을 하는 동시에 기어의 축 방향으로 왕복운동을 주도록 하는 것이다.

마그 연삭기(maag grinding machine)는 대표적인 기어 연삭기로, 2개의 숫돌축을 0~20° 사이에서 필요한 각도로 경사지게 조절한다.

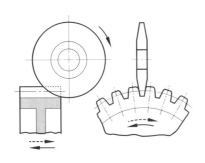

그림 6-259 총형 숫돌에 의한 연삭

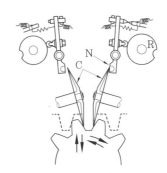

그림 6-260 마그 기어 연삭기의 원리

연삭숫돌

1   연삭숫돌의 개요

　　연삭숫돌(grinding wheel)은 숫돌입자, 결합제, 기공의 3요소로 이루어져 있다. 이것은 마치 초경합금 팁을 붙인 밀링 커터와 같으며 입자는 초경 팁(tip)에, 결합제는 자루(shank)에, 기공은 칩(chip)의 틈새에 각각 해당된다. 즉, 입자는 절인이고, 결합제는 입자를 결합시켜 지지하며, 기공은 절삭자루의 배출구 역할을 하는 동시에 연삭할 때 발생하는 열을 억제한다.

　　연삭숫돌이 다른 절삭공구와 다른 점은 절삭공구가 둔화된 날 끝을 재연삭하는 반면에, 연삭숫돌은 절삭 중에 입자조직의 일부가 파쇄되어 새로운 날이 자생된다는 점이다.

2   연삭숫돌의 구성요소

　　연삭숫돌 바퀴는 숫돌입자의 종류, 입도, 결합도, 조직, 결합제로 구성되며, 공작물, 가공정밀도, 작업의 성질에 따라 적합한 것을 선택하여야 한다.

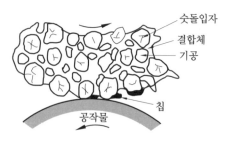

그림 6-261 연삭숫돌의 구성요소

2-1 • 연삭숫돌 입자 (abrcsive grain)

연삭숫돌에 사용되는 숫돌입자로는 천연산과 인조산이 있다.

천연산은 인조산보다 더 경한 에머리 (emery), 커런덤 (corundum), 다이아몬드 (diamond) 등의 숫돌 재료가 있다.

다이아몬드 숫돌은 결합제로 베이클라이트를 사용하며 초경질 합금공구를 연삭하는 데 적당하다.

현재 많이 사용되는 것은 알루미나 (Alumina, Al_2O_3) 계와 탄화규소 (SiC) 계의 2종이다. 알루미나계 숫돌의 상품명으로는 알런덤(Alundum) 또는 알록사이트(Aloxite)가 있고 색깔은 연갈색을 띠며 "A" 숫돌이라고 한다. 모스의 경도 (Moh's scale of hardness) 수가 약 9이고, 질은 강인하며, 인장강도가 높은 강철, 고속도강 등을 연삭하는 데 사용된다. 순수한 알루미나(함유량 99% 이상)는 백색 산화 알루미늄질 숫돌 또는 "WA" 숫돌이라 한다. 원료는 금속 알루미늄의 주원료인 점토 모양의 보크사이트 (bauxite) 이다.

탄화규소계 숫돌의 상품명으로는 카보런덤(caborundum), 크리스트론(crystlon)이 있으며, 색깔은 청자색을 띠지만 흑색 광택이 많이 나서 "C" 숫돌이라고 한다.

순수한 탄화규소질은 "GC" 라 하며, 녹색을 나타내고 있고 모스의 경도 수는 알루미나계 경도보다 큰 9.5 정도이다. GC와 C 연삭숫돌은 주철, 황동, 초경합금 등 인장강도가 작은 연삭에 사용한다.

표 6-38 숫돌입자의 분류

기호	재질	순도	상품명	용도
A	흑갈색 알루미나 (약 95 %)	2A	알런덤 알로사이트	인장강도가 크고 (30kg/mm^2), 인성이 큰 재료의 강력 연삭이나 절단작업용
WA	흰색 알루미나 (99.5 %)	4A	38 알런덤 AA 알록사이드	인장강도가 매우 크고 (50kg/mm^2), 인성이 많은 재료로서 발열하면 안 되고, 연삭깊이가 얕은 정밀연삭용
C	흑자색 탄화규소 (약 97 %)	2C	37 크리스트론 카보런덤	주철과 같이 인장강도가 작고, 취성이 있는 재료, 절연성이 높은 비철금속, 석재, 고무, 플라스틱, 유리, 도자기 등
GC	녹색 탄화규소 (98 % 이상)	4C	39 크리스트론 녹색 카보런덤	경도가 매우 높고 발열하면 안 되는 초경합금, 특수강 등

2-2 • 입도 (grain size)

입자의 크기를 입도라 하며 체눈 번호로 표시한다. 이 번호는 메시 (mesh)를 의미하며 No.20 의 입자라 함은 1인치에 20개의 눈, 즉 1평방 인치당 400개의 눈이 있는 체에 걸리는 입자를 말한다.

체로 선별할 수 없는 No.280 이하의 고운 입자는 풍감(風嵌)이라는 특수한 장치를 사용하여 선별하게 된다. 연삭작업에서 입도의 선정은 작업 조건, 숫돌 치수, 결합도 등에 따라 연삭숫돌을 선택하여야 한다.

① 절삭여유가 큰 거칠은 연삭에는 No.10~30 을 쓴다.

② 다듬질 연삭 및 공구의 연삭에는 No.36~80 을 쓴다.

③ 단단하고 치밀한 공작물의 연삭에는 고운 입자, 부드럽고 전연성이 큰 연삭에는 거친 입자를 쓴다.

④ 숫돌과 공작물의 접촉면적이 작은 경우에는 고운 입자, 접촉면적이 큰 경우에는 거친 입자를 쓴다.

⑤ 한 개의 연삭숫돌을 사용하여 황삭 및 다듬질 연삭을 할 때에는 혼합입자의 연삭숫돌을 사용한다.

표 6-39 숫돌입자의 입도

구분	거친 것	보통 것	고운 것	매우 고운 것
입도	10, 12, 14, 16, 20, 24	30, 36, 46, 54, 60	70, 80, 90, 100, 120, 150, 180, 220	240, 280, 320, 400 500, 600, 700, 800

2-3 • 결합도(grade) 또는 경도

숫돌입자 크기와 상관없이 숫돌입자를 지지하는 결합제의 결합력을 나타낸다. 결합도 표시에는 알파벳을 대문자로 표시하고 공작물의 재질과 가공 정밀도에 따라 적당한 결합도의 숫돌바퀴를 선택하여야 한다.

표 6-40 연삭숫돌의 결합도

기호	E, F, G	H, I, J, K	L, M, N, O	P, Q, R, S	T, U, W, Z
호칭	극히 연한 것	연한 것	보통 것	단단한 것	극히 단단한 것

표 6-41 결합도에 따른 숫돌의 선택기준

결합도가 높은 숫돌 (굳은 숫돌)	결합도가 낮은 숫돌 (낮은 숫돌)
연질재료의 연삭 숫돌차의 원주속도가 느릴 때 연삭깊이가 얕을 때 접촉면이 작을 때 재료표면이 거칠 때	경질재료의 연삭 숫돌차의 원주속도가 빠를 때 연삭깊이가 깊을 때 접촉면이 클 때 재료표면이 치밀할 때

2-4 ● 조직 (structure)

기공은 주로 연삭 칩이 모이는 곳이며 연삭 칩의 배제작업에 큰 영향을 미친다. 이 기공의 크기 변화, 즉 단위 용적당 연삭숫돌의 밀도 변화를 조직이라 한다.

표시법은 번호로 하며 숫자는 비교적인 조직을 나타낸다.

표 6-42 조직의 선택

억센조직	치밀조직
연질재료	경질재료
거친 연삭	다듬질 연삭
공작물과 숫돌차의 접촉면적이 클 때	공작물과 숫돌차의 접촉면적이 작을 때

표 6-43 연삭숫돌의 조직

연삭숫돌의 조직	조밀	중간	거침
조직기호	C	M	W
조직번호	0, 1, 2, 3	4, 5, 6	7, 8, 9, 10, 11, 12

2-5 ● 결합제 (bond)

결합제는 숫돌입자를 결합하여 숫돌의 형상을 만드는 것으로 결합제의 필요조건은 다음과 같다.

① 성형이 좋을 것

② 결합력의 조절범위가 넓을 것

③ 균일한 조직 형성이 가능할 것

④ 원심력, 충격에 대한 기계적 강도가 있을 것

⑤ 열이나 연삭액에 대해 안정할 것

(1) 비트리파이드법 (vitrified process, V)

점토, 장석 등을 주원료로 1300℃ 정도의 고온에서 가열하여 자기질화한 것이다. 이 방법의 장점은 결합력을 광범위하게 조절하고 균일한 기공을 가질 수 있으며 물, 산, 기름, 온도 등의 영향을 받지 않고 다공성이어서 연삭력이 강한 숫돌을 제작할 수 있다. 결점은 충격에 쉽게 파괴되므로 주의가 필요하다. 기호는 "V"로 나타내고 90 % 정도가 비트리파이드 숫돌이며 연삭속도는 1600~2000 m /min 정도이다.

(2) 실리케이트법 (silicate process, S)

규산나트륨 (물유리, water glass)을 입자와 혼합하여 성형한 다음 수시간 건조한 후 숫돌을 260℃에서 1~3일간 가열한다. 실리케이트 숫돌은 다른 방법을 이용해 결합한 것보다 무르게 작용하여 곧 마멸되며, 용도는 연삭열이 되도록 적어야 하는 절삭공구의 절삭날 연삭이나, 가열할 때 터지거나 비틀림이 일어나지 않아 대형 숫돌 제작에 적합하다. 기호는 "S"로 표시한다.

(3) 셸락법 (shellac process, E)

천연수지인 셸락이 주성분이며 비교적 저온에서 제작된다. 이 결합제는 강하며 탄성이 크고 내열성이 적어 얇은 숫돌 제작에 적합하다. 용도는 표면 연마가 필요한 부분, 큰 톱, 절단작업 및 큰 롤러 (roller)를 다듬는데, 리머(reamer) 인선가공에 사용된다. 기호는 "E"로 표시한다. 연삭속도는 2700~4900 m /min 정도이다.

(4) 러버법 (rubber process, R)

결합제의 주성분은 생고무이며 이에 첨가되는 유황의 양에 따라 결합도가 달라진다. 탄성이 크므로 절단용 숫돌 및 센터리스 연삭기의 조정숫돌 결합제로 사용한다. 기호는 "R"로 표시한다.

표 6-44 결합제의 종류

종류	비트리파이드	실리케이트	고무	레지노이드	셸락	메탈
기호	V	S	R	B	E	M

(5) 레지노이드법 (resinoid process, B)

열경화성의 합성수지인 베이크라이트가 주성분이며, 결합이 강하고 탄성이 풍부하여 절단 작업용 및 정밀 연삭용으로 적합하며 기호는 "B"로 표시한다. 연삭속도는 2800~4900 m /min 정도이다.

(6) 금속법(metal process, M)

수소 분위기 중에서 분말 야금법으로 숫돌을 제작할 때 결합제로 구리, 철, 은, 니켈, 코발트 등이 사용된다.

금속결합제(metal bond)는 다이아몬드 숫돌에 주로 사용되며 다이아몬드 분말을 강하게 결합시 기공이 적다. 숫돌 $1\,cm^3$ 속에 다이아몬드 4.4캐럿이 함유된 경우를 집중 100으로 보았을 때 그 1/2을 50, 1/4을 집중도 25로 파악한다.

그림 6-262는 연삭숫돌의 형상과 윤곽을 도시한 것이다.

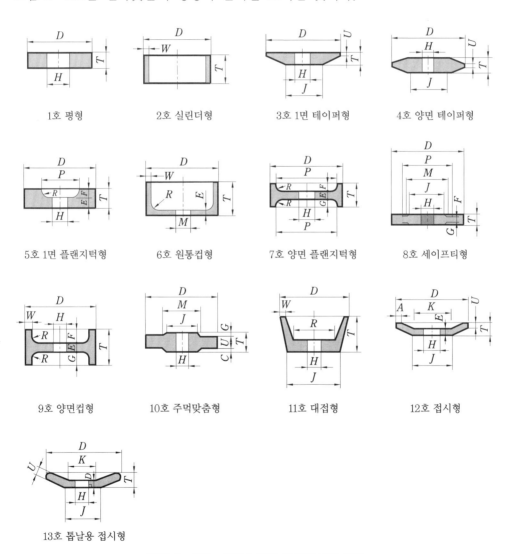

1호 평형   2호 실린더형   3호 1면 테이퍼형   4호 양면 테이퍼형

5호 1면 플랜지턱형   6호 원통컵형   7호 양면 플랜지턱형   8호 세이프티형

9호 양면컵형   10호 주먹맞춤형   11호 대접형   12호 접시형

13호 톱날용 접시형

그림 6-262 연삭숫돌의 표준형상과 윤곽

연삭숫돌은 번호 13종으로 표시한다.

1호는 절단 및 홈 가공에 사용되고 1, 5, 7호는 내면연삭, 바깥지름 연삭, 손연삭에, 2, 6호는 평면연삭에 사용하며 11호는 공구연삭, 12호는 밀링커터, 호브 등의 윗면 경사를 연삭하는 데 적합하다. 13호는 톱날을 연삭하는 전용 숫돌이다.

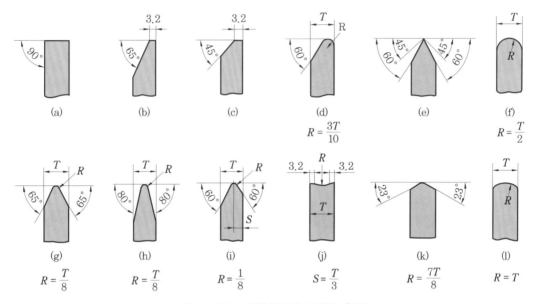

그림 6-263   연삭숫돌의 모서리 형상

---

3 연삭숫돌의 표시방법

연삭숫돌의 표시방법은 ① 입자의 종류, ② 입도, ③ 결합도 (경도), ④ 조직, ⑤ 결합제, ⑥ 숫돌 형상, ⑦ 치수 등으로 명기된다.

WA	70	K	m	V	1호	바깥지름×두께×안지름
입자의 종류	입도	결합도	조직	결합제	숫돌 형상	숫돌 치수

4 연삭의 절삭조건

4-1 숫돌의 원주속도와 공작물의 원주속도

숫돌의 원주속도가 느리면 숫돌의 마모가 심하여 표면거칠기가 낮아지는 반면, 속도가 빠르면 글레이징(glazing)이 쉽게 생겨 절삭성이 저하된다. 그러므로 공작물 재질, 숫돌의 종류, 정밀도, 숫돌과 공작물의 지름비 등에 따라 적정 속도를 선택해야 한다.

공작물의 원주속도는 숫돌의 원주속도와 속도비가 다듬면 거칠기, 연삭능률에 영향을 미치므로 공작물의 재질, 숫돌 종류, 요구되는 표면거칠기에 따라 적정 크기를 선정하여야 한다. 보통 공작물의 원주속도는 숫돌 원주속도의 1 / 100 정도이다.

표 6−45는 공작물의 표준 원주속도이다.

표 6−45 공작물의 표준 원주속도

(단위 : m /min)

가공물 재료	바깥지름 연삭		내면연삭
	다듬 연삭	거친 연삭	
담금된 강	6~12	15~18	20~25
특수강	6~10	9~12	15~30
강	8~15	12~15	15~20
주철	6~10	10~15	18~35
황동 및 청동	14~18	18~21	25~30
알루미늄	30~40	40~60	30~50

표 6−46 연삭숫돌의 원주속도

작업종류	원통 바깥지름 연삭	내면연삭	평면연삭	공구연삭	습식 공구연삭	초경 합금연삭
원주속도 (m / min)	1700~2000	600~1800	1200~1800	1400~1800	1500~1800	1400~1650

4-2 연삭 깊이

연삭깊이는 연삭능률에 큰 영향을 주므로 가능하면 큰 것이 좋다. 그러나 연삭조건에 따라 연삭깊이는 거칠은 연삭에 0.01~0.08 mm, 다듬질 연삭에는 0.002~0.005 mm 정도에서 작업한다. 강의 바깥지름 연삭에는 0.01~0.04 mm, 중절삭 및 주철에서는 다소 크게 0.15 mm 이내에서 작업한다. 평면연삭에서는 0.01~0.07 mm 범위, 내면연삭에는 0.02~0.04를 기준으로 작업한다.

표 6−47 연삭깊이의 선정조건

요소		선정조건
숫돌의 성질과 형상	입도	입도가 클수록 연삭깊이를 크게 할 수 있으며 과대하게 하면 숫돌바퀴의 소모 또는 날막힘이 생긴다.
	결합도	큰 연삭깊이는 능률 향상의 면에서는 적당하나 숫돌바퀴는 결합도가 작게 작용한다 (부드럽게 작용한다).
	지름	숫돌바퀴가 작을수록 연삭깊이를 크게 할 수 있다.
	원주속도	숫돌바퀴의 원주속도가 작을수록 연삭깊이를 크게 할 수 있다.
가공물의 성질과 형상	지름	가공지름이 작을수록 연삭깊이를 크게 할 수 있으나 가공물의 강성을 고려하여야 한다. 큰 재료에 대해서는 연삭깊이를 과대하게 해서는 안 된다. 그 이유는 지름이 클수록 가공물과 숫돌바퀴의 접촉면이 커지고 그에 따라 회전 모멘트가 커져서 기계능력이 그만큼 충분하지 못하기 때문이다.
	원주속도	가공물의 원주속도가 클수록 연삭깊이를 크게 할 수 있다.

4-3 •이 송

바깥지름 연삭에서 이송속도는 공작물의 원주속도와 관련하여 서로 상반되는 관계에 있다. 원주속도를 높이면 이송은 작게 하나 공작물의 속도가 매우 늦을 때는 이송속도도 느리게 한다. 이송은 숫돌의 폭 이하가 되어야 하며, 이송 f에 대한 숫돌 폭 b의 표준값은 대략 다음과 같다.

$$강 \ 연삭시 : f = \left(\frac{1}{3} \sim \frac{3}{4} \right) b$$

$$주철 \ 연삭시 : f = \left(\frac{3}{4} \sim \frac{4}{5} \right) b$$

$$다듬질 \ 연삭시 : f = \left(\frac{1}{4} \sim \frac{1}{3} \right) b$$

이송을 f [mm / rev], 공작물의 회전수를 n [rpm]이라 하면 이송속도 V [m / min]는 다음과 같다.

$$V = \frac{f \cdot n}{1000}$$

4-4 •연삭 여유

표 6-48은 바깥지름 연삭시 일반적인 연삭여유의 표준값을 나타낸 것이다. 연삭여유
는 되도록 작게 하는 것이 좋으며 공작물의 길이, 전가공면의 표면거칠기, 치수 정밀도,
연삭기의 크기 등에 따라 연삭여유를 결정한다.

표 6-48 바깥지름 연삭시의 연삭여유

가공물 지름 (mm)	공작물 길이 (mm)										
	50	100	150	200	250	350	450	600	750	900	1000
6	0.15	0.20	0.25	–	–	–	–	–	–	–	–
12	0.20	0.22	0.28	0.30	0.33	0.38	0.40	–	–	–	–
20	0.20	0.22	0.28	0.33	0.35	0.40	0.43	0.45	–	–	–
25	0.22	0.25	0.30	0.33	0.35	0.40	0.45	0.48	0.50	–	–
38	0.25	0.28	0.33	0.35	0.40	0.43	0.45	0.48	0.53	0.58	0.60
50	0.30	0.33	0.35	0.40	0.43	0.45	0.48	0.53	0.55	0.60	0.66
75	0.38	0.40	0.43	0.45	0.48	0.50	0.55	0.60	0.63	0.68	0.70
100	0.43	0.45	0.48	0.50	0.53	0.58	0.63	0.68	0.70	0.75	0.80
150	0.50	0.53	0.58	0.60	0.63	0.68	0.73	0.78	0.80	0.85	0.90
200	0.60	0.63	0.68	0.70	0.73	0.78	0.83	0.88	0.90	0.95	1.00
250	0.68	0.70	0.75	0.78	0.80	0.83	0.88	0.93	1.00	1.05	1.10

4-5 •절삭동력

연삭저항은 3개의 분력으로 분해되며 연삭조건
과 공작물의 재질과 형상, 연삭숫돌의 종류와 형상
등에 따라 다르다. 바깥지름 연삭작업에서 연삭숫
돌의 원주속도를 V [m/min], 연삭저항을 F 라 하
면 연삭동력 P 는 다음 식으로 계산된다.

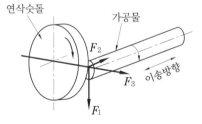

그림 6-264 연삭에서의 절삭동력

$$P = \frac{F \cdot v}{75 \times 60 \eta} [\mathrm{PS}]$$

여기서, η : 연삭기의 효율

4-6 •연삭액

연삭작업은 연삭액의 사용여부에 따라 건식연삭과 습식연삭으로 나눌 수 있다. 건식
연삭은 비교적 연삭여유가 적고 연삭열이 그다지 발생하지 않는 경우인 다듬질 연삭,

공구연삭, 모방연삭 등에 사용되며, 습식연삭은 일반적으로 널리 사용되는 방법이다.

연삭액은 공작물과 숫돌의 온도상승을 억제하고 연삭칩, 탈락된 숫돌입자, 결합제 등을 씻어내는 윤활제 구실을 하며, 윤활성, 냉각성, 침투성을 가져야 한다.

연삭액은 일반적으로 다음과 같은 성질이 필요하다.

① 냉각성, 윤활성이 우수할 것

② 금속 표면을 침식하지 않을 것

③ 변질 없이 장기간 사용할 수 있을 것

④ 악취가 없고 피부를 손상시키지 않을 것

⑤ 연삭열에 의해 증발하지 않을 것

5 연삭숫돌의 수정법

5-1 • 자생작용(self dressing)

연삭시 숫돌의 마모된 입자가 탈락되고 새로운 입자가 나타나는 현상을 말한다.

5-2 • 로딩(loading, 눈메움)

결합도가 높은 숫돌에서 알루미늄이나 구리 같이 연한 금속을 연삭하게 되면 연삭숫돌 표면에 기공이 메워져서 칩을 처리하지 못하여, 연삭성능이 떨어지는 현상을 말한다. 따라서 드레서(dresser)를 이용하여 이를 제거한다. 로딩의 발생원인은 다음과 같다.

① 연삭숫돌 입도가 너무 적거나 연삭깊이가 클 경우

② 조직이 너무 치밀한 경우

③ 숫돌의 원주속도가 느리거나 연한 금속을 연삭할 경우

5-3 • 글레이징(glazing, 무딤)

연삭숫돌의 결합도가 필요 이상으로 강하고 입자의 경도가 커서 자생작용이 되지 않아 입자가 탈락하지 않고 납작하게 마모되면서 둔화되는 현상을 무딤이라 한다.

무딤 현상은 마찰에 의한 연삭열이 매우 커서 연삭성능이 떨어지며 결함의 원인이 된다.

무딤 현상의 원인은 다음과 같다.

① 연삭숫돌의 결합도가 필요 이상으로 높을 때

② 연삭숫돌의 원주속도가 너무 빠를 때

③ 연삭숫돌과 가공물의 재질이 부적합할 때

칩의 용착

마모

그림 6-265 로딩과 글레이징

5-4 ● 드레싱 (dressing)

로딩 (loading)이나 글레이징(glazing) 현상이 발생했을 때 숫돌의 예리한 입자가 나타나도록 하는 작업을 드레싱이라 한다.

그림 6-266 정밀강 드레서

그림 6-267 입자봉 드레서

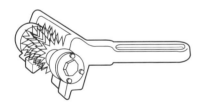

그림 6-268 성형 드레서

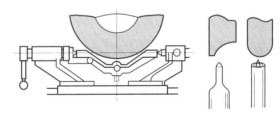

그림 6-269 R 드레서

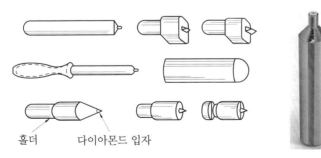
홀더   다이아몬드 입자

그림 6-270 다이아몬드 드레서

5-5 • 트루잉 (truing)

연삭하려는 부품의 형상으로 연삭숫돌을 성형하거나, 성형연삭으로 인하여 숫돌 형상이 변화된 것을 규격에 맞는 부품의 형상으로 바르게 수정하는 가공을 트루잉이라 한다.

트루잉을 하면 동시에 드레싱(dressing)도 된다. 트루잉을 할 때는 다이아몬드 드레서를 주로 사용한다. 트루잉 작업시 다이아몬드 드레서가 깎아내는 깊이는 0.02 mm를 표준으로 한다.

6 연삭숫돌의 설치와 균형

6-1 • 연삭숫돌의 설치

연삭숫돌은 고속회전으로 정밀도 높게 가공하는 까닭에 그 설치에 있어서 불균형이 나타나지 않도록 충분한 주의가 필요하다. 또한, 숫돌 자체는 파괴되기 쉬우므로 축에 고정할 때 큰 힘을 주거나, 불균형에 의한 원심력은 고속회전을 할 때 숫돌에 많은 응력이 발생하여 파괴의 원인이 된다. 숫돌은 비교적 취약하므로 중심축으로 직접 지지하는 것은 위험하며 평탄한 숫돌 측면을 플랜지 (flange) 로 고정한다. 숫돌 측면과 플랜지 사이에는 두께 0.5 mm 이하의 압지 (押紙), 또는 고무와 같은 연한 패킹을 끼운다. 플랜지가 축에 접촉하는 부분은 압입 또는 키로써 고정하여 지석의 공전을 방지한다. 플랜지용 너트의 나사는 숫돌이 회전하는 방향을 따라 감겨야 한다.

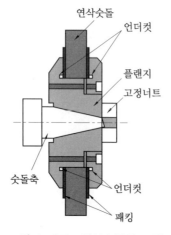

그림 6-271 연삭숫돌의 고정

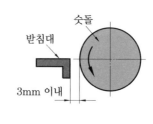

그림 6-272 받침대 간격

6-2 ● 연삭숫돌의 균형

 연삭숫돌의 균형을 잡는 것은 연삭작업의 정밀도를 높이고 숫돌의 파괴를 방지하여 안전한 작업을 하는 데 반드시 필요한 사항이다. 균형이 잡히지 않은 숫돌은 진동을 일으켜 가공면에 떨림 자리가 나타난다. 균형을 잡기 위하여는 밸런싱 머신(balancing machine) 또는 자동 밸런싱 머신에 숫돌을 장치하여 어떤 위치에서도 정지하도록 밸런싱 웨이트(balancing weight, 균형추)로 조정한다. 숫돌균형 조정장치는 대형 숫돌의 플랜지(flange)에 장치되어 있으며 균형추의 위치를 이동하여 숫돌의 균형을 잡는다. 균형추는 나사를 풀면 원형 홈을 따라 자유로히 움직일 수 있다.

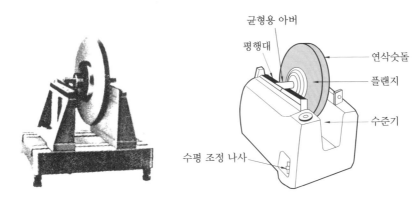

그림 6-273 연삭숫돌의 균형 조정기 및 구조

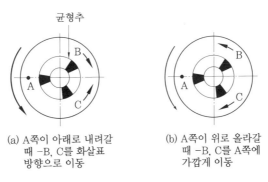

(a) A쪽이 아래로 내려갈 때 -B, C를 화살표 방향으로 이동

(b) A쪽이 위로 올라갈 때 -B, C를 A쪽에 가깝게 이동

그림 6-274 연삭숫돌의 균형추 조정

연삭숫돌의 균열 및 음향검사는 연삭숫돌의 외관을 살펴 균열의 유무를 확인한 후 나무나 플라스틱 해머로 연삭숫돌의 외주 부분을 가볍게 두들겨 그 울리는 소리로 균열의 여부를 판단한다. 숫돌의 회전검사는 숫돌을 약 3분간 공회전시켜 원심력에 의한 파괴 여부를 점검한다.

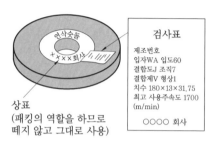

그림 6-275　연삭숫돌의 패킹 및 검사표

그림 6-276　연삭숫돌의 음향검사

7　연삭숫돌의 파괴 원인

연삭숫돌은 고속회전하여 위험이 매우 크므로 연삭작업 중 안전을 위해 다음 사항에 주의하여야 한다.

① 숫돌에 균열이 있는 경우
② 숫돌이 지나치게 고속으로 회전하는 경우
③ 숫돌을 고정할 때 불량해져 일부분을 과도하게 가압하는 경우
④ 숫돌과 공작물 또는 숫돌과 지지구 사이에 물건이 떨어져 끼워진 경우
⑤ 무거운 물체가 충돌한 경우
⑥ 숫돌의 측면을 공작물로 심하게 가압한 경우
⑦ 숫돌과 공작물 사이에 압력이 증가하여 열을 발생시키고 글래스 (glass) 화되는 경우 등이 있다.

이상과 같은 원인을 고려하여 작업을 하면 위험을 방지할 수 있다.

정밀 입자 가공

1 래핑 (lapping)

1-1 ● 래핑의 개요

래핑은 매끈한 표면을 가공하는 가공법으로, 마모현상을 응용한 정밀입자 가공의 한 예이다. 일반적으로 가공물과 랩(lap – 일반적으로 주철, 동, 단단한 나무 등) 사이에 미세한 분말상태의 랩제(lapping powder)와 윤활제를 넣어, 가공물에 압력을 가하면서 상대운동을 시켜 표면거칠기가 매우 우수한 가공면을 얻는 가공방법이다.

래핑에는 건식래핑과 습식래핑이 있으며, 건식은 랩제를 이용하는 방법으로 정밀 다듬질에 사용되고, 습식은 랩제와 래핑액을 공급하면서 가공하는 방식으로 거친 가공에 사용된다. 래핑은 절삭되는 양이 적고, 표면거칠기가 매우 우수하며, 광택이 있는 가공면을 얻을 수 있다. 래핑은 블록 게이지(block gauge), 한계 게이지(limit gauge), 플러그 게이지(plug gauge) 등의 측정기 측정면과 정밀기계 부품, 광학 렌즈 등의 다듬질용으로 쓰이며, 일반적으로 표면거칠기는 $0.0125 \sim 0.025 \, \mu m$ 정도이다.

[래핑의 장점]
  ① 가공면이 매끈한 유리면(mirror finish)을 얻을 수 있다.
  ② 정밀도가 우수한 제품을 가공할 수 있다.
  ③ 가공면은 윤활성 및 내마모성이 좋다.
  ④ 가공이 간단하고 대량 생산이 가능하다.
  ⑤ 평면도, 진원도, 직선도 등의 이상적인 기하학적 형상을 얻을 수 있다.

[래핑의 단점]
  ① 가공면에 랩제가 잔류하기 쉽고, 제품을 사용할 때 잔류한 랩제가 마모를 촉진한다.
  ② 고도의 정밀가공은 숙련이 필요하다.
  ③ 작업이 지저분하고 먼지가 많다.
  ④ 비산하는 랩제는 다른 기계나 가공물을 마모시킨다.

　습식법(wet method)은 랩제와 래핑액을 혼합하여 공작물에 주입하면서 가공하는 방법으로 래핑입자가 구르면서 연마되므로 다듬질면이 광택이 적은 면이 되고 래핑 능률이 높다. 사용용도는 초경질합금, 보석, 유리 등의 특수 재료에 사용된다.

　건식법(dry method)은 랩 표면에 래핑제를 넣고 건조 상태에서 래핑하는 방법으로 다듬질면은 광택이 있는 면으로 되며 게이지 블록 제작 등에 사용된다.

그림 6 - 277　래핑 머신

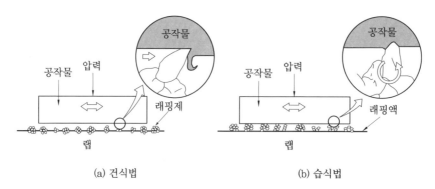

(a) 건식법　　　　　　　　　　　　　(b) 습식법

그림 6 - 278　래핑 방식

1-2 · 랩 재료

래핑에서 랩의 주요한 역할은 다음과 같다.

① 입자를 지지하여 입자와 공작물 사이에 상대운동을 시킴으로써 공작물을 가공한다.

② 랩의 정확한 형상을 공작물에 옮겨 그 치수, 정밀도를 높인다.

이 역할을 하기 위하여 다음과 같은 성질을 가져야 한다.

① 재료는 치밀하고 흠이나 불순물이 없을 것

② 입자를 지지하는 능력을 갖고 있을 것

③ 정확한 치수, 형상을 장기간 유지하여야 할 것

이와 같은 성능을 발휘하는 랩을 사용한다. 일반적인 공작물 재료에 대해서는 주철제 랩이 널리 사용되나 그 외에도 연강 또는 동합금, 알루미늄, 납 등의 비철금속 및 목재, 파이버(fiber) 등의 비금속 재료도 때때로 사용된다.

1-3 · 래핑입자와 래핑유

래핑은 결합상태로 된 래핑입자 또는 분리된 상태의 래핑입자에 따라 다르며 래핑입 자를 랩제(lapping power)라고도 한다. 가장 경도가 높은 것이 다이아몬드 분말로, 고가 이고 초경합금, 보석 등의 래핑에 사용되며, 특히 경화강의 래핑에 사용하면 좋은 가공 면을 얻을 수 있다.

인조 래핑입자로는 탄화붕소 (B_6C), 탄화규소 (SiC), 알루미나 (Al_2O_3) 가 있다. 탄화붕 소는 경도가 높아 다이아몬드 대용으로 공작물의 정밀가공에 사용된다. 가장 널리 사용 되는 것은 탄화규소이다.

산화크롬 (Cr_2O_3), 산화철 (Fe_2O_3) 도 사용되고, 입자의 크기는 #50~1000 이내가 사용 되며 가공면의 정밀도를 높이기 위해서는 작은 입자를 선택해야 한다. 입자로는 산화철 이 $0.3 \sim 1\mu$, 산화크롬이 $1 \sim 1.5\mu$ 정도이며 탄화규소, 산화철은 연한 금속 및 유리, 수정 등에 적합하고 알루미나는 강철에 산화크롬은 다듬질 래핑에 적합하다.

래핑유는 래핑입자를 섞어서 사용되는 것으로 입자를 지지함과 동시에 분리시키고 공 작물에 윤활을 주어 긁힘을 방지한다. 래핑유로는 석유, 물, 올리브유, 돈유, 벤졸 및 그 리스 (grease) 등이 사용된다.

1-4 · 래핑 작업조건

(1) 랩 속도

공작물과 래핑의 상대속도를 랩(lap) 속도라 한다. 습식법에서 속도는 랩제나 래핑유가 비산하지 않을 정도면 된다. 건식법에서는 속도가 너무 높으면 랩 과열이 되기 쉬우므로 주의하여야 한다. 대체적으로 속도는 50~80 m/min 가 많이 사용된다.

(2) 래핑 압력

랩 입자가 거칠면 압력을 높이게 되는데 압력이 너무 높으면 흠집이 쉽게 생기고, 또 너무 낮으면 광택이 나지 않는다. 일반적으로 습식압력은 $0.5 \, kg/cm^2$ 정도이고, 건식압력은 $1.0~1.5 \, kg/cm^2$ 정도이다.

1-5 · 랩 작업방식

랩 작업방식에는 수동작업에 의한 핸드 래핑과 기계작업에 의한 기계래핑이 있으며, 공작물의 형상이나 부품 종류에 따라 평면 래핑, 원통 래핑, 구면 래핑, 나사 래핑, 기어 래핑 등이 있다.

2 호닝 (honing)

2-1 · 호닝의 개요

호닝 머신은 정밀 보링 머신, 연삭기 등으로 가공한 공형내면, 외형표면 및 평면과 같은 가공표면을, 혼 (hone) 이라는 각봉상의 세립자로 만든 공구를 회전운동과 동시에 왕복운동을 시켜 공작물에 스프링 또는 유압으로 접촉시켜 매끈하게 정밀가공하는 기계이다.

호닝에 의하여 구멍 위치를 변경시킬 수 없어 혼의 중심선은 먼저 공정에서 가공된 구멍의 중심축을 따라야 한다. 혼의 절삭날과 가공면 사이의 동작은 호닝 머신과는 관계가 없고, 혼은 중심축에서 방사상으로 같은 압력에 의하여 벌어지며 압력이 높은 곳에는 많은 양을 깎아내므로 높은 부분, 테이퍼부, 원형이 일그러진 부분 등을 깎아내어 가공

한다. 따라서, 혼을 축방향으로 왕복운동을 시키는 동시에 회전시켜 작업하며 내연기관
이나 액압장치의 실린더 등을 다듬질하는 데 널리 사용된다.

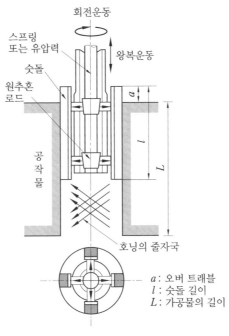

그림 6-279 호닝의 개념

2-2 • 호닝 숫돌

(1) 연삭입자와 결합제

연삭입자는 일반적으로 WA 또는 GC 를 사용하며 다이아몬드나 CBN 의 사용도 급격히
증가하고 있다. 이것은 가공물 재질에 따라 구분하여 사용해야 한다. 강·주강에는 WA,
주철·비금속에 대해서는 GC, 다이아몬드는 주철이나 초경합금, CNB 는 강압 가공 및
고속에 성능이 우수하므로 고경도의 경화강에 적합하다. 결합제는 비트리파이드
(vitrified)가 일반적이며, 다이아몬드 숫돌에서는 레지노이드(resinoid)가 많고, CBN 숫
돌은 레지노이드·비트리파이드가 사용된다.

(2) 입 도

표면 정밀도에 따라 거친 다듬질 가공에는 No.150 범위의 입도를 사용하고, 정밀 다듬
질용에는 No.30~500, 특수 초정밀 표면 다듬질 가공에는 No.800 이상의 입도가 사용
된다.

(3) 결합도

겹합도는 공작물의 재질, 작업조건에 따라 적당한 것을 선택하여야 한다. 열처리 경화된 강철에는 J~M, 연강에는 K~N, 주철 및 황동에는 J~N의 범위가 사용된다.

거친 가공에는 굳은 숫돌을, 다듬질 가공에는 무른 숫돌을 사용한다.

2-3 호닝 작업조건

(1) 호닝 속도

공작물의 표면을 통과하는 입자의 속도는 회전운동과 왕복운동의 합성이다. 축방향의 왕복속도는 $15 \sim 60 \, m/min$ 범위에서 이상적인 드레싱 작용을 얻도록 조절한다. 축방향의 왕복속도는 호닝 원주속도의 $\frac{1}{2} \sim \frac{1}{5}$ 정도로 하고, 원주방향과 입자의 운동방향의 각은 $10 \sim 30°$의 각을 이룬다.

(2) 호닝 압력

호닝 숫돌의 압력은 가공 표면상태와 밀접한 관계가 있다. 숫돌이 가공면에 모두 접촉되도록 하기 위하여 스프링 또는 유압을 사용하여 압력을 조정한다. 거칠은 호닝에는 $10 \sim 30 \, kg/cm^2$, 정밀 호닝에는 $5 \sim 20 \, kg/cm^2$ 정도로 한다. 숫돌의 길이는 가공할 구멍깊이의 $\frac{1}{2}$ 이하로 하고, 왕복운동 양단에서 숫돌 길이의 $\frac{1}{4}$ 정도 구멍에서 나올 때 정지한다.

(3) 호닝 연삭유

호닝유는 호닝 숫돌에 끼워진 칩을 제거하여 연삭력을 높이고 가공면의 표면거칠기를 양호하게 하며, 발생하는 열에 대한 억제 작용을 한다.

경유, 동·식물성유, 광유에 유황을 첨가한 혼합유를 사용한다. 연삭유 중의 칩 가루를 제거할 때는 자기에 의해 분리되는 자기 분리기(magnetic separator)를 사용하면 좋다.

3 액체 호닝 (liquid honing)

연삭입자를 액체와 혼합하여 약 $6 \, kg/cm^2$의 압축공기로써 고속도로 분사시켜 경화된 금속, 플라스틱, 고무 및 유리의 표면에 부딪치게 하여 다듬는 습식 정밀가공 방법이며, 무광택의 배 껍질 모양의 다듬질면을 얻는다. 공작액은 물이며 금속 표면에 녹이 발생하는 것을 방지하기 위하여 방청제를 혼합한다.

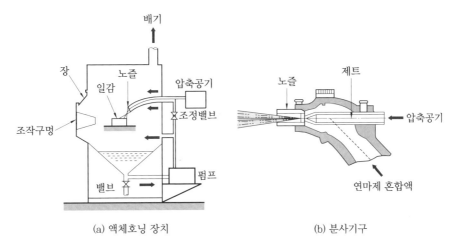

(a) 액체호닝 장치   (b) 분사기구

그림 6-280 액체 호닝의 분사기구와 그 장치

작업방법은 샌드 블라스팅(sand blasting)과 같으며 노즐과 공작물간의 거리는 60~80 mm 정도, 분사각도는 공작물 표면에 대하여 40~50° 정도가 표준이다.

액체 호닝을 하면 다음과 같은 장점이 있다.

① 가공 시간이 짧다.

② 공작물의 피로한도를 10 % 정도 향상시킬 수 있다.

③ 미세한 방향성이 있는 연삭선을 제거한다.

④ 형상이 복잡한 부품도 쉽게 다듬질할 수 있다.

⑤ 공작물 표면의 산화막이나 작은 거스러미를 제거할 수 있다.

4 슈퍼 피니싱 (super finishing)

4-1 • 슈퍼 피니싱의 개요

슈퍼 피니싱이란 입도(粒度)가 작고, 연한 숫돌에 작은 압력을 가하면서 가공물에 이송을 주고, 동시에 숫돌에 진동을 주어 표면거칠기를 좋게 하는 연삭가공 방법이다. 다듬질된 면은 평활하고 방향성이 없으며, 가공에 의한 표면 변질층이 극히 미세하다.

원통형 가공물의 외면 및 내면은 물론 평면까지도 정밀한 다듬질이 가능하다. 슈퍼 피니싱에 의한 가공면은 숫돌과 가공물의 접촉면적이 크기 때문에 매끈하며, 이송 자국이나 진동에 의한 변질층이 극히 적다. 정밀 롤러, 베어링레이스(bearing-race), 저널, 축의 베어링 접촉부, 각종 게이지의 초정밀 가공에 사용된다. 숫돌 폭은 가공물 지름의 60~70% 정도로 하며, 숫돌의 길이는 가공물 길이와 동일하게 하는 것이 일반적이다.

슈퍼 피니싱은 치수 정밀도보다는 고정도의 표면거칠기 가공을 목적으로 한다.

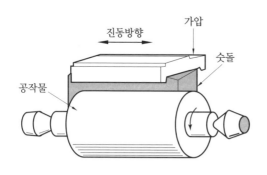

그림 6-281 슈퍼 피니싱의 개념도

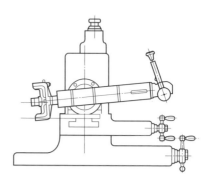

그림 6-282 선반용 슈퍼 피니싱 장치

4-2 • 숫돌 재료

숫돌 재료에는 Al_2O_3계와 SiC계가 사용되며, 인장강도가 적은 공작물에는 SiC 계, 인장강도 및 경도가 큰 공작물에는 Al_2O_3 계가 사용된다.

A 입자의 숫돌 : 탄소강, 특수강, 고속도강

C 입자의 숫돌 : 주철, 알루미늄, 황동, 청동

입자의 크기는 #400~#1000 범위에서 가공 표면 정밀도에 따라 결정한다. 결합제는 주로 비트리파이드를 사용하며 실리케이트(silicate) 또는 베이크라이트(bakelite)도 사용된다. 결합도는 H~M 범위로 하고 입자의 조직은 No.11 이상을 사용한다.

4-3 • 숫돌 압력

숫돌의 압력은 공작물 크기에 따라 숫돌의 소모량, 다듬 표면거칠기, 연삭액 등을 고려하여 선택한다. 숫돌에 가하는 압력은 $0.2 \sim 2.0 \, kg/cm^2$ 의 범위이며 연강, 주철은 $1.0 \, kg/cm^2$, 경화강은 $1.5 \sim 2.0 \, kg/cm^2$ 정도로 한다.

4-4 ● **공작물의 원주속도**

공작물의 표면에서는 상대속도는 15~18 m/min 정도이나 초기 가공속도는 5~10 m/min, 후기 가공속도는 15~30 m/min 정도로 한다. 한편 속도가 느리면 다듬질 능률은 좋아도 공작물 표면거칠기가 불량해진다.

4-5 ● **숫돌의 진동수와 진폭**

숫돌의 운동은 초기 가공에는 2~3 mm의 진폭에 진동수는 매초 10~500사이클, 후기 가공은 진폭이 3~5 mm 정도이고, 진동수는 매초 600~2500사이클 정도이나 일반적으로 소형 공작물은 1000~1200사이클, 대형 공작물은 500~600사이클 정도로 한다.

공작물의 원주속도와 숫돌의 진동수는 입자의 궤적과 공작물의 원주방향이 형성하는 최대 교차각 30~60°를 기준으로 한다.

4-6 ● **연삭유**

슈퍼 피니싱은 숫돌압력이 작고 연삭속도가 느려 발열이 작기 때문에 연삭유는 연삭 작업에서 요구되는 냉각작용 대신에 숫돌면의 세척작용과 함께 숫돌과 공작물 사이의 윤활작용이 중요하다. 일반적으로 연삭제로는 석유, 경유를 사용하며 작업성질에 따라 기계유를 10~30 % 정도 혼합하여 사용하기도 한다. 슈퍼 피니싱 할 공작물은 전가공에서 가능한 한 정밀도를 높여 비교적 적은 양을 가공하는 것이 능률적이다.

5   폴리싱과 버핑 (polishing and buffing)

폴리싱 (polishing) 이라는 것은 목재, 피혁, 캔버스, 직물 등 탄력성이 있는 재료로 된 바퀴 표면에 부착시킨 미세한 연삭입자로써 연삭작용을 하게 하여 버핑하기 전에 다듬는 방법이다.

버핑 (buffing) 이라 함은 모, 면, 직물 등으로 원반을 만들어 이것들을 여러 겹으로 붙이거나 재봉으로 누비고 또는 나사못으로 겹쳐서 폴리싱 또는 버핑 바퀴를 만들고 이것에 윤활제를 섞은 미세한 연삭입자의 연삭작용으로 공작물 표면을 매끈하게 하여 광택이 나게 하는 작업이다. 바퀴의 지름은 25~600 mm 정도로 한다.

버핑은 주로 식기, 가정용품, 실내 장식품 등 치수의 정밀도보다 미려한 외관이 중요시되는 부분에 사용된다.

버핑에 사용되는 입자를 버핑 연마제라고 하며 Al_2O_3, SiC, Cr_2O_3 등의 미세입자를 사용한다. 폴리싱과 버핑의 속도는 2300 m/min 정도이나 바퀴 마모를 고려하여 1500 m/min 정도로 한다.

버핑에 관여하는 3요소는 연삭입자, 유지 및 그 지지물인 직물이다. 연삭입자와 유지를 혼합하여 봉상으로 만든 것을 콤파운드(compound)라고 한다. 콤파운드는 주로 버핑 작업에 사용되며 신속한 버핑작업을 위해서는 경도가 큰 입자를 사용한다.

버프에 대한 압력은 버프의 종류, 공작물 재질, 다듬질 정도 등에 따라 다르다.

특수가공

1 초음파 가공 (ultrasonic machining)

초음파 가공은 초음파를 이용한 전기적 에너지를 기계적인 에너지로 변환시켜 금속, 비금속 등의 재료에 관계없이 정밀가공을 하는 방법이다. 기계적 에너지로 진동을 하는 공구와 가공물 사이에 연삭입자와 가공액을 주입하고 작은 압력으로 공구에 초음파 진동을 주어 유리, 세라믹, 다이아몬드, 수정 등 소성변형 없이 취성이 큰 재료를 가공할 수 있는 가공방법이다. 초음파에 의한 진동자의 진동수는 16~30kHz/s 정도이며, 진동자의 진폭은 수 μm 정도로 아주 미세하지만, 콘(cone)에서 혼(hone)으로 전달될 때 증폭되어 30~40μm 정도의 크기로 공구에 진동되어 입자에 충격을 주고, 입자는 가공물을 연속적인 해머작용으로 가공한다.

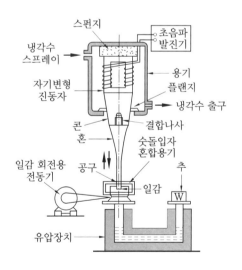

그림 6-283 초음파 가공기의 구성

[초음파 가공의 특징]
① 구멍을 가공하기 쉽다.
② 복잡한 형상도 쉽게 가공할 수 있다.

③ 부도체도 가공할 수 있다.

④ 가공재료의 제한이 매우 적다.

⑤ 가공물체에 가공변형이 남지 않는다.

⑥ 간단한 조작으로 고도의 숙련을 요하지 않는다.

⑦ 공구 외에는 거의 마모부품이 없다.

초음파 가공용 랩제로는 Al_2O_3, SiC 등은 유리나 강철 가공에 사용되고, 경질합금 및 보석에는 탄화붕소가 사용된다. 입자의 크기는 #200~#600 정도가 사용되고 재료에 따라 다르다. 이것을 물, 기름, 석유와 혼합하여 사용한다.

2 방전가공 (EDM : electric discharge machining)

2-1 • 개 요

방전가공은 전극에 의해 가공되는 방전가공과 와이어에 의하여 가공되는 와이어 컷 방전가공으로 분류한다.

방전가공은 전극과 가공물 사이에 전기를 통전시켜, 방전현상의 열에너지를 이용하여 가공물을 용융 증발시켜 가공을 진행하는 비접촉식 가공방법이다. 전극과 가공물을 절연성의 가공액 중에 일정한 간격을 유지시켜 아크(arc) 열에 의하여 전극의 형상으로 가공하는 방법이다.

[방전가공의 특징]

방전가공은 절삭이나 연삭과는 일반적으로 다음과 같은 다른 특징을 갖고 있다.

① 가공물의 경도와 관계없이 가공이 가능하다.

② 무인가공이 가능하며 고도의 숙련을 요하지 않는다.

③ 진극의 형상대로 정밀하게 가공할 수 있다.

④ 전극 및 가공물에 큰 힘이 가해지지 않는다.

⑤ 전극은 구리나 흑연 등의 연한 재료를 사용하므로 가공이 쉽다.

⑥ 전극이 필요하고 가공부분에 변질층이 남는다.

2-2 • 방전기의 구조

방전 가공기는 본체, 전원, 가공액 공급장치의 3가지로 구성되어 있다.

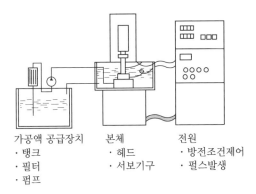

가공액 공급장치	본체	전원
• 탱크	• 헤드	• 방전조건제어
• 필터	• 서보기구	• 펄스발생
• 펌프		

그림 6-284 방전 가공기의 구조

(1) 본 체

본체는 실제로 방전가공을 하는 부분이며 다음과 같이 구성된다.

① 헤드 : 전극을 붙이는 부분이고 서보기구에 의해 상하로 작동한다. 이에 따라 전극의 최대 중량이 결정된다.

② 서보기구 : 전극과 공작물의 간극을 최적으로 유지하기 위한 기구이고 유압서보, 펄스모터(pulse motor) 등이 쓰인다.

③ 가공탱크 : 그 속에 공작물을 넣고 가공액을 채워 가공한다. 공작물 크기는 이 탱크의 크기로 결정한다.

④ 테이블 : 가공탱크와 동시에 공작물을 전후좌우로 이동시키고 이동량은 이 테이블의 이동으로 결정된다.

(2) 전 원

전원부는 방전용 전류의 제어와 서보제어를 합친 것이다. 이 부분에서 가공조건을 설정하지만 기계에 따라 최적조건에서의 자동제어 등 여러 가지 기능이 부가되어 있다.

(3) 가공액 공급장치

가공액 공급장치는 탱크, 필터, 펌프 등으로 구성된다. 탱크 내에 채워진 가공액을 펌프로써 본체 탱크에 보내고 순환시킨다. 가공에 따라 생긴 가공칩은 탱크 내에 침전됨과 동시에 필터로 여과시킨다.

2-3 • 방전가공의 원리

가공 전극과 공작물을 가공액 속에서 0.04~
0.05 mm 의 간격으로 유지하고 약 100V의
전압을 공급하면 전극과 공작물 사이의 거리
가 서서히 좁혀진다. 전극과 공작물의 표면
은 완전히 평활한 것이 아니고 요철이 많기
때문에 간극을 줄여가면 간극의 한 점에서
절연이 깨지며 절연액을 이온화시켜 스파크
방전이 발생한다. 스파크의 온도는 약 500
0℃이고 스파크가 발생한 방전점에서는 공

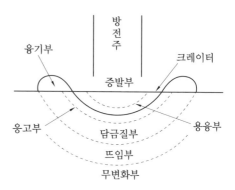

그림 6-285 방전가공의 원리

작물이 녹거나 증발하여 크레이터를 생성한다. 이때의 방전점을 수직방향에서 그림 6-
285와 같이 표면에는 공작물의 용융층과 열변형층이 형성된다. 용융부의 밑부분도 가열
되므로 철강의 경우는 담금질층, 뜨임층이 생긴다. 이와 같은 크레이터가 중복된 것이
방전 가공면이며 성질은 기계 가공면과 현저하게 다르다.

2-4 • 방전 방식

(1) RC 회로

그림 6-286은 RC 회로를 표시하고 있다. 그림에서 직류전원에 접속하는 가변저항 R
을 거쳐 C 의 콘덴서를 충전하고 콘덴서의 단자전압은 그림 6-287 (a)와 같이 상승하여
EW 간의 절연파괴 전압에 달하면 공작물을 + 극, 공구를 - 극으로 하고 방전을 시작한
다. 저항 R 은 비교적 크게 선정했으므로 곧 방전은 끝나고 콘덴서의 충전이 시작되며
이를 반복한다.

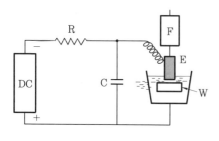

그림 6-286 RC 회로

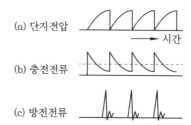

그림 6-287 축전기법에서의 전류의 경과

이때 콘덴서의 충전전류, 방전전류는 그림 6-287 (b), (c)처럼 된다. 가공이 진행됨에 따라서 공작물에 구멍이 뚫어지지만 이때 + 극과 - 극의 사이가 항상 일정한 틈새를 유지하도록 급송기구 F에 의해 공구(가공전극)를 급송한다.

공작물은 액조 속에 담겨 냉각되고 칩의 미립이 가공부에서 제거되기 쉽게 되어 있다. 공작액으로는 석유, 등유 또는 물이나 비눗물이 사용된다.

(2) RLC 회로

RC 회로를 개량한 것이 RLC 회로이며 지속 아크가 되지 않고 아크가 단절하기 때문에 빠른 충전이 되므로 그림 6-288과 같은 조도로 빠른 가공속도를 얻을 수 있다. 방전회로에 인덕턴스 L을 추가한 RLC 회로는 펄스폭이 늘어나므로 가공속도가 증가하고 전극의 소모가 작아지는 이점이 있다. 직류회로에 R을 넣는 대신에 교류회로(변압기와 정류기의 사이)에 L, C를 넣고 임피던스로 하는 것도 동일하게 유효하며 무저항 회로, Z 회로 등이라고 부르고 있다.

(3) 임펄스 발전기 회로

단극성의 임펄스를 발생하는 특수 발전기 또는 단상 고주파 발전기를 반파정류(半波整流)하여 극 사이에 부여하면 임펄스가 있을 때마다 방전이 일어난다.

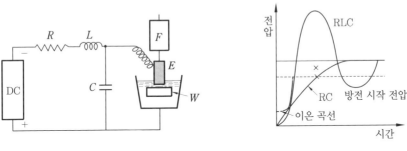

| 그림 6-288 RLC 회로 | 그림 6-289 충전 곡선 |

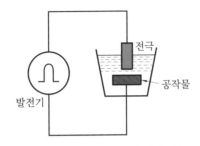

그림 6-290 임펄스 발전기 회로

2-5 • 전극 재료

전극재료를 선정할 때에는 가공의 난이성, 가격, 방전특성 (방전가공의 안정성, 가공 속도 및 표면조도 등), 소모량, 기능의 용이 등을 고려해서 결정한다. 동은 전극 저소모 전원이 보급됨에 따라 사용량이 급속히 증가하고 있다. 동 전극은 풀림재를 사용하면 피로에 대해서 유리하고 성형할 경우도 풀림한 쪽이 좋다. 동은 절삭 및 연삭성이 나쁜 결점 때문에, 특히 연삭가공은 불가능에 가깝다.

그래파이트 (graphite, 흑연) 는 방전 가공용 전극재료로 대단히 우수하여 서양에서는 전극재료의 80~90 %를 차지하고 있다.

그래파이트는 흑연의 입도, 기공률 (간극이 적을수록 좋다), 첨가물의 종류와 양 등에 따라 방전특성, 특히 소모량이 크게 변하기 때문에 전극용으로 질이 좋은 것을 선정할 필요가 있다. 동 텅스텐 및 은 텅스텐은 유효 소모영역에서는 전극소모가 적다. 연삭성 도 비교적 좋기 때문에 정밀소형금형 및 초경합금의 가공에는 필수 재료이다.

이 재료는 전극재료로서 대단히 우수하지만 가격이 고가라는 단점이 있다. 금형 자체 가 고가인 정밀 소형물 이외에는 사용하지 않는다.

황동은 가공이 용이해서 가격이 저렴하고 구입도 용이하지만 전극소모가 많아 관통구 멍을 가공할 때 일부 사용할 뿐 최근 그 사용량이 매우 적다. 그러나 와이어 방전 가공기 의 경우는 와이어를 서서히 이송시켜 가공을 하기 때문에 소모량이 적어 주요 재료가 되고 있다.

방전가공에 사용되는 전극재료의 특징은 표 6-49와 같다.

표 6-49 전극재료의 특징

재질	장점	단점	가격	용도
동	• 고정도의 방전가공이 가능하다. • 전극소모가 적다. • 소성가공 및 전주로써 전극을 가공한다. • 구입하기 쉽다.	• 절삭 및 연삭이 곤란하다. • 비중이 높고 전극 중량이 무겁다.	저렴	일반용
그래파이트	• 절삭, 연삭가공이 쉽다. • 전극소모가 적다. • 방전가공의 가공속도가 빠르다. • 가볍다.	• 절삭 및 연삭시 분말가루가 날린다. • 취약하고 깨진다. • 구입하기가 어렵다. • 방전가공의 다듬질 면이 나쁘다.	저렴	일반용

Cu–W Ag–W	• 연삭성이 좋다. • 소모가 적다.	• 가격이 비싸다. • 구입이 어렵다. • 소재의 현상이 한정된다.	고가	정밀금형 초경합금 펀치와 전극 동시 연삭
황동	• 절삭성이 좋다.	• 소모가 심하다.	저렴	관통구멍 외에는 사용하지 않는다.

3 전해연마 (electrolytic polishing)

전기도금의 반대현상으로 가공물을 양극(+), 전기저항이 적은 구리, 아연 등을 음극(−)으로 연결하고, 전해액 속에서 1 A/cm^2 정도의 전기를 통하면 전기에 의한 화학적인 작용으로 가공물의 표면이 용출되어 필요한 형상으로 가공되는 방법을 전해연마라 한다.

전해액은 과염소산($HClO_4$), 황산(H_2SO_4), 인산(H_3PO_4), 질산(HNO_3) 등이 쓰인다.

점성을 높이기 위하여 젤라틴, 글리세린 등 유기물을 첨가하는 경우도 있다. 철 금속은 전해연마가 어렵고, 구리와 구리합금은 쉽게 가공된다. 전해연마는 치수 형상의 정밀도보다는 얇은 가공물의 다듬질이나 기계로 연마할 수 없는 형상의 가공에 적합하다.

[전해연마의 특징]

① 가공 변질층이 나타나지 않으므로 평활한 면을 얻을 수 있다.

② 복잡한 형상의 연마도 할 수 있다.

③ 가공면에는 방향성이 없다.

④ 내마모성, 내부식성이 향상된다.

⑤ 연질의 금속, 알루미늄, 동, 황동, 청동, 코발트, 크롬, 탄소강, 니켈 등도 쉽게 연마할 수 있다.

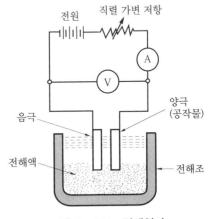

그림 6-291 전해연마

전해연마의 중요한 용도로는 표면 완성 가공에는 바늘, 주사침 등, 광택과 내식성 증가로는 식기, 장식품, 카메라 부속 등이, 피막 제거와 표면처리는 나사, 스프링, 압연 및 단조물이, 절삭 또는 연삭된 표면거칠기의 개선에는 시계용 기어의 표면, 베어링 표면 등이 주요 용도이다.

4 전해연삭 (electrolytic grinding)

전해연삭은 전해가공(EDM)과 유사하다. 전해가공은 비접촉식이고, 전해연삭은 연삭 숫돌에 의한 접촉방식이다. 전해작용과 기계적인 연삭가공을 복합시킨 가공방법이다. 전해연삭은 가공속도가 빠르고, 숫돌의 소모가 적으며 가공면이 연삭가공 면보다 우수 하다. 전자 현미경의 시편가공, 반도체 가공에도 적용한다. 전해연삭은 평면 및 원통, 내면가공을 할 수 있으며, 가공 변질층 및 표면거칠기가 우수하여 매우 능률적인 가공방 법이다.

전극으로는 주철, 강철, 동, 황동, 흑연 등을 그대로 사용하거나, 황동이나 동 원판에 다이아몬드 입자를 단층으로 매입한 것을 사용한다. 평면, 원통 및 내면 연삭도 할 수 있으며 초경합금과 같은 경질 재료, 열에 민감한 재료를 가공하는 데 적합하며, 가공변질 및 표면거칠기가 적으므로 매우 능률적인 연삭방법이다. 가공조건으로 접촉압력은 2~3 kg /cm^2 정도이며, 접촉압력이 높으면 가공속도는 증가하지만 입자의 탈락으로 전극의 소모가 크다.

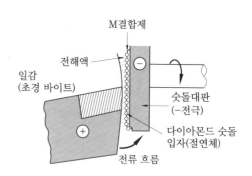

그림 6 - 292 전해연삭

5 화학연마 (chemical polishing)

산 (酸) 으로 세척하는 것과 유사한 방법으로 적당한 약물 중에 가공물을 담그고 가열 하여 화학반응을 촉진시킴으로써 금속표면에 광택을 얻는 작업이다. 전해연마가 전기 에너지를 이용한 데 비하여 화학연마는 열에너지를 이용한 것이다.

따라서, 화학반응은 온도에 많이 좌우되며 이 화학연마는 높은 온도에서 진행되는 것 이 일반적이다. 작업이 끝나면 가공물은 바로 물로 씻어야 하며, 수분을 제거하여 가공 물에 녹이 나지 않도록 한다.

화학연마의 장·단점을 들면

① 전기적 장치는 필요 없고 탱크와 화학용액이 필요하다.

② 짧은 시간에 광택이 두드러진 면을 얻을 수 있다.

③ 동시에 많은 것이 처리될 수 있다.

④ 유해가스가 발생하므로 배기장치가 필요하다.

⑤ 재료의 조직이 균일하여야 한다.

⑥ 연마조건을 일정하게 유지하기 어렵고 물품에 얼룩이 생기기 쉽다.

6 숏 피닝 (shot peening)

샌드 블라스팅(sand blasting)의 모래, 그릿 블라스팅(grit blasting)의 그릿(grit) 대신에 숏(shot)이라고 하는 작은 금속 덩어리를 압축 공기나 원심력을 이용하여 가공물의 표면에 분사시켜, 가공물의 표면을 다듬질하고 동시에 피로강도(fatigue strength) 및 기계적 성질을 개선하는 작업을 숏 피닝이라고 하며, 그 효과를 피닝효과(peening strength)라고 한다.

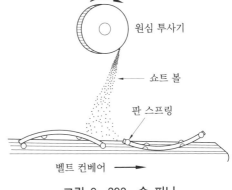

그림 6-293 숏 피닝

숏이 금속 가공물의 표면에 투사될 때 그 한 개 한 개가 작은 해머로 작용하여 가공물 표면에 타격을 주고 금속표면에서 0.05~0.01inch 이내 층에 인장항복점 이상의 외력을 가하게 되어 소성변형을 일으킨다. 즉, 표면층은 숏의 해머작용으로 신장된다. 그러나 재료 내부는 해머작용의 영향을 받지 않아 가공물 표면에 잔류압축 응력이 생기게 되어 경도가 커진다.

숏 피닝의 장점은 반복하중에 대한 피로파괴(fatigue failure)의 저항이 크기 때문에 각종 스프링에 널리 사용된다. 두께가 큰 재료에는 효과가 적고, 또 부적당한 숏 피닝은 연성을 감소시켜 균열의 원인이 된다. 숏의 재질은 냉강주철, 주강 또는 강철 등으로서 대부분 환형(丸形)으로 지름 0.006~0.16 inch 정도의 범위로 제작된다.

7 버니싱(burnishing)과 롤러(roller) 가공

버니싱은 1차로 가공된 가공물의 안지름보다 다소 큰 강구(steel ball)를 압입하여 통과시켜서 가공물의 표면을 소성변형시켜 가공하는 방법이다.

1차 가공에서 발생한 가공 자국, 긁힘(scratch), 흔적, 패인 곳(pit) 등을 제거하여 표면 거칠기가 우수하고 정밀도 및 피로한도가 높으며, 기계적 성질과 부식저항도 증가한다. 가공물이 알루미늄, 알루미늄 합금, 구리, 구리 합금 등 연질일 경우는 강구를 사용하며, 가공물이 강일 때에는 초경합금 볼을 사용한다.

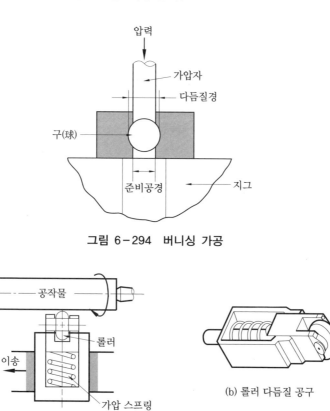

압력
가압자
다듬질경
구(球)
준비공경
지그

그림 6-294 버니싱 가공

공작물
롤러
이송
가압 스프링
(a) 롤러 다듬질 방법
(b) 롤러 다듬질 공구

그림 6-295 롤러 가공

선반이나 일반 공작기계에서 가공한 표면에는 절삭공구의 이송자국, 뜯긴 자국 등이 나타난다. 이러한 표면을 롤러를 이용하여 매끈하게 가공하는 방법을 롤러가공이라고 한다. 주로 원통형 저널(journal)을 가공하는 데 이용되며 베어링 면으로서의 성능을 향상시키고 피로에 대하여도 효과가 크다.

8 배럴 (barral) 가공과 텀블링

배럴상자 속에 가공물과 가공액, 미디어, 콤파운드 등을 함께 넣고 회전시키면 가공물과 미디어가 충돌하면서 표면의 요철(凹凸)이 제거되어 매끈한 가공면을 얻게 된다. 이를 배럴가공(barrel finishing)이라 한다.

배럴방법에는 회전배럴, 원심배럴, 진동배럴 등이 있다. 배럴가공이 가능한 재료로는 주철, 강, 동, 동합금, 알루미늄, 경합금 등의 금속재료 이외에 파이버(fiver), 베크라이트(bakelite), 플라스틱, 목재 등의 비금속재료도 사용된다.

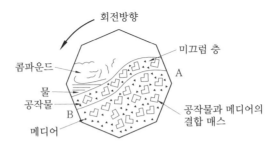

그림 6-296 배럴가공의 원리

[배럴가공의 장점]

① 금속재료와 비금속재료에 관계없이 가공할 수 있다.
② 형상이 복잡한 제품이라도 각부를 동시에 가공할 수 있다.
③ 다량의 제품이라도 한 번에 품질이 일정하게 작업할 수 있다.
④ 작업이 간단하고 기계설비가 저렴하다.

텀블링 (tumbling) 은 텀블러 (tumbler) 안에 주조품 또는 단조품을 넣고 회전시켜 주물귀, 그 밖에 불필요한 돌기 부분을 제거하는 목적으로 사용되며 가공품의 정밀도, 가공면의 표면 정밀도는 배럴 다듬질 (barrel finishing)보다는 저하된다.

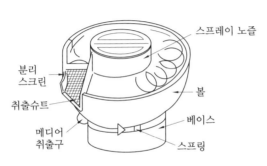

그림 6-297 회전배럴 가공

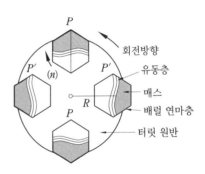

그림 6-298 원심배럴 가공

9 　전조(轉造)

9-1 ● 개 요

공작물 또는 공구를 회전시켜 소성가공하는 것을 전조가공이라 한다. 나사 전조는 열
처리 경화된 전조 다이 표면에 전조할 나사와 같은 피치를 가진 나사선으로 소재의 표면
을 눌러 소재를 회전시키면 표면이 소성변형되어 다이의 높은 부분에 눌린 곳은 오목하
게 패이며 나사의 홈이 형성된다. 전조된 나사 표면은 소성변형으로 충격에 강하며 인장
강도 및 피로강도가 증가한다.

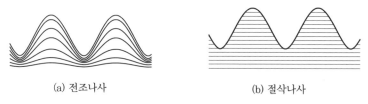

(a) 전조나사　　　　　　　　　(b) 절삭나사

그림 6 - 299　전조나사와 절삭나사

9-2 ● 전조의 종류

(1) 평판다이 (flat die)

평판다이는 한 쌍의 다이 중 하나를 왕복운동하는 램(ram)에 설치하고, 고정된 다이와
평행으로 수동 또는 자동으로 왕복운동을 시켜서 나사를 전조한다. 평판다이는 비교적
간단하고 가는 나사를 대량 생산하는 데 적합하며, 바깥지름이 10 mm 이하인 나사 전조
에 사용된다.

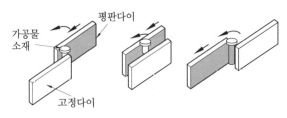

평판다이

가공물
소재

고정다이

그림 6 - 300　평판다이

(2) 2개의 원통다이

2개의 원통다이는 회전식 전조기에서 나사를 전조하는 데 사용된다. 2개의 원통다이
는 평행 수평축에서 같은 주기로 회전하며 간격을 조절한다.

소재는 회전다이 사이에 위치한 경화된 공작물 지지대에 올려놓고, 다이의 접근 사이 클이 끝나 전조가 완료되어 유압식 자동 조절장치의 유압작동이 정지하면 가공된 나사를 뽑아낸다.

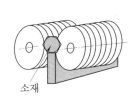

그림 6-301 2개의 원통다이

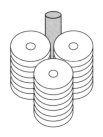

그림 6-302 3개의 원통다이

(3) 3개의 원통다이

3개의 원통다이는 회전 전조기에 사용된다. 다이는 평행 축에서 미리 정해진 속도로 주기적으로 회전한다. 그리고 다이의 회전축은 캠 장치로 접근 또는 후퇴작용을 교대로 하게 된다. 소재는 3개의 다이 사이에 넣고 일정 속도로 회전하는 다이를 접근시켜 나사산을 전조하고 가공이 끝나면 다이가 분리되어 후퇴할 때 뽑아낸다.

9-3 • 기어 전조

기어는 대부분 절삭 및 연삭가공으로 제작된다. 최근에는 나사와 같은 방식으로 기어도 전조법을 사용하여 기어의 치형을 만든다.

전조 기어는 전조 나사와 같은 특징을 갖고 또 재료도 절약되며, 결정조직이 치밀하고 연속적인 섬유조직을 갖는 강력한 재질로 제작된다. 작은 기어는 냉간가공을 하고, 대형기어 및 경도가 큰 재료는 열간가공을 한다.

소재를 가열하기 위해서는 고주파 전원을 이용하고, 짧은 시간에 가공하려면 소재를 회전시키면서 치형 부분만 가열하는 방법을 이용한다.

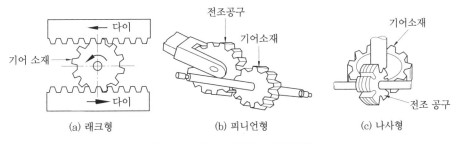

그림 6-303 기어의 전조방식

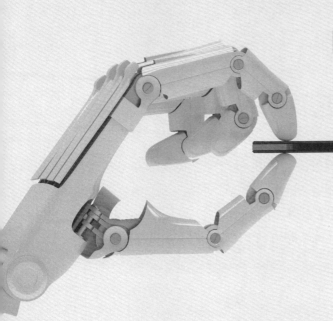

Part 07

CNC
공작기계

NC 공작기계

1 NC 공작기계의 개요

NC란 Numerical Control 의 약자로 수치제어를 뜻하며, 숫자나 기호로서 구성된 정보를 이용하여 기계의 운전을 자동제어하는 것을 말한다. 즉 NC 파트 프로그램을 컴퓨터 또는 수동 펀칭기를 사용해 NC 테이프에 천공하여, NC 테이프의 수치정보를 정보처리 회로에서 읽어 지령 펄스열로 변환하고, 이 지령 펄스에 따라 서보기구를 작동시켜 NC 기계가 자동적으로 가동하도록 한 것이다.

1-1 • NC 의 역사

제 2 차 세계대전 후 미국인 존 파슨스 (John Parsons) 가 헬리콥터 날개를 제작하던 중에 착상하여 기초연구를 시작하였다. 이후 1940년에는 MIT 가 연구에 참가하여 약 3 년간의 연구 끝에 세계 최초로 NC 밀링 머신을 세상에 공개하였다. 이와 같이 만들어진 NC 공작기계는 NC 장치의 발달, 즉 전자분야의 발달과 더불어 급속한 발전을 거듭하게 되었다.

그림 7 – 1은 NC 장치의 발달과정을 나타낸 것이다.

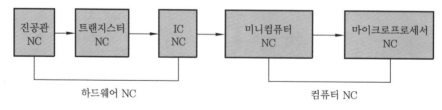

그림 7-1 NC 장치의 발달과정

NC 의 발달과정을 5단계로 분류하면 다음과 같다.
- 제 1 단계 : 공작기계 1대를 NC 1대로 단순제어하는 단계 (NC)
- 제 2 단계 : 공작기계 1대를 NC 1대로 제어하는 복합기능 수행단계 (CNC)

- 제3단계 : 여러 대의 공작기계를 컴퓨터 1대로 제어하는 단계 (DNC)
- 제4단계 : 여러 대의 공작기계를 컴퓨터 1대로 제어하는 생산관리 수행단계 (FMC)
- 제5단계 : 여러 대의 공작기계를 컴퓨터 1대로 제어하며 FMS를 포함한 무인화 단계 (CIMS)

2   NC의 구성

2-1 • NC 시스템

그림 7-2는 NC 시스템의 전체적인 구성을 나타낸 것이다. NC 시스템은 크게 하드웨어(hardware) 부분과 소프트웨어(software) 부분으로 이루어져 있다.

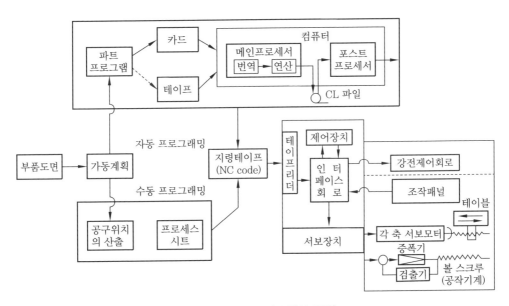

그림 7-2 NC 시스템의 구성

하드웨어 부분은 공작기계 본체와 제어장치, 주변장치 등의 구성부품을 말하며 일반적으로 본체와 서보 (servo) 기구, 검출기구, 제어용 컴퓨터, 인터페이스 (interface) 회로 등이 해당된다.

소프트웨어 부분은 NC 공작기계를 운전하기 위하여 필요로 하는 NC 테이프의 작성에 관한 모든 사항을 포함하며, 일반적으로 프로그래밍 기술과 자동 프로그래밍의 컴퓨터

시스템을 말한다. 즉, 소프트웨어란 부품의 가공도면을 NC 장치가 이해할 수 있는 내용으로 변환시키는 과정을 말하며 보통 NC 테이프, 플로피 디스크(floppy disk) 및 단말장치를 사용한다.

(1) 부품 도면

설계된 도면이 기계가공을 하기 위하여 현장에서 넘어온 설계도를 말한다.

(2) 가공 계획

부품도면이 가공하는 범위와 파트 프로그래밍 및 NC 가공하기 위하여 가공계획을 세운다.

(3) 파트 프로그래밍

NC 기계를 운전하려면 부품도면을 NC 기계가 알 수 있도록 정보를 제공하여야 하는데 수동 프로그래밍과 자동 프로그래밍의 2가지 방법이 있다.

(4) 지령 테이프(NC tape)

프로그래밍한 것을 NC 기계에 입력시키기 위한 하나의 수단으로서 일종의 종이테이프이다. 지령 테이프에는 공구의 경로, 이송속도, 기타 보조기능 등이 코드화되어 천공된다.

(5) 컨트롤러(controller, 정보처리회로)

컨트롤러는 NC 테이프에 기록된 언어(정보)를 받아서 펄스화시킨다. 이 펄스화된 정보는 서보기구에 전달되어 여러 가지의 제어 역할을 한다.

(6) 서보기구와 서보모터(servo unit and moter)

마이크로컴퓨터에서 번역 연산된 정보는 인터페이스 회로를 거쳐 펄스화되고 이 펄스화된 정보는 다시 서보기구에 전달되어 서보모터를 작동시킨다. 서보모터는 펄스에 의한 각각의 지령에 대응하며 회전운동을 한다.

(7) 볼 스크루(ball screw)

볼 스크루는 서보모터에 연결되어 있어 서보모터의 회전운동을 받아 NC 기계의 테이블을 직선 운동시키는 일종의 나사이다.

(8) 리졸버(resolver)

NC 기계의 움직임을 전기적인 신호로 표시하는 일종의 회전 피드백 장치이다.
그림 7-3은 NC 공작기계의 구성을 나타낸 것이다.

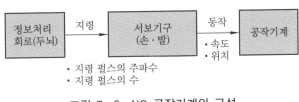

그림 7-3 NC 공작기계의 구성

그림 7-3에서 보는 바와 같이 NC 공작기계에서는 범용 공작기계에서 사람의 두뇌가 하던 일을 정보처리회로에서 하며, 사람의 손발이 하던 일을 서보기구가 수행한다. 즉, 일반 범용 공작기계에 정보처리회로와 서보기구를 결합시킨 것이 NC 공작기계이다.

표 7-1 CNC의 RAM과 ROM

종류	사용 메모리	용도	비고
소프트 가변형	코어 메모리 또는 RAM	전용기 특수 용도에 적당	소프트 변경으로 NC 기능 변경이 가능
소프트 고정형	ROM	표준기에 적당	소프트 변경으로 NC 기능 변경이 불가능

2-3 DNC

DNC란 분배 수치제어(distributed numerical control)의 약어로 CAD/CAM 시스템과 CNC 기계를 근거리 통신망(LAN : local area network)으로 연결하여 1대의 컴퓨터에서 여러 대의 CNC 공작기계에 데이터를 분배하여 전송함으로써 동시에 운전할 수 있는 방식을 말한다. 또한 직접 수치제어(direct numerical control)의 약어로 컴퓨터에서 작성한 프로그램을 CNC 기계에 내장되어 있는 메모리를 이용하지 않고, 컴퓨터와 기계를 외부 통신기기로 연결하여 프로그램을 송수신하며 가공하는 방식을 말한다.

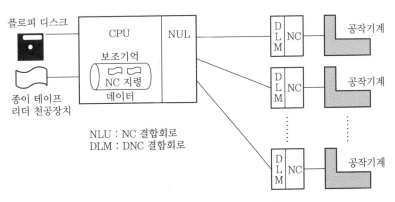

그림 7-4 DNC 시스템의 구성

2-4 • FMS

　FMS란 CNC 공작기계와 핸들링 로봇(robot), 재료 자동공급 장치(APC : automatic pallet changer), 공구 자동교환 장치(ATC : automatic tool changer), 무인운반(AGV : automatic guided vehicle) 시스템을 갖추고 있으며 제품을 셀과 셀에 자동으로 이송 및 공급하는 장치를 말한다. 또한 자동화된 창고 등을 갖추고 있는 제조공정을 중앙 컴퓨터에서 제어하는 유연생산시스템(FMS : flexible manufacturing system)을 말한다.

2-5 • CNC 의 경제성

　CNC 공작기계는 일반적으로 다품종 소량생산 및 항공기 부품과 같이 복잡한 형상의 부품가공에 유리하다.

(1) 다품종 소량생산의 경우

　1개의 포트에 대한 제품 수량이 적은 경우 범용 공작기계의 초기비용은 적게 소요되지만 생산수량이 증가함에 따라서 생산비용이 급격히 증가하게 되고, 전용기계의 경우는 초기비용은 많지만 생산수량이 증가하여도 생산비용이 완만하게 증가한다.

　따라서, 대량생산에는 전용기계를 사용하는 것이 적당하다. 일반적으로 CNC 공작기계의 경우는 소량 및 중량 정도의 생산에 적당하며 1로트의 수량이 20개 정도인 소량생산에 적합하다. 그러나 최근에는 자동차 부품 등과 같은 대량생산에도 CNC 공작기계가 주로 사용되고 있다.

(2) 복잡한 부품 생산의 경우

　다음 그림 7 – 5 에서와 같이 CNC 공작기계는 복잡한 형상의 부품가공에 유리하다. 특히, 3차원 형상의 복잡한 가공에는 NC 의 영역이 앞으로 더 증가할 것으로 예상된다.

(3) CNC 공작기계의 경제성 평가방법

　CNC 공작기계의 경제성을 평가하는 방법에는 페이백 방법 (payback method) 과 MAPI method (Manufacturing and Applied Products Institute method) 의 2가지가 있다.

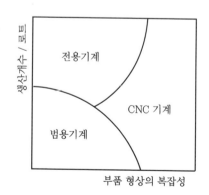

그림 7 – 5 부품의 형상과 공작기계

페이백 방법은 CNC 공작기계의 도입에 따른 연간 절약비용의 예측값을 투자액과 비교하여 투자액을 보상하는 데 필요한 연수를 구하는 방법이다. 이것은 기계의 내용년수를 구할 수 있는 이점이 있고, 쉽게 못쓰게 되는 장치 등의 평가에 적합하나 정확성이 떨어진다.

한편, MAPI 방법은 구입을 계획하고 있는 CNC 공작기계에 의한 최초년도의 부품 생산비용을 현재 가지고 있는 CNC 공작기계에 의한 비용과 비교하여 평가하는 방법으로 가장 많이 사용되고 있는 방법이다.

3 서보기구

3-1 • NC의 서보기구(servo system)

서보기구란 구동모터의 회전속도와 위치를 피드백시켜 입력량과 출력량이 같아지도록 제어할 수 있는 구동기구를 말하며, 사람으로 말하면 손발에 해당하는 것으로 사람의 머리에 비유되는 정보처리 회로로부터 보내진 명령에 따라 공작기계의 테이블 등을 움직이게 하는 기구를 말한다.

3-2 • 서보기구의 형식

서보기구의 형식은 피드백 장치의 유무와 검출위치에 따라 개방회로 방식, 반폐쇄회로 방식, 폐쇄회로 방식, 복합회로 서보방식으로 분류된다.

(1) 개방회로 방식(open loop system)

개방회로 방식은 피드백 장치 없이 스태핑 모터(stepping motor)를 사용한 방식으로 실용화되었으나, 피드백 장치가 없기 때문에 가공 정밀도가 낮아 현재 CNC에서는 거의 사용되지 않는다.

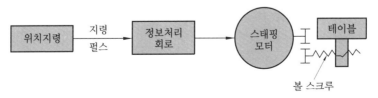

그림 7-6 개방회로 방식

(2) 반폐쇄회로 방식 (semi-closed loop system)

반폐쇄회로 방식은 모터에 내장된 타코 제너레이터(tacho generator, 펄스 제너레이터)에서 속도를 검출하고, 엔코더(encoder)에서 위치를 검출하여 피드백하는 제어방식이다. 폐쇄회로 방식보다 정밀도는 다소 떨어지나 고정밀도의 볼스크루(ball screw)의 개량으로 실용상의 문제가 거의 없으므로 CNC 공작기계에 가장 많이 사용되고 있다.

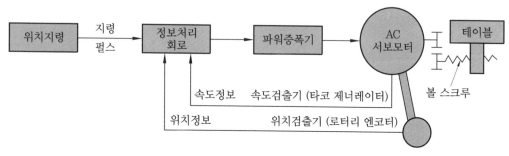

그림 7-7 반폐쇄회로 방식

(3) 폐쇄회로 방식 (closed loop system)

모터에 내장된 타코 제너레이터(펄스 제너레이터)에서 속도를 검출하고, 기계의 테이블에 부착한 스케일에서 위치를 검출하여 피드백시키는 고정밀도의 제어방식이다.

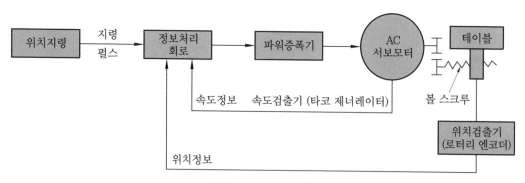

그림 7-8 폐쇄회로 방식

(4) 복합회로 서보방식 (hybrid servo system)

복합회로 서보방식은 반폐쇄회로 방식과 폐쇄회로 방식을 결합하여 고정밀도로 제어하는 방식으로, 가격이 고가이므로 고정밀도를 요구하는 기계에 사용된다.

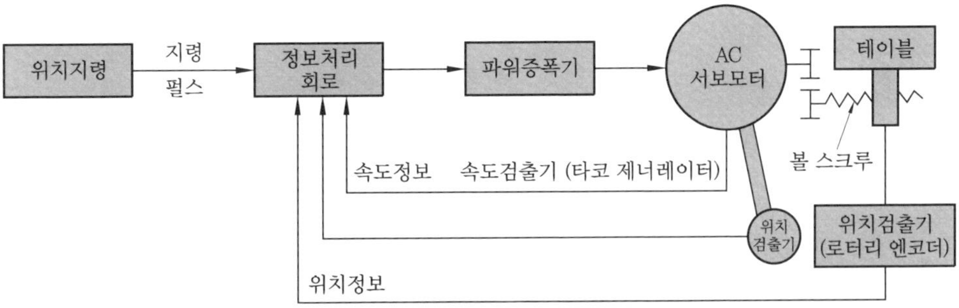

그림 7-9 복합회로 서보방식

3-3 • DC 서보모터

NC에 사용되는 DC 서보모터는 보통의 동력원으로 사용되는 DC 모터와는 달라서 간단히 몇 마력이면 좋으냐 하는 문제와 달리 사용 기계의 성질, 모터의 구동방식 등으로부터 특유의 성질이 요구된다. 즉, 공작기계의 제어를 위하여 NC용 DC 모터는 특별한 토크(torque), 속도 특성을 가지고 있어야 한다. 일반적으로 NC용 DC 모터의 특성은 다음과 같다.

① 큰 출력을 낼 수 있어야 한다.
② 가감속 특성 및 응답성이 우수하여야 한다.
③ 넓은 속도범위에서 안정한 속도제어가 이루어져야 한다.
④ 연속운전 이외에 빈번한 가감속을 할 수 있어야 한다.
⑤ 온도상승이 적고 내열성이 좋아야 한다.
⑥ 진동이 적고 소형이며 견고하여야 한다.
⑦ 높은 회전각을 얻고 신뢰도가 높아야 한다.

3-4 • 볼 스크루(ball screw)

NC 공작기계에서는 높은 정밀도가 요구된다. 그러나 보통 스크루와 너트는 면과 면이 접촉하여 마찰이 커지므로 회전시 큰 힘이 필요하다. 따라서, 부하로 인한 마찰열 때문에 열팽창이 커져 정밀도가 떨어진다.

그림 7-10 볼 스크루

이러한 단점을 해소하기 위하여 개발된 볼 스크루는 마찰이 적고, 또 너트를 조정하여 백래시 (back lash) 를 거의 0에 가깝게 설정할 수 있다.

4 NC의 제어방법

4-1 • 위치결정 제어

위치결정 제어는 공구의 위치만 찾아 제어하는 가장 간단한 제어방식으로 정보처리가 매우 간단하다. 이동 중에는 아무런 절삭을 하지 않기 때문에 PTP (point to point) 제어 라고도 하며 드릴링 머신, 펀치프레스, 스폿 (spot) 용접기 등에 사용된다.

또한, 각 점의 위치정보를 표시하는 방법에는 2종류가 있다. 즉 절대좌표 방식(absolute method)과 증분좌표 방식(incremental method)이다.]

절대좌표 방식은 각 점의 정보를 좌표축을 기준으로 해서 표시하는 방법이고, 증분좌표 방식은 각 점의 정보를 바로 직전의 점으로부터 증분량으로 표시하는 방법이다.

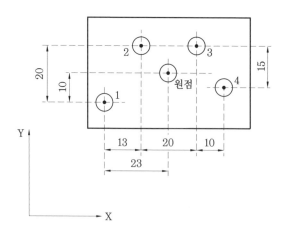

그림 7-11 위치결정 방법의 도면

4-2 • 윤곽제어

곡선 등의 복잡한 형상을 연속적으로 윤곽제어할 수 있는데 곡면형상은 X, Y축과 평행하게 미세한 선분으로 나누어 각 방향의 이동을 기계에 내장된 컴퓨터가 가공하고자 하는 원호에 가장 근접하게 합성하여 펄스 분배로 이루어지고 있다.

윤곽절삭의 원리는 기계가 윤곽을 따라 연속적으로 움직이는 것 같지만 실제는 미세하게 (0.01~0.001 mm) X, Y방향으로 직선운동을 하고 있으며 밀링작업이 윤곽제어의 가장 대표적인 예이다.

4-3 • 아날로그 (analogue) 와 디지털 (digital)

NC 장치의 지령은 디지털 양의 전기적 펄스로 보내지는데 서보기구에 입력되기 전에 D−A 변환기(디지털−아날로그 변환기) 에서 아날로그 양으로 지정해 주는 방식을 아날로그 방식이라 하고, 전기 펄스를 그대로 서보기구에 보내 서보기구에서 피드백 펄스를 고려한 디지털 양을 서보기구 내의 D−A 변환기를 통하여 기계의 이동량인 아날로그 양으로 지령해 주는 방식을 디지털 방식이라 한다.

그러나 오늘날에는 속도검출은 아날로그 방식, 위치검출은 디지털 방식으로 하는 D−A 방식이 일반적이다.

NC 프로그래밍

1 프로그래밍의 기초

1-1 좌표축과 운동기호

　좌표축은 일명 제어축이라고도 하며, CNC 공작기계에서 제어대상이 되는 각 축을 말한다. 혼선을 피하기 위하여 ISO 및 KS 규격으로 CNC 공작기계의 좌표축과 운동기호를 오른손 직교 좌표계를 표준 좌표계로 지정하였으며, 일반적으로 좌표축은 X, Y, Z축을 사용하고, 보조축으로 X, Y, Z축에 대한 회전운동으로 A, B, C 회전축을 사용한다. CNC 선반은 X와 Z축, 머시닝 센터는 X, Y, Z축을 기본으로 하며 필요에 따라 부가축을 추가해 사용한다.

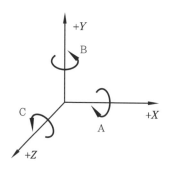

그림 7-12 표준 좌표계

1-2 NC 테이프

　NC 공작기계에 사용하는 NC 테이프는 폭이 1인치 (25.4 mm) 인 8단위의 천공 테이프가 사용된다. 테이프의 폭, 두께, 구멍위치 등은 EIA, ISO 규격에 규정되어 있다. 그림 7-13의 천공 테이프는 EIA RS-227-A 의 규격을 보여 준다. 폭 방향을 따라 나 있는 8개 구멍 (channel) 은 한 개의 숫자, 문자, 부호 등을 나타내며 이것을 캐릭터 (character) 라 하고, 테이프 구멍의 길이방향 열을 채널 트랙 (channel track) 이라 부른다. 종이테이프

에는 테이프 이송을 위한 스프로킷 (sprocket) 구멍 외에 8채널의 구멍을 천공할 수
있다.

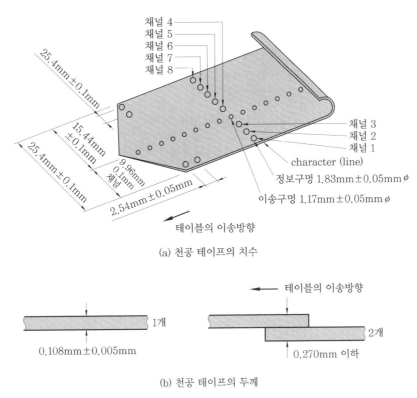

(a) 천공 테이프의 치수

(b) 천공 테이프의 두께

그림 7 – 13 천공 테이프의 치수규격

1-3 • NC 테이프의 구성

(1) 수치 지령

 NC 테이프의 지령은 2진법 (binary) 의 형태로 구성되므로 지령에 필요한 문자, 숫자
및 부호들은 "0" 또는 "1"의 조합으로 바꾸어 사용해야 한다. 2진수의 "0"은 off 를, "1"은
on 을 의미하여 구멍이 뚫리면 "1"을 나타내고, 구멍이 없을 때는 "0"을 나타내도록 되어
있다.

 위와 같은 2진 부호방법이 한때 사용되었으나 읽고 쓰기가 대단히 복잡하고 어려워서
NC 에서는 10진수를 2진수화 (BCD : binary coded decimal) 하는 방법을 사용한다. BCD
코드는 숫자를 하나하나씩 왼쪽에서 오른쪽으로 읽어나가고 동시에 10 이상은 판독될
수 없도록 구성된 회로를 사용하므로 NC 테이프처럼 한정된 채널에 정보를 수록하여야
하는 경우에 매우 편리하다.

(2) NC 테이프 코드

NC 테이프 코드는 EIA(Electronics Industries Association, 미국 전기공업협회) 코드와 ISO(International Organization of Standardization, 국제 표준 규격)의 2종류가 있다.

① EIA 코드 : NC 기계에 많이 쓰이며 이 코드의 특징인 캐릭터를 나타내는 수평방향의 구멍수가 항상 홀수이어야 한다. 따라서, 제5채널을 패리티 채널(parity channel)이라 하며, 2진수의 구멍이 짝수이면 제5채널에 1개의 구멍을 뚫어주어 홀수가 되도록 한다.

② ISO 코드 : 캐릭터를 표현하는 수평방향의 구멍수가 항상 짝수여야 한다. 제8채널은 패리티 채널이라 하고, 수평방향의 구멍수가 항상 짝수가 되도록 하는 데 사용된다.

표 7-2 EIA 코드와 ISO 코드의 비교

구분　　　　　　　　　코드	EIA 코드	ISO 코드
채널의 합 패리티 채널	홀수 제5채널	짝수 제8채널

2 프로그램의 구성

2-1 ● 프로그래밍의 정의

프로그램 작성자(programmer)가 도면을 보고 가공경로와 가공조건 등을 CNC 프로그램으로 작성하여 입력하면, 정보처리회로에서 처리하여 그 결과를 펄스(pulse) 신호로 출력하고, 이 펄스 신호에 따라 서보모터가 구동되고 볼 스크루(ball screw)가 회전함으로써 기계 테이블이나 주축헤드 및 공구대를 이동시켜 자동으로 가공이 이루어진다.

프로그래밍이란 주어진 도면에 적합한 가공공정을 CNC 장치가 이해할 수 있는 표현형식으로 바꾸어 주는 작업이다. CNC 프로그램은 주소(address)와 수치(data)의 조합으로 이루어진 단어(word)가 조합되어 지령절(block)을 구성하며, 지령절의 조합으로 완성된다. 프로그램은 지령절 단위로 실행되며 주프로그램과 보조 프로그램으로 나눌 수 있다.

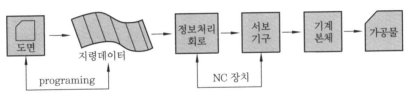

그림 7-14 CNC 공작기계의 정보 흐름

2-2 • 수동 프로그래밍과 자동 프로그래밍

그림 7-15 는 NC 프로그램을 직접 작성하는 수동 프로그래밍과 자동 프로그래밍의 차이점을, NC 테이프 작성시간을 기준으로 가공형상의 복잡성 및 프로그램의 길이에 따라서 비교한 것이다.

기하학적인 형상이 복잡해질수록 계산량이 증가하게 되어 NC 프로그램을 작성하는 데 걸리는 시간이 점점 증가한다. 자동 프로그래밍에 있어서는 컴퓨터의 힘을 이용하므로 계산량이 증가해도 그 노력 부담은 크게 증가하지 않지만, 수동 프로그래밍의 경우에는 급격히 증가하여 불가능한 한계에 이르게 된다. 한편, 형상이 간단한 경우에는 오히려 자동 프로그래밍은 이중적 수단을 쓰게 되므로 비경제적이다.

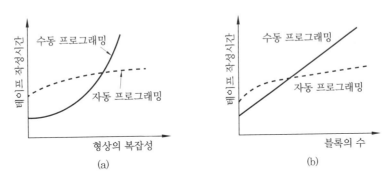

그림 7-15 테이프 작성시간의 비교

또한, 자동 프로그래밍의 이점은 다음과 같다.
① NC 테이프를 작성하는 데 필요한 시간과 노력이 줄어든다.
② 신뢰성 높은 NC 테이프를 작성할 수 있다.
③ 인간의 능력으로는 불가능한 복잡한 계산을 요하는 형상에 대한 프로그래밍도 가능하다.
④ NC 테이프 작성에 관련된 여러 가지 계산을 동시에 할 수 있다.

2-3 • 프로그램 구성

(1) 주소 (address)

주소는 영문자 대문자 (A~Z) 중 1개로 표시하며 각각의 주소에는 다른 의미가 부여되어 있다.

표 7-3 주소의 기능

기능	주소			의미
프로그램번호	O			Program number
전개번호	N			Sequence number
준비기능	G			이동형태(직선, 원호보간 등)
좌푯값	X	Y	Z	각 축의 이동위치 (절대방식)
	U	V	W	각 축의 이동거리와 방향 (증분방식)
	I	J	K	원호 중심의 각 축 성분, 면취량 등
	R			원호 반지름, 구석 R, 모서리 R 등
이송기능	F, E			이송속도, 나사리드
보조기능	M			기계 작동부위 지령
주축기능	S			주축속도
공구기능	T			공구번호 및 공구보정 번호
휴지	P, U, X			휴지시간 (dwell)
프로그램번호지정	P			보조 프로그램 호출번호
전개번호지정	P, Q			복합반복 주기에서의 호출, 종료번호
반복빈도	L			보조 프로그램 반복횟수
매개변수	A, D, I, K			주기에서의 파라미터

(2) 단어 (word)

단어는 NC 프로그램의 기본 단위이며, 주소(address)와 수치(data)로 구성된다. 주소는 알파벳(A ~ Z) 중 1개를 사용하고, 주소 다음에 수치를 지령한다.

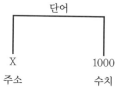

그림 7-16 단어의 구성

(3) 지령절 (블록, block)

몇 개의 단어가 모여 구성된 한 개의 지령 단위를 지령절(block)이라고 한다. 지령절과 지령절은 EOB(end of block)로 구분하며, 제작사에 따라 " ; "또는 " # "과 같은 부호로 간단히 표시한다. 한 지령절에 사용되는 단어의 수에는 제한이 없다. 최근 컴퓨터에서 프로그래밍하는 경우에는 엔터키를 치면 EOB로 인식되어 부호는 생략해도 무방하다.

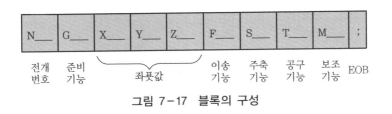

그림 7-17 블록의 구성

2-4 • 프로그램 작성

NC 공작기계에서는 프로그램의 지령에 의해 공구대가 이동하는데 이 프로그램에 공구 이동경로, 절삭조건 등을 부여한다.

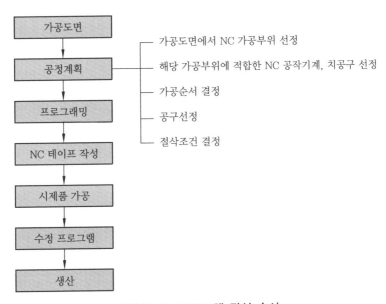

그림 7-18 프로그램 작성 순서

2-5 • CNC 프로그램의 주요 주소(address) 기능

프로그램은 프로그램 번호를 비롯하여 각각의 블록으로 구성되어 있으며, 블록은 단어로 연결된다.

(1) 프로그램 번호(O)

NC 기계의 제어장치는 여러 개의 프로그램을 NC 메모리에 저장할 수 있다. 이때 프로그램과 프로그램을 구별하기 위하여 서로 다른 프로그램 번호를 붙이는데 프로그램 번호는 로마자 "O" 다음에 1~9999까지의 4자릿수로 구성하여 임의로 정할 수 있다.

예 O □ □ □ □ (0001~9999까지의 임의의 4자릿수)

O0001 ──────→ 프로그램 번호

(2) 전개번호(sequence number, N)

블록의 순서를 지정하는 것으로 영문자 "N" 다음에 4자리 이내의 숫자로 번호를 표시한다. 매 지령절마다 붙이지 않아도 되고, 없어도 프로그램의 수행에는 지장이 없으나, 복합 반복 사이클(CNC 선반의 경우 G70~G73 등)을 사용할 경우 전개번호로 특정 블록을 탐색하고자 할 때에는 반드시 필요하다.

예 N10 G50 X150. Z150. S1500 T0100 ;

N20 G96 S150 M03 ;

N30 G00 X55. Z0.0 T0101 M08 ;

N40 G01 X-1.0 F0.2 ;

(3) 준비기능(preparation function, G)

준비기능은 제어장치의 기능을 동작하기 위해 준비하는 기능으로, 영문자 "G"와 두 자리의 숫자로 구성되어 있다. G00~G99까지 있으며 G코드의 종류와 기능 및 지령 방법은 KSB 4206에 규정하고 있다. G코드의 종류는 다음과 같다.

표 7-4 G 코드의 종류

구분	의미	구별
one shot G - code	지령된 블록에 한해서 유효한 기능으로 1회 유효 G 코드라 한다.	"00" 그룹
modal G - code	동일 그룹의 다른 G 코드가 올 때까지 유효한 기능으로 연속 유효 G 코드라 한다.	"00" 이외의 그룹

표 7-5 준비기능(G - code) 일람표

G-code	군(Group)	기능	구분(사양)
★G00	01	위치결정(급송이송)	B
★G01		직선보간(절삭이송)	B
G02		원호보간(시계방향, CW)	B
G03		원호보간(반시계방향, CCW)	B

G04		Dwell(휴지)	B
G05	00	고속 cycle 가공	B
G10		데이터(data) 입력	O
G11		데이터 입력 cancel	O
G20	06	inch 입력	O
G21		metrix 입력	O
★G22	04	금지영역 설정	B
G23		금지영역 설정 취소	B
G25	08	주축속도 변동 검출 OFF	O
G26		주축속도 변동 검출 ON	O
G27		기계 원점복귀 확인(check)	B
G28	00	기계 자동 원점복귀	B
G30		기계 원점으로부터 복귀	B
G31		생략(skip) 기능	B
G32	01	나사 절삭	B
G34		가변 리드 나사 절삭	O
★G40		공구인선 반지름 보정 취소	B
G41	07	공구인선 반지름 보정(좌측)	B
G42		공구인선 반지름 보정(우측)	B
G50	00	공작물 좌표계 설정, 주축 최고 회전수 설정	B
G65		macro 호출	O
G66	12	macro modal 호출	O
G67		macro modal 호출 취소	O
G70		다듬 절삭 cycle	O
G71		외경 거친 절삭 cycle	O
G72		단면 거친 절삭 cycle	O
G73	00	유형반복(형상) 절삭 cycle	O
G74		단면 peck 절삭 cycle	O
G75		내·외경 peck 절삭 cycle	O
G76		나사 절삭 cycle	O
G80		고정 cycle cancel	B
G81	10	드릴링, 스폿 드릴링 cycle	B
G83		펙(peck) 드릴링 cycle	B
G84		태핑 cycle	B

G86		단면 보링 cycle	O
G87		외경 펙 드릴링 cycle	O
G90	01	내·외경 절삭 cycle(선반), 절대지령(밀링)	B
G91		증분 지령(밀링)	B
G92		나사절삭 cycle, 좌표계 설정(밀링)	B
G94		단면절삭 cycle	B
G96	02	절삭속도(m/min) 일정 제어	B
★G97		주축 회전수(rpm) 일정 제어	B
G98	03	분당 이송지령(mm/min)	B
★G99		회전당 이송지령(mm/rev)	B

◎ 참고
① 00 그룹은 지령된 블록에서만 유효하다(one shot G-code).
② ★ 표시 기호는 전원을 공급할 때 설정되는 G-code를 나타낸다.
③ G-code 일람표에 없는 G-code를 지령하면 Alarm이 발생한다.
④ G-code는 그룹이 서로 다르면 한 블록에 몇 개라도 지령할 수 있다.
⑤ 동일 그룹의 G-code를 같은 블록에 1개 이상 지령하면 뒤에 지령한 G-code만 유효하거나, Alarm이 발생한다.
⑥ B는 기본사양, O는 특별 주문사양이다.

(4) 좌푯값

좌푯값은 공구의 위치를 나타내는 주소와 이동방향과 양을 지령하는 수치로 되어 있다. 또, 좌푯값을 나타내는 주소 중에서 X, Y, Z는 절대 좌푯값에 사용하고 U, V, W, R, I, J, K는 증분 좌푯값에 사용한다.

절대좌표 방식은 운동이 목표를 나타낼 때 공구의 위치와 관계없이 프로그램 원점을 기준으로 하여 현재 위치에 대한 좌푯값을 절대량으로 나타내는 방식이며 그림 7−19 (a)와 같다. 증분좌표 방식은 공구의 바로 전 위치를 기준으로 목표위치까지의 이동량을 증분량으로 표현하는 방법으로 그림 7−19 (b)와 같다.

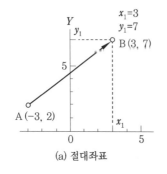
(a) 절대좌표

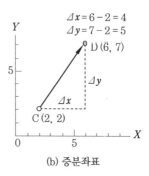
(b) 증분좌표

그림 7−19 절대좌표와 증분좌표 방식

(5) 보조기능(miscellaneous function, M)

보조기능은 스핀들 모터를 비롯한 각종 기능을 수행하는 데 필요한 보조장치(각종 스위치)의 ON/OFF를 수행하는 기능으로, 영문자 "M"과 2자리 숫자를 사용한다. 보조기능은 한 블록에 하나 이상 사용하면 뒤에 지령한 M-code만 유효하나, 최근 제어장치에서는 1블록에 복수의 M-code 사용이 가능하다.

표 7-6 보조기능(M-code) 일람표

M-code	기능	비고
M00	프로그램 정지 (program stop)	
M01	프로그램 선택적 정지 (program optional stop)	
M02	프로그램 종료 (program end)	
M03	주축 정회전 (main spindle forward)	
M04	주축 역회전 (main spindle reverse)	
M05	주축 정지 (main spindle stop)	
M06	공구 교환 (tool change)	MCT 적용
M07	고압절삭유 ON (high pressure coolant on)	
M08	절삭유 ON (coolant on)	
M09	절삭유 OFF (coolant off)	
M10	클램프 (index clamp)	
M11	언클램프 (index unclamp)	
M12	미지정	
M13	척 풀림 (chuck unclamp)	
M14	심압대 전진 (tail stock extend)	
M15	심압대 후진 (tail stock retract)	
M17	머신 로크 (machine lock act)	
M18	머신 로크 취소 (machine lock cancel)	
M19	주축 정위치 정지 (spindle orientation)	
M30	프로그램 종료 및 첫 블록으로 위치 (program end & rewind)	
M98	서브 프로그램 (subprogram) 호출	
M99	주 프로그램 (main program) 호출	

(6) 이송기능(feed function, F)

이송속도를 지령하는 기능으로 영문자 "F"를 사용하며, 준비기능의 회전당 이송(mm/rev) 또는 분당 이송(mm/min) 지령과 함께 사용하여야 한다. 일반적으로 전원을 공급할 때 CNC 선반에서는 회전당 이송을, 머시닝 센터에서는 분당 이송을 초기 설정하여 사용한다.

표 7-7 CNC 선반과 머시닝 센터의 회전당 이송과 분당 이송

G-code	CNC 선반	G-code	머시닝 센터
G98	분당 이송(mm/min)	★G94	분당 이송(mm/min)
★G99	회전당 이송(mm/rev)	G95	회전당 이송(mm/rev)

★는 전원 공급시 자동으로 설정됨

(7) 주축기능(spindle speed function, S)

주축의 회전속도를 지령하는 기능으로 영문자 "S"를 사용하며, G96(절삭속도 일정제어) 또는 G97(주축 회전수 일정제어)과 함께 지령하여야 한다.

효율적인 절삭이 이루어지려면 절삭속도를 일정하게 유지해야 한다. 이 절삭속도는 가공물 또는 공구의 지름에 영향을 받으므로, 프로그램 내에서 가공물이나 공구의 지름을 알 수 있는 조건일 때에는 절삭속도 일정제어 G96을 사용하는 것이 바람직하다.

일반적으로 전원을 공급할 때 CNC 선반과 머시닝 센터는 안전을 위하여 G97이 설정되도록 파라미터에 지정하여 사용한다.

G96	주축속도 일정제어 (m/min)
G97	주축 회전수 일정제어 (rpm)

예 G96 S100 M03 ; ⇒ (주축속도 100 m/min로 일정하게 정회전)
   G97 S1000 M03 ; ⇒ (주축속도 1000 rpm으로 정회전)

(8) 공구기능(tool function, T)

공구를 선택하는 기능으로 영문자 "T"와 2자리의 숫자를 사용한다. 사용 방법은 선반계와 밀링계가 각각 다소 차이가 있는데, CNC 선반에서는 공구의 선택 및 공구보정 번호를 선택하는 기능을 하고, 머시닝 센터에서는 공구를 선택하는 기능을 담당하며 M06(공구교환)을 함께 지령하여야 한다. M06 지령 없이 T지령 하게 되면 에러가 된다. CNC 선반과 머시닝 센터에 사용되는 공구기능의 예는 다음과 같다.

• CNC 선반

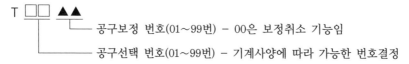

  T □□ ▲▲
        └─── 공구보정 번호(01~99번) - 00은 보정취소 기능임
        └──── 공구선택 번호(01~99번) - 기계사양에 따라 가능한 번호결정

• 머시닝 센터

  T □□ M06 - □□번 공구 선택하여 교환

Chapter 03

CNC 선반

1 CNC 선반의 구성

 CNC 선반의 구성은 CNC 장치의 종류와 배열상태, 공구대의 위치와 구조, 그리고 주축대의 구조에 따라 각각 다른 특징을 가지고 있다.

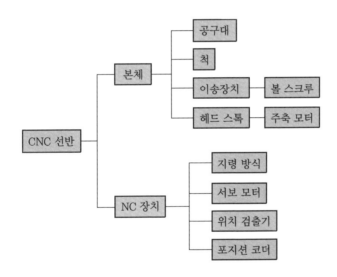

그림 7-20 CNC 선반의 구성

1-1 구동모터

 초기에 스핀들 모터(spindle motor)는 회전수가 증가함에 따라 출력이 증가하는 토크 일정 영역과, 일정한 회전수 이상에서는 회전수가 변하더라도 출력이 일정한 회전수 일정 영역이 넓은 장점이 있는 직류(DC) 모터를 사용하였으나, 근래에는 교류(AC) 모터의 성능을 개선하여 구조가 비교적 간단하고 견고한 장점을 가진 AC 유도형 전동기를 주로 사용한다.

1-2 • 주축대(head stock)

주축대는 벨트 및 변환 기어를 이용해 스핀들 모터를 회전시켜 스핀들 선단에 있는 척(chuck)과 함께 척에 고정된 공작물을 회전시키는 시스템이다. 일반적으로 주축은 프로그램에 의해 지령된 회전수에 따라 무단변속된다. 소형기계에는 변속장치가 없으나, 중형 이상의 기계에는 변속장치가 있다. 벨트 전동에서 발생되는 슬립의 문제를 해결하기 위해 포지션 코더(positiom coder)를 설치하여 스핀들의 회전수를 검출해 피드백시킴으로써 요구하는 회전수로 구동한다.

1-3 • 유압척(hydraulic chuck)

CNC 선반에 사용되는 척은 대부분 유압식이므로 이를 제어할 수 있는 유압장치가 필요하다. 보통 가공물의 지름에 맞추어 교환 및 가공되는 소프트 조(soft jaw)를 사용함으로써 지름의 차이가 큰 가공물을 고정하기 용이하고 가공 정밀도도 높일 수 있다.

1-4 • 공구대(tool post)

공구대는 절삭공구를 장착해 원하는 위치로 이동시켜 공작물을 절삭하는 부분으로서 일반적으로 드럼(drum) 형 터릿(turret) 공구대가 많이 사용된다. 이 공구대는 정밀도가 높고 강성이 큰 커플링(coupling)에 의해 분할되고, 공구의 교환은 근접회전 방식을 채택하여 교환시간이 단축된다. 그 형식을 분류하면 다음과 같다.
① 드럼형 터릿 공구대
② 데스크(desk)형 공구대
③ 수평형 공구대
④ 콤(comb)형 공구대
또한, 공구대의 분할은 정밀도가 높고 강성이 큰 커플링에 의해 행하여진다.

1-5 • 심압대(tail stock)

심압대는 길이가 긴 가공물을 가공할 때에 가공물의 중심을 지지해 주는 역할을 하며, 수동식 작동과 유압식 작동이 있다. 유압식 작동은 M코드를 사용하여야 한다.

2 CNC 선반의 공구

CNC 선반을 보다 효율적으로 운용하려면 최적의 CNC 프로그램 작성, 적합한 공구선정, 최적의 절삭조건을 선택하는 것이 매우 중요하다. CNC 선반에 사용되는 공구는 규격화되어 공구관리가 용이하고, 마모 및 손상으로 인하여 공구를 교환할 때에 소요시간을 줄일 수 있는 스로 어웨이(TA : thraw away) 타입의 공구가 유리하다. 주로 많이 사용되는 공구로는 다음과 같다.

2-1 ● 초경합금(sintered hard metal)

초경합금은 주성분인 탄화 텅스텐(WC), 티탄(Ti), 탄탈(Ta) 등의 탄화물 분말을 첨가제인 코발트(Co), 니켈(Ni) 분말과 혼합하여 1,400 ℃ 이상의 고온에서 압축성형하여 소결시킨 합금이다. 경도가 높고, 고온에서도 경도저하 폭이 적으며, 압축강도가 강에 비하여 월등히 높은 특성을 갖는다.

2-2 ● 피복 초경합금(coated tungsten carbide metal)

기존의 초경합금 소재에 TiC, TiN, $TiCN$, AL_2O_3 등을 코팅(피복)하여 사용하는 절삭공구로, 인성이 우수한 초경합금에 내마모성과 내열성을 향상시킨다. 코팅 방법에는 화학적 증착법(CVD : chemical vapor deposition)과 물리적 증착법(PVD : physical vapor deposition)이 있다.

2-3 ● 서멧(cermet)

서멧은 세라믹(ceramic)과 메탈(metal)의 복합어로 세라믹의 취성을 보완하기 위하여 개발된 공구로서, AL_2O_3 분말 약 70%에 TiN 또는 TiC 분말을 30% 정도 혼합하여 수소 분위기 속에서 소결하여 제작한다. 고속절삭에서 저속절삭까지 사용 범위가 넓고 크레이터 마모, 플랭크 마모 등이 적고 구성인선이 거의 발생하지 않아 공구수명이 길다. 그러나 중(重)절삭에는 적합하지 않다.

2-4 • 세라믹(ceramic)

산화알루미늄(AL_2O_3 - 순도 99.5% 이상) 분말을 주성분으로 마그네슘(Mg), 규소(Si) 등의 산화물과 다른 원소를 소량 첨가하여 소결한 절삭공구이다. 고온에서 경도가 높고 내마모성이 우수하며, 가볍고 고속절삭이 가능하다.

세라믹 공구는 초경합금보다 인성이 적고 취성이 커서 충격이나 진동에 약한 결점이 있다.

2-5 • CBN(cubic boron nitride)

CBN이란 "입방정질화붕소"라 불리는 인공합성 공구재료이다. 다이아몬드공구 성능의 2/3 정도이며 CBN의 미소 분말을 초고온(2000 ℃ 이상), 초고압(5만 기압 이상) 상태에서 소결한 공구이다.

공구의 성능이 우수하여 난삭재료, 고속도강, 담금질강, 내열강 등의 절삭에 많이 사용한다.

2-6 • 다이아몬드(diamond)

현재 사용되고 있는 절삭공구 중 가장 경도와 내마모성이 크며, 절삭가공 능률이 우수한 공구이다. 그러나 취성이 있어 잘 깨지고 가격이 고가이며, 마모 수정이 어려운 결점이 있다.

다이아몬드공구의 특성은 다음과 같다.
① 경도가 크다(HB 7000).
② 열팽창이 적다(강의 12% 정도).
③ 열전도율이 크다(강의 12배 정도).
④ 공기 중에서 815 ℃ 로 가열하면 CO_2가 된다.
⑤ 금속에 대한 마찰계수 및 마모율이 작다.
⑥ 장시간 고속절삭이 가능하다.
⑦ 정밀하고, 표면거칠기가 우수한 면을 얻을 수 있다.
⑧ 날 끝이 손상되면 재가공이 어렵다.

3 프로그램의 구성

3-1 • 프로그램의 구성

(1) 주소(address)

CNC 선반의 프로그램 작성에 사용되는 주소의 기능은 제4장의 주소 기능과 동일하고 X, Z는 절대 좌푯값 지령에 사용하고, U, W는 증분 좌푯값 지령에 사용한다. 또 X, U는 일반적으로 직경 지령으로 프로그램 한다.

(2) 절대좌표와 증분좌표 프로그래밍

① 절대지령 방식(absolute coordinate system)

절대좌표 방식은 도면상의 한 점을 원점으로 정하여 이 프로그램 원점을 기준으로 직교 좌표계의 좌푯값을 입력하는 방식이다. 일명 공작물 좌표계 지령방식이라고도 한다.

X, Z를 사용한다. (X : 직경지령 , Z : 축방향 즉 길이방향 지령)

② 증분지령 방식(incremental or relative coordinate system)

현재의 공구 위치가 좌표계의 기준이 되며 공작물을 측정하거나 정확한 거리의 이동, 공구보정을 할 때에 편리하게 사용한다. 현재의 공구 위치에서 끝점까지의 X, Z 방향의 이동 증분값으로 입력한다. 필요에 따라서는 그 위치를 0점(기준점)으로 지정할 수 있다. 주로 Z방향으로 작은 부분치수가 많을 때 사용한다. 일명 상대 좌표계 지령방식이라고도 한다.

X, Z축 성분을 U, W로 표기한다.

③ 혼합지령 방식

위의 절대좌표 방식과 증분지령 방식을 한 블록 내에 혼합하여 지령하는 방식이다.

- 절대좌표 프로그램 X 75. Z 15.0
- 증분좌표 프로그램 U 20.0 W − 40.0
- 혼합지령 프로그램 X 75.0 W − 40.0 또는 U 20.0 Z 15.0

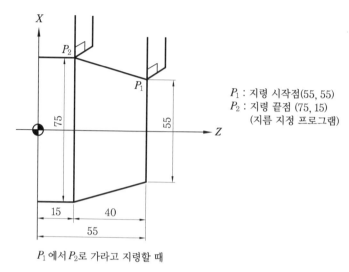

P_1 : 지령 시작점(55, 55)
P_2 : 지령 끝점 (75, 15)
 (지름 지정 프로그램)

P_1에서 P_2로 가라고 지령할 때

그림 7-21 좌푯값의 지령방법

(3) 프로그램 원점

프로그래밍할 때 좌표계와 프로그램 원점 (X 0.0, Z 0.0)은 미리 결정되어야 하며 프로그램 원점은 Z축선상의 X축과 만나는 임의의 한 점에 결정할 수 있으나 일반적으로 프로그램 작성과 가공에 편리하도록 결정하는 것이 좋다.

3-2 • 좌표계 설정(G 50)

CNC 선반의 좌표계는 일반적으로 오른 직교 좌표계를 사용하며, 축(axis)의 구분은 주축방향과 평행한 축이 Z축이고, Z축과 직교한 직경방향의 축을 X축이라 한다. X, Z축의 기계원점 방향이 +(plus) 방향이다. 좌표계 설정의 의미는 프로그램 작성시 도면이나 제품의 기준점(원점)을 설정하여 그 기준점을 CNC 기계에 알려주는 작업을 말한다. Fanuc – series에서는 G 50 기능을 사용한다.

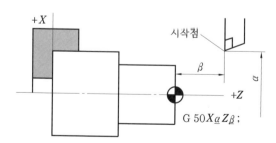

그림 7-22 좌표계의 설정방법

3-3 • **주축기능(spindle speed function, S)**

CNC 선반에서 절삭속도가 공작물의 가공에 미치는 영향은 매우 크다. 절삭속도란 공구와 공작물 사이의 상대속도이므로 일정한 절삭속도는 주축의 회전수를 조절함으로써 가능하다.

$$N = \frac{1000\,V}{\pi D}[\text{rpm}] \quad \text{또는} \quad V = \frac{\pi N D}{1000}[\text{m/min}]$$

여기서, N : 주축 회전수 (R.P.M)
V : 절삭속도 (m/min)
D : 가공물 지름 (mm)

(1) 절삭속도 일정제어 (G 96)

G 96에서 S로 지정한 수치는 절삭속도를 나타낸다. CNC 장치는 S로 지정한 절삭속도가 유지될 수 있도록 바이트의 인선 위치에서 주축의 회전수를 계산하여 연속적으로 제어한다.

예 1. G 96 S 210 : 절삭속도가 120 m/min 가 되도록 공작물의 지름에 따라 주축의 회전수가 변한다.

주 G 96에서 단면절삭과 같이 공작물의 지름이 작아질 때, 주축의 회전수가 무리하게 높아지는 것을 방지하기 위하여 G 50에서 최고 속도를 지정하게 된다.

예 2. G 50   X 150.0   Z 200.0   S 1300   T 0100   ;
G 96   S 120   M 03 ;

(2) 주축속도 일정제어 (G 97)

G 97에서 S로 지정한 수치는 주축속도를 나타낸다. 따라서, 주축은 일정한 회전수로 회전하게 된다. 또한, G 97 code 는 G 96 의 취소 기능을 가지고 있다.

예 G 97 S 400 ················ 주축은 항상 400 rpm 일정한 회전수로 회전한다.

(3) 최고 회전수 설정 (G 50)

G 50의 기능은 좌표계 설정과 주축 최고 회전수 설정의 두 기능이 있으며 여기서는 후자에 속한다.

G 50에서 S로 지정한 수치는 최고 회전수를 나타낸다. 좌표계 설정에서 최고 회전수를 지정하게 되면 전체 프로그램을 통하여 주축의 회전수는 최고 회전수를 넘지 않게 된다. 또한, G 96에서 최고 회전수보다 높은 회전수가 요구되어도 CNC 장치는 최고 회전수로 대체하게 된다.

예 G 50 S 2000 ·············· 주축의 최고 회전수는 2000 rpm 이다.

예제 1 다음 프로그램에서 바이트가 P₁점, P₂점에 있을 때 주축의 회전수는 얼마인가?

$$G\,50\ S\,1300\ ;$$
$$G\,96\ S\,120\ ;$$

해설 G 96 S 120 으로 절삭속도는 120 m/min 이므로 주축 회전수는

바이트가 P_1 점에 있을 때

$$NP_1 = \frac{1000 \times 120}{3.14 \times 60} = 637 \text{rpm}$$

바이트가 P_2 점에 있을 때

$$NP_2 = \frac{1000 \times 120}{3.14 \times 25} = 1529 \text{rpm}$$ 이나 위 프로그램의 G 50에서 주축 최고 회전수를 1300 rpm

으로 지정했기 때문에 1300 rpm 이상으로는 주축이 회전되지 않는다.

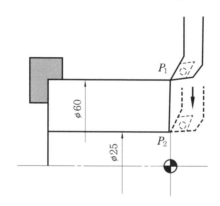

그림 7-23 절삭속도의 계산 예

3-4 • 보조기능(M -code)

CNC 선반 프로그래밍에 사용되는 보조기능은 다음 표 7-8과 같다.

표 7-8 CNC 선반 프로그램용 보조기능

지령	기능	지령	기능
M 00	프로그램 정지(P/G stop)	M 07	고압 절삭유 ON (high pressure coolant ON)
M 01	선택적 프로그램 정지(P/G optional stop)	M 08	절삭유 공급 (coolant ON)
M 02	프로그램 종료(P/G end)	M 09	절삭유 차단(coolant OFF)
M 03	주축 정회전(main spindle forward)	M 13	척 풀림(chuck unclamp)
M 04	주축 역회전(main spindle reverse)	M 14	심압대 스핀들 전진(tail stock extend)
M 05	주축 정지(main spindle stop)	M 15	심압대 스핀들 후진(tail stock retract)

M 17	머신 로크 작동(machine lock act)	M 98	보조 프로그램 호출(sub P/G)
M 18	머신 로크 취소(machine lock cancel)	M 99	보조 프로그램 종료(sub P/G)
M 30	프로그램 종료 및 되감기(P/G end & rewind)		

4 프로그래밍 (programming)

4-1 • 준비기능(G-code)

(1) 위치결정(G 00)

G 0 0 X (U)_____ Z (W)_____ ;

그림 7-24에서 G 00 X 80.0 Z 100.0 ; 으로 지령하면 공구는 현재의 위치(A)에서 지령된 위치(X, Z) B에, 또 떨어진 거리(U, W) B까지 각 축은 급속 이송속도로 움직인다.

A점에서 B점으로 이동할 때 지령방법은

G 00 X 60.0 Z 0.0 ;

G 00 U-99.0 W - 100.0 ;

G 00 X 60.0 W - 100.0 ;

G 00 U-90.0 Z 0.0 ; 등이 있다.

2축이 지령된 경우에 이동의 시작은 2축이 동시에 하며 이동경로는 직선이 아니다. 왜냐 하면 X축 방향의 이송속도는 5 m /min 이고, Z축 방향의 이송속도는 10 m /min 이기 때문이다.

(2) 직선보간(G 01)

G 01 X (U)_____ Z (W)_____ F ____ ;

직선보간은 공구를 지령한 이송속도로 현재의 위치에서 지령한 위치로 직선이동시키는 기능이다. 이송속도(F : mm / rev, 회전당 이송)를 함께 지령한다.

지령 방법은

G 01   X 60.0   Z − 50.0   F 0.2 ;

G 01   U 20.0   W − 50.0   F 0.2 ;

G 01   X 60.0   W − 50.0   F 0.2 ;

G 01   U − 20.0 Z − 50.0   F 0.2 ; 등이 있다.

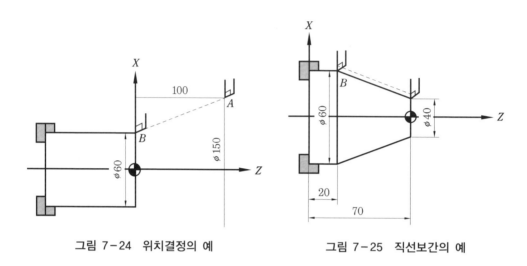

그림 7−24 위치결정의 예   그림 7−25 직선보간의 예

(3) 원호보간 (G 02, G 03)

$$\left.\begin{array}{l} G\ 03 \\ G\ 03 \end{array}\right\} X(U) \underline{\quad} Z(W) \underline{\quad} \left\{ \begin{array}{l} R\underline{\quad}F\underline{\quad}\ ; \\ I\underline{\quad}K\underline{\quad}F\underline{\quad}\ ; \end{array} \right.$$

CNC 선반 프로그램에서 원호보간에 필요한 좌표어 및 코드는 표 7−9에 나타내고, 그림 7−27에서는 원호보간의 방향을 보여주고 있다.

표 7−9 원호보간 좌표어 일람표

주어진 데이터		지령	의미
1	회전 방향	G 02	시계 방향 (CW : Clock Wise)
		G 03	반시계 방향 (CCW : Counter Clock Wise)
2	끝점 위치	X, Z	좌표계 내의 끝점(X, Z)
	끝점까지 거리	U, W	시작점과 끝점 간의 거리
3	시작점과 중심의 거리	I, K	시작점에서 중심까지의 벡터량 (항상 반지름값)
	원호 중심의 반지름	R	원호 중심의 반지름, 180°까지 (항상 반지름값)

그림 7-27의 A점에서 B점으로 이동할 때 지령방법은

R 지정시 　G 02 X 50.0 Z − 10.0 R 10.0 F 0.1 ;

I, K 지정시 　G 02 X 50.0 Z − 10.0 I 10.0 F 0.1 ; 이다.

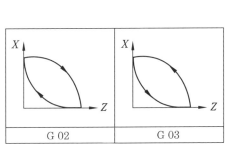

그림 7-26 　원호보간의 방향

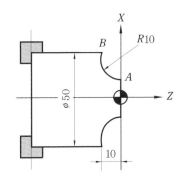

그림 7-27 　원호보간의 예

(4) 일시 정지 (휴지 ; dwell)

G 04 X (U, P)_____ ;

지령한 시간 동안 이송이 정지되는 기능을 휴지(dwell : 일시 정지) 기능이라고 한다.

이 기능은 홈가공이나 드릴작업 등에서 간헐이송으로 칩을 절단하거나, 목표점에 도달한 후 즉시 후퇴할 때 생기는 이송량만큼의 단차를 제거함으로써 진원도를 향상시키고 깨끗한 표면을 얻기 위하여 사용한다. 주소 X, U 또는 P와 정지하려는 시간을 수치로 입력한다. P는 소수점을 사용할 수 없으며, X와 U는 소수점 이하 세 자리까지 유효하다.

$$정지시간(초) = \frac{60}{(RPM)} \times 회전수\,(스핀들 ; 주축)$$

예제 2　100 rpm 으로 회전하는 스핀들에서 2회전 휴지를 프로그램하려면 몇 초간 정지 지령을 사용하여야 하는가?

[해설] 회전수는 100 rpm, 스핀들 회전수는 2회전이므로 $\frac{60}{100} \times 2 = 1.2초$　그러므로

　G 04 X 1.2 ;

　G 04 U 1.2 ;

　G 04 P 1200 ; 으로 지령한다.

(5) 나사가공 (G 32)

G 32 X (U)_____ Z (W)_____ F (E)_____ ;

나사가공은 공구가 같은 경로를 반복 절삭함으로써 이루어진다.

나사가공시에는 주축속도 검출기의 1회전 신호검출 때부터 나사절삭이 시작되므로 공구가 반복하여 왕복을 하여도 나사절삭은 동일한 점에서 시작된다. 나사가공은 주축 회전수 일정제어(G 97)로 지령해야 하며 불완전 나사부를 고려하여 프로그램 하여야 하며 F 는 나사의 리드 (lead) 를 지정하고 E 는 인치의 피치 (pitch) 를 mm 로 바꾼 수치로 지령한다.

4-2 • 사이클 기능

CNC 선반가공에서 거친 절삭 또는 나사 절삭 등은 1회로 불가능하므로 여러 번 반복 동작을 해야 한다. 사이클 가공은 이와 같은 반복 동작을 한 블록 또는 두 블록으로 간단히 프로그램한 G-코드를 말한다.

사이클에는 변경된 수치만 반복하여 지령하는 단일형 고정 사이클(canned cycle)과 한 개의 블록으로 지령하는 복합형 반복 사이클(multiple repeative cycle)이 있다.

(1) 안·바깥지름 절삭 사이클(G 90)

① 직선 절삭 사이클

G 90 X (U)_____ Z (W)_____ F_____ ;

단독블록 모드에서 스위치를 한번 누르면 그림 7-28과 같이 ① → ② → ③ → ④ 의 경로를 거쳐 한 사이클 작동을 완료한다.

G 90 X (U)_____ Z (W)_____   : 절삭의 끝점 좌표

F : 이송속도(mm/rev)

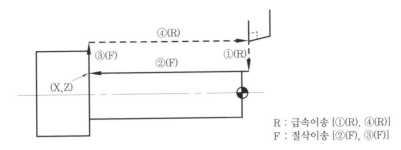

그림 7-28 직선 절삭 사이클 경로

② 테이퍼 절삭 사이클

G 90 X (U)_____ Z (W)_____ I (R)_____ F _____ ;

테이퍼 절삭에서는 테이퍼값 I (R)를 지령해야 하며, 가공방법은 직선 절삭 사이클과 동일하다. (I : 11T에 적용, R : 11T가 아닌 경우에 적용)

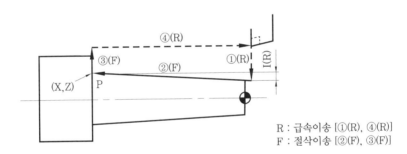

그림 7-29 테이퍼 절삭 사이클 경로

(2) 나사절삭 사이클

① 직선 나사절삭 사이클

G 92 X (U)_____ Z (W)_____ F_____ ;

증분좌표 프로그램에서 경로 1, 2의 방향에 따라 U, W 값의 보호가 달라진다. 나사 리드의 범위나 주축 회전수 일정제어 (G 97) 등은 G 32 (나사절삭)와 같다.

② 테이퍼 나사절삭 사이클

$$\text{G 92 X (U)}\_\_\_\_ \text{Z (W)}\_\_\_\_\_ \text{I}\_\_\_\_ \text{F}\_\_\_\_ ;$$

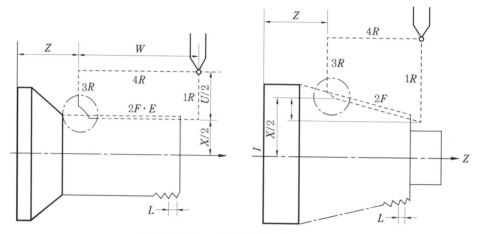

그림 7-30 고정 사이클의 나사가공

(3) 단면절삭 사이클

$$\text{G 94 X (U)}\_\_\_\_ \text{Z (W)}\_\_\_\_ \text{F}\_\_\_\_ ; \qquad \text{(평행절삭)}$$
$$\text{G 94 X (U)}\_\_\_\_ \text{Z (W)}\_\_\_\_ \text{K (R)}\_\_\_\_ \text{F}\_\_\_\_ ; \qquad \text{(테이퍼절삭)}$$

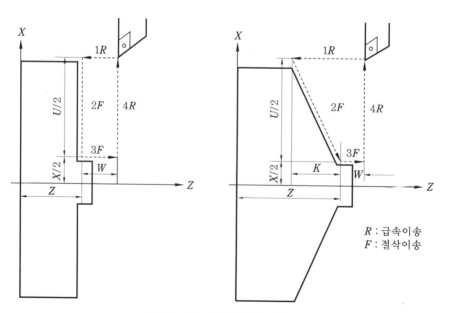

R : 급속이송
F : 절삭이송

그림 7-31 단면 절삭 사이클

(4) 복합 반복 사이클

① 안·바깥지름 황삭 사이클(G 71) : 11T의 경우

G 71 P (n$_s$) Q (n$_f$) U (Δu) W (Δw) D (Δd) F (f) ;

여기서, P (n$_s$) : 황삭절삭 지령절의 첫 번째 전개번호

Q (n$_f$) : 황삭절삭 지령절의 마지막 전개번호

U (Δu) : 정삭 여유량의 X축방향 성분(지름 지령)

W (Δw) : 정삭 여유량의 Z축방향 성분

D (Δd) : X방향 1회 가공깊이(절삭깊이, 반지름 지령, 소수점 지령 불가)

F (f) : 이송속도, P와 Q 사이의 지령절에 있는 F 기능은 황삭할 때에는 무시된다.

② 안·바깥지름 황삭 사이클(G 71) : 11T가 아닌 경우

G 71　U (Δd)　R(e) ;

G 71　P (n$_s$)　Q (n$_f$)　U (Δu)　W (Δw)　F (f) ;

여기서,　U (Δd) : X방향 1회 가공깊이(반지름 지령, 소수점 지령 가능)

R (e) : 도피량(절삭 후 간섭 없이 공구가 빠지기 위한 양)

P (n$_s$) : 황삭절삭 지령절의 첫 번째 전개번호

Q (n$_f$) : 황삭절삭 지령절의 마지막 전개번호

U (Δu) : 정삭 여유량의 X축방향 성분 (지름 지령)

W (Δw) : 정삭 여유량의 Z축방향 성분

F (f) : 이송속도, P와 Q 사이의 지령절에 있는 F 기능은 황삭할 때에는 무시된다.

③ 정삭 사이클 (G 70)

G 70　　P (n$_s$)　　Q (n$_f$)　F ;

여기서　P (n$_s$) : 다듬질 절삭가공 지령절의 첫 번째 전개번호

Q (n$_f$) : 다듬질 절삭가공 지령절의 마지막 전개번호

F : 이송속도

G 71, G 72, G 73 의 사이클로 황삭가공이 마무리되면 G 70 으로 정삭가공을 한다. G 70 에서 F 는 G 71, G 72 또는 G 73 의 지령절에 있는 F 를 무시하고 P (n$_s$) 와 Q (n$_f$) 사이 에서 지령한 것을 따르게 된다.

G 70 의 사이클이 종료되면 공구는 급송으로 시작점에 오고 NC 지령은 G 70 의 다음 지령절을 받아들인다. 이러한 G 70, G 71, G 72, G 73 코드에서는 P (n$_s$) 와 Q (n$_f$) 사이에 보조 프로그램 (subprogram) 을 호출해서는 안 되며, 황삭에 의해 기억된 메모리 주소는 G 70 을 실행한 후에 소멸된다. 따라서 Reset 에 의해 기억된 P, Q 지령절의 메모리 주소 도 없어진다.

④ 단면 황삭 사이클 (G 72)

G 72 P(n_s) Q(n_f) U(Δu) W(Δw) D(Δd) F(f) ; 11T의 경우

여기서, P(n_s) : 황삭절삭 지령절의 첫 번째 전개번호
Q(n_f) : 황삭절삭 지령절의 마지막 전개번호
U(Δu) : 정삭 여유량의 X축방향 성분
W(Δw) : 정삭 여유량의 Z축방향 성분
D(Δd) : 1회 Z방향 가공깊이
F(f) : 이송속도

G 72 W(Δw1) R(e) ;
G 72 P(n_s) Q(n_f) U(Δu) W(Δw) F(f) ; 11T가 아닌 경우

여기서, W(Δw1) : 1회 Z방향 가공의 깊이
R(e) : 도피량(절삭 후 간섭 없이 공구가 빠지기 위한 양)
P(n_s) : 황삭절삭 지령절의 첫 번째 전개번호
Q(n_f) : 황삭절삭 지령절의 마지막 전개번호
U(Δu) : 정삭 여유량의 X축방향 성분
W(Δw) : 정삭 여유량의 Z축방향 성분
F(f) : 이송속도, P와 Q 사이의 지령절에 있는 F 기능은 황삭할 때에는 무시된다.

절삭작업이 X축과 평행하게 수행되는 것을 제외하고는 안지름·바깥지름 황삭 사이클 (G 71)과 동일하다.

⑤ 유형 반복 사이클 (G 73)

G 73 P(n_s) Q(n_f) I(i) K(k) U(Δu) W(Δw) D(Δd) F(f) ; 11T의 경우

여기서, P(n_s) : 황삭가공의 지령절의 첫 번째 전개번호
Q(n_f) : 황삭가공의 지령절의 마지막 전개번호
I(i) : X축방향 황삭 가공량 (반지름 지령)
K(k) : Z축방향 황삭 가공량
U(Δu) : X축방향 정삭 여유량 (지름 지령)
W(Δw) : Z축방향 정삭 여유량
D(Δd) : 분할횟수(황삭가공의 반복횟수)
F(f) : 이송속도(mm/rev)

G 73 U(Δu1) W(Δw1) R(e) ;
G 73 P(n_s) Q(n_f) U(Δu) W(Δw) F(f) ; 11가 아닌 경우

여기서, U(Δu1) : X축방향 황삭 가공량 (반지름 지령)
W(Δw1) : Z축방향 황삭 가공량
R(e) : 분할횟수(황삭가공의 반복횟수)

P(n_s) : 황삭가공 지령절의 첫 번째 전개번호
Q(n_f) : 황삭가공 지령절의 마지막 전개번호
U(Δu) : X축방향 정삭 여유량(지름 지령)
W(Δw) : Z축방향 정삭 여유량
F(f) : 이송속도(mm/rev)

유형 반복 사이클은 일정한 절삭 형상을 조금씩 위치를 옮기면서 반복 절삭하는 사이클이다. 이것에 의해 단조품이나 주조품 등의 소재 형태가 나와 있는 공작물을 능률적으로 절삭할 수 있다.

지령절의 P와 Q 사이에 있는 F 기능은 무시되고 G 73의 지령절에서 지령된 F 기능이 유효하다.

⑥ 펙 드릴링(peck drilling) 사이클, 단면 홈가공 사이클(G 74)

G 74 X(U) Z(W) I(Δi) K(Δk) D(Δd) F(Δf) ; 11T의 경우

여기서, X(U) : 사이클이 끝나는 지점의 X좌표(생략하면 드릴링 사이클)
Z(W) : 사이클이 끝나는 지점의 Z좌표
I(Δi) : X 방향의 이동량(부호 무시하여 지정)
K(Δk) : Z 방향의 이동량(부호 무시하여 지정)
D(Δd) : 절삭이동 끝점에서의 공구 후퇴량(D가 생략되면 0)
F(Δf) : 이송속도

G 74 R ; G 74 X(U) Z(W) P(Δp) Q(Δq) R(Δr) F(Δf) ; 11T가 아닌 경우

여기서, R : 1스텝 가공 후 도피량(11T의 경우 파라미터에서 지정)
X(U) : 사이클이 끝나는 지점의 X좌표(생략하면 드릴링 사이클)
Z(W) : 사이클이 끝나는 지점의 Z좌표
P(Δp) : X 방향의 이동량(부호 무시하여 지정)
Q(Δq) : Z 방향의 이동량(부호 무시하여 지정)
R(Δr) : 절삭이동 끝점에서의 공구 후퇴량(R이 생략되면 0)
F(Δf) : 이송속도

단면 중심에 구멍가공을 하려면 상기 지령절에서 X(U)와 I(Δi), P(Δp)의 지령은 생략한다. X와 I(Δi), P(Δp)를 생략하면 Z축의 동작으로 변환되어 심공 드릴링 사이클이 된다. 그리고 위의 지령 방법에서 D값이 없을 때는 0으로 간주하며, 통상적으로 D의 값은 지정하지만 X와 I(Δi), P(Δp)를 생략한 경우에는 후퇴하고 싶은 방향의 부호를 붙여 지정한다.

⑦ 홈가공 사이클 (G 75)

> G 75   X(U)   Z(W)   I   K   D   F   ;   11T의 경우

여기서, X(U) : 홈의 골지름
Z(W) : 홈의 마지막 위치
I : X축방향 1스텝 이동량(부호 없이 지령)
K : 홈간 거리 (부호 없이 지령)
D : 가공 끝점에서의 공구 후퇴량(홈가공의 경우 지령하지 않음)
F : 이송속도

> G 75 R(e)
>
> G 75 X(U) Z(W) P   Q   R   F   ;   11T가 아닌 경우

여기서, R(e) : 1스텝 가공 후 도피량
X(U) : 홈의 골지름
Z(W) : 홈의 마지막 위치
P : X축방향 1스텝 이동량(부호 없이 지령)
Q : 홈간 거리 (부호 없이 지령)
R : 가공 끝점에서의 공구 후퇴량 (홈가공의 경우 지령하지 않음)
F : 이송속도

G 74 와 X 와 Z 방향만 바뀌었을 뿐 가공방법은 유사하다.

⑧ 나사 가공 사이클 (G 76)

> G 76   X (U)   Z (W)   I   K   D   F   A   ;   11T의 경우

여기서, X (U) : 나사 끝지점의 X 좌표
Z (W) : 나사 끝지점의 Z 좌표
I : 나사의 시작점과 끝점의 거리 (반지름 지정)
 ※ I = 0 이면 평행나사이며, 생략할 수 있다.
K : 나사산의 높이 (반지름 지정 , 소수점 사용 가능)
D : 첫 번째 절입량(반지름 지정 , 소수점 사용 불가)
F : 나사의 리드
A : 나사산의 각도

> G 76 P(m) (r) (a) Q(Δd) R(d)
>
> G 76 X(U) Z(W) P(Δk) Q(Δd) R(i) F   ;   11T가 아닌 경우

여기서, P(m) : 다듬질 횟수(01~99까지 입력 가능)
(r) : 면취량(01~99까지 입력 가능)
(a) : 나사산의 각도
Q(Δd) : 최소 절입량(소수점 사용 불가, 생략 가능)

R (d) : 다듬절삭 여유
X (U) : 나사 끝지점의 X좌표
Z (W) : 나사 끝지점의 Z좌표
P (Δk) : 나사산의 높이 (반지름 지령, 소수점 사용 불가)
Q (Δd) : 첫 번째 절입량 (반지름 지령, 소수점 사용 불가)
R (i) : 나사의 시작점과 끝점과의 거리 (반지름 지정) I = 0 이면 평행나사이며, 생략
　　　할 수 있다.
F : 나사의 리드

(5) CNC 선반 가공 프로그래밍 예제

① CNC 선반 축가공 프로그램 : 그림 7-32 참조

② 소재 : 연강(steel, Ø50.0, L100.0)

③ 사용공구 : 황삭 공구(T01), 정삭 공구(T02), 절단 공구(T03), 나사 공구(T04)

④ 절단공구의 폭 b=3mm, 도시되고 지시 없는 라운드 R=2mm, chamfer C=1mm로 한다.

⑤ 바깥지름이 큰 부분과 작은 부분을 각각 프로그래밍한다.

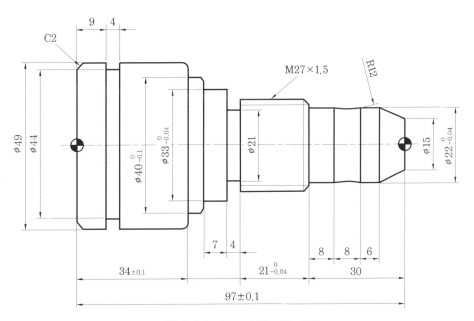

그림 7-32 CNC 선반가공 도면

[P/G 1, 직경이 큰 부분 가공 프로그램]

O0001 ; --- 프로그램 번호

G28 U0.0 W0.0 ; --- 기계 원점복귀

T0100 ; --- 1번 공구선택(황삭 공구)

G50 X200.0 Z200.0 S1500 ; ------ 좌표계 설정값 입력, 주축 최고회전수 제한 설정

G96 S150 M03 ; ------------------------------------ 주축 속도 일정제어, 정회전 지령

G00 X55.0 Z5.0 T0101 ; -------- 1번 공구선택 보정, 공작물 가공 위치로 급속이송

    Z0. ; -- 단면가공 위치로 급속이송

G01 X-2.0 F0.2 M08 ; ---------- 단면 직선 절삭가공, 이송속도 지령, 절삭유 공급

G00 X45.0 Z2.0 ; ------------------------------------ 면취가공 위치로 급속이송

G01 Z0.0 F0.2 ; ------------------------------------- 면취가공 위치로 절삭이송

    X49.0 Z-2.0 ; ------------------------------------ 직선절삭으로 면취가공

    Z-35.0 ; ----------------------------------- Z-35.0까지 외경절삭

G00 X150. Z150.0 T0100 M09 ; 1번 공구보정 취소, X150. Z150.0으로 급송이송, 절삭유
        차단

M05 ; --- 주축 정지(spindle stop)

M00 ; --- 프로그램 정지(P/G stop)

T0300 ; --- 3번 공구선택

G97 S700 M03 ; ------------------------------------ 주축 700 rpm 으로 정회전

G00 X55. Z-13.0 T0303 ; 3번 공구선택 보정 , 가공 위치 X55. Z-13.0으로 급속이송

G01 X44.0 F0.05 M08 ;   X44.0까지 직선절삭(홈가공), 이송속도, 절삭유 공급 지령

G04 P1000 ; ----------------------------------- 1초간의 휴지(dwell) 지령

G00 X55. ; ----------------------------------- 원위치로 급속귀환 이송

W1.0 ; -------------------------------- 홈 가공 폭을 감안 1mm 우로 이송(증분 지령)

G01 X44.0 F0.05 ; ---------------------- X44.0까지 직선절삭(홈가공), 이송속도 지령

G04 P1000 ; ------------------------------------ 1초간의 휴지(dwell) 지령

G00 X55. ; ------------------------------------ 원 위치로 급속귀환 이송

X150.0 Z150.0 T0300 M09 ; 3번 공구보정 취소, X150. Z150.0으로 급송이송, 절삭유 차단

M05 ; -- 주축 정지(spindle stop)

M02 ; -- 프로그램 종료(P/G end)

[P/G 2. 직경이 작은 부분 가공 프로그램]

O0002 ; --- 프로그램 번호

G28 U0.0 W0.0 ; --- 기계 원점복귀

T0100 ; -- 1번 공구선택

G50 X200.0 Z200.0 S1500 ; ------ 좌표계 설정값 입력, 주축 최고회전수 제한 설정

G96 S150 M03 ; ------------------------------------ 주축 속도 일정제어, 정회전 지령

G00 X55. Z5.0 T0101 M08 ; ------ 1번 공구선택 보정, 공작물 가공위치로 급속이송

G71 U1.0 R0.5 ; 외경 황삭 사이클, 1회 절입량(반지름) 1mm, 도피량 0.5mm 지령

G71 P10 Q20 U0.2 W0.1 F0.2 ; 전개번호 N10~N20까지 X축 정삭 여유량(직경치), Z축 정삭 여유량, 이송속도 지령

N10 G00 G42 X15.0 ; ⎯⎯⎯ 가공경로 시작 첫 번째 지령절, 공구경 우측보정 지령

G01 Z0.0 ; ⎯⎯⎯⎯⎯⎯⎯⎯⎯⎯⎯⎯⎯⎯⎯⎯⎯ G71 사이클 가공경로

X22.0 Z-8.0 ; ⎯⎯⎯⎯⎯⎯⎯⎯⎯⎯⎯⎯⎯⎯ G71 사이클 가공경로

Z-30.0 ; ⎯⎯⎯⎯⎯⎯⎯⎯⎯⎯⎯⎯⎯⎯⎯⎯ G71 사이클 가공경로

X25.0 ⎯⎯⎯⎯⎯⎯⎯⎯⎯⎯⎯⎯⎯⎯⎯⎯⎯ G71 사이클 가공경로

X27.0 W-1.0 ; ⎯⎯⎯⎯⎯⎯⎯⎯⎯⎯⎯⎯⎯ G71 사이클 가공경로

Z-55.0 ; ⎯⎯⎯⎯⎯⎯⎯⎯⎯⎯⎯⎯⎯⎯⎯⎯ G71 사이클 가공경로

X33.0 ; ⎯⎯⎯⎯⎯⎯⎯⎯⎯⎯⎯⎯⎯⎯⎯⎯ G71 사이클 가공경로

Z-62.0 ; ⎯⎯⎯⎯⎯⎯⎯⎯⎯⎯⎯⎯⎯⎯⎯⎯ G71 사이클 가공경로

X38.0 ; ⎯⎯⎯⎯⎯⎯⎯⎯⎯⎯⎯⎯⎯⎯⎯⎯ G71 사이클 가공경로

X40.0 W-1.0 ; ⎯⎯⎯⎯⎯⎯⎯⎯⎯⎯⎯⎯⎯ G71 사이클 가공경로

Z-63.0 ; ⎯⎯⎯⎯⎯⎯⎯⎯⎯⎯⎯⎯⎯⎯⎯⎯ G71 사이클 가공경로

X45. ; ⎯⎯⎯⎯⎯⎯⎯⎯⎯⎯⎯⎯⎯⎯⎯⎯⎯ G71 사이클 가공경로

G03 X49.0 W-2.0 R2.0 ; ⎯⎯⎯⎯⎯⎯⎯⎯⎯⎯ G71 사이클 가공경로

G01 W-2.0 ; ⎯⎯⎯⎯⎯⎯⎯⎯⎯⎯⎯⎯⎯⎯ G71 사이클 가공경로

N20 G40 X55.0 ; ⎯⎯⎯⎯⎯⎯ 가공경로 마지막 지령절, 공구경 보정취소 지령

G00 X150.0 Z150.0 T0100 M09 ; 1번 공구보정 취소, X150. Z150.0으로 급송이송, 절삭 유 차단지령

M05 ; ⎯⎯⎯⎯⎯⎯⎯⎯⎯⎯⎯⎯⎯⎯⎯⎯⎯⎯⎯⎯⎯ 주축 정지(spindle stop)

M00 ; ⎯⎯⎯⎯⎯⎯⎯⎯⎯⎯⎯⎯⎯⎯⎯⎯⎯⎯⎯⎯⎯ 프로그램 정지(P/G stop)

T0200 ; ⎯⎯⎯⎯⎯⎯⎯⎯⎯⎯⎯⎯⎯⎯⎯⎯⎯⎯⎯⎯⎯ 2번 공구선택

G50 S2000 ; ⎯⎯⎯⎯⎯⎯⎯⎯⎯⎯⎯⎯⎯⎯⎯⎯ 주축 최고회전수 제한 설정지령

G96 S200 M03 ; ⎯⎯⎯⎯⎯⎯⎯⎯⎯⎯⎯⎯⎯⎯ 주축 속도 일정제어, 정회전 지령

G00 X55.0 Z5.0 T0202 M08 ; 2번 공구선택 보정, 공작물 가공위치로 급속이송, 절삭유 공급지령

G70 P10 Q20 F0.1 ; ⎯⎯⎯⎯⎯⎯⎯⎯⎯⎯⎯⎯ 정삭 사이클, 정삭 이송속도 지령

G00 Z-14.0 ; ⎯⎯⎯⎯⎯⎯⎯⎯⎯⎯⎯⎯⎯⎯ Z-14.0으로 급속이송

G01 G42 X22.0 F0.1 ; ⎯⎯⎯⎯⎯⎯ X22.0으로 직선절삭 이송, 공구경 우측보정

G02 W-8.0 R12.0 ; ⎯⎯⎯⎯⎯⎯⎯⎯⎯⎯ W-8.0까지 시계 방향 원호가공

G00 G40 X150.0 Z150.0 T0200 M09 ; 2번 공구보정 취소, 공구경 보정 취소, 공구교환
                               위치로 급속이송, 절삭유 차단 지령

M05 ; --- 주축 정지(spindle stop)

M00 ; --- 프로그램 정지(P/G stop)

T0300 ; --- 3번 공구선택

G97 S700 M03 ; --- 주축 700 rpm으로 정회전

G00 X40.0 Z-55.0 M08 ; ------ X40.0 Z-51.0 위치로 급속이송, 절삭유 공급 지령

G01 X21.0 F0.05 ; --- X21.0까지 직선절삭(홈 가공)

G04 P1000 ; --- 1초간의 휴지(dwell) 지령

G00 X40.0 ; --- X40.0으로 급속 귀환

W1.0 ; --- 홈가공 폭을 감안 1mm 우로 이송

G01 X21.0 F0.05 ; --- X21.0 까지 직선절삭(홈 가공)

G04 P1000 ; --- 1초간의 휴지(dwell) 지령

G00 X40. ; --- X40.0으로 급속 귀환

X150.0 Z150.0 T0300 M09 ; 3번 공구보정 취소, 공구경 보정취소, 공구교환 위치로 급
                               속이송, 절삭유 차단 지령

M05 ; --- 주축정지(spindle stop)

M00 ; --- 프로그램 정지(P/G stop)

T0400 ; --- 4번 공구선택

G97 S450 M03 ; --- 주축 450 rpm 으로 정회전

G00 X29.0 Z-28.0 T0404 ; ------ X29.0 Z-28.0으로 급속이송, 4번 공구선택 보정

G76 P010060 Q50 R30 ; 나사 사이클, 다듬질회수 1회, 나사각도 60도, 최소 절입량
                               50(0.05mm, 소수점 사용 불가), 다듬 절삭여유 지령

G76 X25.22 Z-53.0 P890 Q350 F1.5 ; 나사 끝지점 좌표, 나사산 높이(반경), 첫 번째
                               절입량, 나사의 리드(1줄나사 경우 피치값) 지령

G00 X150. Z150. T0400 M09 ; X150. Z150. 으로 급속이송, 4번 공구보정 취소, 절삭유
                               차단 지령

M05 ; --- 주축정지(spindle stop)

M02 ; --- 프로그램 종료(P/G end)

5 공구보정

5-1 • 공구보정

프로그램 작성시에는 가공용 사용공구의 길이와 형상은 고려하지 않는다. 즉 사용되는 모든 공구가 똑같은 위치에 놓일 수 없으므로 기준공구를 지정하여 사용공구의 길이 차이를 설정해 주어야 프로그램상의 가공경로를 수행하며 작업이 가능하다. 이때 공구간의 차이를 설정해 주는 것을 공구보정(tool offset)이라 한다. 공구보정은 기계 원점복귀(machine zero return)를 실시한 후 각 사용공구를 선택하여 가공물에 접촉시켜 그 위치를 기계의 옵셋(tool offset) 사항에 저장 인식시킴으로써 이뤄진다.

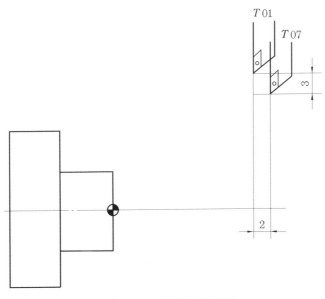

그림 7-33 공구보정 개념

5-2 • 공구기능

프로그램에서 자동으로 공구를 교환시키는 기능을 공구기능이라 하며 공구보정과 같이 사용한다(공구보정의 취소는 보정번호 "00 "으로 지령한다).

지령 방법 T □□ △△ ;

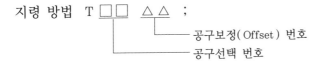

         공구보정(Offset) 번호
         공구선택 번호

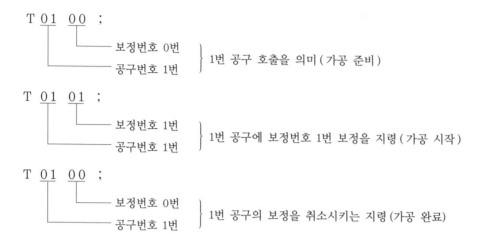

5-3 ● 수동으로 보정값 찾기

① 기준공구를 선택하여 수동운전으로 가공물을 단면가공한 후 Z축의 상대좌표 W를 "0"으로 리셋(reset) 하고, 바깥지름 가공 후 X축의 상대좌표 U를 "0"으로 리셋한다.

② 사용할 공구로 교환하고 기준공구가 접촉했던 가공물의 단면위치에 공구를 접촉시키고 상대좌표 W값을 확인한다. 이 값이 기준공구와 사용공구의 Z축 길이의 차이며, 보정화면의 사용보정번호에 보정값 Z를 입력한다.

③ X축방향의 보정값은 사용공구를 바깥지름에 접촉시킨 후 상대좌표 U값을 확인하여 보정화면의 사용보정번호에 보정값 X를 입력한다.

④ 나머지 사용공구도 ②, ③ 항을 반복하여 공구 보정값을 입력한다.

5-4 ● 보정값의 수정

입력한 보정값으로 공구보정을 하여 가공한 후 가공물을 측정하였을 때 오차가 생기면 보정값을 수정하여야 한다.

예제 1 지령값 X = 59.0으로 프로그램 하여 바깥지름을 가공한 후 측정한 결과 ∅ 58.96 이었다. 기존의 X 축 보정값이 0.005 라 하면 보정값을 얼마로 수정해야 하나?

해설 • 지령값과 측정값의 오차 = 59.0 − 58.96 = 0.04

그러므로 공구를 X방향으로 현재보다 0.04만큼 + 방향으로 이동하는 보정을 하여야 한다.

• 공구 보정값 = 기존의 보정값 + 더해야 할 보정값

= 0.005 + 0.04

= 0.045

머시닝 센터

1 머시닝 센터의 중요성

1-1 • 머시닝 센터의 개요

머시닝 센터 (machining center) 는 수직형과 수평형으로 대별되고 직선절삭, 원호절삭은 물론 캠 (cam)과 같은 입체절삭, 나선절삭, 드릴링(drilling), 보링(boring), 태핑(tapping) 등을 가공할 수 있으며, 자동 공구 교환장치 (ATC : automatic tool changer)와 자동 팔레트 교환장치 (APC : automatic pallet changer) 를 부착할 수 있기 때문에 가공범위가 넓고 생산성을 향상시킨다.

또한, 머시닝 센터의 장점은 다음과 같다.

① 소형부품은 1회에 여러 개를 고정하여 연속작업을 할 수 있다.

② 면가공, 드릴링, 태핑, 보링작업 등을 연속공정으로 가공물을 한번 고정하고 작업을 완료할 수 있다.

③ 형상이 복잡하고 공정이 다양한 제품일수록 가공효과가 있다.

④ 수십 개의 공구를 자동교환하여 공구교환에 걸리는 시간을 단축하고, 많은 공구를 사용함으로써 복잡한 가공물도 쉽게 가공할 수 있다.

⑤ 원호가공 등의 기능으로 엔드밀을 사용하여도 치수별 보링작업을 할 수 있어 특수공구의 제작이 불필요하다.

⑥ 주축 회전수의 제어범위가 크고 무단변속을 할 수 있어서 요구하는 회전수를 빠른 시간 내에 정확히 얻을 수 있다.

⑦ 한 사람이 여러 대의 기계를 가동할 수 있기 때문에 인력손실을 막을 수 있다.

⑧ 컴퓨터를 내장한 NC 로서 메모리(memory) 작업을 할 수 있다.

⑨ 프로그램의 작성 및 수정을 직접 키보드를 이용하여 행할 수 있다.

⑩ 테이프 펀칭기를 사용하여 컴퓨터에 기억된 자료를 쉽게 테이프로 제작할 수 있다.

1-2 · 자동공구 교환장치

(1) 자동공구 교환장치(ATC : automatic tool changer)

자동공구 교환장치는 공구를 교환하는 ATC 암(arm)과 많은 공구가 격납되어 있는 공구 매거진(tool magazine)으로 구성되어 있다. 매거진의 공구를 호출하는 방법에는 순차방식(sequence type)과 랜덤방식(random type)이 있다. 순차방식은 매거진의 포트번호와 공구번호가 일치하는 방식이며, 랜덤방식은 지정한 공구번호와 교환된 공구번호를 기억할 수 있도록 하여, 매거진의 공구와 스핀들의 공구가 동시에 맞교환되므로, 매거진 포트번호에 있는 공구와 사용자가 지정한 공구번호가 다를 수 있다. 머시닝 센터에 주로 사용되는 매거진의 형식은 드럼형(drum type)과 체인형(chain type)이 있으며, 작업의 효율을 높이기 위하여 예비 매거진을 설치하여 사용하기도 한다.

[반자동(MDI) 모드에서의 공구 교환]
① 반자동 모드를 선택한다.
② Z축을 공구 교환점(제2원점)으로 이동시킨다(G91 G30 Z0.0 ;).
③ 사용공구(1번 공구)를 호출하여 교환한다(T01 M06 ;).
　단, 제2원점으로 복귀시킬 때 공구길이보정 취소(G49)가 선행되어야 한다.

[자동운전 모드에서의 공구 교환]
① 공구 교환을 수행할 프로그램을 작성하여 입력한다.
② 자동운전 모드를 선택한다.
③ 자동개시 버튼을 누른다.

★ 공구 교환을 위한 프로그램 예
```
O 0001 ;
   G40 G49 G80 ; 공구경 보정 취소, 공구길이보정 취소, 사이클 기능 취소
   G91 G30 Z0.0 M19 ; 공구교환 위치명령(제2원점), 공구방향 인내
   T02 M06 ; 2번 공구(사용공구)를 호출하여 교환
```

(2) 자동 팔레트 교환장치(APC : automatic pallet changer)

자동 팔레트 교환장치(가공물 자동공급 장치)는 머시닝 센터에서 가공물의 고정시간을 줄여 생산성을 높이기 위하여 설치한다.

2 3축 제어의 개요

2-1 • 좌표어와 제어축

(1) 좌표어

좌표어는 공구의 이동을 지령하며, 이동축을 표시하는 주소와 이동방향과 이동량을 지령하는 수치로 이루어져 있다.

표 7-10 좌표어

좌표어		내 용
기본	X, Y, Z	각 축의 주소, 좌표의 위치나 축간거리를 지정
부가	A, B, C U, V, W	제4축과 제5축 및 회전축의 주소, 회전축의 각과 축의 길이와 위치를 지정
원호보간	R	원호의 반지름 지정
	I, J, K	X, Y, Z를 따라가는 원호의 시작점과 중심점 간의 거리

(2) 제어축

제어축은 일명 좌표축이라고도 한다. 일반적으로 좌표축은 기준축으로 X, Y, Z축을 사용하고 보조축(부가축)으로 X, Y, Z축에 대한 회전축의 의미로 A, B, C축을 사용한다.

표 7-11 CNC 공작기계에 사용되는 좌표축

기준축	보조축(1차)	보조축(2차)	회전축	기준축의 결정방법
X축	U축	P축	A축	가공의 기준이 되는 축
Y축	V축	Q축	B축	X축과 직각을 이루는 이송축
Z축	W축	R축	C축	절삭동력이 전달되는 스핀들 축

2-2 • 좌표계

CNC 공작기계에서 좌표치의 기준으로 사용되는 좌표계는 기계 좌표계, 공작물 좌표계, 구역 좌표계의 3종류이다. 또한 화면에 공구가 이동한 거리를 나타내는 좌표로는 기계좌표, 절대좌표, 상대좌표(증분좌표), 잔여좌표의 4종류가 있으나 잔여좌표는 없는 경우도 있다.

(1) 기계 좌표계(machine coordinate system)

기계가 일정한 위치로 복귀하는 기준점이며, 공작물 좌표계 및 각종 파라미터 설정값의 기준이 된다.

(2) 공작물 좌표계(work coordinate system)

프로그램을 할 때는 도면상의 1점을 원점으로 정하는데 이와 같이 공작물을 가공하기 위하여 임의의 점을 프로그램 원점으로 정해 사용하는 좌표계이다.

(3) 구역 좌표계(local coordinate system)

공작물 좌표계로 프로그램 되어 있을 때, 특정 영역의 프로그램을 쉽게 하기 위하여 특정 영역에만 적용되는 좌표계를 만들 수 있는데 이를 구역 좌표계라고 한다.

2-3 ● 공작물 좌표계 설정

공작물이 도면과 같은 형상으로 가공되려면, 프로그램을 할 때 지정한 절대좌표의 기준점(프로그램 원점)과 공작물에서의 절대좌표 기준점이 일치해야 한다. 이를 위하여 프로그램의 원점과 시작점의 위치관계를 NC에 알려주어 프로그램상의 절대좌표의 기준점(프로그램 원점)과 공작물 절대좌표의 기준(공작물 좌표계 원점)을 일치시키는 것을 공작물 좌표계 설정이라고 한다.

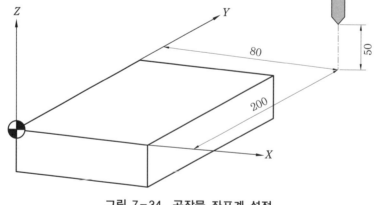

그림 7-34 공작물 좌표계 설정

(1) G 92를 이용하는 방법

공작물 원점(프로그램 원점)에서부터 시작점(기계원점 또는 임의의 점)까지의 각 축의 거리를 측정하여 G 90 G 92 X _ Y _ Z _ ; 와 같이 지령하여 공작물 좌표계를 정하는 방법을 말한다.

그림 7-34의 경우 지령방법

G 90 G 92 X 80.0 Y 200.0 Z 50.0 ;

(2) G 54~G 59 공작물 좌표계를 이용하는 방법

각 축의 기계원점에서 각각의 공작물 원점까지의 거리를 보정(work offset) 화면의 (01)~(06)에 직접 입력하여 공작물 좌표계의 원점을 정해놓고 G 54 ~ G 59의 지령으로 선택하여 사용한다. 또한 공작물 좌표계 G 54~G 59를 이용한 좌표계를 설정하면 G 92 지령은 필요 없다.

2-4 • 절대좌표 지령과 증분좌표 지령

머시닝 센터에서 절대좌표 지령은 프로그램 원점을 기준으로 현재의 위치에 대한 좌푯값을 절대량으로 나타내는 것으로 G 90 코드로 지령하고, 증분좌표 지령은 바로 전 위치를 기준으로 하여 현재의 위치에 대한 좌푯값을 증분량으로 표시하는데 G 91 코드를 사용한다.

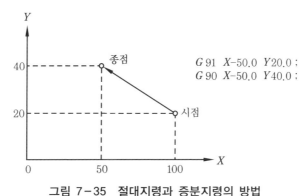

그림 7-35 절대지령과 증분지령의 방법

3 머시닝 센터의 절삭조건

(1) 절삭속도

절삭속도 V는 공구와 공작물 간의 최대 상대속도를 말하며, 단위는 m / min 또는 ft / min 을 사용한다. 절삭속도는 공구수명에 중대한 영향을 끼치며, 가공면의 거칠기, 절삭률 등과도 관련이 깊다. 공구의 지름이 D [mm], 주축 회전수가 N [rpm] 일 때 절삭속도 V는 다음과 같다.

$$V[\text{m/min}] = \frac{\pi DN}{1000} \quad \text{또는} \quad V[\text{rpm}] = \frac{1000\,V}{\pi D}$$

(2) 이송속도

이송속도 F 는 절삭 중 공구와 공작물 간의 상대운동 크기를 말한다. CNC 머시닝 센터에서 이송속도는 공구의 분당 이송속도(mm/min)로 지령한다.

(3) 절삭률

절삭률 Q 는 보통 분당 절삭량(cm^3/min)으로 나타낸다.

4 프로그래밍

4-1 • 준비기능

(1) 위치결정

```
G 00   X_____   Y_____   Z_____ ;
```

G 00 으로 위치결정을 지령하며, 절대지령일 경우 절대좌표로 지정된 X, Y, Z 각 축의 위치로 공구가 급속이송으로 이동한다. 또한, 증분지령인 경우에는 공구가 현재 위치로부터 각 축으로 지령된 방향과 이동량만큼 이동하여 위치결정을 하게 된다. 이때 2축 이상이 함께 이동할 경우, 공구의 이동통로가 반드시 직선은 아니므로 각 축이 동시에 도달하지는 않는다.

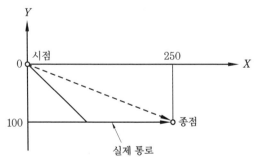

그림 7 – 36 위치 결정

지령방법은

G 90   G 00   X 250.0   Y − 100.0 ; (절대지령인 경우)

G 91   G 00   X 250.0   Y − 100.0 ; (증분지령인 경우)

(2) 보간기능

머시닝 센터의 직선보간 (G 01) 및 원호보간 (G 02, G 03) 기능은 제 3 장의 CNC 선반과 동일하다.

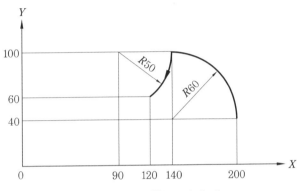

그림 7 − 37 원호보간의 예

① 절대값 지령

        G 92   X 200.0   Y 40.0   Z 0.0 ;

        G 90   G 03   X 140.0   Y 100.0   I − 60.0   F 100 ;

                G 02   X 120.0   Y 60.0   I − 50.0 ;

    또는 G 92   X 200.0   Y 40.0   Z 0.0 ;

        G 90   G 03   X 140.0   Y 100.0   R 60.0   F 100 ;

                G 02   X 120.0   Y 60.0   R 50.0 ;

② 증분값 지령

        G 91   G 03   X − 60.0   Y 60.0   I − 60.0   F 100 ;

        G 92   G 02   X − 20.0   Y − 40.0   I − 50.0 ;

        G 91   G 03   X − 60.0   Y 60.0   R 60.0   F 100 ;

        G 92   G 02   X − 20.0   Y − 40.0   R 50.0 ;

(3) 공구경 보정(G40, G41, G42)

> G40 : 공구경 보정 취소
> G41 : 공구경 좌측 보정
> G42 : 공구경 우측 보정

공구를 가공형상으로부터 일정한 거리(공구지름의 반경, R)만큼 떨어지게 하는 것을 공구경 보정이라 한다. 공구경 보정은 G00, G01과 같이 지령된다. G02, G03과 함께 지령하면 알람(alarm)이 발생한다.

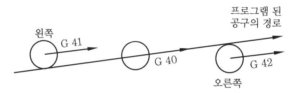

그림 7-38 공구경 보정

또한, 공구경 보정 지령방법은 다음과 같다.

G90(G91) G00(G01) G41(G42) X_ Y_ Z_ D_ ;

(4) 공구 길이보정(G43, G44, G49)

$$G90 \ (G91) \ \begin{Bmatrix} G43 \\ G44 \end{Bmatrix} Z\_\_\_\_H\_\_\_\_ \ ;$$

여기서, G43 : + 방향 공구길이 보정(+ 방향으로 이동)
G44 : − 방향 공구길이 보정(− 방향으로 이동)
G49 : 공구길이 보정 취소
H : 공구 화면에 공구 길이 보정값을 입력한 번호

(5) 공구위치 보정

G45	공구 보정량 신장
G46	공구 보정량 축소
G47	공구 보정량 2배 신장
G48	공구 보정량 2배 축소

공구위치 보정은 G45부터 G48까지의 지령에 의해 지정된 축의 거리를 보정량만큼 확대 또는 축소하여 움직일 수 있으며 이 지령은 1회 유효지령이므로 지령된 블록에서만 유효하다.

4-2 • 주축기능, 공구기능, 보조기능

(1) 주축기능(spindle speed function, S)

영문자 " S "를 사용하며, 머시닝 센터는 사용공구의 지름 정보를 CNC 장치에 제공할 수 없으므로 프로그래머가 사용공구에 적합한 절삭속도를 얻을 수 있도록 주축 회전 수를 계산하여 G 97 로 지령하여야 한다. 또한 보조기능인 M03, M04 와 함께 지령하여 회전방향을 지정해야 한다. 단, 선행 블록에 이미 지령되어 있으면 S값만 지령해도 된다.

> 예 G 97 S 1200 M 03 ; ⋯⋯⋯⋯⋯⋯ 주축 1200 rpm 으로 정회전
> 또는 S 1200 M 03 ;

(2) 공구기능(tool function, T)

공구를 선택하는 기능으로 " T " 자와 2자리 숫자를 사용한다. 머시닝 센터에서는 공구를 선택하는 기능을 담당하므로 M 06 (공구교환)을 함께 지령하여야 한다.

> 예 T 12 M06 ; ⋯⋯⋯⋯⋯⋯⋯⋯ 12번 공구를 선택 사용한다.

(3) 보조기능(miscellaneous function, M)

M 다음의 2자리 수치로 지령하며 이 기능은 기계측의 ON / OFF 제어에 사용한다. 일반적으로 사용하는 보조기능은 제 3 장의 CNC 선반과 유사하나 기계마다 약간의 차이가 있을 수 있다.

4-3 • 고정 사이클 기능

고정 사이클은 몇 개 블록으로 지령하는 가공동작을 G 기능을 포함한 한 개의 블록으로 지령하여 프로그램을 간단히 하는 기능이다.

일반적으로 고정 사이클은 그림 7-40과 같이 6개 동작으로 이루어진다.

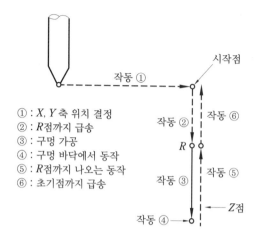

① : X, Y축 위치 결정
② : R점까지 급송
③ : 구멍 가공
④ : 구멍 바닥에서 동작
⑤ : R점까지 나오는 동작
⑥ : 초기점까지 급송

그림 7-39 고정 사이클 동작

다음 표 7-12는 고정 사이클 기능에 대한 설명이다.

표 7-12 고정 사이클 기능

G 코드	공구 진입 (- Z 방향)	구멍 바닥에서의 동작	공구 후퇴 (+ Z 방향)	용도
G 73	간헐이송	–	급속이송	고속 펙 드릴 사이클
G 74	절삭이송	주축 정회전	절삭이송	역 태핑 사이클
G 76	절삭이송	주축 정지	급속이송	정밀 보링 사이클
G 80	–	–	–	고정 사이클 취소
G 81	절삭이송	–	급속이송	드릴링 사이클 (스폿 드릴링)
G 82	절삭이송	드웰(dwell)	급속이송	드릴링 사이클 (카운터 보링 사이클)
G 83	간헐이송	–	급속이송	펙 드릴 사이클
G 84	절삭이송	주축 역회전	절삭이송	태핑 사이클
G 85	절삭이송	–	절삭이송	보링 사이클
G 86	절삭이송	주축 정지	급속이송	보링 사이클
G 87	절삭이송	주축 정지	수동 /급속이송	보링 /백 보링 사이클
G 88	절삭이송	드웰→주축 정지	수동 /급속이송	보링 사이클
G 89	절삭이송	드웰	절삭이송	보링 사이클

고정 사이클의 위치결정은 XY 평면상에서 수행되고 드릴작업은 Z 축에 의해 수행된다. 다음은 고정 사이클의 지령방식을 나타낸다.

① 지령방식 { G 90 : 절대지령
G 91 : 증분지령

② 복귀점 { G 98 : 초기점
G 99 : R 점

G_	G90(G91)	G98(G99)	Z_	R_	Q_	P_	F_	K_ ;
사이클 가공 모드	절대(증분) 지령	초기점(R) 복귀	R점부터 구멍깊이	절삭이송 시작점	1회 절입량	드웰	이송속도	반복횟수

여기서, 구멍가공 모드 : 표에 기술한 G 코드 일람표를 사용한다.
구멍위치 데이터 X, Y : 절대지령 또는 증분지령에 의한 구멍위치(급속이송)
구멍가공 데이터
  Z : R점부터 구멍바닥까지의 거리를 증분지령 또는 구멍바닥의 위치를 절대지령
  한다.
  R : 가공을 시작하는 Z 좌표치 (Z축 공작물 좌표계 원점에서의 좌푯값)
  Q : G 73, G 83 코드에서는 매회 절입량을, G 76, G 87 코드에서는 후퇴량을 지령한
  다. (항상 증분지령한다)
  P : 구멍바닥에서 휴지시간(dwell time)을 지령한다.
  F : 이송속도를 지령한다.
  K 또는 L : 고정주기의 반복횟수를 지정한다. K 또는 L이 지정되지 않으면 1회로
  간주한다. K=0이 지령되었을 때는 구멍가공 데이터만 보존되고 가공은 수행하
  지 않는다.

4-4 • 보조 프로그램

보조 프로그램은 주프로그램 또는 다른 보조 프로그램에서 호출하여 실행되는데 호출
방법은 다음과 같다.

M 98 P   L ;

여기서, M 98 : 주프로그램에서 보조 프로그램의 호출
P : 보조 프로그램 번호
L : 반복 호출 횟수

L을 생략하면 반복 호출횟수는 1회가 된다.

M 98 P 1005   L 3 ;

프로그램 1005를 3회 연속 호출하라는 지령이다.

4-5 • 가공 프로그래밍 예제

① 머시닝 센터 가공 프로그램 : 그림 7-40 참조
② 소재 : 연강 사각재(X × Y × Z = 70.0 × 70.0 × 20.0)
③ 사용공구 : 센터드릴(T01, center drill, D3.0), 드릴(T02, drill D8.0), 엔드밀(T03, end mill 2날, D10.0)

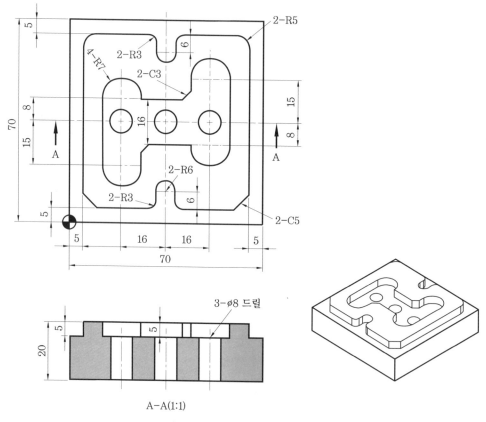

그림 7-40 머시닝 센터 가공도면

O 0001 ;-- (P/G번호)
G40 G49 G80 ; ---- 공구경 보정 취소, 공구길이 보정 취소, 각종 사이클 기능 취소
G91 G28 X0.0 Y0.0 Z0.0 ;------------------------------------- 기계원점 복귀
G90 G92 X200.0 Y200.0 Z200.0 ;-------- 절대지령, 좌표계 설정(G54로 대체 가능)
G91 G30 Z0.0 M19 ; 공구교환 위치 즉 제2원점 복귀, 주축 정위치 정지 (spindle orientaion)
T01 M06 ;-- 1번 공구선택, center drill

G90 G00 X19.0 Y35.0 ; ---- 절대지령, X19.0 Y35.0 센터드릴 가공 위치로 급속이송

  [G54를 사용할 경우 G54 G90 G00 X19.0 Y35.0 ; G92를 사용한 4번째 블록은 삭제]

G43 Z200.0 H01 S1000 M03 ; ---------------- 공구길이 보정, 주축속도, 정회전 지령

    Z100.0 ; ----------------------------------- 공작물에 급속이송 접근지령

    Z50.0 ; ------------------------------------ 공작물에 급속이송 접근지령

    Z20.0 M08 ; ------------------- 공작물에 급속이송 접근지령, 절삭유 공급

G81 G99 Z-3.0 R5.0 F80 ; 드릴 사이클, R점 복귀, 깊이 3mm 가공, 이송속도 지령

    X35.0 ; -- 2번째 구멍 가공

    X51.0 ; -- 3번째 구멍 가공

G80 ; -- 드릴 사이클 기능 취소

G00 Z100.0 M09 ; ---------------- 임의의 지점 Z100.으로 들어 올리며 절삭유 차단

G49 Z200.0 M05 ; 임의의 지점 Z200.0으로 들어 올리며 길이보정 취소 및 주축 정지

G91 G30 Z0.0 M19 ; 공구교환 위치 즉 제2원점 복귀, 주축 정위치 정지 (spindle orientaion)

T02 M06 ; ---------------------------------- 2번 공구선택, Drill $\phi 8.0$

G90 G00 X19.0 Y35.0 ; -------------------- X19.0 Y35.0 드릴가공 위치로 급속이송

G43 Z200.0 H02 S1000 M03 ; ---------------- 공구길이 보정, 주축속도, 정회전 지령

    Z100.0 ; – --------------------------------- 공작물에 급속이송 접근지령

    Z50.0 ; ------------------------------------ 공작물에 급속이송 접근지령

    Z20.0 M08 ; ------------------ 공작물에 급속 이송 접근지령, 절삭유 공급

G73 G99 Z-25.0 R5.0 Q5.0 F80 ; 고속심공 드릴 사이클, 깊이 25mm, R점 복귀, 1회 절삭

                   깊이 5mm, 이송속도 80 mm/min 지령

    X35.0 ; -- 2번째 구멍 가공

    X51.0 ; -- 3번째 구멍 가공

G80 ; -- 고속심공 드릴 사이클 기능 취소

G00 Z100.0 M09 ; --------------- 임의의 지점 Z100.0으로 들어 올리며 절삭유 차단

G49 Z200.0 M05 ; ------------------------------- 길이보정 취소 및 주축 정지

G91 G30 Z0.0 M19 ; 공구교환 위치 즉 제2원점 복귀, 주축 정위치 정지 (spindle orientaion)

T03 M06 ; -------------------------------- 3번 공구선택, 엔드밀 $\phi 10.0$

G90 G00 X-10.0 Y-10.0 ; 절대 지령, X-10.0 Y-10.0 엔드밀 가공 위치로 급속 이송

G43 Z200.0 H03 S1000 M03 ; --------------- 공구길이 보정, 회전속도, 정회전 지령

    Z100.0 ; --------------------------------- 공작물에 급속이송 접근지령

    Z50.0 ; ----------------------------------- 공작물에 급속이송 접근지령

Z20.0 ; -- 공작물에 급속이송 접근지령

G01 Z-5.0 F100 ; 직선절삭 이송 , 외곽가공 깊이 5mm, 이송속도 100 mm/min 지령

G41 X5.0 D04 ; ----------- 공구경 좌측보정, 1차 외곽가공 X5.0으로 직선절삭 이송

Y65.0 ; ------------------ Y65.0까지 직선절삭, 사각형 외곽을 먼저 5mm씩 가공

X65.0 ; -- X65.0까지 직선절삭

Y5.0 ; -- Y5.0까지 직선절삭

X5.0 ; -- X5.0까지 직선절삭

Y60.0 ; -- Y60.0까지 직선절삭

G02 X10.0 Y65.0 R5.0 ; X10.0 Y65.0까지 R5.0으로 시계 방향 원호절삭, 외곽을 도면
형 상대로 가공

G01 X26.0 ; --- X26.0까지 직선절삭

G02 X29.0 Y62.0 R3.0 ; ----------- X29.0 Y62.0까지 R3.0으로 시계 방향 원호절삭

G01 Y59.0 ; -- Y59.0까지 직선절삭

G03 X41.0 R6.0 ; ------------------- X41.0까지 R6.0으로 반시계 방향 원호절삭

G01 Y62.0 ; -- Y62.0까지 직선절삭

G02 X44.0 Y65.0 R3.0 ; ----------- X44.0 Y65.0까지 R3.0으로 시계 방향 원호절삭

G01 X60.0 ; -- X60.0까지 직선절삭

G02 X65.0 Y60.0 R5.0 ; ----------- X65.0 Y60.0까지 R5.0으로 시계 방향 원호절삭

G01 Y10.0 ; -- Y10.0까지 직선절삭

X60.0 Y5.0 ; ------------------------------------- X60.0 Y5.0까지 직선절삭

X44.0 ; --- X44.0까지 직선절삭

G02 X41.0 Y8. R3.0 ; ----------------- X41.0 Y8.까지 R3.0으로 시계 방향 원호절삭

G01 Y11.0 ; -- Y11.0까지 직선절삭

G03 X29.0 R6.0 ; ------------------- X29.0까지 R6.0으로 반시계 방향 원호절삭

G01 Y8.0 ; -- Y8.0까지 직선절삭

G02 X26.0 Y5.0 R3.0 ; -------------- X26.0 Y5.0까지 R3.0으로 시계 방향 원호절삭

G01 X10.0 ; -- X10.0까지 직선절삭

X5.0 Y10.0 ; ------------------------------------- X5.0 Y10.0까지 직선절삭

Y15.0 ; -- Y15.0까지 직선절삭

G00 Z50.0 : ---------------- 외곽가공이 끝난 후 Z50.0 임의의 지점으로 들어 올림

G40 X35.0 Y35.0 ; 공구경 보정 취소, 포켓가공 시작점 X35.0 Y35.0으로 급속 이송

G01 Z-5.0 F100 ; ------------------------------ 포켓가공 깊이만큼 직선절삭 이송

G41 Y43.0 D03 ; ------------------------------ 공구경 좌측보정, Y43.0으로 직선절삭 이송

　　　X26.0 ; -- X26.0까지 직선절삭

G03 X12.0 R7.0 ; ----------------------- X12.0까지 R7.0으로 반시계 방향 원호절삭

G01 Y20.0 ; -- Y20.0까지 직선절삭

G03 X26.0 R7.0 ; ----------------------- X26.0까지 R7.0으로 반시계 방향 원호절삭

G01 Y24.0 ; -- Y24.0까지 직선절삭

　　　X29.0 Y27.0 ; ------------------------------------- X29.0 Y27.0까지 직선절삭

　　　X44.0 ; -- X44.0까지 직선절삭

G03 X58.0 R7.0 ;------------------------ X58.0까지 R7.0으로 반시계 방향 원호절삭

G01 Y50.0 ; -- Y50.0까지 직선절삭

G03 X44.0 R7.0 ; ----------------------- X44.0까지 R7.0으로 반시계 방향 원호절삭

G01 Y46.0 ; -- Y46.0까지 직선절삭

　　　X41.0 Y43.0 ; ------------------------------------- X41.0 Y43.0까지 직선절삭

　　　X30.0 ; -- X30.0까지 직선절삭

G00 G49 Z100.0 M09 ; ---- 공구길이 보정 취소, Z100.0으로 급속이송, 절삭유 차단

　　　G40 Z200.0 M05 ; ------- 공구경 보정 취소, Z200.0으로 급속이송, 주축 정지

M02 ; -- 프로그램 종료

기계공작법 이해

2018년 3월 10일 1판1쇄
2023년 3월 20일 1판3쇄

저 자 : 이학재
펴낸이 : 이정일

펴낸곳 : 도서출판 **일진사**
www.iljinsa.com
(우) 04317 서울시 용산구 효창원로 64길 6
전 화 : 704-1616 / 팩스 : 715-3536
이메일 : webmaster@iljinsa.com
등 록 : 제1979-000009호 (1979.4.2)

값 30,000 원

ISBN : 978-89-429-1551-4